数据科学

方匡南 编著

電子工業出版社
Publishing House of Electronics Industry
北京•BEIJING

内 容 简 介

本书是一本数据科学的入门书籍。每个知识点尽量从实际的应用案例出发，从数据出发，以问题为导向，在解决问题中学习数据挖掘、机器学习等数据科学相关方法。

本书将数据读/写、数据清洗和预处理作为开端，逐渐深入介绍和数据科学相关的决策树、支持向量机、神经网络、无监督学习等知识。此外，结合数据科学的实际应用，书中还讲解了推荐算法、文本挖掘和社交网络分析等热门实用技术。

本书在写作过程中尽量删去太过抽样的理论，让具有一定高等数学和概率论基础的读者就能看得懂。当然，如果读者对方法原理确实不感兴趣，只是为了用 R 语言程序实现某种方法，可以跳过方法只看案例和程序。

本书适合作为高校数据科学、机器学习、数据挖掘、大数据分析等相关专业的研究生和高年级本科的教科书，也适合作为相关企业的数据科学家、数据挖掘工程师、数据分析师及数据科学的爱好者等的工具书。

图书在版编目（CIP）数据

数据科学 / 方匡南编著. —北京：电子工业出版社，2018.6

ISBN 978-7-121-34244-8

Ⅰ. ①数… Ⅱ. ①方… Ⅲ. ①数据处理—教材 Ⅳ. ①TP274

中国版本图书馆 CIP 数据核字（2018）第 106121 号

策划编辑：张月萍

责任编辑：张　慧　　　文字编辑：苏颖杰

印　　刷：北京捷迅佳彩印刷有限公司

装　　订：北京捷迅佳彩印刷有限公司

出版发行：电子工业出版社

　　　　　北京市海淀区万寿路 173 信箱　　邮编　100036

开　　本：787×980　1/16　印张：20.75　　字数：531 千字

版　　次：2018 年 6 月第 1 版

印　　次：2025 年 1 月第 8 次印刷

定　　价：69.00 元

凡所购买电子工业出版社图书有缺损问题，请向购买书店调换。若书店售缺，请与本社发行部联系，联系及邮购电话：（010）88254888，88258888。

质量投诉请发邮件至 zlts@phei.com.cn，盗版侵权举报请发邮件至 dbqq@phei.com.cn。

本书咨询联系方式：010-51260888-819，faq@phei.com.cn

前　言

数据科学（Data Science）是一门交叉学科，是一门分析和挖掘数据并从中提取规律和利用数据学习知识的学科，包含了统计、机器学习、数据可视化、高性能计算等。近几年，大数据的发展如火如荼，与此同时，“数据科学家”这个词也跟着火起来，成为职场中的香饽饽。正如谷歌首席经济学家哈尔·瓦里恩（Hal Varian）于 2009 年在纽约时报撰文所说，“未来十年最性感的工作将是统计学家”，这里的统计学家是广义的统计学家，包括数据科学家。数据科学家职业被招聘网站 Glassdoor 在 2016 年评选为美国最佳工作。德勤（Deloitte）公司预测 2018 年全球企业将至少需要 100 万名数据科学家，大学培养的数据科学家数量远远不能满足市场需求，按照目前数据科学家的培养数量来看，这个缺口是很大的。我国真正的数据科学家人才是比较短缺的。数据科学家需要有较好的统计学、机器学习功底，能够理解模型背后的原理和算法，具备熟练的编程能力并熟悉业务知识。

数据科学主要由两拨人在做：一拨人在计算机圈子里，主要关注处理海量数据的能力、速度和算法；另一拨人在统计圈子里，更多地关注模型本身的精度和可解释性。市面上有各种各样讲解大数据、数据科学的书籍，但多数是讲解一些理念，或者只讲解一些抽象原理和算法，很少从数据到模型的角度去讲解，缺少真正能够将数据科学与实务操作结合起来的书籍。我觉得自己有责任写一本关于数据科学方面的教材，来帮助数据科学的初学者更快地掌握模型原理和实务操作。

我每年都在厦门大学开设数据挖掘的课程，在课程资料的基础上慢慢整理出本书稿，总体框架借鉴斯坦福大学统计系几位学者出版的两本经典统计学教材，即 Jamnes、Witten、Hastie 和 Tibshirani 写的 *An Introduction to Statistical Learning* 和 Hastie、Tibshirani 和 Friedman 写的 *The Elements of Statistical Learning*。后来，我受邀在北京、上海等地开设暑期数据挖掘现场公开课，前来听课的学生有国外著名高校的教师、研究生，国内高校的教师、研究生，医药、金融等公司的数据分析人员、数据挖掘分析师等。他们对我的讲义提出了很多有用的建议，经过不断地完善，最终形成了此书。

通过在很多地方上公开课，并与很多不同领域的学者交流，我深刻地体会到统计或数据挖掘方法的应用范围越来越广，借用马克思的话，“一种科学只有在成功地运用数学时，才算达到了真正完善的地步”，也可以说“一个学科使用、分析数据的程度可以反映出这个学科的发展程度”。

本书是一本数据科学的入门教材，内容循序渐进、深入浅出，每个知识点都根据实际的应用案例从数据出发，以问题为导向，使读者在解决问题的过程中学习数据挖掘、机器学习等数据科学相关方法。本书既可作为高校数据科学、机器学习、数据挖掘、大数据分析等相关专业的研究生和高年级本科的教科书，也可作为相关企业的数据科学家、数据挖掘工程师、数据分析师及数据科学爱好者等的工具书。本书为读者提供方法和程序上的参考，在写作过程中尽量删除过于抽象的理论原理，让具有一定高等数学和概率论基础的读者都能看得懂。当然，如果读者对方法原理确实不感兴趣，只是为了用 R 语言程序实现某种方法，或者分析某些有意义的数据，则可以跳过方法，只看案例和程序。

我的博士和硕士研究生陈子岚、王小燕、赵梦峦、范新妍、张晓晨、林颖、赵雪、张喆参与了资料收集、案例编写等工作，陈子岚参与了全书的校对、修改、排版等工作，在此一并感谢！感谢成都道然科技有限责任公司的专业意见和建议。再次感谢为本书提供直接或者间接帮助的各位朋友，没有他们的帮助，本书的出版没有这么顺利。

为了方便读者使用，我的团队为本书开发了一个 R 语言包 RDS。RDS 包和本书案例相应的代码可以从网址 http://www.kuangnanfang.com/?id=7 或 https://github.com/ruiqwy 下载。另外，由于篇幅限制，团队制作的一些经典案例无法在本书中展示，在以上网址也提供了部分经典案例。

在本书编写过程中，我深刻地体会到写书是一件“苦差事”，仔细较真，总能发现有很多值得完善的地方，这也是本书拖了 3 年才得以出版的原因。我希望此书尽可能以“完美”的形象与读者见面，但由于本人水平和精力有限，书中难免有错误或不足之处，恳请广大读者批评指正！

方匡南
2018 年 3 月于厦门大学

目　　录

第1章 导论

1.1 数据科学的发展历史

统计学作为一门学科已有三百多年的历史。按照统计方法及历史的演变顺序，通常可以将统计学的发展史分为三个阶段，分别是古典统计学时期、近代统计学时期和现代统计学时期。古典统计学的萌芽最早可以追溯到17世纪中叶，此时的欧洲正处于封建社会解体和资本主义兴起的阶段，工业、手工业快速增长，社会经历着重大变革。政治改革家们急需辅助国家经营和管理的数据证据以适应经济发展需要，此时，一系列统计学的奠基工作在欧洲各国相继展开。在这一时期，以威廉·配第和约翰·格朗特为代表的政治算术学派与海尔曼·康令（Hermann Conring）创立的国势学派相互渗透和借鉴，服务与指导了国家管理和社会福利改善。

18世纪末至19世纪末为近代统计学发展时期。在这一百年间，欧洲各国先后完成了工业革命，科学技术开始进入全面繁荣时期，天文、气象、社会人口等领域的数据资料达到一定规模的积累，对统计的需求已从国家层面扩展至社会科学各个领域。对事物现象静态性的描述已不能满足社会需求，数理统计学派创始人凯特勒（A.J.Quetelet）率先将概率论引入古典统计学，提出了大数定律思想，使统计学逐步成为揭示事物内在规律，可用于任何科学的一般性研究方法。一些重要的统计概念也在这一时期提出，误差测定、正态分布曲线、最小二乘法、大数定律等理论方法的大量运用为社会、经济、人口、法律等领域的研究提供了大量宝贵的指导。

20世纪科学技术的发展速度远远超过之前的时代，以描述性方法为核心的近代统计学已无法满足需求，统计学的重心转为推断性统计，进入了现代统计学阶段。随着20世纪初细胞学的发展，农业育种工作全面展开。1923年，英国著名统计学家费雪（R.A.Fisher）为满足农作物育种的研究需求，提出了基于概率论和数理统计的随机试验设计技术，以及方差分析等一系列推断统计理论和方法。推断性统计方法的进步对工农业生产和科学研究起到了极大的促进作用。

自20世纪30年代，随着社会经济的发展和医学先进理念的吸收融合，人们对于医疗保险和健康管理的需求日益增长，统计思想渗透到医学领域形成了现代医学统计方法。例如，在生存质量（Quality of life）研究领域，通过分析横向和纵向资料，逐步形成了重复测量资料的方差分析、质量调整生存年（QALYs）法等统计方法。这一阶段，统计学在毒理学、分子生物学、临床试验等生物医学领域获得了大量应用，这些领域的发展又带动统计方法不断创新，主成分估计、非参数估计、MME算法等方法应运而生。

20世纪80年代开始，随着现代生物医学的发展以及计算机技术的进步，人类对健康的管理和疾病的治疗已进入基因领域，对基因数据分析产生了大量需求。高维海量的基因数据具有全新的数据特征，变量维度远远大于样本数，传统的统计方法失效了。因此，一系列面向高维数据的统计分析方法相继产生，如著名的Lasso方法。

20世纪90年代以来，随着互联网的发展，数据库中积累了海量的数据，如何从海量的数据中挖掘有用的信息就变得越来越重要了，数据挖掘（Data Mining）也就应运而生了。数据挖掘又称数据库中的知识发现（Knowledge Discover in Database，KDD），是目前人工智能（Artificial Intelligence）和数据库领域研究的热点问题。所谓数据挖掘就是从大量的、不完全的、有噪声的、模糊的、随机的实际应用数据中，提取隐含在其中的、人们事先不知道的、但又是潜在有用的信息和知识的过程。与数据挖掘比较接近的名词是机器学习（Machine Learning），机器学习被看作人工智能的一个分支，主要研究一些让计算机可以自动“学习”的算法，是一类从数据中自动分析获得规律，并利用规律对未知数据进行预测的算法。因为机器学习算法中涉及了很多统计学理论，与统计学的关系密切，也称为统计学习（Statistical Learning）。

随着计算机技术、互联网等的普及与飞速发展，人类社会被呈爆炸性增长的信息所包围。据IBM公司资料显示，目前数据的生成每日以千万亿字节来计算，如2017年全球每秒发出的E-mail超过1000万封，淘宝每天产生的数据超过50TB，Facebook每个月更新的照片超过10亿张，全球数据量每年以40%左右的速度增长。麦肯锡全球研究院（MGI）在2011年首次提出了大数据时代（Age of Big Data）概念。依照美国麦肯锡（McKinsey）咨询公司的定义，大数据是指那些规模超出了典型数据库软件工具能力的进行捕获、存储、管理和分析的数据集。与传统数据相比，大数据的大不仅是指体量上的扩充，而且是指数据的结构、形式、粒度、组织等各方面都更加复杂。不过，我们认为大数据并不是从方法论角度提出的，研究大数据的方法主要是数据挖掘和机器学习方法。

近几年，数据科学（Data Science）的概念被提出，这是一门分析和挖掘数据并从中提取规律和利用数据学习知识的学科，因此其概念也更广，包含了统计、机器学习、数据可视化、高性能计算等。近几年，数据科学家这个词也跟着火起来，成为职场中的“香饽饽”。德勤公司预测2018年全球企业将至少需要100万名数据科学家，大学培养的数据科学家数量远远不能满足市场需求，按照目前数据科学家的培养数量来看，这个缺口是很大的。我国真正的数据科学家人才是比较短缺的。数据科学家需要有较好的统计学、机器学习功底，能够理解模型背后的原理和算法，具备熟练的编程能力并熟悉业务知识。

1.2 数据科学研究的主要问题

数据科学研究的问题比较广泛，甚至可以说，只要和数据收集、清洗整理、分析和挖掘有关的问题都是数据科学要研究的问题。数据科学研究的问题，应该是从实际业务需求中提炼出来的问题。下面通过举几个例子来讲解数据科学研究的主要问题。

例 1.1 家庭收入与消费支出。为了研究某社区家庭月消费支出与家庭月可支配收入之间的关系，随机抽取并调查了 12 户家庭的相关数据，如图 1-1 所示。通过调查所得的样本数据能否发现家庭消费支出与家庭可支配收入之间的数量关系，以及如果知道了家庭的月可支配收入，能否预测家庭的月消费支出水平呢？

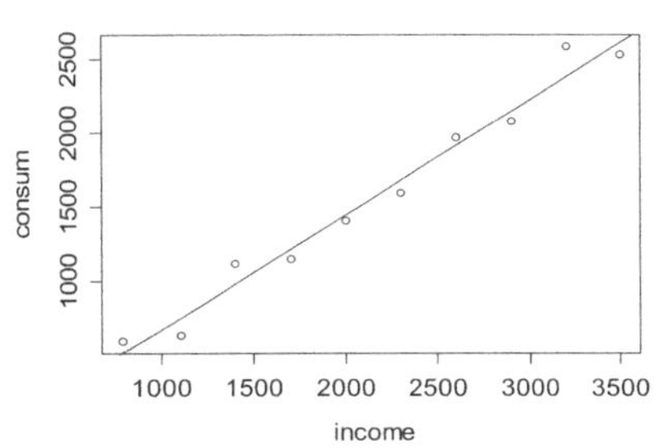

图 1-1 消费与收入的散点图

例 1.2 消费贷公司对客户的信用评分。客户在申请消费贷时，公司收到客户的收入、工作年限、职业等数据，以及从其他渠道获取的数据，消费贷公司需要评估客户的信用评分，以便决定是否给予核准贷款。那么，该如何预测客户借钱后是否会违约？该如何给每位客户评分？

例 1.3 员工离职预测。一定的员工流动率能够为企业注入新鲜的活力，增强组织的创新能力，但过多的员工离职，特别是核心员工的离职则会导致企业人力资本投资的损失，员工士气低落，破坏企业建立的竞争优势等消极影响，甚至对社会稳定也会造成一定的威胁。因此，通过对离职影响因素的分析，企业管理者可以有效地对员工的离职行为进行管理。例如，通过收集员工满意度、绩效评估、完成的项目数量、每月工作时数、工作年数等因素（如图 1-2 所示），如何预测员工是否离职，以便提前做好准备？

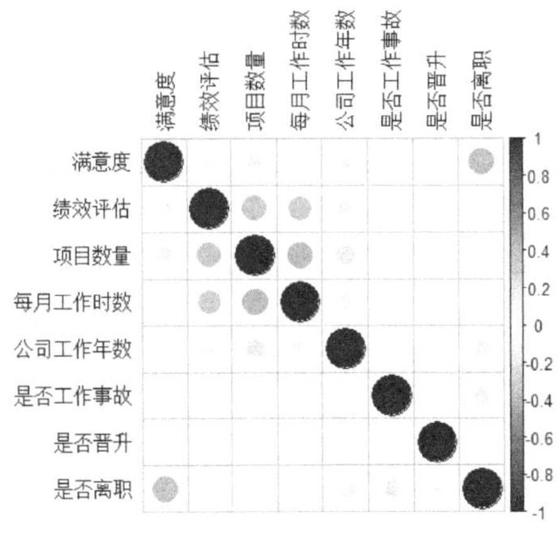

图 1-2 是否离职与其他因素的相关系数

例 1.4 前列腺影响因素分析。研究对象是前列腺根治手术的病人，分析他们的前列腺特殊抗原水平（lpsa）与 8 个临床指标之间的相关性（如图 1-3 所示）。这 8 个临床指标包含肿瘤体积（lcavol）、前列腺重量（lweight）、年龄（age）、良性前列腺增生量（lbph）、精囊浸润（svi）、包膜穿透（lcp）、格里森评分（gleason）和格里森评分 4 或 5 百分比（pgg45）。其中，svi 是二元变量，gleason 是分类变量。如何从 8 个临床指标中筛选出与前列腺特殊抗原水平有关的影响因素？

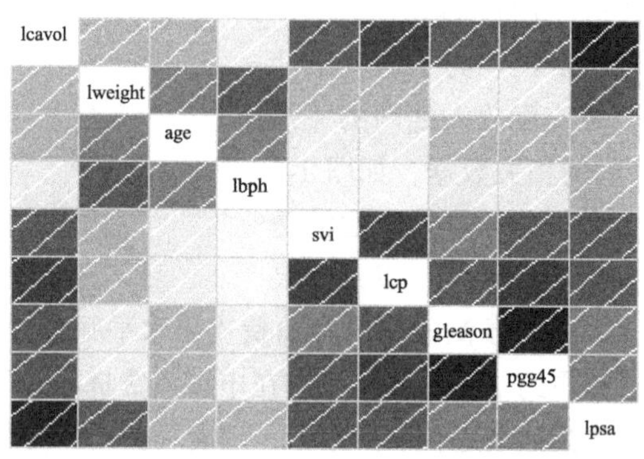

图 1-3 前列腺特殊抗原水平（lpsa）与影响因素的相关系数

例 1.5 购物篮分析。表 1-1 是某超市顾客购买记录的数据库 D，包含 6 个事务 $T_k(k=1,2,\cdots,6)$，其中项集 $I=\{$面包，牛奶，果酱，麦片$\}$。现在要分析已购买面包的顾客，有多大概率会买牛奶？如何根据顾客过去的购买记录，推荐其感兴趣的商品？

表 1-1 某超市顾客购物记录数据库 D

TID	Date	Items
T100	6/6/2010	{面包，麦片}
T200	6/8/2010	{面包，牛奶，果酱}
T300	6/10/2010	{面包，牛奶，麦片}
T400	6/13/2010	{面包，牛奶}
T500	6/14/2010	{牛奶，麦片}
T600	6/15/2010	{面包，牛奶，果酱，麦片}

例 1.6 犯罪率水平分析。收集美国 50 个州的犯罪率相关数据，包含 50 个观测值和 4 个变量，其中 Murder、Assault、Rape 3 个变量分别为每 10 万居民中被逮捕的谋杀、暴力和强奸犯罪人数，UrbanPop 表示各州城市人口比例。我们想研究的问题是如何用一两个综合的变量来总结这些信息，并对各州犯罪率水平进行评价？

例 1.7 花卉细分。测量 18 种花卉的 8 个指标，这 8 个指标包括是否能过冬、是否生长在阴暗的地方、是否有块茎、花卉颜色、所生长泥土、某人对这 18 种花卉的偏好选择、花卉高度、花卉之间所需的距离间隔等。如何根据这 8 个指标对 18 种花卉进行细分？该分为几类比较合适？

例 1.8　文本挖掘。从网上收集 20000 多篇关于房地产的相关新闻，如何分析这 20000 多篇新闻里都在讨论哪几个主要话题？如何有效地把这些新闻聚为几类？如何提取新闻的情感倾向并编制成指数？

1.3　数据科学的主要方法

从方法来看，数据科学的方法主要还是统计学或者机器学习里的方法。机器学习方法往往可分为有监督学习（supervised learning）、无监督学习（unsupervised learning）及半监督学习（semi-supervised learning），详见图 1-4。

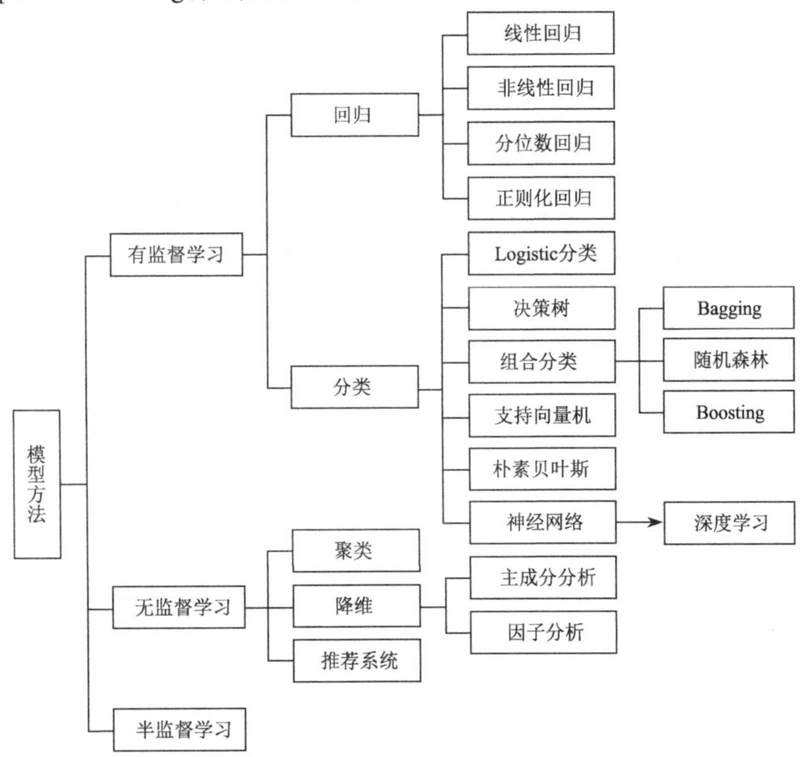

图 1-4　数据科学的模型方法

有监督学习是指在建模时，对每个（某些）自变量 $\boldsymbol{x}_i=(x_{i1},x_{i2},\cdots,x_{ip})^{\mathrm{T}}$（向量默认用列表示），$i=1,2,\cdots,n$，都有对应的因变量 $\boldsymbol{y}_i$。模型学习的好坏，可以由因变量的实际观察值评判，一个好的模型对因变量的预测值要尽可能接近其对应的真实观察值。

另外，根据因变量 $\boldsymbol{y}=(y_1,y_2,\cdots,y_n)^{\mathrm{T}}$ 取连续值或离散值，有监督学习又分为回归（regression）

和分类（classification）两大类问题。当因变量取连续值时，我们称之为回归。回归分析（regression analysis）是研究一个变量关于另一个（些）变量的具体依赖关系的计算方法和理论。通过后者的已知或设定值，去估计和（或）预测前者的（总体）均值。可以表示为

$$\boldsymbol{y}=f(\boldsymbol{X})+\varepsilon$$

其中，$\boldsymbol{y}$是因变量向量，$\boldsymbol{X}=(\boldsymbol{X}_1,\boldsymbol{X}_2,\cdots,\boldsymbol{X}_p)$是含有$p$个自变量的矩阵，$f$是关于$\boldsymbol{X}$的函数，$f$的形式可以是已知的（如最简单的就是线性回归，即$\boldsymbol{y}=\boldsymbol{X}\beta+\varepsilon$），我们称这类方法为参数回归；$f$也可以是未知的，此时就需要根据数据去估计$f$，我们称这类方法为非参数回归。$\varepsilon$是随机误差项（error term），这部分是无法预测的。

建模时，我们要拟合一个比较合理的$\hat{f}$去估计f，当给定了X，就可以得到$\hat{y}=\hat{f}(X)$。由于变量间关系的随机性，回归分析关心的是根据X的给定值，考察y的总体均值$E(y|X)$，即当解释变量取某个确定值时，被解释变量所有可能出现的对应值的平均值。

不同的学科或者不同的教材对y和X有不同的术语，我们把这些术语整理归纳，以免读者产生混淆。通常，y称为被解释变量（Explained Variable）或因变量（Dependent Variable）或响应变量（Response）；X称为解释变量（Explanatory Variable）或自变量（Independent Variable）或者协变量（Covariate）。在数据挖掘和机器学习里，往往把模型f看作"机器（Machine）"或者"箱子（Box）"。因此，往往又更加形象地将y称为输出变量（Output Variable），将X称为输入变量（Input Variable）。即输入变量X丢入"机器"（"箱子"）里，输出变量y就被输出来。所以，当模型f比较简单且容易理解时，往往也称"白箱子（White Box）"，而当f比较复杂且难以理解时，也就相应地称为"黑箱子（Black Box）"。

当因变量取离散值时，称为分类。例如，我们在信用卡违约预测时，因变量y取值是$\{$违约，不违约$\}$，这是一个二元（binary）的取值。模仿回归的表达式，我们可以将分类问题写作

$$y=C(X)$$

其中，C是关于X的函数，往往称为分类器（classifier），如 Logistic 分类、决策树、随机森林和支持向量机等都是经典的分类器。

无监督学习指的是只有X而没有y，对于这类数据，我们无法像监督学习方法那样拟合模型去预测y。所以，无监督学习往往用于理解数据的结构、数据降维等。无监督学习经典的方法有聚类分析（clustering）、主成分分析（principle component analysis）、因子分析（factor analysis）、关联规则（association rule）、社交网络（social network）等。

最后，在实际问题中，假设共有n个观测，其中有m（$m<n$）个既能观测到X，也能观测到y，而剩下的$n-m$个由于数据采集困难等原因，只能观测到X，而无法观测到y。例如，在信用评分研究中，假设公司数据库里有 10000 名顾客的资料，其中已经给 6000 名顾客发放了贷款，并且已知有 500 名发生了违约，5500 名没发生违约。而剩下的 4000 名顾客由于还未发放贷款，故他们是否违约我们是不知道的。在建模时，如果综合利用了这两部分信息，则把这类问题称为半监督学习。

注意，图 1-4 展示的数据科学模型方法的划分并不是绝对的。例如，Logistic 分类主要是针对因变量取离散值的问题，但在很多书上，我们习惯地称为 Logistic 回归。再如，决策树、随机森林、支持向量机、神经网络等方法除可以针对取离散值的因变量建模（分类）外，还可以针对取连续值的因变量建模（回归），但在实际应用中，这些方法更多是应用到分类问题上，所以在本书里，我们主要将它们归到分类中。另外，图 1-4 罗列的这些方法并非是全部的方法，随着该领域的快速发展，每年都有很多新的方法提出，由于篇幅有限，本书主要讲解在实践中被反复检验的经典方法，这只是数据科学方法浩瀚的大海里取的一瓢水而已。

1.4 R 语言的优势

R 语言是由新西兰奥克兰大学的 Ross Ihaka 与 Robert Gentleman 一起开发的一个面向对象的编程语言，因两人的名都是以 R 开头，所以命名为 R 语言。R 语言是一个免费开源编程语言，它能够自由有效地用于统计计算和绘图的语言和环境，可以在 UNIX、Windows 和 Mac OS 系统运行，它提供了广泛的统计分析、机器学习和绘图技术。R 语言的前身是 S 语言，S 语言是贝尔实验室（Bell Laboratories）的 Rick Becker、John Chambers 和 Allan Wilks 开发的。最初，S 语言的实现版本主要是 S-PLUS，这是一个商业软件，提供了一系列统计和图形显示工具，一度是数据分析领域里面的标准语言，但是正在逐步被 R 语言取代。R 语言是一套完整的数据处理、计算和制图软件系统，是一套开源的数据分析解决方案，由一个庞大而活跃的全球性社区维护。R 语言不仅是一种统计软件，也是一种统计分析与计算的环境。

KDnuggets 网站每年都会做一些数据分析和数据挖掘软件使用的专题问卷调查。据 KDnuggets 网站 2016 年对 2895 名数据科学家、数据挖掘工程师等进行关于过去 12 个月数据挖掘和数据分析所使用的编程语言的调查显示（http://blog.revolutionanalytics.com/2016/06/r-holds- top-ranking-in-kdnuggets-software-poll.html），R 语言名列榜首（如图 1-5 所示），占接近半壁江山（49%），而紧随其后的 Python、SQL 则在某一领域具有各自独到的优势，而 SAS 和 MATLAB 等被甩出前 10 名。

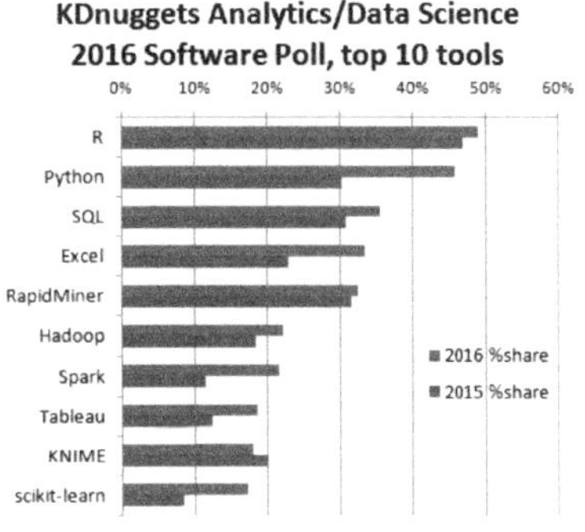

图 1-5 数据挖掘与数据分析编程语言使用调查结果

免费开放是 R 语言流行的最大的因素之一。当然，除了免费开放之外，R 语言还有很多非常炫、非常棒的功能。主要包括的功能如下。

（1）高效的数据处理和保存机制。

（2）完整的矩阵、数组操作运算（其向量、矩阵运算方面的功能尤其强大），以及完整的数据分析工具。

（3）出色的统计制图功能。

（4）简单高效的建模工具。

（5）简便而强大的编程语言。作为一个开源软件，R 语言具有丰富的扩展包（packages），可以自由加载其他开发者提供的函数和数据包，直接利用可以节省很多算法重新编写的精力。R 语言功能强大、内容丰富，各种帮助文档很多。目前，R 语言在 CRAN 上的扩展包已达 12000 个，而且还在不断地增加。此外，还有很多包“托管”在 Github 等地方，可以说，目前几乎所有的机器学习方法、统计方法都可以找到对应的 R 语言程序。

（6）兼容几乎全平台。除支持 OS X、Linux、Windows 外，甚至可以在 iOS 设备上编辑和运行 R 语言的程序，还可以在 iPhone 等移动设备上安装 R 语言程序。

（7）提供很多高级功能。除统计外，还可以使用 R 语言来给计算机关机、发微博、发校内状态、下五子棋、配合 LaTeX 撰写动态统计报告，以及自动生成概率统计的试卷和答案等。

（8）更新速度快。R 语言的更新速度是以周来计算的。现在，很多学者在提出一种新的方法后，都会同时把相应的方法写成 R 语言包，供其他研究人员使用。所以，对于一些最新的方法，当其他软件还没有办法实现时，往往在 R 语言中已经能够找到对应的包和程序了。可以说，R 语言的机器学习方法的更新速度是所有软件中最快的。此外，还有一个专门的“R 语言开发核心团队”负责开发和更新 R 语言软件版本，大约平均每个季度都会更新一个 R 语言软件版本。

综上，用 R 语言做数据分析、数据挖掘、机器学习是一个正确的选择。正如世界 500 强的著名制药公司辉瑞的非临床统计副主任 Kuhn 所说：“R 语言已经成为一个人从研究生院毕业后的第二门语言了。”不过，不得不承认，对于没有编程经验的非计算机专业的学生来说，刚开始学习 R 语言是有一定难度的。

本书假设读者已经熟悉了 R 语言的基本操作，不再介绍 R 语言的基本用法。如有需要，请读者阅读方匡南等主编的《R 数据分析》，这是一本介绍 R 语言和数据分析的入门教材。

第 2 章

数据读/写

数据读入软件或者用软件写出都是数据科学的基本环节，本章介绍如何在 R 语言中进行数据的读/写。

2.1 数据的读入

R 语言的数据读入功能灵活方便，既可以在 R 语言软件中直接输入，也可以读入外部文件。对于大数据量来说，一般需要从外部读入数据。外部的数据源很多，可以是网络、电子表格、数据库、文本文件、论文等形式，所以录入数据的方法也就很多。关于 R 语言的导入导出，可以阅读“R Data Import/Export”。本节介绍一些 R 语言读入各种数据的不同方法，各种方法都有自己的优势，至于哪种方法最好是要根据实际的数据情况来决定的。

2.1.1 直接输入数据

1. c()函数

c()函数是把各个值连成一个向量或列表，可以形成数值型向量、字符型向量或其他类型向量，它的使用非常简单，例如：

```
> x <- c ( 1 , 2 , 3 , 4 ) # 读入数值向量
> x
[1] 1 2 3 4
> y <- c ( "a" , "b" , "c" ) # 读入字符向量，注意每个分量使用""
> y
[1] "a" "b" "c"
```

2．scan()函数

scan()函数的功能类似于 c()函数，也是由键盘输入数据。当输入 scan()后按回车键，这时将等待用户输入数据，数据之间只要空格分开即可（c 函数要用逗号分开）。输入完数据，再按回车键，这时数据录入完毕。例如：

```
> x <- scan ( )
1: 1 2 3 4 5 6
7:
Read 6 items
```

2.1.2 读入 R 包中的数据

在 R 语言中，如果需要从其他的软件包链接数据，可以使用 data (package = " ")。例如，要查看 ISLR 包里有哪些自带的数据，可以用以下代码来查看：

```
> data ( package = "ISLR" )
```

如果需要读入 ISLR 包里 Wage 数据，可以输入以下代码：

```
> data ( Wage , package = "ISLR" )
```

2.1.3 从外部文件读入数据

大的数据对象常常是从外部文件读入。R 语言可以读入的外部数据源有很多，包括网络、电子表格、数据库、文本文件、论文等形式，所以录入数据的方法也就很多。一般来讲，建议首先使用 Excel 等处理数据，然后再用 R 语言读入。

（一）读入文本文件

读入文本文件数据的命令是：

```
read.table ( file , header = logical_value , sep = "delimiter" , row.names
= "name" )
```

其中，file 是一个带分隔符的 ASCII 文本文件，header 表明首行是否包含了变量名，sep 用来指定分隔符。

R 语言对外部文件常常有特定的格式要求：第一行可以有该数据框的变量名，随后的行中第一个条目是行标签，其他条目是各变量的取值。在文件中，第一行应比第二行少一个条目，这样做是被强制要求的。例如，将图 2-1 中的学生数据保存在 student.txt 文本文件中，默认情况下，数值项（除行标签外）以数值变量的形式读入，对应非数值变量则以因子形式读入，如 sex 变量。

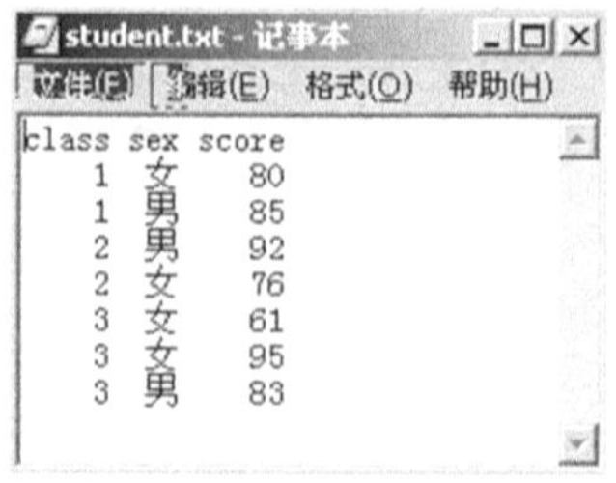

图 2-1 student.txt 文本文件

```
> s1 <- read.table ( "student.txt" )
```

```
> s1
    V1     V2     V3
1  class  sex   score
2    1     女     80
3    1     男     85
…
```

但是在很多情况下，我们都需要省略行标签而直接使用默认的行标签。这时，可以使用如下命令读入：

```
> s2 <- read.table ( "student.txt" , header = T )
> s2
class  sex  score
1        1  女   80
2        1  男   85
3        2  男   92
…
```

其中，header = T 选项用来指定第一行是标题行，并且因此省略文件中给定的行标签。

另外需要说明的是，此处默认 student.txt 文件保存在当前工作目录下，如果该文件不是保存在当前工作目录，则有两种方法处理：第一种方法，在 R 或者 Rstudio 中更改 student.txt 文件所在的文件夹为当前工作目录；第二种方法，输入路径名。例如，student.txt 文件保存在 E:\R\data 目录下，则可以输入命令 read.table ("E:\\R\\data\\student.txt" , header = T)。注意，在 R 语言中输入路径名时，需要把“\”改为“\\”或者“/”。

（二）读入 Excel 格式数据

对于一般常用的.xls 和.xlsx 数据表，由于该格式比较复杂，所以应尽量避免直接导入。我们通常的处理方法是将.xls 文件转换为.csv 文件，转换方法是在 Excel 里选择“另存为”命令，再选择.csv 格式，如图 2-2 所示。

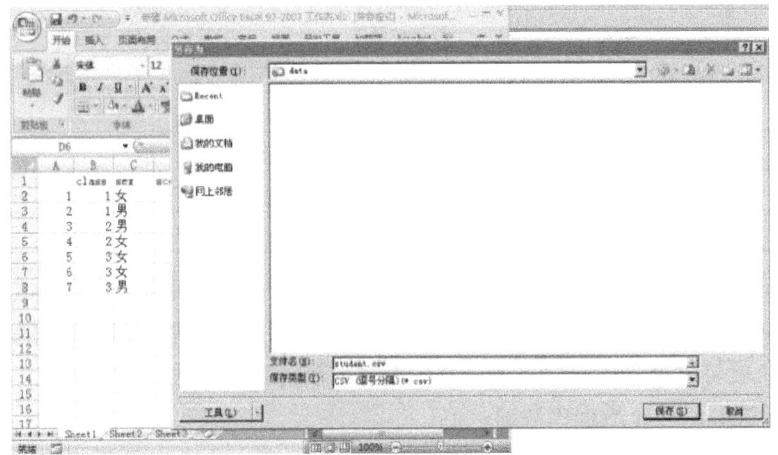

图 2-2 .xls 文件转为.csv 文件

接下来就可以直接将.csv 格式的数据读入 R 语言了，这可以通过 read.csv()函数来实现：

```
read.csv ( file = "file.name" , header = TRUE , sep = "," , ... )
```

其中，header 表示是否含有列名，默认是 TRUE，这点与 read.table 不同，sep 表示.csv 文件的分隔方式，一般是逗号分隔符。

例如，读入 student.csv 格式的数据：

```
> S2 <- read.csv ( file = "student.csv" )
> S2
  X class sex score
1 1     1  女    80
2 2     1  男    85
3 3     2  男    92
…
```

如在欧洲，需要读入的数据是使用逗号表示数字中的小数点，那就要用函数 read.csv2()。

当需要读入的文件不是保存在当前工作目录时，处理方法类似（一）中所述。

当然，R 语言也是可以直接读入.xlsx 格式的文件的，不过需要安装 xlsx 包，另外由名为 xlsx 的包来导入 Excel 数据（需要在计算机中安装 Java 运行环境）。xlsx 包可以读取 Excel 文件为数据框，并将数据框写为 Excel 文件，而且还能够处理 Excel 中的格式，如合并单元格，设置列的宽度，设置字体和颜色等。读取/写入操作分别使用 read.xlsx()和 write.xlsx()，另外还有两个相应的函数 read.xlsx2()和 write.xlsx2()也可以实现，这两个函数的效率相对会更高一些。

此外，read.delim()和 read.delim2()可以读入制表符分隔文件，其他和 read.table()功能基本相似。

现把这几个读入数据的命令整理在表 2-1 中。

表 2-1　读入外部数据的常用命令比较

函　　数	header 表头	sep 默认分隔符	quote 字符值是否在引号中	dec 小数表示
read.table	FALSE		\" 或 \'	.
read.csv	TRUE	,	\"	.
read.csv2	TRUE	;	\"	,
read.delim	TRUE	\t	\"	.
read.delim2	TRUE	\t	\"	,

参数 header 用来设定读入数据第一行是否为表头；sep 用来设定分隔符，其中\t 表示制表符；参数 quote 表示字符值是否在引号内，如读入的数据 name 是“Zhang”的格式，即字符值是用""，这个就可以令 quote = " \" " ；dec 表示小数的表示方法。

（三）读入 SQL Server 数据库数据

R 语言还可以通过 RODBC 包访问 SQL Server 数据库，这通常需要经过两个步骤，第一个步骤是配置 ODBC 数据源，第二个步骤是使用 R 建立连接并访问数据库。

1．配置 ODBC 数据源

这里我们介绍 Windows 下的 ODBC 配置。首先打开“控制面板”，进入“管理工具”菜单，选择“数据源（ODBC）”后出现如图 2-3 所示的窗口。

图 2-3 的数据源名称“SQLServer”是我们已经添加了的，随便取的名字，一般第一次使用时是没有这个的。如果驱动程序列没有 SQL Server，则需要单击“添加”，这时会出现如图 2-4 所示的界面。这里我们把名称写作“SQLServer”，即数据源名称（Data Source Name，DSN），服务器选择 local，或者其他选项。

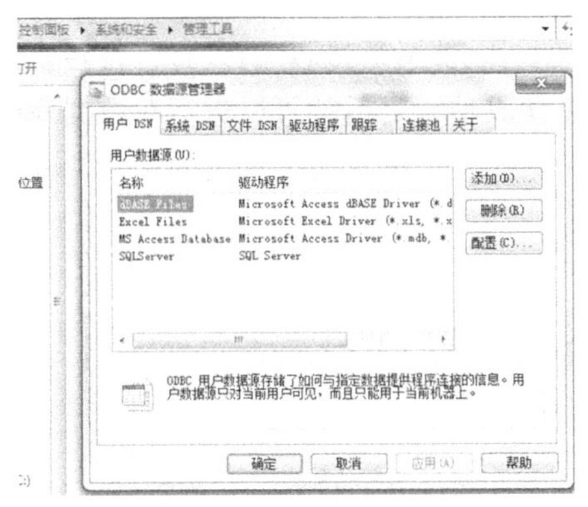

图 2-3　数据源窗口

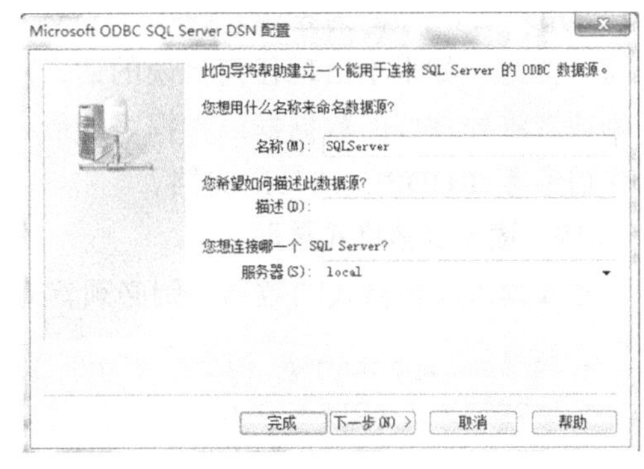

图 2-4　添加数据源

单击“下一步”按钮，界面如图 2-5 所示。选择“使用用户输入登录 ID 和密码的 SQL Server 验证（S）”，输入用户名和密码，如登录名为 sa，密码为 ok。

单击“下一步”按钮，更改默认数据库为 TEST，那么 R 语言如下：

```
conn <- odbcConnect ( 'SQLServer' , uid
= 'sa' , pwd = 'ok' )
result <- sqlQuery ( conn , 'select *
from student' )
```

连接的数据库就是 TEST，其中 student 表为 TEST 数据库中的表。

单击“下一步”按钮，完成设置。

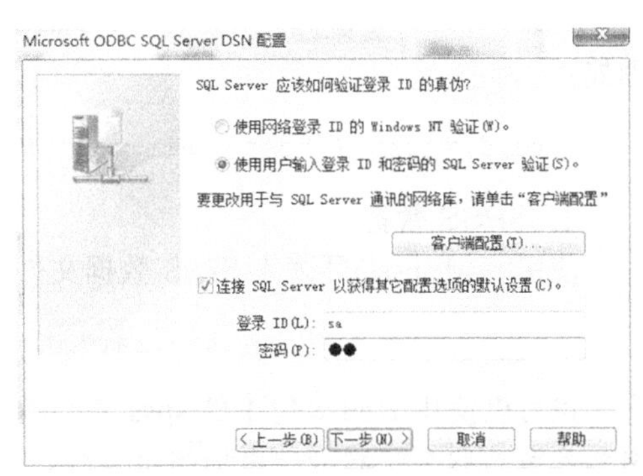

图 2-5　输入用户名和密码

2．R 语言连接数据库

首先载入 RODBC 包，然后使用 odbcDataSources()函数查看可用的数据源。代码如下：

```
> library ( RODBC )
> odbcDataSources()
> conn <- odbcConnect ( 'SQLServer' , uid = 'sa' , pwd = 'ok' )
> result <- sqlQuery ( conn , 'select * from student' )
> result
> odbcClose ( conn )
```

我们发现 SQL Server 的数据源名称为“SQLServer”，记住这个名称，然后建立数据库的连接，使用的命令行如下：

```
> conn <- odbcConnect ( "SQLServer" , uid = "sa" , pwd = "ok" , case = "tolower" )
```

其中，第一个参数就是上一步 odbcDataSources()函数列出的 SQL Server 数据源的名称，uid 为用户名，pwd 为密码，case 参数表示大小写转换，因为 Windows 默认将字符转换为小写。至此，如果不出现任何错误的话，就代表连接建立成功，之后就可以进行对数据库的查询或者将处理好的数据框以数据表的形式存入数据库操作。本例仅给出查询的样例，其他操作请参考 RODBC 的帮助文档。

（四）读入其他格式数据

若要读入其他格式的数据，则必须首先安装和载入“foreign”包：

```
> install.packages ( "foreign" )
> library ( foreign )
```

1. SAS 数据

对于 SAS，R 语言只能读入 SAS Transport format（XPORT）文件。所以，需要把普通的 SAS 数据文件（.ssd 和.sas7bdat）转换为 Transport format（XPORT）文件，再使用命令 read.xport()。例如：

```
> read.xport ( "dataname.xpt" ) # 读入 SAS 格式文件
```

2. SPSS 数据

使用 read.spss()可读入 SPSS 数据文件。例如：

```
> read.spss ( "dataname.sav" ) # 读入 SPSS 格式文件
```

也可以使用 Hmisc 包中的 spss.get()函数。spss.get()是对 read.spss()的封装，可以自动设置很多参数，整个转换过程更加简单一致：

```
> install.packages ("Hmisc")  # 安装 Hmisc 包
> library ( Hmisc ) # 载入 Hmisc 包
> mydataframe <- spss.get ( "dataname.sav" , use.value.labels = TRUE )
```

3. Epi info 数据

R 语言可读入 epi5 和 epi6 的数据库，命令为：

```
> ttt<- read.epiinfo ( "d:/ttt.rec" )
```

4．Stata 数据

R 语言可读入 Stata5、Stata6、Stata7 的数据库，命令为：

```
read.dta ( "文件名.dta" )
```

2.1.4 批量读入数据

做数据挖掘时经常需要自动读入很多文件，这些文件都存放在一个文件夹下，并且文件命名除文件的序号外都是一样的，如 DATA2004.csv、DATA2005.csv……如果手动逐个读入这些文件会比较麻烦。特别是当文件数达到几千上万个时，手动读入则是一个非常愚蠢的做法。其实，通过编写几行很简单的命令就可以自动批量地读入这些文件。例如：

```
> for ( id in 2004 : 2100 ) {
      Id <- paste ( "DATA" , id , sep = "" )
      dat <- read.csv ( paste ( Id , ".csv" , sep = "" ) , header = T , sep
= "," )
      …
 }
```

注意，paste()函数可以把字符串与字符串或字符串与数值连接起来。其用法为：

```
paste ( ... , sep = " " , collapse = NULL )
```

其中，参数 sep 表示分隔符，默认为空格；参数 collapse 可选，如果不指定值，那么函数 paste 的返回值是自变量之间通过 sep 指定的分隔符连接后得到的一个字符型向量，如果为其指定了特定的值，那么自变量连接后的字符型向量会再被连接成一个字符串，之间通过 collapse 的值分隔。这里第一个 paste()是把“DATA”与 2004～2013 等连接起来，第二个 paste()是把“DATA2004”等与“.csv”连接起来。

2.1.5 R 语言读取文件的几个常错的问题

相信很多 R 语言用户在读入数据时都碰到过数据读入出错的问题。出错的原因很多，但是 90%以上的原因是编码和 TAB 分隔问题。尤其容易出现在不同语言环境和操作系统中。

（一）编码问题

首先了解一下编码问题。编码问题或者乱码问题主要是由于不同语言转换所造成的。计算机最早诞生于西方，西方的语言主要是拉丁字符，有一个标准的编码 ISO-8859 系列，仅支持西方拉丁字符，并不包含中文字符。西方很多软件的开发都是基于该系列，当使用中文字符时往往会出现乱码问题。为了解决不同文字的编码问题，计算机界在国际上的支持主要是通过 Unicode 系列编码进行的，就是统一编码。Unicode 有很多变种，其中最常见的就是 UTF-8 编码和 UTF-16 编码。UTF-8 编码是很多操作系统的默认编码，如 UNIX/ Linux / Mac OS X 等。

中文 Windows 当然也支持这种编码，但 UTF-8 并不是默认的编码。

例如，若要读入 csv 格式的数据，数据如图 2-6 所示。

000016.SZ	否	中央国有企业	制造业	37.2432	50.14
000017.SZ	否	民营企业	制造业	16.0089	43.45
000018.SZ	否	公众企业	制造业	11.961	68.91
000019.SZ	否	地方国有企业	制造业	21.959	64.61
000020.SZ	否	民营企业	制造业	19.8613	57.42
000021.SZ	否	中央国有企业	制造业	27.3671	73.91
000022.SZ	否	中央国有企业	交通运输	13.2628	68.48
000023.SZ	否	民营企业	制造业	33.2895	67.896
000024.SZ	是	中央国有企业	房地产业	33.0152	56.14
000025.SZ	否	地方国有企业	批发和零售业	15.5681	73.52
000026.SZ	否	中央国有企业	批发和零售业	24.3665	53.7

图 2-6 csv 格式数据

但当输入 R 语言代码时：

```
> dat_ID <- read.csv ( file = "dataID.csv" , header = T , sep = ";" )
Error in type.convert(data[[i]], as.is = as.is[i], dec = dec, numerals =
numerals,  :
  '<ca><c7>'多字节字符串有错
```

结果出错，显示“多字节字符串有错”，这是典型的编码问题。解决办法是把.csv 格式转换成 UTF 编码格式（转换方法是单击“另存为”命令，然后选取 UTF（txt）格式保存）。

现在再运行如下代码：

```
> dat_ID <- read.table ( file = "dataID2.txt" , header = T , sep = "\t" ,
fileEncoding = "UTF-8" )
```

此时就可以成功读取了。

（二）分隔符问题

用 R 语言读入数据时，读入时没有显示出错，数据读进去了，但是把数据“捞出来”看时，却发现问题了：数据没有自动分列，而成一整行。也就是说，数据没有分开，这就是分隔符的问题。例如：

```
> dat <- read.csv ( file = "DATA2013.csv" , header = T , sep = ";" )
> dim ( dat )  #显示只有 1 列
[1] 1289    1
> head ( dat )
X.ID.V3.V11.V13.V19.V20.V25.V27.V31.V39.V40.V41.V42.V43.V44.V48.V49.V50.V
52.V54.V55.V56.V57.V58.V59.V60.V61.V64.V65.V66.V67.V68.V70.V71.V72.V73.V7
4.V75.V76.V77.V78.V79.V80.V81.V82.V83.V84.V85.V86.V87.V88.D2013.y11,00000
2.SZ,33267,9676185190,9700013451,8057090424,87.8458,14.7,22.3,741806,0.94
81,20812392740,2.14497e+11,6.4879,1.2955,23.7389,0.8578,88450200420,64698
436105,7.3457,1.2143,1.37,6.98,0.175,12.2941,0.7368,21.4872,5.8383,4.2651
,13.5118,99.8778,95.7421,0.4015,77.997,4.5448,92.2458,88.0021,1.3439,0.33
```

```
72,0.1349,4.8607,11.7939,1143.6817,54.5437,0.3365,0.3166,0.3157,1.7055,20
.1754,26.5056,26.5056,0.41,-19.3689
```

这是因为读取数据时，分隔符设置得有问题，查看文件发现分隔符应为 sep = ","而不是 sep = ";"，更改后就可以成功读入数据了：

```
> dat <- read.csv ( file = "DATA2013.csv" , header = T , sep = "," )
> dim ( dat )
[1] 1289   53
> head ( dat )
  X       ID    V3        V11        V13         V19      V20    V25   V27    V3
1
1 1 000002.SZ 33267 9676185190 9700013451 8057090424 87.8458 14.70 22.30 741806
2  2  000004.SZ  33252     83875459     83976684      61960792  99.8795  26.10
40.63  11817
3  3  000005.SZ  33217   913743007   914333607   729502562  99.9354  20.15  29.86
110257
…
```

关于数据的读入问题，看似是一个很简单的问题，实则是一个容易出错的问题。如果掌握数据读入的几个主要方法，总结出错的原因，就可以让数据分析事半功倍！

2.2　写出数据

将 R 语言工作空间里的数据输出存储时，可以使用 write()函数，基本命令为：

```
write ( x , file = "data" , ncolumns = if ( is.character ( x ) ) 1 else 5 ,
append = FALSE , sep = " " )
```

其中，x 是数据，通常是矩阵，也可以是向量；file 是文件名（默认文件名为 data）；append=TRUE 时，在原文件上添加数据，否则（FALSE，默认值）写一个新文件。其他参数参见帮助文件。

对于列表或数据库数据，可以使用 write.table()函数或 write.csv()函数写纯文本格式的数据文件或.csv 格式数据文件。这两种函数的使用格式为：

```
write.table ( x , file = "" , append = FALSE , quote = TRUE , sep = " " ,
eol = "\n" , na = "NA" , dec = "." , fileEncoding = "" )
write.csv ( ... )
write.csv2 ( ... )
```

例如，将上文的 S2 数据写到当前工作目录中命名为 S2.txt 的文件里：

```
> write.table ( S2 , "S2.txt" )
```

此时，将在当前工作目录下新创建一个名为 S2.txt 的文件。再例如，将上文的 S2 数据写出到 E:\\R\\data 目录下命名为 S2.csv 的文件：

```
> Write.table ( S2 , "E:\\R\\data\\S2.csv" )
```

此时会在 E:\\R\\data 目录下新创建一个名为 S2.csv 的文件。

另外，R 语言中保存对象的函数是 save()。例如：

```
> x <- stats::runif ( 20 )
> y <- sample ( c ( TRUE , FALSE ) , 20 , replace = T )
> save ( x , y , file = "xy.RData" )
```

此时在当前工作目录下多了一个文件 xy.RData，如果要重新读入这个文件可以使用 load()函数：

```
> load ( file = "xy.RData" )
```

如果要保存当前工作环境中的所有对象，可以使用 save.image()函数：

```
> save.image ( file = "temp.RData" )
```

2.3 习题

新建一个.txt 文档，输入一些数据，尝试读入到 R 语言，并把.txt 文档转换为对应的.csv 文档，并读入到 R 语言，然后将读入的数据再写出，保存在本地的目录里。

第 3 章

数据清洗与预处理

在实际数据挖掘过程中，我们拿到的初始数据往往存在缺失值、重复值、异常值或者错误值，通常这类数据称为“脏数据”，需要对其进行清洗。另外，有时数据的原始变量不满足分析的要求，我们需要首先对数据进行一定的处理，也就是数据的预处理。数据清洗和预处理的主要目的是提高数据质量，从而提高挖掘结果的可靠度，这是数据挖掘过程中非常必要的一个步骤。否则“垃圾数据进，垃圾结果出”。一个典型的数据清洗和预处理流程图如图 3-1 所示。

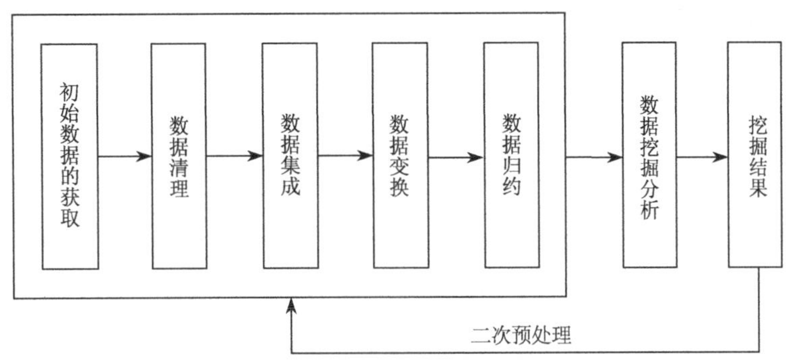

图 3-1 数据预处理流程图

3.1 数据分类

数据是数据对象及其属性的集合。一个数据对象是对一个事物或者物理对象的描述，一个典型的数据对象可以是一条记录、一个实体、一个案例或一个样本等。而数据对象的属性则是这个对象的性质或特征。例如，一个人的肤色、眼球颜色是这个人的属性，而某地某天的气温则是该地该天气象记录的属性特征。

在大数据时代，数据的来源越来越多样化，如来自互联网、银行、工商、税务、公安天眼等。同时，数据的格式和形态也越来越多样化，有数字、文字、图片、音频、视频等。能够使用统一的结构加以表示的数据，如数字、符号等，称为结构化数据；无法使用统一的结构表示的数据，如文本、音频、图像、视频，称为非结构化数据。过去所分析的数据大部分是结构化数据，但是随着非结构化数据越来越多，我们有必要研究非结构化数据。

对于结构化数据，按照对客观事物测度的程度或精确水平来划分，可将数据的计量尺度从低级到高级，由粗略到精确划分为四种，常见的数据类型及特征见表 3-1。

表 3-1　常见的数据类型及其特征

数据类型	数据特征	举　例
分类数据（categorical data）	没有数量关系，没有顺序关系	状态，如“男”“女”“0”“1”
有序数据（ordinal data）	有顺序关系	特征量，如“甲”“乙”“丙”“丁”，甲>乙>丙>丁
区间数据（interval data）	有数量关系，可比较大小，可排序，可计算差异	实数，如长度、重量、压力
比例数据（ratio data）	有数量关系，可比较大小，可排序，可计算差异，具有绝对零点	实数，事物之间的比值

在计量尺度的应用中需要注意的是，同类事物使用不同的尺度量化，会得到不同的类别数据。例如，农民收入数据按实际填写就是区间数据；按高、中、低收入水平分就是有序；按有无收入计量则是分类；而说某人的收入是另一人的两倍，便是比例数据了。

3.2　数据清洗

数据清洗是数据准备过程中最重要的一步，通过填补缺失数值、光滑噪声数据、识别或删除离群点并解决不一致性来“清洗”数据，进而达到数据格式标准化，清除异常数据、重复数据，纠正错误数据等目的。

3.2.1　处理缺失数据

从数据缺失的分布来讲，缺失值可以分为完全随机缺失（Missing Completely At Random, MCAR）、随机缺失（Missing At Random, MAR）和完全非随机缺失（Missing Not At Random, MNAR）。完全随机缺失是指数据的缺失是完全随机的，不依赖于任何完全变量或不完全变量。缺失情况相对于所有可观测和不可观测的数据来说，在统计意义上是独立的，也就是说，直接删除缺失数据对建模影响不大。随机缺失指的是数据的缺失不是完全随机的，数据的缺失依赖于其他完全变量。具体来讲，一个观测出现缺失值的概率是由数据集中不含缺失值的变量决定的，与含缺失值的变量关系不大。完全非随机缺失指的是数据的缺失依赖于不完全变量，与缺失值本身存在某种关联。例如，在调查时所设计的问题过于敏感，被调查者拒绝回答而造成的缺失。

从统计角度来看，非随机缺失的数据会产生有偏估计，而非随机缺失数据处理也是比较困难的。事实上，绝大部分的原始数据都包含缺失数据，因此怎样处理这些缺失值就很重要了。

1．缺失数据的识别

在 R 语言中，缺失值以符号 NA 表示。

同样，我们也可以使用赋值语句将某些值重新编码为缺失值。例如，在一些问卷中年龄值被编码为 99，在分析这一数据集之前，必须让 R 语言明白本例中的 99 表示缺失值。例如：

```
> dataframe $ age [ dataframe $ age == 99 ] <- NA
```

任何等于 99 的年龄值都将被修改为 NA。在进行数据分析前，要确保所有的缺失数据被编码为缺失值，否则分析结果将失去意义。

2．缺失数据的探索与检验

R 语言提供了一些函数，用于识别包含缺失值的观测。is.na()函数检测缺失值是否存在。假设有一个向量：

```
> y <- c ( 1 , 2 , 3 , NA )
```

然后使用函数：

```
> is.na ( y )
```

将返回 c (FALSE , FALSE , FALSE , TRUE)。

complete.cases()函数可用来识别矩阵或数据框的行是否完整，也就是有无缺失值，返回结果是逻辑值，以行为单位返回识别结果。如果一行中不存在缺失值，则返回 TRUE；若行中有一个或多个缺失值，则返回 FALSE。由于逻辑值 TRUE 和 FALSE 分别等价于数值 1 和 0，可使用 sum()函数和 mean()函数来计算关于完整数据的行数和完整率。以 VIM 包中的 sleep 数据为例：

```
> data ( sleep , package = "VIM" ) # 读取VIM包中的sleep数据
> sleep [ ! complete.cases ( sleep ) , ] # 提取sleep数据中不完整的行
    BodyWgt BrainWgt NonD Dream Sleep Span Gest Pred Exp Danger
1   6654.000  5712.0   NA    NA   3.3  38.6  645   3   5     3
3      3.385    44.5   NA    NA  12.5  14.0   60   1   1     1
4      0.920     5.7   NA    NA  16.5    NA   25   5   2     3
13     0.550     2.4  7.6   2.7  10.3    NA   NA   2   1     2
14   187.100   419.0   NA    NA   3.1  40.0  365   5   5     5
19     1.410    17.5  4.8   1.3   6.1  34.0   NA   1   2     1
20    60.000    81.0 12.0   6.1  18.1   7.0   NA   1   1     1
…..
> sum ( ! complete.cases ( sleep ) )
```

```
[1] 20
> mean ( complete.cases ( sleep ) )
[1] 0.6774194
```

读结果中列出了 20 个含有一个或多个缺失值的观测值，并有 67.7%的完整实例。

3．缺失数据的处理

（1）行删除。可以通过 na.omit()函数移除所有含缺失值的观测。na.omit()函数可以删除所有含有缺失数据的行：

```
> newsleep <- na.omit ( sleep )
```

删除缺失值后，观测值变为 42 个。

行删除法假定数据是 MCAR（即完整的观测值只是全数据集的一个随机样本）。此例中则为 42 个实例为 62 个样本的一个随机子样本。

如果缺失比例比较小，则该方法简单有效。但这种方法却有很大的局限性。直接删除有点简单而暴力，以减少样本量来换取信息的完备可能会丢弃一些有用的信息。在本身样本量较小的情况下，直接删除缺失值会影响数据的客观性和分析结果的正确性。

（2）均值插补法（Mean Imputation）。如果缺失数据是数值型的，则根据该变量的平均值来填充缺失值；如果缺失值是非数值型的，则根据该变量的众数填充缺失值。

均值插补法是一种简便、快速的缺失数据处理方法。使用均值插补法插补缺失数据，对该变量的均值估计不会产生影响。但该方法是建立在完全随机缺失的假设之上的，当缺失比例较高时会低估该变量的方差。同时，这种方法会产生有偏估计。

（3）多重插补（Multiple Imputation，MI）。在面对复杂的缺失值问题时，MI 是最常用的方法，它从一个包含缺失值的数据集中生成一组完整的数据集。每个模拟的数据集中，缺失数据都将用蒙特卡洛方法来填补。多重插补方法并不是用单一值来替换缺失值，而是试图产生缺失值的一个随机样本，反映出由于数据缺失而导致的不确定。R 语言中的 mice 包可以用来多重插补：

```
> library ( mice )
> data ( sleep , package = "VIM" )
> imp <- mice ( sleep , m=5, seed = 6666 )
iter imp variable
  1   1  NonD  Dream  Sleep  Span  Gest
  1   2  NonD  Dream  Sleep  Span  Gest
  1   3  NonD  Dream  Sleep  Span  Gest
  1   4  NonD  Dream  Sleep  Span  Gest
  1   5  NonD  Dream  Sleep  Span  Gest
  2   1  NonD  Dream  Sleep  Span  Gest
  2   2  NonD  Dream  Sleep  Span  Gest
…
```

```
> fit <- with ( imp , exp=lm ( Dream ~ Span + Gest ) )
> pooled <- pool ( fit )
> summary ( pooled )
                    est          se          t        df     Pr(>|t|)
(Intercept)  2.567686376 0.285838016  8.9830122 35.85560 1.042952e-10
Span        -0.004053181 0.013236038 -0.3062231 43.05292 7.609108e-01
Gest        -0.003842965 0.001698092 -2.2631079 35.17917 2.990444e-02
                  lo 95         hi 95 nmis       fmi    lambda
(Intercept)  1.987898937  3.1474738156   NA 0.2089325 0.1660046
Span        -0.030745247  0.0226388849    4 0.1549945 0.1166313
Gest        -0.007289647 -0.0003962828    4 0.2143316 0.1708996
```

其中，imp 是包含 *m* 个插补数据集的列表对象；*m* 默认为 5；exp 是一个表达式对象，用来设定应用于 *m* 个插补数据集的统计分析方法，如线性回归模型的 lm()函数、广义线性模型的 glm()函数，做广义可加模型的 gam()等；fit 是一个包含 *m* 个单独统计分析结果的列表对象；pooled 是一个包含这 *m* 个统计分析平均结果的列表对象。

3.2.2　处理噪声数据

数据噪声是指数据中存在的随机性错误或偏差，产生的原因很多。噪声数据的处理方法通常有分箱、聚类分析和回归分析等，有时也将与人的经验判断相结合。

分箱是一种将数据排序并分组的方法，分为等宽分箱和等频分箱。等宽分箱是用同等大小的格子来将数据范围分成 N 个间隔，箱宽为 $W=\frac{\max(\text{data})-\min(\text{data})}{N}$。等宽分箱比较直观和容易操作，但是对于偏态分布的数据，等宽分箱并不是太好，因为可能出现许多箱中没有样本点的情况。等频分箱是将数据分成 N 个间隔，每个间隔包含大致相同的数据样本个数，这种分箱方法有着比较好的可扩展性。将数据分箱后，可以用箱均值、箱中位数和箱边界来对数据进行平滑，平滑可以在一定程度上削弱离群点对数据的影响。

聚类分析处理噪声数据是指首先对数据进行聚类，然后使用聚类结果对数据进行处理，如舍弃离群点、对数据进行平滑等，类似于分箱，可以采用中心点平滑、均值平滑等方法来处理。

回归分析处理噪声数据是指对于利用数据建立回归分析模型，如果模型符合数据的实际情况，并且参数估计是有效的，就可以使用回归分析的预测值来代替数据的样本值，降低数据中的噪声和离群点的影响。

3.3　数据变换

数据变换包括平滑、聚合、泛化、规范化、属性和特征的重构等操作。下面将具体介绍这些操作。

1．数据平滑

数据平滑指的是将噪声从数据中移出，前文已经讲过，这里就不再赘述。

2．数据聚合

数据聚合指的是将数据进行汇总，以便对数据进行统计分析。

3．数据泛化

数据泛化是将数据在概念层次上转化为较高层次的概念的过程。例如，将分类替换为其父分类。数据泛化的主要目的是减少数据的复杂度。

4．数据规范化

数据规范化的常用方法如下。

（1）标准差标准化。

标准差标准化是将变量的各个记录值减去其平均值，再除以其标准差，即

$$x'_{ij}=\frac{x_{ij}-\overline{x}_i}{S_i}$$

其中，$\overline{x}_i=\frac{1}{n}\sum_{j=1}^{n}x_{ij}$ 是均值，$S_i=\sqrt{\frac{1}{n}\sum_{j=1}^{n}(x_{ij}-\overline{x}_i)^2}$ 是标准差。

经过标准差标准化处理后的数据的平均值为 0，标准差为 1。

（2）极差标准化。

极差标准化是将各个记录值减去记录值的平均值，再除以记录值的极差，即

$$x'_{ij}=\frac{x_{ij}-\overline{x}_i}{\max(x_{ij})-\min(x_{ij})}$$

经过极差标准化处理后的数据的极差等于 1。

（3）极差正规化。

极差正规化是将各个记录值减去记录值的极小值，再除以记录值的极差，极差正规化后的数据取值范围在$[0,1]$区间之内，即

$$x'_{ij}=\frac{x_{ij}-\min(x_{ij})}{\max(x_{ij})-\min(x_{ij})}$$

5．最小—最大规范化

最小—最大规范化是将所有的数据转化到我们新设定的最小值和最大值的区间内，即

$$x'_{ij}=\frac{x_{ij}-\min(x_{ij})}{\max(x_{ij})-\min(x_{ij})}(\text{new\_max}(x_{ij})-\text{new\_min}(x_{ij}))+\text{new\_min}(x_{ij})$$

对于时间序列数据，我们还有两个常用的数据转换方法，即分别计算数据的差值和比值。数据差值是采用$S(t+1)-S(t)$的相对改动来代替$S(t+1)$。而数据比值是采用$\frac{S(t+1)}{S(t)}$的相对改动来代替$S(t+1)$。

3.4　R 语言实现

对于数据预处理的基本函数，如数据集合并 merge()、数据筛选 subset()等，请参考方匡南等(2015)主编的《R 数据分析》。本节将主要介绍 R 语言中的 dplyr 包，该包作者是 Hadley Wickham，他将原本 plyr 包中的 ddply()等函数进一步分离强化，专注接收 dataframe 对象，大幅提高了速度，并且提供了更稳健的与其他数据库对象间的接口。其可以非常灵活、快速实现数据的清洗和整理。下面主要以 R 语言中 rpart 包中的 car90 数据集为例进行示范。

3.4.1　数据集的基本操作

由于 dplyr 包是利用 C 语言开发的，处理 tbl（表格）对象非常迅速，因此在使用 dplyr 包做数据预处理时，可以使用 tbl_df()函数将原数据转换为 tbl 对象：

```
> library ( dplyr )
> library ( rpart ) #需要载入 rpart 包中的 car90 数据集
> data ( car90 )
> car90_df <- tbl_df ( car90 )
```

1. 记录筛选

如果需要对数据集按某些逻辑条件进行筛选得到符合要求的记录，则可以使用 filter()函数。例如，分别筛选出产自日本的中型车数据和产自日本或美国的汽车数据：

```
> filter ( car90_df , Country == "Japan" , Type == "Medium" ) # 且的关系
> filter ( car90_df , Country == "Japan" | Country == "USA" ) # 或的关系
```

此外，可以将 filter.all()、filter.if()、filter.at()函数与 all_vars()和 any_vars()函数等结合起来实现更强大的记录筛选功能。例如，要筛选 car90_df 数据集中所有变量值都大于 100 时：

```
> filter_all ( car90_df , all_vars (.> 100 ) )
```

或者筛选 car90_df 数据集中任一变量值都大于 100 时：

```
> filter_all ( car90_df , any_vars ( .> 100 ) )
```

如果需要选取数据集中的部分行，则可以使用 slice()函数。例如，选取 car90_df 数据集中的前 20 行：

```
> slice ( car90_df , 1 : 20 )
```

dplyr 包还可以实现从数据集中随机地抽取样本，在建模时，当需要把样本随机划分训练集和测试集时这个包就很有用。例如：

```
> sample_n ( car90_df , 20 ) # 随机从数据集中选取 20 个样本
> sample_frac ( car90_df , 0.2 ) # 随机从数据集中选取 20%的样本
> sample_frac ( car90_df , 2 , replace = TRUE ) # 重复抽样选取两倍的样本
```

2. 数据排序

arrange()函数可以实现按给定的列名依次对行进行排序。例如，按产国和汽车类型的顺序将 car_df 数据集重新进行升序排序：

```
> arrange ( car90_df , Country , Type )
```

对列名加 desc()可按该列进行倒序排序：

```
> arrange ( car90_df , desc ( Weight ) )
```

3. 变量选取

如果想选择部分列构建子数据集，则可以用 dplyr 包中的 select()函数。这个函数是用列名作为参数来选择子数据集，可以用“：”来连接列名，就是把列名当作数字一样使用，还可以用“-”来排除列名。例如，选择 car90_df 数据集中 Country、Disp、Disp2 和 Eng.Rev 这 4 列数据，选择从 Country 到 Eng.Rev 的所有数据，删除从 Country 到 Eng.Rev 的所有数据：

```
> select ( car90_df , Country , Disp , Disp2 , Eng.Rev )
> select ( car90_df , Country : Eng.Rev ) # 筛选出 Country 到 Eng.Rev 的列
> select ( car90_df , - ( Country : Eng.Rev ) ) # 剔除 Country 到 Eng.Rev 的列
```

另外，如果将 iris 数据集中 petal 开头的两列都筛选出来，或者 width 结尾的两列都筛选出来：

```
> select ( iris , starts_with ( "Petal" ) ) # 选择以 petal 字符开头的变量
  Petal.Length Petal.Width
1        1.4         0.2
2        1.4         0.2
3        1.3         0.2
> select ( iris , ends_with ( "Width" ) ) # 选择以 Width 字符结尾的变量
  Sepal.Width Petal.Width
1        3.5        0.2
2        3.0        0.2
3        3.2        0.2
> select ( iris , matches ( ".t." ) ) # 正则表达式匹配，返回变量名中包含 t 的列
  Sepal.Length Sepal.Width Petal.Length Petal.Width
1        5.1        3.5          1.4         0.2
2        4.9        3.0          1.4         0.2
3        4.7        3.2          1.3         0.2
```

此外，contains (x)选择所有包含 x 的变量，matches (x)选择匹配正则表达式的变量，num_range ('x' , 1 : 5 , width = 2)选择 x01 到 x05 的变量。

4. 数据变形

对已有的列进行数据运算并添加为新列，可以使用 mutate()函数，并且 mutate()函数可以在同一语句中对新增加的列进行操作。例如，计算手动变速器和自动变速器齿轮转动比的差（Gear.Ratio-Gear2）：

```
> mutate ( car90_df , diff = Gear.Ratio - Gear2 )
```

5. 汇总操作

dplyr 包中的 summarise()函数可以对调用了其他函数所执行的操作进行汇总，返回一个一维的结果，例如：

```
> summarise ( car90_df , a = n_distinct ( Country ) , b = mean ( Price , na.rm
    = TRUE ) , c = max ( Luggage ) )
```

summarise()与 mean()、median()、sd()、quantile()等函数结合起来，可以返回想要的汇总数据。

6. 数据分组

在 dplyr 包中，有一个很好用的功能就是可以使用 group_by()函数对数据集进行分组操作，当数据集通过 group_by ( )添加了分组信息后，mutate()、arrange()和 summarise()函数会自动对这些 tbl 类数据执行分组操作。例如，对 car90_df 数据集按汽车类型（Type）进行分组，计算不同类型汽车数（count = n ( )）和平均价格（meanprice = mean (Price , na.rm = TRUE)）：

```
> cars <- group_by ( hflights_df , Type )
> analysis <- summarise ( cars , count = n ( ) , meanprice = mean ( Price ,
na.rm = TRUE ) )
> analysis2 <- filter ( analysis , count > 5 , meanprice < 10000 ) > delay2
<- filter ( delay , count > 20 , dist < 2000 )
```

7. 变量重命名

dplyr 包中使用 rename()函数实现对变量的重命名，例如：

```
> rename ( car90_df , Eng_Rec = Eng.Rev )
```

此外，重命名函数还有 rename_all()、rename_at()、rename_if()。

8. 其他小函数

dplyr 包中还提供了一些有用的小函数，见表 3-2。

表 3-2　dplyr 包中有用的小函数

函　　数	功　　能
n()	计算个数
n_distinct()	计算唯一值的个数
first (x)	类似自带函数 x [1]
last (x)	类似自带函数 x [length (x)]
nth (x , n)	类似自带函数 x [n]
top_n(x, n)	筛选最大或者最小（n 为负）的 n 个数

同时，这些小函数可以与 summarise()、mutate()和 filter()等函数结合使用，例如：

```
> summarise ( car90_df , a = n_distinct ( Country ) )
```

9. 管道函数

dplyr 包中有一个特有的管道函数（pipe function），即通过%>%将上一个函数的输出作为下一个函数的输入，就像管道输送一样，因此称为管道函数。这种方法可以大大提高程序的运行速度，并简化程序代码。例如，需要对 car90_df 数据按汽车类型进行分组，分组后筛选出 Price、Weight 两列变量，并分别计算这两个变量的均值，可以采用如下程序：

```
> car90_df %>%
  group_by ( Type ) %>%
  select ( Price , Weight ) %>%
  summarise ( meanprice = mean ( Price , na.rm = TRUE ) ,
              meanweight = mean ( Weight , na.rm = TRUE ) )
返回结果:
# A tibble: 7 x 3
     Type meanprice meanweight
   <fctr>     <dbl>      <dbl>
1 Compact  14395.368  2818.684
2   Large  21499.714  3750.000
3  Medium  22750.154  3327.692
4   Small   7736.591  2250.227
…
```

3.4.2 数据集间的操作

dplyr 包中用 inner_join()、left_join()、right_join()和 full_join()函数分别实现两个数据集间的内连接、左连接、右连接和全连接操作。使用 semi_join (x , y , by = "x1")实现返回 x 中的与 y 匹配的行，用 anti_join (x , y , by = "x1")实现返回 x 中的不与 y 匹配的行。另外，使用 bind_rows (x , y)将数据集 y 按行拼接到数据集 x 中，使用 bind_cols (x , y)将数据集 y 按列拼接到数据集 x 中。比如，dplyr 包有两个数据集 band_members 和 band_instruments：

```
> band_members
# A tibble: 3 x 2
   name   band
  <chr>  <chr>
1  Mick  Stones
2  John Beatles
3  Paul Beatles
> band_instruments
# A tibble: 3 x 2
   name  plays
  <chr>  <chr>
1  John guitar
2  Paul   bass
```

```
3 Keith guitar
> left_join ( band_members , band_instruments ) # 按第一个数据集的 ID 匹配合并
Joining, by = "name"
# A tibble: 3 x 3
   name    band  plays
  <chr>   <chr>  <chr>
1  Mick  Stones   <NA>
2  John Beatles guitar
3  Paul Beatles   bass
> band_members %>% right_join ( band_instruments ) # 按第二个数据集 ID 匹配合并
Joining, by = "name"
# A tibble: 3 x 3
   name    band  plays
  <chr>   <chr>  <chr>
1  John Beatles guitar
2  Paul Beatles   bass
3 Keith    <NA> guitar
> band_members %>% full_join ( band_instruments )#按两个数据集 ID 的并集匹配合并
Joining, by = "name"
# A tibble: 4 x 3
   name    band  plays
  <chr>   <chr>  <chr>
1  Mick  Stones   <NA>
2  John Beatles guitar
3  Paul Beatles   bass
4 Keith    <NA> guitar
```

3.4.3　连接数据库数据

dplyr 包可以直接访问数据库中的数据，利用 src_mysql()函数可以获取 MySQL 数据库中的数据，其功能类似 RMySQL 包。其语法如下：

```
src_mysql ( dbname , host = NULL , port = 0L , user = "root" , password = "
" )
```

连接 MySQL 数据库后，使用 tbl()函数获取数据集，tbl()函数语法为 tbl (src , from , ...)，其中，src 为 src_mysql()函数对象，from 为 SQL 语句。

具体例子如下：

```
> my_db <- src_mysql ( host = "blah.com" , user = "hadley" , password = "pass" )
> my_tbl <- tbl ( my_db , "my_table" )
```

3.5 习题

1．请分析 ISLR 包里的 Wage 数据。

（1）请按 race 把不同的种族的分别筛选出来，然后比较不同种族的平均工资是否一样。

（2）请把 wage 按 100 划分为高工资和低工资两类，并新建一个变量，分别用 high 和 low 代替高工资和低工资。

2．请分析 ISLR 包里的 Hitters 数据。

（1）请找出 Salary 变量里有缺失的所有球员，并统计总共有多少缺失。

（2）请用均值和中位数分别插值缺失的数据。

第 4 章

数据可视化

数据可视化是指将结构的或非结构的数据转换成适当的可视化图表，进而将隐藏在数据中的信息直接展现于人们面前。与传统的采用表格或文档展现数据的方式相比，可视化能够将数据以更加直观的方式展现出来，使得数据更加客观且更具有说服力。另外，可视化的图形能够概括出数据的主要特点，有助于我们发现数据的分布趋势和其他特征，进而确定该采用什么样的模型。所以，数据可视化是我们进行探索性数据分析的一个快速、简便的方法。

对于一般基础的画图，R 语言有自己的基础图形系统，如 graphics 包、grid 包或者 lattice 包等，请参考方匡南等（2015）主编的《R 数据分析》。本章我们介绍另外两个强大的包——ggplot2 和 recharts。相比于 R 语言自带的基础作图函数，如 plot ()，这两个包能够使图表类型表现得更加多样化、丰富化。并且，除传统的饼图、柱状图、折线图等常见图形外，它们还能画出气泡图、词云图、热图等酷炫的图形，这些种类繁多的图形能够满足我们不同的展示和分析需求。

4.1 高阶绘图工具——ggplot2

我们首先介绍 ggplot2 包。ggplot2 是一个有着一套完整图形语法支持的软件包，其语法基于 *Grammar of Graphics*（Wilkinson，2005）一书。该绘图包的特点在于定义各种底层组件（如线条、方块）来合成复杂的图形，而不是定义具体的图形（如箱线图、直方图等）。

通常，ggplot2 生成图形的必须步骤如下。

（1）定义需要绘图的数据，并采用 ggplot2 生成一个空的绘图对象。

（2）确定图形形状，或用来展示数据的 geoms（数据符号或线），并采用 geom_point ()或 geom_line ()等函数将它们添加到图中。

（3）采用 aes ()函数指定用来表示数据值的形状的特征或 aethetics（数据符号的 x 坐标或者 y 坐标）。

下面我们将首先介绍如何使用 qplot()函数快速绘制各种统计图形， 然后对如何使用图层创建图像进行探讨。

4.1.1 快速绘图

对于非常简单的图，ggplot2 中的函数 qplot()和传统绘图中的 plot()函数功能类似。

（一）散点图

基本的散点图绘制可以使用 qplot ()函数。下面我们采用 ggplot2 包中关于不同类型的车的燃油数据集 mpg 来进行说明，如图 4-1 所示。

```
> library ( ggplot2 )
> qplot ( displ , cty , data = mpg )
> qplot ( displ , cty , data = mpg , colour = class )
> qplot ( displ , cty , data = mpg , shape = fl )
```

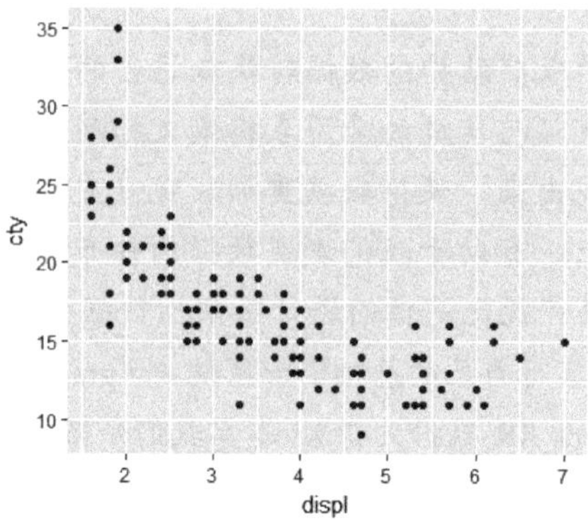

图 4-1 mpg 数据集，发动机排量(升)和每加仑英里数的散点图

在图 4-1 的基础上，我们还可以通过使用不同的颜色及形状来对汽车类型和燃料类型进行区分，如图 4-2 所示。

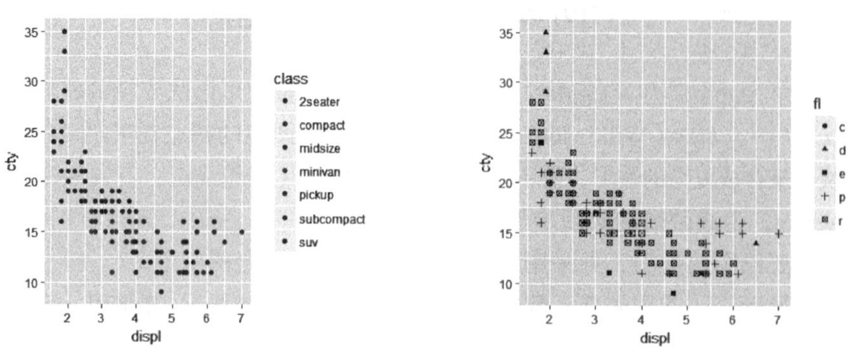

（a）使用不同的颜色对汽车的类型进行区分　（b）使用不同的形状对燃料的类型进行区分

图 4-2 使用不同的颜色及形状对汽车类型和燃料类型进行区分

（二）条形图和箱线图

对于离散型变量，频数一般可以使用条形图来绘制，这里我们直接使用 geom = "bar"即可。例如，汽车气缸数目的条形图如图 4-3 所示。

```
> qplot ( cyl , data = mpg , geom = "bar" )
```

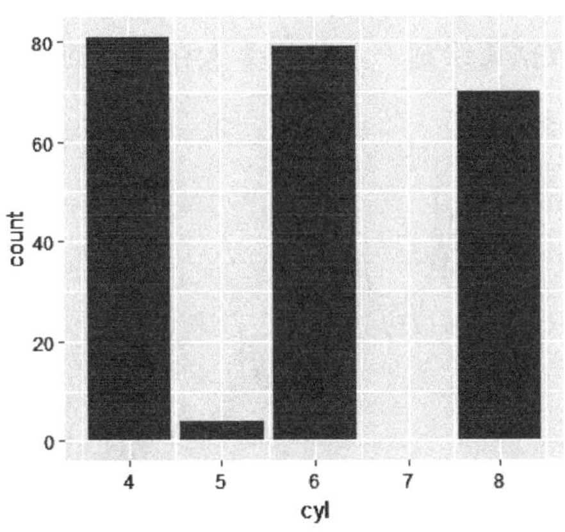

图 4-3　汽车气缸数目的条形图

如果想要描述连续变量在不同类别下的变化情况则可以使用箱线图，只需要将参数设置为 geom = "boxplot"即可：

```
> qplot ( as.factor(cyl) , displ, data = mpg , geom = "boxplot" )
```

例如，想研究不同气缸数目下汽车发动机排放量（升）的分布情况，则相应的箱线图如图 4-4 所示。

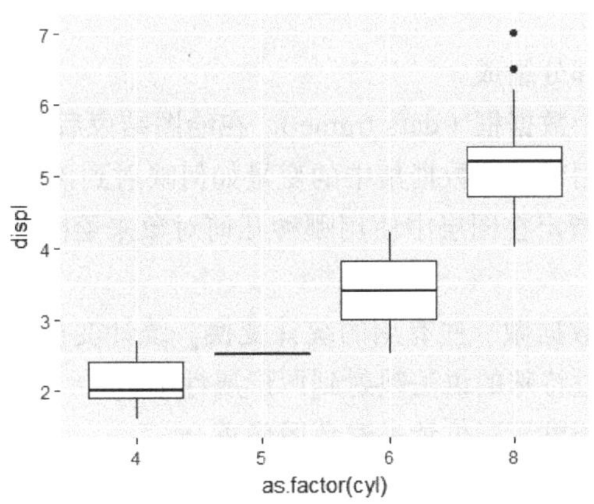

图4-4　不同气缸数目下发动机排放量箱线图

对于连续型数据，我们最常用的是直方图和密度曲线图。只需在 qplot()上面添加参数 geom = "histogram"和 geom = "density"即可实现这两种图形的绘制，这里不再举例说明。

（三）时间序列图

对于时间序列数据所绘制的图形称为线条图，它只需通过添加参数 geom = "line"即可实现。

```
> qplot ( date , psavert , data = economics , geom = "line" )
```

例如，使用 economics 数据集绘制一个关于个人存储率的时间序列图，如图 4-5 所示。

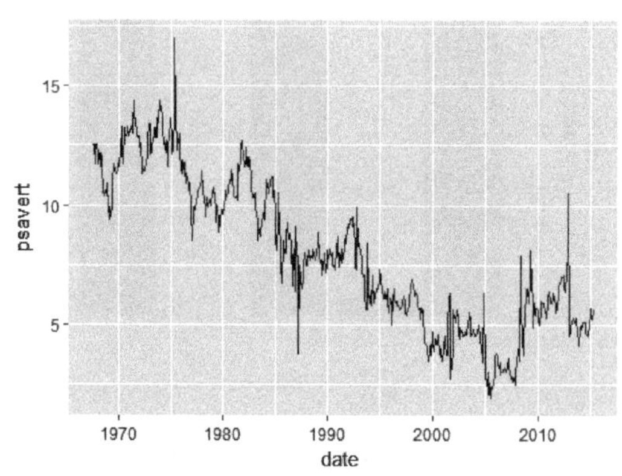

图 4-5 个人存储率时间序列图

4.1.2 使用图层构建图像

上一节介绍了使用 qplot()函数绘制各种基础的图形，但是 qplot ()函数其实是存在一定局限性的，因为它只能使用一个数据集和一组图形属性映射。想要解决这个问题，就可以使用本节将要介绍的图层。每个图层都可以有自己的数据集和图形属性映射，附加的数据元素可通过图层添加到图形中。

一个图层由以下五个部分组成。

（1）数据，必须是一个数据框（data frame），在绘图结束后可以被修改。

（2）图形属性映射，用来设定数据集中的变量如何映射到该图层的图形属性。

（3）几何对象，用来指定在图层中使用哪种几何对象来绘图。几何对象决定了一组可用的图像属性。

（4）统计变换，对原数据做一些有用的统计变换。统计变换返回一个包含新变量的数据框，这些新变量也可以通过特殊的语法映射到图形属性中。

（5）位置调整，通过调整元素位置来避免图像重合。

下面我们主要介绍前三个部分。

（一）数据

ggplot2 对于数据集的要求是必须是一个数据框。ggplot2 会从我们指定的数据框中提取绘图所需的变量，并生成一个新的数据集，而不是直接在原数据上进行数据变换。这里我们依旧以 mpg 数据集为例进行说明。

（二）图形属性映射

1．创建绘图对象

当我们调用 qplot ()函数时，主要工作包括创建一个图形对象，添加图层和展示结果。可以使用 ggplot ( )函数手动创建图形对象。参数映射的设定方法与前面讲过的 qplot ( )函数非常类似，只需将图形属性和变量名放到 aes ()函数的括号里面即可。下面的例子设定了一组默认映射，但这个图形对象尚未添加图层，因此无法显示：

```
> p <- ggplot ( mpg , aes ( displ , cty , colour = class ) )
```

2．图形属性

aes( )函数用来将数据变量映射到图形中，上例中的 aes(displ , cty , colour = class)将 x 坐标映射到 displ，y 坐标映射到 cty，colour 映射到 class，这和 qplot()的用法是一致的。注意，最好不要使用指定数据集以外的变量，因为这样无法将绘图所用的数据都封装到一个对象里。

3．图和图层

如下例所示，默认的图形属性映射可以在图形对象初始化时设定，或者过后使用“+”进行修改，并且一个图层里设定的图形属性映射只对该图层起作用：

```
> p <- ggplot ( mpg )
> summary ( p )
data: manufacturer, model, displ, year, cyl, trans, drv, cty, hwy, fl, class[234
x11]
faceting: <ggproto object: Class FacetNull, Facet>
> p <- p + aes ( displ, hwy )
> summary ( p )
data: manufacturer, model, displ, year, cyl, trans, drv, cty, hwy, fl, class[234
x11]
mapping:    x = displ , y = hwy
faceting: <ggproto object: Class FacetNull, Facet>
```

4．设定和映射

除可以将一个图形属性映射到一个变量外，我们还可以在图层的参数里将其设定为一个单一值，如令colour = 'green'。图形属性可以根据观测的不同而变化，但是参数则不行。下面的例子用图层里的colour 参数设定了点的颜色：

```
> p <- ggplot ( mpg , aes ( displ , hwy ) )
> p + geom_point ( colour = 'green' )
```

这里我们将点的颜色设定为绿色，如图 4-6（a）所示，这和下面的例子有很大的区别。

这里将 colour 映射到 green 颜色。实际上是首先创建了一个只含有 green 字符的变量，然后将 colour 映射到这个新变量。因为这个新变量的值是离散的，所以默认的颜色标度将使用色轮上等间距的颜色，并且此处新变量只有一个值，因此这个颜色就是桃红色，如图 4-6（b）所示。

```
> p + geom_point ( aes ( colour = 'green' ) )
```

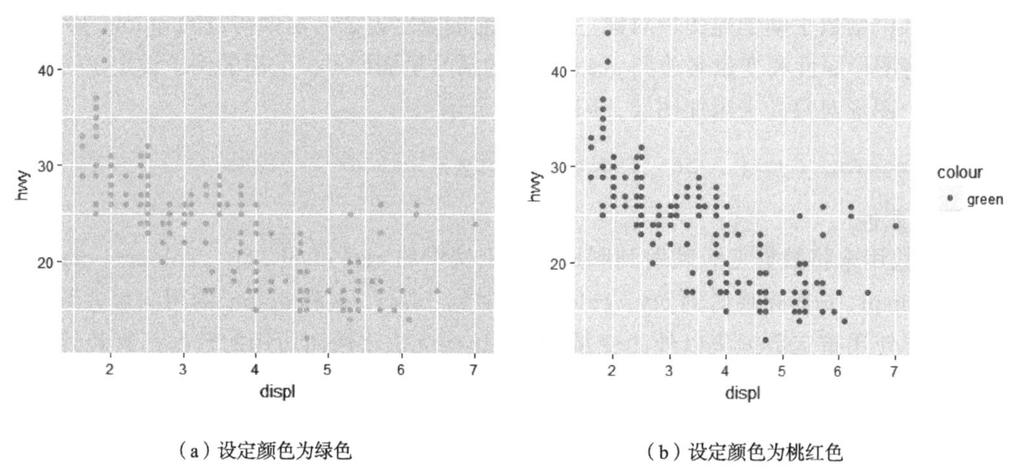

（a）设定颜色为绿色　　（b）设定颜色为桃红色

图4-6　mpg 数据集，displ 关于 hwy 的散点图

（三）几何对象

几何图形对象（简称 geom），它决定了生成的图像类型。例如，使用点几何对象（point geom）将会生成散点图，而使用线几何对象（line geom）则会生成折线图等。

有些几何对象主要在它们参数化的方式上有所不同。例如，矩形几何对象（rect geom）设定的是它的上（ymax）、下（ymin）、左（xmin）和右（xmax）位置。实际上，矩形几何对象被看作多边形，它的参数是四个角的位置。表 4-1 列出了部分常用几何对象的图形属性。

表 4-1　常用几何对象的图形属性

几何对象	描　述	图形属性
geom_point ( )	数值符号	x, y, shape, file
geom_line ( )	直线（按 x 排序）	x, y, linetype
geom_path ( )	直线（按原始排序）	x, y, linetype
geom_text ( )	文本标签	x, y, label, angle, hjust, vjust
geom_rect ( )	矩形	xmin, xmax, ymin, ymax, fill, linetype
geom_polygon ( )	多边形	x, y, fill, linetype
geom_segment ( )	线段	x, y, xend, yend, linetype
geom_bar ( )	条状图	x, fill, linetype, weight
geom_histogram ( )	直方图	x, fill, linetype, weight

续表

几何对象	描　述	图形属性
geom_boxplot ( )	箱线图	x, y, fill, weight
geom_density ( )	密度图	x, y, fill, linetype
geom_contour ( )	等高线图	x, y, fill, linetype
geom_smooth ( )	光滑曲线	x, y, fill, linetype
ALL		color, size, group

4.1.3 分面

对探索性数据分析来说，分面能够帮助我们快速地分析出数据各子集模式的异同。ggplot2 提供两种分面类型，网格型（facet_grid）和封装型（facet_wrap）。

网格分面生成的是一个二维的面板网格，面板的行与列通过变量来定义；封装分面则首先生成一个一维的面板条块，然后再封装到二维中。网格分面布局类似 R 语言基础图形中的 coplot 布局，而封装分面则类似 lattice 的面板布局。本小节将使用 mpg 数据集的子集来进行展示。

（一）网格分面

1. 不分面

这里因为 mpg 数据集中气缸数目 cyl 的值为 5 的观测值数目极少，故暂时舍去，将其余的数据作为进行后续分析的子集，如图 4-7 所示。

```
> submpg <- subset ( mpg , cyl != 5 )
> qplot ( cty , hwy , data = submpg ) + facet_null ( )
```

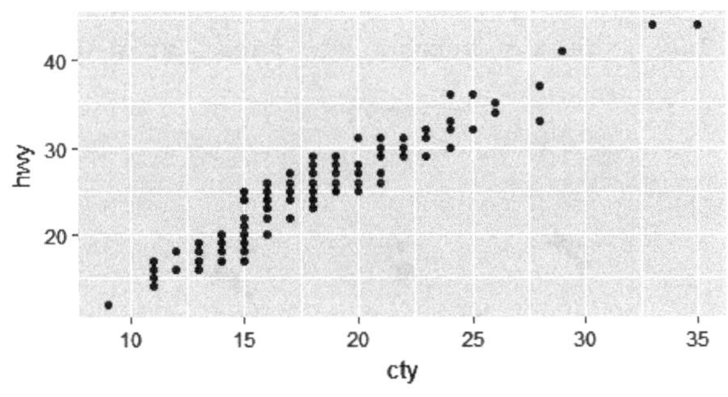

图 4-7　不进行分面

2. 一行多列（如图 4-8 所示）

```
> qplot ( cty , hwy , data = submpg ) + facet_grid ( . ~ cyl )
```

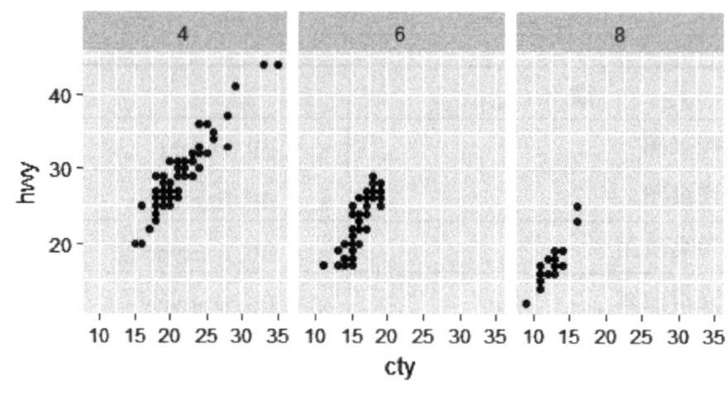

图 4-8　一行多列

3．一列多行（如图 4-9 所示）

```
> qplot ( cty , data = submpg , geom = 'histogram' , binwidth = 2 ) + facet_grid
( cyl ~. )
```

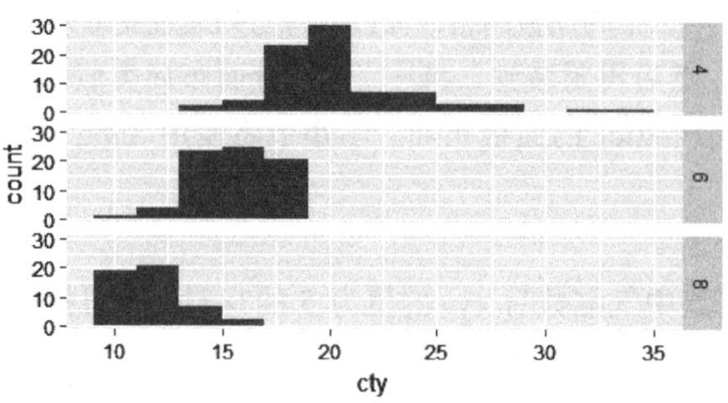

图 4-9　一列多行

4．多行多列（如图 4-10 所示）

```
> qplot ( cty , hwy , data = submpg ) + facet_grid ( drv ~ cyl )
```

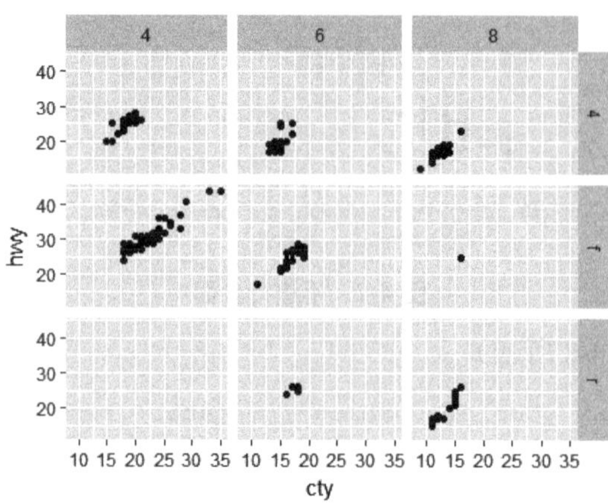

图 4-10　多行多列

（二）封装分面

facet_wrap 首先生成一个长的面板条块（由任意数目的变量生成），然后将它封装在二维面板中，如图 4-11 所示。

```
> ggplot ( mpg , aes ( displ , cty ) ) + geom_point ( ) + facet_wrap ( ~ cyl ,
nrow = 2)
```

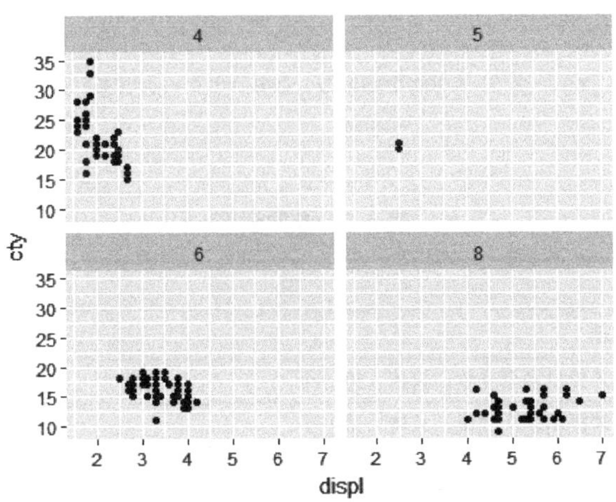

图 4-11　封装分面

4.2　ECharts2

ECharts2 是百度发布的一个开源 JavaScript 图表库，可以流畅地运行在 PC 和移动设备上，兼容当前绝大部分浏览器（IE 8/9/10/11、Chrome、Firefox、Safari 等），底层依赖轻量级的 Canvas 类库 ZRender，提供直观、生动、可交互、可高度个性化定制的数据可视化图表。

ECharts2 提供的图表类型包括常规的折线图、柱状图、散点图、饼图、K 线图，可用于统计的盒形图，地理数据可视化的地图、热力图、线图，关系数据可视化的关系图、treemap、多维数据可视化的平行坐标，以及商务智能 BI 的漏斗图、仪表盘，并且支持图与图之间的混搭等。

基于百度 ECharts2 的稳定版本（v2.2.7）开发的 recharts 提供了一套面向该库的接口，使得 R 语言用户即使没有 HTML 或者 JavaScript 的相关背景知识，也能使用少量代码制作出 Echarts 交互图，极大地方便了 R 语言用户使用 ECharts2 库的各种图表功能。

4.2.1　安装

recharts 包依旧处于开发之中，可以使用 devtools 从 Github 上下载：

```
> devtools::install_github ( 'madlogos/recharts' )
```

4.2.2 使用

通过recharts包，我们可以绘制散点图、气泡图、条形图、饼图、热力图、雷达图等各种丰富的图表，下面我们将介绍比较常见图表的绘制方法，在此之前首先加载recharts 包：

```
> library ( recharts )
```

（一）散点图

1. 用法

```
echartr ( data , x , y , <series> , <weight> , <t> , <type> )
```

2. 参数

参数说明见表 4-2。

表 4-2 参数说明

参数	说　明
data	数据框格式的数据
x	数值型自变量，若提供多个变量，只传入第一个
y	数值型因变量，若提供多个变量，只传入第一个
series	数值型变量，处理为因子，若提供多个变量，只传入第一个
weight	数值型权重变量，若提供多个变量，只传入第一个，当type 为 bubble 时，显示气泡图
type	scatter、point 或 bubble

3. 举例

这里我们所使用的数据来源于 R 语言的内置数据集iris。通过绘制散点图，观察不同种类的花，分析其花萼宽度和花瓣宽度的关系，如图 4-12 所示。

```
> e1 <- echartr ( iris , x = SepalWidth , y = PetalWidth , series = Species )
> e1
```

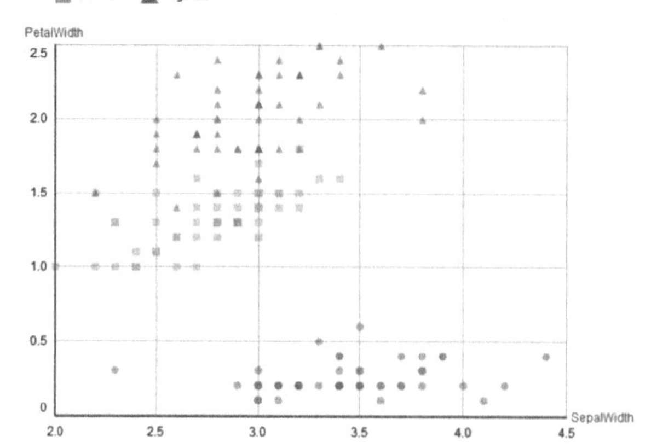

图4-12 iris 数据集，花萼宽度和花瓣宽度的散点图

（二）气泡图

1．用法

相关参数设置可以参考散点图，但关键是传入有效的数值型 weight 变量。如果 weight 被接受，且 type 为“bubble”，则可生成气泡图。

2．举例

以 iris 数据集为例，探究花瓣长度和花瓣宽度的关系，同时设置气泡大小依据花萼宽度数值大小，如图 4-13 所示。

```
> e2 <- echartr ( iris , PetalLength , PetalWidth , weight = SepalWidth , type
= 'bubble' )
> e2
```

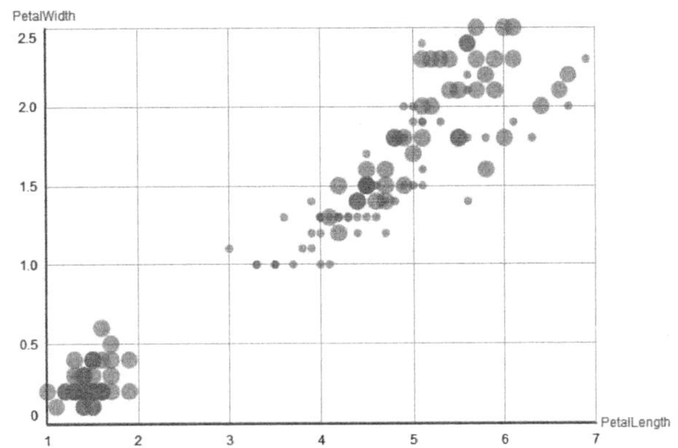

图4-13　iris 数据集，花瓣长度和花瓣宽度的气泡图

（三）条图

条图包含三种基本类型：条形图（bar / hbar）、柱形图（column / vbar）、直方图（histogram / hist）。

1．用法

```
echartr ( data , x , <y> , <series> , <t> , <type> , <subtype> )
```

2．参数

参数说明见表 4-3。

表 4-3　参数说明

参数	说　明
Data	数据框格式的数据
x	文本型自变量，其他类型会被转变为因子。如提供多个变量，则只传入第一个。数值型，并且如果 y 缺失，则生成直方图
y	数值型因变量。如提供多个变量，则只传入第一个。如 y 缺失并且 x 为数值型，则生成直方图

续表

参数	说　明
series	数据系列，转为因子处理。如提供多个变量，则只传入第一个
t	时间变量，转为因子处理。如提供多个变量，则只传入第一个
type	bar / hbar、vbar / column、hist / histogram
subtype	bar / column: stack（要堆积的数据系列）

3. 举例

以datasets 包自带的 Titanic 数据集为例，我们首先对该数据集进行预处理，计算不同舱位的生存人数：

```
> library ( data.table )
> titanic <- melt ( apply ( Titanic , c ( 1 , 4 ) , sum ) )
> names ( titanic ) <- c ( 'Class' , 'Survived' , 'Count' )
> View ( titanic )
    Class   Survived    Count
1   1st     No          122
2   2nd     No          167
3   3rd     No          528
```

接下来，我们将不同舱位的人数绘制成条形图，如图 4-14（a）所示。

我们还可以绘制堆积条形图，如图 4-14（b）所示。

```
> e3 <- echartr ( titanic , Class , Count , Survived , type = 'hbar' )
> e3
> e4 <- echartr ( titanic , Class , Count , Survived , type = 'hbar' , subtype
= 'stack' )
> e4
```

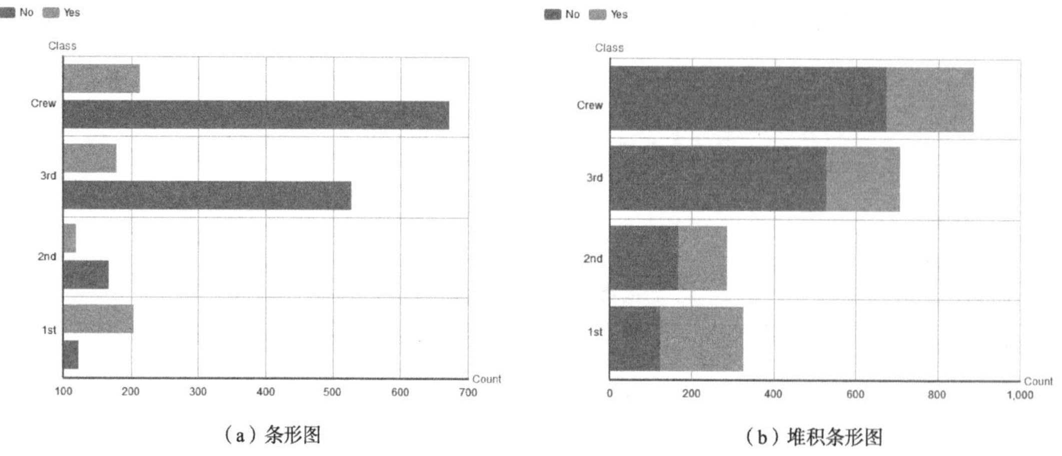

（a）条形图　　（b）堆积条形图

图4-14　Titanic 数据集的不同舱位人数

```
> e5 <- echartr ( titanic , Class , Count , Survived , type = 'vbar' )
> e5
> e6 <- echartr ( titanic , Class , Count , Survived , type = 'vbar' , subtype
= 'stack' )
> e6
```

也可以绘制纵向的条形图，即柱形图，如图 4-15 所示。

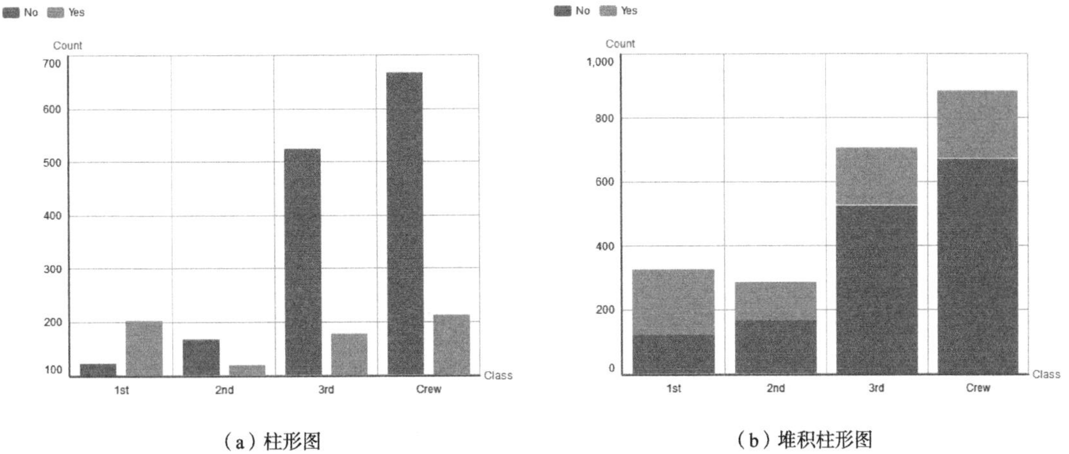

（a）柱形图　　（b）堆积柱形图

图 4-15　Titanic 数据集的不同舱位人数

（四）K 线图

1．用法

```
echartr ( data , x , y , <t> , <type> )
```

2．参数

参数说明见表 4-4。

表 4-4　参数说明

参数	说　明
data	数据框格式的数据
x	文本型自变量，如提供多个变量，则只传入第一个
y	数值型因变量，只传入前四列，且必须按照“开盘”“收盘”“最低价”“最高价”顺序排列
t	时间变量，转为因子计算。如提供多个变量，则只传入第一个
type	k 或者 candlestick

3．举例

以上海 2013 年股票指数 stock 数据集为例，该数据集包含 open、close、low、high 等指数。可以使用命令?stock 查看更多关于 stock 数据集的相关信息，如图 4-16 所示：

```
> e7 <- echartr ( stock , as.character ( date ) , c ( open , close , low ,
high ) , type='candlestick') %>%
setXAxis ( name = 'Date' , axisLabel = list ( rotate = 25 ) ) %>% setYAxis
( name = "StockPrice" )
> e7
```

图4-16　上海2013 年股票指数stock 数据集的K 线图

（五）热力图

1. 用法

```
echartr ( data , y , lng , lat , <series> , <t> , <type> )
```

2. 参数

参数说明见表 4-5。

表 4-5　参数说明

参数	说　明
Data	数据框格式的数据
y	数值型因变量，如提供多个变量，则只传入第一个。y 表示热力值，取值范围为 0～1，如果 y 不在此范围内，则 recharts 会标准化后计算
lng	经度或者 x 坐标
lat	纬度或者 y 坐标
series	数据系列变量，转为因子后计算。如提供多个变量，则只传入第一个
t	时间轴变量，转为因子后计算，如提供多个变量，则只传入第一个
type	heatmap

3. 举例

下面以构造的虚拟数据为例来绘制热力图，如图 4-17 所示：

```
> df1 <- data.frame ( lng = 200 + rnorm ( 100 , 0 , 1 ) * 100 ,
                     lat = 200 + rnorm ( 100 , 0 , 1 ) * 100 , y = abs ( rnorm
                     ( 100 , 0 , 1 ) ) )
> df2 <- data.frame ( lng = rnorm ( 200 , 0 , 1 ) * 100 ,
                     lat = - 100 + rnorm ( 200 , 0 , 1 ) * 100 , y = abs ( rnorm
                     ( 200 , 0 , 1 ) ) )
> df3 <- data.frame ( lng = 40 + rnorm ( 50 , 0 , 1 ) * 300 ,
                     lat = rnorm ( 50 , 0 , 1 ) * 10 , y = abs ( rnorm ( 50 ,
                     0 , 1 ) ) )
> data <- rbind ( df1 , df2 , df3 )
>  e9 <- echartr ( data ,  lng =  lng , lat =  lat , y =  y , type =  'heatmap' ) %>%
setTitle ( "Heatmap" )
> e9
```

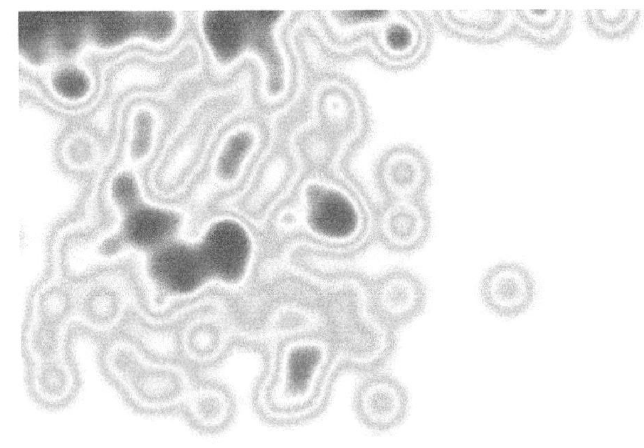

图 4-17　热力图

df1、df2、df3 三个数据框均包括经度和纬度，以及对应的热度值，如果热度值不在 0～1 之间，则进行标准化计算。颜色越偏向于深色，表示数值越大，热度越高。

（六）雷达图

1. 用法

```
echartr ( data , x , <y> , <series> , <facet> , <t> , <type> , <subtype> )
```

2. 参数

参数说明见表 4-6。

表 4-6 参数说明

参数	说 明
data	数据框格式的数据
x	文本型自变量，x 的每个水平被处理为极坐标轴。其他类型在被转为因子后计算。如提供多个变量，则只传入第一个
y	数值型因变量，如提供多个变量，则只传入第一个
series	转为因子后计算，series 的每个水平被处理为分组因子，产生数据系列。如提供多个变量，则只传入第一个
facet	转为因子后计算，facet 的每个水平被处理为分组因子，用于产生独立的极坐标系。如提供多个变量，则只传入第一个
t	时间轴变量，转为因子后计算，如提供多个变量，则只传入第一个
type	radar
subtype	fill：雷达图颜色，默认不填色

3. 举例

下面以厦门市溪东、洪文、鼓浪屿和湖里中学 4 个地点的环境监测指标（PM2.5 细颗粒物、PM10 可吸入颗粒物、O3 臭氧 1 小时平均，O3 臭氧 8 小时平均）为例，首先准备数据：

```
> area <- c ( '溪东' , '洪文' , '鼓浪屿' , '湖里中学' )
> indicators <- c ( 'PM2.5 细颗粒物' , 'PM10 可吸入颗粒物' ,
                  'O3 臭氧 1 小时平均' , 'O3 臭氧 8 小时平均' )
> data <- matrix ( c ( 6 , 13 , 32 , 51 , 3 , 17 , 42 , 52 ,
                 14 , 24 , 43 , 52 , 7 , 16 , 44 , 53 ) ,
                 4 , 4 , byrow = TRUE )
> data <- as.data.frame ( data )
> rownames ( data ) <- area
> colnames ( data ) <- indicators
> data $ area <- rownames ( data )
> data <- data.table::melt ( data , id.vars = 'area' )
> names ( data ) <- c ( 'area' , 'indicators' , 'value' )
```

接下来绘制图形，如图 4-18 所示。

```
> e10 <- echartr ( data , indicators , value , series = area , type = 'radar' ,
sub = 'fill' ) %>%
+   setTitle ( '2017/8/27: PM2.5 细颗粒物 vs PM10 可吸入颗粒物
+   vs O3 臭氧1 小时平均 vs O3 臭氧8 小时平均' )
> e10
```

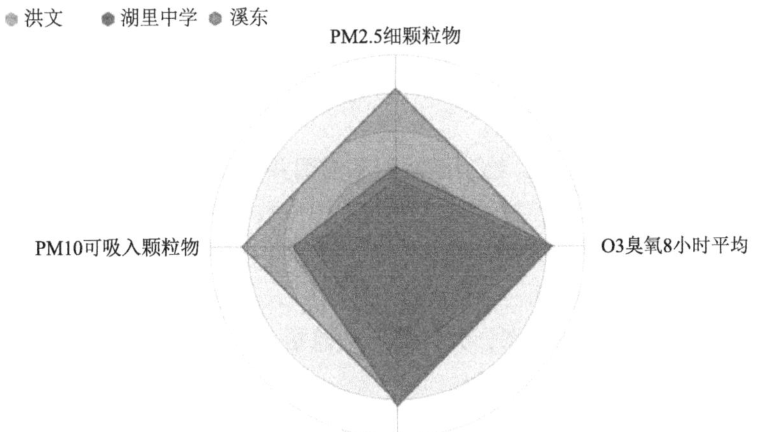

图 4-18　环境监测指标雷达图

此外还能够通过设置 facet 获得多个雷达图。同时，雷达图默认构建在多边形极坐标上，可以使用setPolar 将其改为圆形极坐标系，但是仅适用于雷达图，如图 4-19 所示。

```
> e11 <- echartr ( data , indicators , value , facet = area , type = 'radar' ,
sub = 'fill' ) %>% setTitle ( '2017/8/27:PM2.5 细颗粒物 vs PM10 可吸入颗粒物
vs O3 臭氧1 小时平均 vs O3 臭氧8 小时平均' ) %>% setPolar ( type = 'circle' )
> e11
```

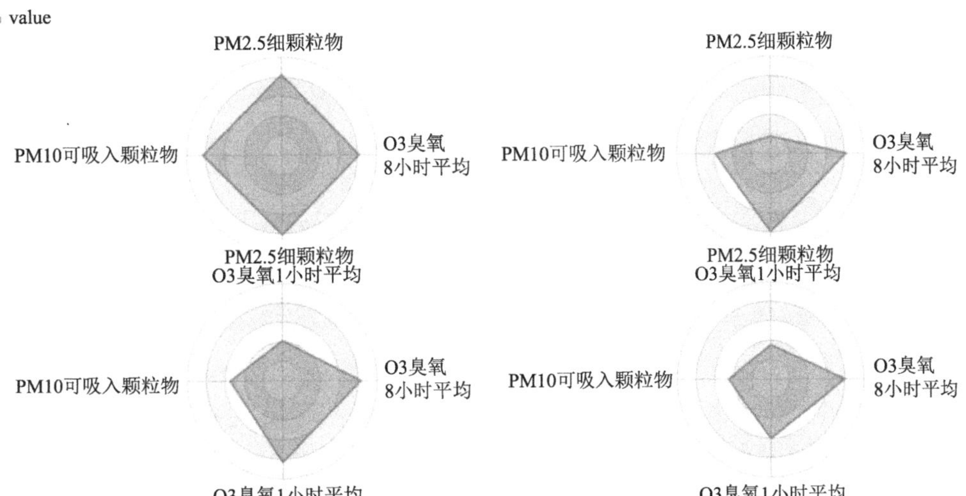

图4-19　4 个环境监测指标各自的雷达图

4.3 习题

1．请分析 ISLR 包里的 Wage 数据。

（1）统计该数据的 race 的人数，绘制条线图和饼图并分别进行分析。

（2）计算 wage 的均值、方差、标准差、极差、中位数、下四分位数和上四分位数。

（3）绘制 wage 的直方图、密度估计曲线、QQ 图，并将密度估计曲线与正态密度曲线相比较。

（4）绘制 wage 的茎叶图、箱线图，并计算五数总括。

2．请分析 ISLR 包里的 Hitters 数据。

（1）把有缺失数据的行全部删掉。

（2）绘制 Years 对于 Salary 的散点图，并计算两者之间的相关系数。

（3）请分析 League 和 Division 之间的关系。

（4）请使用箱线图分析 Hits 与 League 的关系。

（5）请绘制 AtBat、Hits、HmRun、Runs、RBI、Walks、Years 的多重散点图，并分析它们之间的关系。

第 5 章

线性回归

回归分析是对客观事物数量依存关系的分析，是统计中的一个常用的方法，被广泛应用于自然现象和社会经济现象中变量之间的数量关系研究。本章将介绍线性回归的原理、估计方法及 R 语言的实现。

5.1 问题的提出

例 5.1 为了研究某社区家庭月消费支出与家庭月可支配收入之间的关系，随机抽取并调查 12 户家庭的相关数据，见表 5-1。通过调查所得的样本数据能否发现家庭消费支出与家庭可支配收入之间的数量关系，以及如果知道家庭的月可支配收入，能否预测家庭的月消费支出水平呢？

表 5-1 每月家庭消费支出与每月家庭可支配收入（单位：元）

Income	800	1100	1400	1700	2000	2300	2600	2900	3200	3500
consume	594	638	1122	1155	1408	1595	1969	2078	2585	2530

注：数据来自李子奈、潘文卿编著的《计量经济学（第三版）》。

我们首先对数据进行探索性分析，发现消费与收入具有很强的正相关关系，pearson 相关系数为 0.988。通过图 5-1 所示的散点图可以看出，二者有着明显的线性关系，但是仍无法确定收入具体是如何影响消费支出的。

例 5.2 医学上认为一个人的最大心率和年龄是有很大关系的，一般是由这样的经验公式 MaxRate = 220−Age 来决定的。现在收集了 15 个来自不同年龄层的人接受最大心率测试的数据，见表 5-2。

表 5-2　最大心率与年龄的调查数据

Age（x）	MaxRate（y）	Age（x）	MaxRate（y）	Age（x）	MaxRate（y）
18	202	54	169	23	193
23	186	34	174	42	174
25	187	56	172	18	198
35	180	72	153	39	183
65	156	19	199	37	178

通过探索性分析，我们发现最大心率与年龄具有很强的负相关关系，pearson 相关系数为-0.953。通过图 5-2 所示的散点图可以看出，两者有着明显的线性的关系，但同样也无法确定年龄具体是如何影响最大心率的。

若要解决以上问题，就需要用到回归分析。

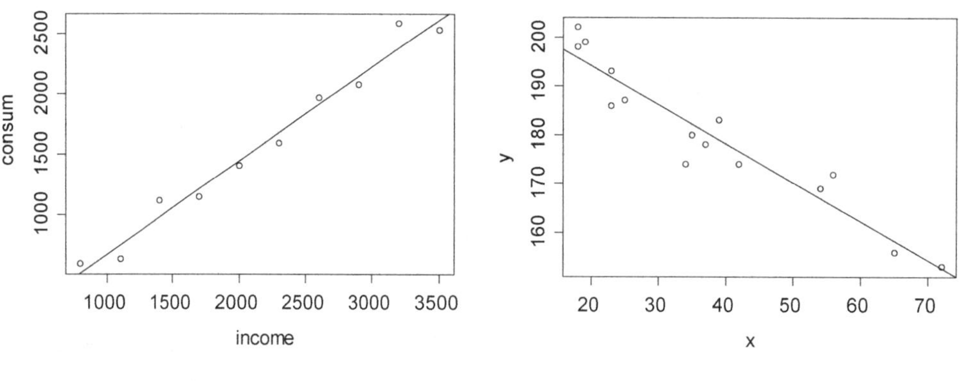

图 5-1　消费与收入的散点图　　图 5-2　最大心率与年龄的散点图

5.2　一元线性回归

一元线性回归是回归分析模型中最简单的一种形式，也是学习回归分析的基础。只有掌握好一元线性回归，才能更好地理解多元线性回归和非线性回归。

5.2.1　一元线性回归概述

例 5.3　在一个假想的由 100 户家庭组成的社区中，我们想要研究该社区每月家庭消费支出与每月家庭可支配收入的关系（见表 5-3），假如随着家庭月收入的增加，分析其平均月消费支出是如何变化的。

表 5-3 某社区家庭月可支配收入和消费支出（单位：元）

	每月家庭可支配收入 X									
	800	1100	1400	1700	2000	2300	2600	2900	3200	3500
每月家庭消费支出 Y	561	638	869	1023	1254	1408	1650	1969	2090	2299
	594	748	913	1100	1309	1452	1738	1991	2134	2321
	627	814	924	1144	1364	1551	1749	2046	2178	2530
	638	847	979	1155	1397	1595	1804	2068	2266	2629
		935	1012	1210	1408	1650	1848	2101	2354	2860
		968	1045	1243	1474	1672	1881	2189	2486	2871
			1078	1254	1496	1683	1925	2233	2552	
			1122	1298	1496	1716	1969	2244	2585	
			1155	1331	1562	1749	2013	2299	2640	
			1188	1364	1573	1771	2035	2310		
			1210	1408	1606	1804	2101			
				1430	1650	1870	2112			
				1485	1716	1947	2200			
						2002				
总计	2420	4950	11495	16445	19305	23870	25025	21450	21285	15510

注：数据来自李子奈、潘文卿编著的《计量经济学（第三版）》。

从表 5-3 中可以看出以下情况。

（1）可支配收入相同的家庭，其消费支出不一定相同，即收入和消费支出的关系不是完全确定的。

（2）由于是假想的总体，给定收入水平 X 的消费支出 Y 的分布是确定的，即在 X 给定时 Y 的条件分布（conditional distribution）是已知的，如 $P(Y=638 \mid X=800)=\frac{1}{4}$。

表 5-3 里的数据对应的散点图见图 5-3。从图 5-3 中可以发现，家庭消费支出的平均值随着收入的增加而增加，且 Y 的条件均值和收入 X 近似落在一条直线上。我们称这条直线为总体回归线，相应的函数为 $E(Y \mid X_i)=f(X_i)$，称为总体回归函数（Population Regression Function, PRF），刻画了因变量 Y 的平均值随自变量 X 变化的规律。其中，$f(X_i)$ 既可以是线性的也可以是非线性的。在例 5.3 中将居民消费支出看作其可支配收入的线性函数时，总体回归函数为

$$E(Y \mid X_i)=\beta_0+\beta_1 X_i \tag{5.1}$$

其中，β_0、β_1 是未知参数，也称回归系数（regression coefficients）。

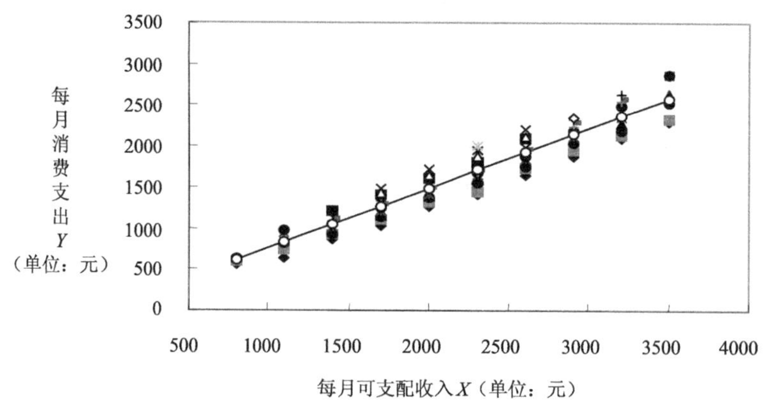

图 5-3　某社区消费支出散点图

总体回归函数描述了在给定的收入水平 X 情况下家庭的平均消费支出水平。但对某一个别的家庭，其消费支出可能与该平均水平有偏差。即 $\mu_i = Y_i - E(Y \mid X_i)$，这是一个不可观测的随机变量，称为随机误差项（error term）或随机干扰项（disturbance）。

在例 5.3 中，个别家庭的消费支出为：

$$Y_i = E(Y \mid X_i) + \mu_i = \beta_0 + \beta_1 X_i + \mu_i \tag{5.2}$$

即给定收入水平 X_i，个别家庭的消费支出可表示为两部分之和：该收入水平下所有家庭的平均消费支出 $E(Y \mid X_i)$，称为系统性（systematic）或确定性（deterministic）部分；其他随机或非确定性（nonsystematic）部分 μ_i。

例 5.1 的数据实际上是从例 5.3 的总体中抽取出来的样本数据，样本的散点图见图 5-1。从图 5-1 的样本散点图可以看出，这些散点近似于一条直线，自然的想法是能否画一条直线尽可能好地拟合这些散点，这条直线称为样本回归线（sample regression lines）。$\hat{Y}_i = f(X_i) = \hat{\beta}_0 + \hat{\beta}_1 X_i$，称为样本回归函数（Sample Regression Function, SRF）。样本回归函数也有随机形式 $Y_i = \hat{Y}_i + \hat{\mu}_i = \hat{\beta}_0 + \hat{\beta}_1 X_i + e_i$。其中，$e_i$ 称为残差（residual），代表了其他影响 Y_i 的随机因素的集合，可以看作 μ_i 的估计量 $\hat{\mu}_i$。

5.2.2　一元线性回归的参数估计

回归分析的主要目的是要通过样本回归函数（模型）SRF 尽可能准确地估计总体回归函数（模型）PRF，即根据 $Y_i = \hat{Y}_i + e_i = \hat{\beta}_0 + \hat{\beta}_1 X_i + e_i$ 去估计 $Y_i = E(Y \mid X_i) + \mu_i = \beta_0 + \beta_1 X_i + \mu_i$，即利用 $\hat{\beta}_j (j=1,2)$ 去估计 $\beta_j (j=1,2)$。参数估计方法有多种，其中使用最广泛的是普通最小二乘估计法（Ordinary Least Squares, OLS）和极大似然估计法（Maximum Likelihood Estimation, MLE）。

为保证参数估计量具有良好的性质，通常要求模型满足以下若干基本假设。

假设 1　自变量 X 是确定的，不是随机变量。

假设 2　随机误差项 μ 具有零均值、同方差和无序列相关性，即

$$E(\mu_i)=0 \qquad i=1,2,\cdots,n$$

$$\text{Var}\ (\mu_i)=\sigma_\mu{}^2 \qquad i=1,2,\cdots,n$$

$$\text{Cov}(\mu_{i,}\mu_j)=0 \qquad i\neq j\ i,j=1,2,\cdots,n$$

假设 3　随机误差项 μ 与自变量 X 之间不相关，即

$$\text{Cov}(\text{X}_{i,}\ \mu_i)=0 \qquad i=1,2,\cdots,n$$

假设 4　μ 服从正态分布，即

$$\mu_i \sim N(0,\sigma^2) \qquad i=1,2,\cdots,n$$

以上假设也称线性回归模型的**经典假设**或**高斯（Gauss）假设**，满足该假设的线性回归模型称为**经典线性回归模型**（Classical Linear Regression Model, CLRM）。

（一）普通最小二乘法估计（OLS）

普通最小二乘法（Ordinary Least Squares, OLS）是求解参数 $\hat{\beta}_j(j=1,2)$，使得样本观测值和拟合值之差的平方和最小，即

$$\min : Q=\sum_{i=1}^{n}(Y_i-\hat{Y})^2=\sum_{i=1}^{n}\left[Y_i-(\hat{\beta}_0+\hat{\beta}_1 X_i)\right]^2 \tag{5.3}$$

（5.3）式对 $\hat{\beta}_0$ 和 $\hat{\beta}_1$ 分别求一阶导后可得正规方程组（normal equations）：

$$\begin{cases}\sum(\hat{\beta}_0+\hat{\beta}_1 X_i-Y_i)=0\\ \sum(\hat{\beta}_0+\hat{\beta}_1 X_i-Y_i)X_i=0\end{cases} \tag{5.4}$$

解正规方程组（5.4）可得：

$$\begin{cases}\hat{\beta}_0=\dfrac{\sum X_i^2\sum Y_i-\sum X_i\sum Y_iX_i}{n\sum X_i^2+(\sum X_i)^2}\\ \hat{\beta}_1=\dfrac{n\sum Y_iX_i-\sum Y_i\sum X_i}{n\sum X_i^2+(\sum X_i)^2}\end{cases} \tag{5.5}$$

为了方便，常常记为：

$$\sum x_i^2=\sum(X_i-\bar{X})^2=\sum X_i^2-\frac{1}{n}(\sum X_i)^2$$

$$\sum x_iy_i=\sum(X_i-\bar{X})(Y_i-\bar{Y})=\sum X_iY_i-\frac{1}{n}\sum X_i\sum Y_i$$

因此，上述参数估计量也可以写作：

$$\begin{cases}\hat{\beta}_1=\dfrac{\sum x_iy_i}{\sum x_i^2}\\ \hat{\beta}_0=\bar{Y}-\hat{\beta}_1\bar{X}\end{cases} \tag{5.6}$$

当模型参数估计出后，需考察参数估计量的统计性质，可从如下几个方面考察其优劣性。

（1）线性性，即它是否是另一随机变量的线性函数。

（2）无偏性，即它的期望值是否等于总体的真实值 $E(\hat{\beta}_j)=\beta_j(j=1,2)$。

（3）有效性，即它是否在所有线性无偏估计量中具有最小方差。

这三个准则也称作估计量的小样本性质。拥有以上性质的估计量称为最佳线性无偏估计量（Best Liner Unbiased Estimator, BLUE）。

可以证明最小二乘法估计量符合高斯-马尔可夫定理（Gauss-Markov Theorem）：在给定经典线性回归的假定下，最小二乘法估计量是具有最小方差的线性无偏估计量（Best Linear Unbiased Estimator, BLUE）。定理的具体证明请参考相关教材（Greene, 2012；朱建平等，2009；李子奈等，2010）。

（二）参数估计量的概率分布及随机干扰项方差的估计

1．参数估计量 $\hat{\beta}_0$ 与 $\hat{\beta}_1$ 的概率分布

普通最小二乘法估计量 $\hat{\beta}_0$、$\hat{\beta}_1$ 分别是 Y_i 的线性组合，所以 $\hat{\beta}_0$ 与 $\hat{\beta}_1$ 的分布取决于 Y 的分布。在 μ 是正态分布的假设下，Y 也是正态分布，则 $\hat{\beta}_0$、$\hat{\beta}_1$ 也服从正态分布，分别为：

$$\hat{\beta}_1 \sim N(\beta_1,\frac{\sigma^2}{\sum x_i^2}),\quad \hat{\beta}_0 \sim N(\beta_0,\frac{\sum X_i^2}{n\sum x_i^2}\sigma^2)$$

2．随机误差项 μ 的方差 σ^2 的估计

$\hat{\beta}_0$ 与 $\hat{\beta}_1$ 的方差中，都含有随机扰动项 μ 的方差 σ^2。由于 σ^2 实际上是未知的，因此 $\hat{\beta}_0$ 与 $\hat{\beta}_1$ 的方差实际上无法计算，这就需要对其进行估计。由于随机项 μ_i 不可观测，只能从 μ_i 的估计（残差 e_i）出发，对 σ^2 进行估计。

σ^2 的最小二乘法估计量为 $\hat{\sigma}^2=\frac{\sum e_i^2}{n-2}$，可以证明它是 σ^2 的无偏估计量。

因此，参数 $\hat{\beta}_0$ 与 $\hat{\beta}_1$ 的方差和标准差的估计量分别是：

$$
\begin{aligned}
&\hat{\beta}_1\text{的样本方差：}\ S_{\hat{\beta}_1}^2=\frac{\hat{\sigma}^2}{\sum x_i^2}\\
&\hat{\beta}_1\text{的样本标准差：}\ S_{\hat{\beta}_1}=\frac{\hat{\sigma}}{\sqrt{\sum x_i^2}}\\
&\hat{\beta}_0\text{的样本方差：}\ S_{\hat{\beta}_0}^2=\frac{\hat{\sigma}^2\sum X_i^2}{n\sum x_i^2}\\
&\hat{\beta}_0\text{的样本标准差：}\ S_{\hat{\beta}_0}=\hat{\sigma}\sqrt{\frac{\sum X_i^2}{n\sum x_i^2}}
\end{aligned}
\tag{5.7}
$$

5.2.3 一元线性回归模型的检验

回归分析的目的是要通过样本所估计的参数（$\hat{\beta}_0,\hat{\beta}_1$）来代替总体的真实参数（$\beta_0,\beta_1$），或者说是用样本回归线代替总体回归线。尽管从统计性质上可以保证如果有足够多的重复抽样，参数的估计值的期望（均值）就等于其总体的参数真值，即具有无偏性。但在一次抽样中，估计值不一定就等于该真值。那么，在一次抽样中，参数的估计值与真值的差异有多大、是否显著，这就需要进一步进行统计检验。统计检验主要有拟合优度检验、变量的显著性检验。

（一）拟合优度检验

拟合优度检验是对回归拟合值与观测值之间拟合程度的一种检验。度量拟合优度的指标主要是判定系数（可决系数）R^2。要理解 R^2 需首先理解总离差平方和的分解。

Y 的第 i 个观测值与样本均值的离差 $y_i=\left(Y_i-\bar{Y}\right)$ 可分解为两部分之和：

$$y_i=\left(Y_i-\bar{Y}\right)=\left(Y_i-\hat{Y}_i\right)+\left(\hat{Y}_i-\bar{Y}\right)=e_i+\hat{y}_i \tag{5.8}$$

其中，$\hat{y}_i=\left(\hat{Y}_i-\bar{Y}\right)$ 是样本回归拟合值与观测值的平均值之差，可认为是由回归直线解释的部分；$e_i=\left(Y_i-\hat{Y}_i\right)$ 是实际观测值与回归拟合值之差，是回归直线不能解释的部分。如果 $Y_i=\hat{Y}_i$ 则表示实际观测值落在样本回归“线”上，即拟合得最好。对于所有样本点，则需考虑这些点与样本均值离差的平方和，可以证明：

$$\sum_{i=1}^{n}y_i^2=\sum_{i=1}^{n}\hat{y}_i^2+\sum_{i=1}^{n}e_i^2+2\sum_{i=1}^{n}\hat{y}_ie_i=\sum_{i=1}^{n}\hat{y}_i^2+\sum_{i=1}^{n}e_i^2 \tag{5.9}$$

即

$\mathrm{TSS}=\sum_{i=1}^{n}y_i^2=\sum_{i=1}^{n}(Y_i-\bar{Y})^2$ 为总体平方和（Total Sum of Squares）

$\mathrm{ESS}=\sum_{i=1}^{n}\hat{y}_i^2=\sum_{i=1}^{n}(\hat{Y}_i-\bar{Y})^2$ 为回归平方和（Explained Sum of Squares）

$\mathrm{RSS}=\sum_{i=1}^{n}e_i^2=\sum_{i=1}^{n}(Y_i-\hat{Y}_i)^2$ 为残差平方和（Residual Sum of Squares）

三者之间的关系是 $\mathrm{TSS}=\mathrm{ESS}+\mathrm{RSS}$。所以，$Y$ 的观测值围绕其均值的总离差（total variation）可分解为两部分，一部分来自回归（ESS），另一部分则来自随机因素（RSS）。在给定样本下，TSS 不变，如果实际观测点离样本回归线越近，则 ESS 在 TSS 中占的比重越大。

记 $R^2=\frac{\mathrm{ESS}}{\mathrm{TSS}}=1-\frac{\mathrm{RSS}}{\mathrm{TSS}}$，$R^2$ 称为可决系数（coefficient of determination）。R^2 的取值范围为[0，1]，R^2 越接近 1，说明实际观测点离样本线越近，拟合优度越高。

（二）变量显著性检验

回归分析的目的之一是要判断 X 是否是 Y 的一个显著影响因素。这就需要进行变量的显著性检验。我们已经知道回归系数估计量 $\hat{\beta}_1$ 服从正态分布，即 $\hat{\beta}_1\sim N(\beta_1,\frac{\sigma^2}{\sum x_i^2})$。又由于真实的$\sigma^2$未知，利用它的无偏估计量$\hat{\sigma}^2=\dfrac{\sum e_i^2}{n-2}$替代时，可构造检验统计量：

$$t=\frac{\hat{\beta}_1-\beta_1}{\sqrt{\dfrac{\hat{\sigma}^2}{\sum x_i^2}}}=\frac{\hat{\beta}_1-\beta_1}{S_{\hat{\beta}_1}}\sim t(n-2) \tag{5.10}$$

进行检验。具体的检验步骤如下。

（1）对总体参数提出假设：

$$H_0:\beta_1=0\text{，}\ H_1:\beta_1\neq 0$$

（2）在原假设H_0成立下，构造t统计量$t=\dfrac{\hat{\beta}_1}{S_{\hat{\beta}_1}}$。

（3）给定显著性水平α，查t分布表，得临界值$t_{1-\alpha/2}(n-2)$。

（4）比较，判断：

若$|t|>t_{1-\frac{\alpha}{2}}(n-2)$，则拒绝$H_0$，接受$H_1$；

若$|t|\leqslant t_{1-\frac{\alpha}{2}}(n-2)$，则不拒绝$H_0$。

对于一元线性回归方程中的截距项$\hat{\beta}_0$，同理可构造如下t统计量：

$$t=\frac{\hat{\beta}_0-\beta_0}{\sqrt{\dfrac{\hat{\sigma}^2\sum X_i^2}{n\sum x_i^2}}}=\frac{\hat{\beta}_0}{S_{\hat{\beta}_0}}\sim t(n-2) \tag{5.11}$$

具体的检验步骤与$\hat{\beta}_1$的检验步骤类似，在此不再赘述。

5.2.4 一元线性回归的预测

对于拟合得到的一元线性回归模型$\hat{Y}_i=\hat{\beta}_0+\hat{\beta}_1X_i$，给定样本以外的自变量观测值$X_0$，可以得到因变量的预测值$\hat{Y}_0$，并以此作为其条件均值$E(Y|X=X_0)$或个别值$Y_0$的一个近似估计，称为点预测。在给定显著性水平情况下，可以求出Y_0的预测区间，称为区间预测。

（一）点预测

对总体回归函数$E(Y|X)=\beta_0+\beta_1X$，当$X=X_0$时，$E(Y|X=X_0)=\beta_0+\beta_1X_0$。通过样本回归函数$\hat{Y}=\hat{\beta}+\hat{\beta}_1X$，求得拟合值为$\hat{Y}_0=\hat{\beta}_0+\hat{\beta}_1X_0$，于是两边取期望可得：

$$E(\hat{Y}_0)=E(\hat{\beta}_0+\hat{\beta}_1X_0)=E(\hat{\beta}_0)+X_0E(\hat{\beta}_1)=\beta_0+\beta_1X_0=E(Y|X=X_0) \tag{5.12}$$

由此可见，$\hat{Y}_0$是$E(Y|X=X_0)$的无偏估计。

对总体回归模型$Y=\beta_0+\beta_1X+\mu$，当$X=X_0$时，$Y_0=\beta_0+\beta_1X_0+\mu$，两边取期望可得：

$$E(Y_0)=E(\beta_0+\beta_1X_0+\mu)=\beta_0+\beta_1X_0+E(\mu)=\beta_0+\beta_1X_0 \tag{5.13}$$

而通过样本回归函数 $\hat{Y}=\hat{\beta}_0+\hat{\beta}_1X$，求得拟合值为 $\hat{Y}_0=\hat{\beta}_0+\hat{\beta}_1X_0$ 的期望为：

$$E(\hat{Y}_0)=E(\hat{\beta}_0+\hat{\beta}_1X_0)=E(\hat{\beta}_0)+X_0E(\hat{\beta}_1)=\beta_0+\beta_1X_0\neq Y_0 \tag{5.14}$$

由此可见，$\hat{Y}_0$ 不是个值 Y_0 的无偏估计。

（二）区间预测

由于 $\hat{Y}_0=\hat{\beta}_0+\hat{\beta}_1X_0$，$\hat{\beta}_1\sim N(\beta_1,\dfrac{\sigma^2}{\sum x_i^2})$，$\hat{\beta}_0\sim N(\beta_0,\dfrac{\sum X_i^2}{n\sum x_i^2}\sigma^2)$，可以证明：$\hat{Y}_0\sim \mathrm{N}(\beta_0+\beta_1X_0,\ \sigma^2[\dfrac{1}{n}+\dfrac{(X_0-\bar{X})^2}{\sum\limits_{i=1}^{n}x_i^2}]$，由于 σ^2 未知，将 $\hat{\sigma}^2$ 代替 σ^2，可构造 t 统计量：

$$t=\frac{\hat{Y}_0-(\beta_0+\beta_1X_0)}{s_{\hat{Y}_0}}=\frac{\hat{Y}_0-(\beta_0+\beta_1X_0)}{\sqrt{\hat{\sigma}^2[\dfrac{1}{n}+\dfrac{(X_0-\bar{X})^2}{\sum\limits_{i=1}^{n}(X_i-\bar{X})^2}]}}\sim t(n-2) \tag{5.15}$$

于是，在给定显著性水平 α 情况下，总体均值 $E(Y_0\,|\,X_0)$ 的置信区间为：

$$\hat{Y}_0-t_{1-\frac{\alpha}{2}}S_{\hat{Y}_0}<E(Y_0\,|\,X_0)<\hat{Y}_0+t_{1-\frac{\alpha}{2}}S_{\hat{Y}_0} \tag{5.16}$$

也称 $E(Y_0\,|\,X_0)$ 的区间预测。

由 $Y_0=\beta_0+\beta_1X_0+\mu$ 可得 $Y_0\sim N(\beta_0+\beta_1X_0,\sigma^2)$，于是我们可以得到 $\hat{Y}_0-Y_0$ 的分布：

$$\hat{Y}_0-Y_0\sim N\left[0,\sigma^2(1+\frac{1}{n}+\frac{(X_0-\bar{X})^2}{\sum x_i^2})\right] \tag{5.17}$$

将 $\hat{\sigma}^2$ 代替 σ^2，可构造 t 统计量：

$$t=\frac{\hat{Y}_0-Y_0}{s_{\hat{Y}_0-Y_0}}=\frac{\hat{Y}_0-Y_0}{\sqrt{\hat{\sigma}^2[1+\dfrac{1}{n}+\dfrac{(X_0-\bar{X})^2}{\sum\limits_{i=1}^{n}(X_i-\bar{X})^2}]}}\sim t(n-2) \tag{5.18}$$

于是，在给定显著性水平 α 下，Y_0 的置信区间为：

$$\hat{Y}_0-t_{1-\frac{\alpha}{2}}S_{\hat{Y}_0-Y_0}<Y_0<\hat{Y}_0+t_{1-\frac{\alpha}{2}}S_{\hat{Y}_0-Y_0} \tag{5.19}$$

也称 Y_0 的区间预测。

5.3 多元线性回归分析

例 5.4 为了研究影响中国税收收入增长的主要原因，预测中国税收未来的增长趋势，需要建立回归模型。影响中国税收收入增长的因素很多，但据分析，主要的因素可能包括（1）

从宏观经济看，经济整体增长是税收增长的基本源泉；（2）公共财政的需求，税收收入是财政收入的主体，社会经济的发展和社会保障的完善等都对公共财政提出要求，因此对预算支出所表现的公共财政的需求对当年的税收收入会有一定的影响；（3）物价水平。选择包括中央和地方税收的“国家财政收入”中的“各项税收（tax）”（简称“税收收入”）作为因变量，以反映国家税收的增长；选择“国内生产总值（GDP）”作为经济整体增长水平的代表；选择中央和地方“财政支出（expand）”作为公共财政需求的代表；选择“商品零售物价指数（CPI）”作为物价水平的代表（见表 5-4）。

表 5-4　中国税收收入相关数据

年份	tax（亿元）	GDP（亿元）	expand（亿元）	CPI	年份	tax（亿元）	GDP（亿元）	expand（亿元）	CPI
1978	519.28	3645.22	1122.09	100.7	1996	6909.82	70142.49	7937.55	106.1
1979	537.82	4062.58	1281.79	102	1997	8234.04	78060.85	9233.56	100.8
1980	571.7	4545.62	1228.83	106	1998	9262.8	83024.33	10798.18	97.4
…	…	…	…	…	…	…	…	…	…
1994	5126.88	48108.46	5792.62	121.7	2012	100614.3	516282.1	125953	102
1995	6038.04	59810.53	6823.72	114.8					

例 5.4 中的自变量个数不止一个，该如何建模分析？这就需要利用多元回归分析方法。可以建立模型：

$$Y_i = \beta_1 + \beta_2 X_{2i} + \beta_3 X_{3i} + \beta_4 X_{4i} + \varepsilon_i \tag{5.20}$$

5.3.1　多元线性回归模型及假定

线性模型的一般形式为：

$$Y_i = \beta_1 + \beta_2 X_{2i} + \beta_3 X_{3i} + \cdots + \beta_k X_{ki} + \varepsilon_i ,\quad i = 1,2,\cdots,n \tag{5.21}$$

其中，Y_i 为因变量；$X_{2i}, X_{3i}, \cdots, X_{ki}$ 为自变量；ε_i 是随机误差项；β_1 为模型的截距项；β_j（$j = 2,\cdots,k$）为模型回归系数。

我们还可将上述模型用矩阵形式记为：

$$\boldsymbol{Y} = \boldsymbol{X\beta} + \boldsymbol{\varepsilon} \tag{5.22}$$

总体回归方程为 $\boldsymbol{E}(\boldsymbol{Y} \mid \boldsymbol{X}) = \boldsymbol{X\beta}$。其中，$\boldsymbol{X}$ 是由 1 组成的列向量和 $\boldsymbol{X}_2, \boldsymbol{X}_3, \cdots, \boldsymbol{X}_k$ 构成的设计矩阵，其中截距项可视为取值为 1 的自变量。

那么，样本回归模型为：

$$\boldsymbol{Y} = \boldsymbol{X}\hat{\boldsymbol{\beta}} + \boldsymbol{e} \tag{5.23}$$

样本回归方程为：

$$\hat{\boldsymbol{Y}} = \boldsymbol{X}\hat{\boldsymbol{\beta}} \tag{5.24}$$

其中，$\hat{\boldsymbol{Y}}$ 表示 $\boldsymbol{Y}$ 的样本估计值向量；$\hat{\boldsymbol{\beta}}$ 表示回归系数 $\boldsymbol{\beta}$ 估计值向量；$\boldsymbol{e}$ 表示残差向量。

经典线性回归模型必须满足的假定条件如下。

假设 1 零均值。假定随机干扰项 $\boldsymbol{\varepsilon}$ 的期望向量或均值向量为零，即

$$E(\boldsymbol{\varepsilon})=E\begin{pmatrix}\varepsilon_1\\ \varepsilon_2\\ \vdots\\ \varepsilon_n\end{pmatrix}=\begin{pmatrix}E\varepsilon_1\\ E\varepsilon_2\\ \vdots\\ E\varepsilon_n\end{pmatrix}=\begin{pmatrix}0\\ 0\\ \vdots\\ 0\end{pmatrix}=\mathbf{0}$$

假设 2 同方差和无序列相关。假定随机干扰项 $\boldsymbol{\varepsilon}$ 不存在序列相关且方差相同，即

$$\operatorname{Var}(\boldsymbol{\varepsilon})=E\left\{\left[\boldsymbol{\varepsilon}-E(\boldsymbol{\varepsilon})\right]\left[\boldsymbol{\varepsilon}-E(\boldsymbol{\varepsilon})\right]'\right\}=E(\boldsymbol{\varepsilon}\boldsymbol{\varepsilon}')=\boldsymbol{\sigma}^2\boldsymbol{I}_n$$

假设 3 随机干扰项 $\boldsymbol{\varepsilon}$ 与自变量相互独立。即 $E(\boldsymbol{X}'\boldsymbol{\varepsilon})=\mathbf{0}$。

假设 4 无多重共线性。假定数据矩阵 $\boldsymbol{X}$ 列满秩，即 $\operatorname{Rank}(\boldsymbol{X})=k$。

假设 5 正态性。假定 $\boldsymbol{\varepsilon}\sim N(\mathbf{0},\boldsymbol{\sigma}^2\boldsymbol{I}_n)$。

5.3.2 参数估计

对于总体回归模型 $\boldsymbol{Y}=\boldsymbol{X\beta}+\varepsilon$，求参数 $\boldsymbol{\beta}$ 的方法是最小二乘法（OLS），即求 $\hat{\boldsymbol{\beta}}$ 使得残差平方和 $\sum e_i^2=\boldsymbol{e}'\boldsymbol{e}$ 达到最小。令：

$$\begin{aligned}Q(\hat{\boldsymbol{\beta}})&=\boldsymbol{e}'\boldsymbol{e}\\&=(\boldsymbol{Y}-\boldsymbol{X}\hat{\boldsymbol{\beta}})'(\boldsymbol{Y}-\boldsymbol{X}\hat{\boldsymbol{\beta}})\\&=\boldsymbol{Y}'\boldsymbol{Y}-\hat{\boldsymbol{\beta}}'\boldsymbol{X}'\boldsymbol{Y}-\boldsymbol{Y}'\boldsymbol{X}\hat{\boldsymbol{\beta}}+\hat{\boldsymbol{\beta}}'\boldsymbol{X}'\boldsymbol{X}\hat{\boldsymbol{\beta}}\\&=\boldsymbol{Y}'\boldsymbol{Y}-2\hat{\boldsymbol{\beta}}'\boldsymbol{X}'\boldsymbol{Y}+\hat{\boldsymbol{\beta}}'\boldsymbol{X}'\boldsymbol{X}\hat{\boldsymbol{\beta}}\end{aligned}\tag{5.25}$$

对上式关于 $\hat{\boldsymbol{\beta}}$ 求偏导，并令其为零，可以得到方程：

$$\frac{\partial Q(\hat{\boldsymbol{\beta}})}{\partial\hat{\boldsymbol{\beta}}}=-2\boldsymbol{X}'\boldsymbol{Y}+2\boldsymbol{X}'\boldsymbol{X}\hat{\boldsymbol{\beta}}=\mathbf{0}\tag{5.26}$$

整理后可得 $(\boldsymbol{X}'\boldsymbol{X})\hat{\boldsymbol{\beta}}=\boldsymbol{X}'\boldsymbol{Y}$，称为正则方程。

因为 $\boldsymbol{X}'\boldsymbol{X}$ 是一个非退化矩阵，所以有：

$$\hat{\boldsymbol{\beta}}=(\boldsymbol{X}'\boldsymbol{X})^{-1}\boldsymbol{X}'\boldsymbol{Y}\tag{5.27}$$

这就是线性回归模型参数的最小二乘法估计量。

在线性模型经典假设的前提下，线性回归模型参数的最小二乘法估计具有优良的性质，满足高斯-马尔可夫（Gauss-Markov）定理，即在线性模型的经典假设下，参数的最小二乘法估计量是线性无偏估计中方差最小的估计量（BLUE 估计量），具体证明详见参考相关教材（Greene, 2012；朱建平，2009；李子奈等，2010）。

参数σ^2的估计量可以用$s^2=\dfrac{e'e}{n-k}$，可以证明s^2为σ^2的无偏估计量，即

$$E(s^2)=E(\frac{e'e}{n-k})=\sigma^2$$

5.3.3 模型检验

多元线性回归的模型检验类似一元线性回归的模型检验。此处主要讲解拟合优度检验、方程整体显著性检验，以及单个变量的显著性检验。

（一）拟合优度检验

与一元线性回归类似，拟合优度检验是对回归拟合值与观测值之间拟合程度的检验，一个自然的想法是能否利用判定系数（可决系数）R^2来实现。要求R^2需首先理解总离差平方和的分解，平方和分解公式为：

$$\text{TSS}=\text{RSS}+\text{ESS} \tag{5.28}$$

其中，$\text{TSS}=\hat{\boldsymbol{Y}}'\hat{\boldsymbol{Y}}-n\bar{Y}^2$，$\text{ESS}=\boldsymbol{Y}'\boldsymbol{Y}-n\bar{Y}^2$，$\text{RSS}=\boldsymbol{e}'\boldsymbol{e}$。

我们应该注意到，可决系数R^2有一个问题，如果观测值Y_i不变，可决系数R^2将随着自变量数目的增加而增大。如果用R^2选择模型，会选取自变量数目最多的模型，这与实际不符。

为了解决这一问题，我们定义修正可决系数为：

$$\bar{R}^2=1-\frac{\dfrac{\text{ESS}}{n-k}}{\dfrac{\text{TSS}}{n-1}} \tag{5.29}$$

修正可决系数$\bar{R}^2$描述了当增加一个对因变量有较大影响的自变量时，残差平方和$\boldsymbol{e}'\boldsymbol{e}$减小比$n-k$减小更显著，修正可决系数$\bar{R}^2$就增大；如果增加一个对因变量没有多大影响的自变量，残差平方和$\boldsymbol{e}'\boldsymbol{e}$减小没有$n-k$减小显著，$\bar{R}^2$会减小，说明不应引入这个不重要的自变量。

另外，由于：

$$\begin{aligned}\bar{R}^2&=1-\left(\frac{n-1}{n-k}\right)\frac{\text{ESS}}{\text{TSS}}\\&=1-\left(\frac{n-1}{n-k}\right)(1-R^2)\\&=R^2-\left(\frac{k-1}{n-k}\right)(1-R^2)\end{aligned} \tag{5.30}$$

所以，容易证明$\bar{R}^2\leqslant R^2$。

由此可见，对于多元线性回归，不可以直接使用可决系数R^2，而应使用修正后的可决系数$\bar{R}^2$。

（二）方程整体显著性检验

方程的整体显著性检验旨在对模型中因变量与自变量之间的线性关系在总体上是否显著

成立做出推断。

检验模型$Y_i=\beta_1+\beta_2X_{2i}+\beta_3X_{3i}+\cdots+\beta_kX_{ki}+\varepsilon_i$，$i=1,2,\cdots,n$中所有参数$\beta_j$都等于 0。可提出如下假设：

$$H_0:\beta_1=\beta_2=\cdots=\beta_k=0$$
$$H_1:\beta_j\text{不全为 }0$$

根据数理统计学中的知识，在原假设H_0成立的条件下，统计量

$$F=\frac{\frac{\text{ESS}}{k}}{\frac{\text{RSS}}{(n-k-1)}}\sim F(k,n-k-1) \tag{5.31}$$

给定显著性水平α，可得到临界值$F_\alpha(k,n-k-1)$。如果$F<F_\alpha(k,n-k-1)$，则接受原假设，即该模型的所有回归系数都等于 0，该模型是没有意义的；如果$F>F_{1-\alpha}(k,n-k-1)$则拒绝原假设，即认为模型是有意义的，但无法确认所有的回归系数是否都显著，这需要做进一步的检验，即需要对单个变量进行显著性检验。

（三）单个变量显著性检验

下面需要对每个自变量进行逐个检验，单个变量的显著性检验一般利用t检验。

可提出如下假设：

$$H_0:\beta_j=0\ (\ j=1,2,\cdots,k\ )$$
$$H_1:\beta_j\neq 0$$

根据数理统计学中的知识，在原假设H_0成立的条件下，统计量：

$$t=\frac{\hat{\beta}_j-\beta_j}{S_{\hat{\beta}_j}}\sim t(n-k-1) \tag{5.32}$$

给定显著性水平 α，可得到临界值$t_{1-\frac{\alpha}{2}}(n-k-1)$。若$|t|<t_{1-\frac{\alpha}{2}}(n-k-1)$，则接受原假设，即该模型的$\beta_j=0$，说明自变量$X_j$对因变量是没有影响的；若$|t|>t_{1-\frac{\alpha}{2}}(n-k-1)$，则拒绝原假设，即认为自变量$X_j$对因变量是有影响的。

5.3.4　预测

（一）单值预测

针对线性回归模型$\boldsymbol{Y}=\boldsymbol{X\beta}+\boldsymbol{\varepsilon}$，对给定的自变量矩阵$\boldsymbol{X}_0=(1,X_{20},X_{30},\cdots,X_{k0})_{1\times k}$，假设在预测期或预测范围内，有关系式$\boldsymbol{Y}_0=\boldsymbol{X}_0\boldsymbol{\beta}+\varepsilon_0$。如果代入到样本回归模型$\hat{\boldsymbol{Y}}=\boldsymbol{X}\hat{\boldsymbol{\beta}}$中可得$\hat{\boldsymbol{Y}}_0=\boldsymbol{X}_0\hat{\boldsymbol{\beta}}$。与一元线性回归模型类似，$\hat{\boldsymbol{Y}}_0$是$E(\boldsymbol{Y}_0)$的点估计值，也是$\boldsymbol{Y}_0$的点估计值。

此外，$\hat{\boldsymbol{Y}}_0$是$E(\boldsymbol{Y}_0)$的无偏估计，因为：

$$E(\hat{\boldsymbol{Y}}_0)=E(\boldsymbol{X}_0\hat{\boldsymbol{\beta}})=\boldsymbol{X}_0E(\hat{\boldsymbol{\beta}})=\boldsymbol{X}_0\boldsymbol{\beta}=E(\boldsymbol{Y}_0) \tag{5.33}$$

但是$\hat{\boldsymbol{Y}}_0$不是$\boldsymbol{Y}_0$的无偏估计，因为：

$$E(\hat{\boldsymbol{Y}}_0)=E(\boldsymbol{X}_0\hat{\boldsymbol{\beta}})=\boldsymbol{X}_0E(\hat{\boldsymbol{\beta}})=\boldsymbol{X}_0\boldsymbol{\beta}=\boldsymbol{Y}_0-\boldsymbol{\varepsilon}_0 \tag{5.34}$$

（二）$E(\boldsymbol{Y}_0)$和$\boldsymbol{Y}_0$区间预测

为了得到$E(\boldsymbol{Y}_0)$的置信区间，首先要得到$\hat{\boldsymbol{Y}}_0$的方差。

$$\begin{aligned}\mathrm{Var}(\hat{\boldsymbol{Y}}_0)&=E[(\hat{\boldsymbol{Y}}_0-E(\hat{\boldsymbol{Y}}_0))^2]\\&=E[(\boldsymbol{X}_0\hat{\boldsymbol{\beta}}-E(\boldsymbol{X}_0\hat{\boldsymbol{\beta}}))^2]\\&=E[(\boldsymbol{X}_0\hat{\boldsymbol{\beta}}-\boldsymbol{X}_0\boldsymbol{\beta})^2]\\&=\boldsymbol{X}_0E[(\hat{\boldsymbol{\beta}}-\boldsymbol{\beta})(\hat{\boldsymbol{\beta}}-\boldsymbol{\beta})']\boldsymbol{X}_0'\\&=\boldsymbol{X}_0\mathrm{Cov}(\hat{\boldsymbol{\beta}})\boldsymbol{X}_0'\\&=\sigma_\varepsilon^2\boldsymbol{X}_0(\boldsymbol{X}'\boldsymbol{X})^{-1}\boldsymbol{X}_0'\end{aligned} \tag{5.35}$$

实际中σ_ε^2是未知的，所以用样本估计量s^2代替σ_ε^2。于是得到

$$\hat{\mathrm{Var}}(\hat{\boldsymbol{Y}}_0)=s^2\boldsymbol{X}_0(\boldsymbol{X}'\boldsymbol{X})^{-1}\boldsymbol{X}_0'$$

由于$\hat{\boldsymbol{Y}}_0\sim N[\boldsymbol{X}_0\boldsymbol{\beta},\sigma_\varepsilon^2\boldsymbol{X}_0(\boldsymbol{X}'\boldsymbol{X})^{-1}\boldsymbol{X}_0']$，所以$\dfrac{\hat{\boldsymbol{Y}}_0-E(\boldsymbol{Y}_0)}{s\sqrt{\boldsymbol{X}_0(\boldsymbol{X}'\boldsymbol{X})^{-1}\boldsymbol{X}_0'}}\sim t(n-k)$。在给定显著性水平$\alpha$下，$E(\boldsymbol{Y}_0)$的$(1-\alpha)$置信区间为

$$\hat{\boldsymbol{Y}}_0\pm t_{\frac{\alpha}{2}}(n-k)s\sqrt{\boldsymbol{X}_0(\boldsymbol{X}'\boldsymbol{X})^{-1}\boldsymbol{X}_0'} \tag{5.36}$$

为了得到$\boldsymbol{Y}_0$的预测区间，首先要得到$(\boldsymbol{Y}_0-\hat{\boldsymbol{Y}}_0)$的方差：

$$\mathrm{Var}(\boldsymbol{Y}_0-\hat{\boldsymbol{Y}}_0)=E[((\boldsymbol{Y}_0-\hat{\boldsymbol{Y}}_0)-E(\boldsymbol{Y}_0-\hat{\boldsymbol{Y}}_0))^2] \tag{5.37}$$

由于$\hat{\boldsymbol{Y}}_0=\boldsymbol{X}_0\hat{\boldsymbol{\beta}}$，$\boldsymbol{Y}_0-\hat{\boldsymbol{Y}}_0=\boldsymbol{X}_0(\boldsymbol{\beta}-\hat{\boldsymbol{\beta}})+\varepsilon_0$，$E(\boldsymbol{Y}_0-\hat{\boldsymbol{Y}}_0)=E[\boldsymbol{X}_0(\boldsymbol{\beta}-\hat{\boldsymbol{\beta}})]+E(\boldsymbol{\varepsilon}_0)$，所以

$$\begin{aligned}\mathrm{Var}(\boldsymbol{Y}_0-\hat{\boldsymbol{Y}}_0)&=E[(\boldsymbol{X}_0(\boldsymbol{\beta}-\hat{\boldsymbol{\beta}})+\boldsymbol{\varepsilon}_0)^2]\\&=E[(\boldsymbol{X}_0(\boldsymbol{\beta}-\hat{\boldsymbol{\beta}})+\boldsymbol{\varepsilon}_0)(\boldsymbol{X}_0(\boldsymbol{\beta}-\hat{\boldsymbol{\beta}})+\varepsilon_0)]\\&=\sigma_\varepsilon^2[1+\boldsymbol{X}_0(\boldsymbol{X}'\boldsymbol{X})^{-1}\boldsymbol{X}_0']\end{aligned} \tag{5.38}$$

用s^2代替σ_ε^2，$\hat{\mathrm{Var}}(\boldsymbol{Y}_0-\hat{\boldsymbol{Y}}_0)=s^2[1+\boldsymbol{X}_0(\boldsymbol{X}'\boldsymbol{X})^{-1}\boldsymbol{X}_0']$

由于$(\boldsymbol{Y}_0-\hat{\boldsymbol{Y}}_0)\sim N[\boldsymbol{X}_0\boldsymbol{\beta},\sigma_\varepsilon^2(1+\boldsymbol{X}_0(\boldsymbol{X}'\boldsymbol{X})^{-1}\boldsymbol{X}_0')]$，所以：

$$\frac{\boldsymbol{Y}_0-\hat{\boldsymbol{Y}}_0}{s\sqrt{1+\boldsymbol{X}_0(\boldsymbol{X}'\boldsymbol{X})^{-1}\boldsymbol{X}_0'}}\sim t(n-k) \tag{5.39}$$

在给定显著性水平α情况下，Y_0的$(1-\alpha)$置信区间为：

$$\hat{\boldsymbol{Y}}_0\pm t_{\frac{\alpha}{2}}(n-k)s\sqrt{1+\boldsymbol{X}_0(\boldsymbol{X}'\boldsymbol{X})^{-1}\boldsymbol{X}_0'} \tag{5.40}$$

5.4　R 语言实现

5.4.1　一元线性回归

R 语言里 OLS 的估计可使用 lm()函数。lm()函数的用法如下：

```
lm ( formula , data , subset , weights , na.action , method = "qr" ,...)
```

其中，formula 表示回归里的表达式，一般是 $y \sim X$，“~”左边是因变量，“~”右边是自变量，默认是包含截距项，如果不需要截距项则可以在自变量前面加“-1”，即 $y \sim -1+X$。

例如，例 5.1 的 OLS 估计结果为：

```
> lm1 <- lm ( consum ~ income ) # 将回归结果保存在 lm1 对象里
> coef ( lm1 ) # 提取估计系数
(Intercept)       income
-103.1717172    0.7770101
> coef ( lm ( consum ~ - 1 + income ) )
income
0.7356645
```

例 5.1 的 $\hat{\beta}_0$ 和 $\hat{\beta}_1$ 的 OLS 估计结果分别是-103.17 和 0.78。如果去掉截距项后，回归系数是 0.74。

再如，例 5.2 的 OLS 估计结果为：

```
> lm2 <- lm ( y ~ x )
> coef ( lm2 )
(Intercept)      x
210.0484584  -0.7977266
```

例 5.2 的 $\hat{\beta}_0$ 和 $\hat{\beta}_1$ 的 OLS 估计结果分别 210.05 和-0.80。

R 语言里求 OLS 的方差估计量 $\hat{\sigma}^2$，需要使用 summary()函数首先将 lm()函数的结果保存在 slm 对象里，然后提取 sigma 成分，即为 $\hat{\sigma}^2$。若要计算参数 $\hat{\beta}_0$ 与 $\hat{\beta}_1$ 的标准差，则首先提取出 coef 矩阵，然后再提取矩阵的第二列，即为参数 $\hat{\beta}_0$ 与 $\hat{\beta}_1$ 的标准差。

例 5.1 的估计结果为：

```
> slm <- summary ( lm1 )
> slm $ sigma # 得到总体方差的 OLS 估计量
[1] 115.767
> slm $ coef # 得到系数有关的矩阵
               Estimate      Std. Error   t value    Pr(>|t|)
(Intercept)  -103.1717172    98.4059798   -1.048429  3.250795e-01
income          0.7770101     0.0424851   18.289003  8.217449e-08
> slm $ coef [ , 2 ] # 矩阵第二列，即系数标准差
(Intercept)    income
```

```
98.4059798   0.0424851
```

例 5.1 中 $\hat{\sigma}^2$ 为 115.767，$\hat{\beta}_0$ 与 $\hat{\beta}_1$ 的样本标准差分别为 98.41 和 0.042。

R 语言里求 R^2，只要在上文的 slm 对象里提取 r.squared 成分即可：

```
> slm $ r.squared
[1] 0.9766415
```

说明例 5.1 回归模型的拟合效果都不错。

如果回归的残差，可以直接在 lm1 上调用 resid()函数得到。例如：

```
> resid ( lm1 )
 1       2       3       4       5       6      7       8      9      10
75.56  -113.54  137.36  -62.75  -42.85  -88.95  51.95  -72.16  201.74  -86.36
```

R 语言里 summary()函数会自动提供线性回归的 t 检验，可以通过 slm \$ coef 提取得到回归系数估计值、标准差、t 值和相应的 p-value。

例 5.1 的变量显著性检验程序和结果为：

```
> slm <- summary ( lm1 )
> slm
Call:
lm(formula = consum ~ income)
Residuals:
    Min      1Q    Median    3Q     Max
 -113.54  -82.81  -52.80  69.66  201.74
Coefficients:
               Estimate   Std. Error   t value  Pr(>|t|)
(Intercept)  -103.17172   98.40598    -1.048    0.325
income          0.77701    0.04249    18.289    8.22e-08  ***
---
Signif. codes:  0 '***' 0.001 '**' 0.01 '*' 0.05 '.' 0.1 ' ' 1
Residual standard error: 115.8 on 8 degrees of freedom
Multiple R-squared:  0.9766,    Adjusted R-squared:  0.9737
F-statistic: 334.5 on 1 and 8 DF,  p-value: 8.217e-08
> slm $ coef [ , 3 ] # 提取 t 值
(Intercept)   income
-1.048429   18.289003
> slm $ coef [ , 4 ] # 提取 t 值的 p-value
(Intercept)    income
3.250795e-01  8.217449e-08
```

例 5.1 的 $\hat{\beta}_0$ 和 $\hat{\beta}_1$ 的 t 值分别为−1.048429 和 18.289003，对应的 p-value 分别为 3.250795e-01 和 8.217449e-08，说明 $\hat{\beta}_0$ 不显著，而 $\hat{\beta}_1$ 显著。

在 R 里求均值预测区间可以使用 predict()函数，但要将 interval 参数设为 confidence，如

果求个值的预测区间需要将 interval 参数设为 prediction。例 5.1 中，当收入为 4000 元时，我们求$E(Y_0|X_0)$和Y_0的区间预测：

```
> predict ( lm1 , newdata = data.frame ( income = 4000 ) ,
      interval = "confidence" , level = 0.95 ) # 均值预测区间，level 为置信度
  fit       lwr      upr
13004.869  2804.927  3204.811
> predict ( lm1 , newdata = data.frame ( income = 4000 ) ,
      interval = "prediction" , level = 0.95 ) # 个值预测区间
  fit       lwr      upr
13004.869  2671.336  3338.401
```

结果中，fit 值是点预测值，lwr 和 upr 分别是区间预测的上限和下限。在例 5.1 中，当收入为 4 000 元时，我们求$E(Y_0|X_0)$和Y_0的置信度为 95%时的预测区间分别为[2804.927, 3204.811]和[2671.336, 3338.401]，并且Y_0的预测区间要比$E(Y_0|X_0)$的预测区间要宽，这与理论结果一致。

下面将例 5.1 的样本内观测值、回归线、均值预测区间、个值预测区间画在同一张图上，如图 5-4 所示：

```
> sx <- sort ( income ) # 把自变量先从小到大排序
# 求均值的预测区间
> conf <- predict ( lm1 , data.frame ( income = sx ) , interval = "confidence" )
# 求个值的预测区间
> pred <- predict ( lm1 , data.frame ( income = sx ) , interval = "prediction" )
> plot ( income , consum ) # 画散点图
> abline ( lm1 ) # 添加回归线
> lines ( sx , conf [ , 2 ] ) ; lines ( sx , conf [ , 3 ] )
> lines ( sx , pred [ , 2 ] , lty = 3 ) ; lines ( sx , pred [ , 3] , lty = 3 )
```

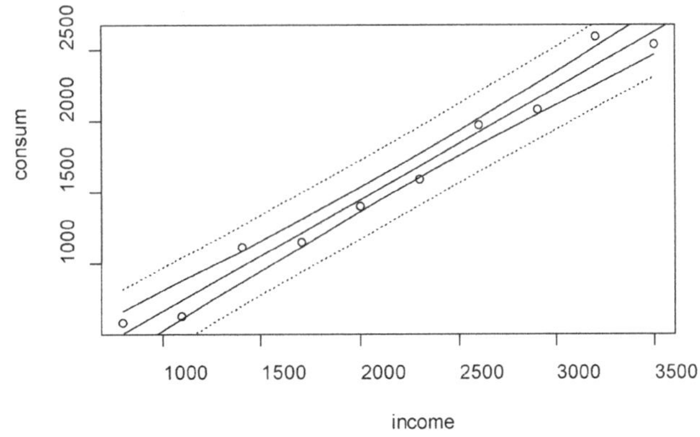

图 5-4 区间预测

如图 5-4 所示的散点是实际观测值，中间的直线是拟合的回归线，两边的两条实线是总体均值 $E(Y|X)$ 的预测区间（置信区间），最外面的两条虚线是个体值的预测区间。分析 Y 的总体均值 $E(Y|X)$ 与个体值的预测区间及其图形，我们发现：

（1）样本容量 n 越大，预测精度越高，反之预测精度越低；

（2）样本容量一定时，置信带的宽度在 X 均值处最小，其附近进行预测（插值预测）精度越大；X 越远离其均值，置信带越宽，预测可信度下降。

5.4.2 多元线性回归

与一元线性回归类似，R 语言使用 lm()函数求多元线性回归的最小二乘法估计。例 5.4 的估计结果为：

```
> dat <- read.csv ( file = "tax.csv" ) # 读入 csv 格式的数据
> lm3 <- lm ( tax ~ GDP + expand + CPI , data = dat ) #多个自变量用+链接
> coef ( lm3 )
(Intercept)          GDP          expand          CPI
-6.616014e+03  4.728764e-02  6.139577e-01  5.820884e+01
```

模型估计结果说明，在假定其他变量不变的情况下，当年 GDP 每增长 1 亿元，税收收入平均增长 0.0473 亿元；在假定其他变量不变的情况下，当年财政支出每增长 1 亿元，税收收入平均增长 0.614 亿元；在假定其他变量不变的情况下，当年零售商品物价指数上涨一个百分点，税收收入平均增长 58.21 亿元。

可以使用 summary()函数返回估计结果：

```
> summary ( lm3 )
Call:
lm(formula = tax ~ GDP + expand + CPI, data = dat)
Residuals:
  Min      1Q   Median   3Q     Max
 -2551.29  -511.58  12.51  458.76  3033.79
Coefficients:
                Estimate    Std. Error    t value    Pr(>|t|)
(Intercept)  -6.616e+03    2.951e+03    -2.242     0.0323 *
GDP           4.729e-02    8.995e-03     5.257     1.03e-05 ***
expand        6.140e-01    3.880e-02    15.825     < 2e-16 ***
CPI           5.821e+01    2.771e+01     2.101     0.0439 *
---
Signif. codes:  0 '***' 0.001 '**' 0.01 '*' 0.05 '.' 0.1 ' ' 1
Residual standard error: 946 on 31 degrees of freedom
Multiple R-squared:  0.9989,    Adjusted R-squared:  0.9987
F-statistic:  8982 on 3 and 31 DF,  p-value: < 2.2e-16
```

其中，F 检验统计量为 8 982，两个自由度为分别 3 和 31，对应的检验 p-value 小于 0.05，

说明是模型整体是显著的。单个变量显著性检验，截距项和所有自变量的 p-value 都小于 0.05，说明它们都是显著的。

例 5.4 提取可决系数 R^2 和修正后的可决系数 $\bar{R}^2$：

```
> slm3 <- summary ( lm3 )
> slm3 $ r.squared
[1] 0.9988508
> slm3 $ adj.r.squared
[1] 0.9987396
```

在 R 语言里求 $\hat{Y}_0$，可以将给定的 X_0 代入到回归模型中。例如，在例 5.4 中假设已知 2013 年的国内生产总值 X_2、财政支出 X_3、商品零售物价指数 X_4 分别为 520000 亿元、130000 亿元、103%。代入上面的回归模型中，进行点预测，预测结果为 103783.6 亿元：

```
> coef ( lm3 )
(Intercept)          GDP            expand           CPI
-6.616014e+03  4.728764e-02  6.139577e-01  5.820884e+01
> coef ( lm3 ) [ 1 ] + coef ( lm3 ) [ 2 ] * 520000 + coef ( lm3 ) [ 3 ] * 130000 +
            coef (lm3 ) [ 4 ] * 103
(Intercept)
103783.6
```

也可以利用 predict()函数，但需要基于回归结果 lm1 基础上。另外，X_0 的格式需要是数据框格式：

```
> predict ( lm3 , newdata = data.frame ( GDP = 520000 , expand = 130000 , CPI
= 103 ) )
1
103783.6
```

在 R 语言里求均值预测区间可以用 predict()函数，但要在 interval 参数设为 confidence，如果求个值的预测区间也可以用 predict()函数，但要将 interval 参数设为 prediction。

5.5 习题

1. 假设一元线性回归模型为 $Y=2+3X+e$，其中 X 是服从 $N(2,2)$ 分布，扰动项 e 服从 $N(0,1)$ 分布。

（1）请模拟样本容量为 100 的随机数，做出 Y 和 X 的散点图，并使用最小二乘法估计出系数，在散点图上添加估计出来的回归线，并添加真实的回归线，比较二者的差异。

（2）重复模拟 1 000 次，请用箱线图分析 1 000 次模拟的系数估计结果，并计算它们的均值和中位数，查看与真实参数是否存在差异。

2. 请分析 MASS 包里的 Boston 数据集，想要研究该地区的房屋价格中位数（medv）与该地区的底层人口比例（lstat）的关系。

（1）请首先分析 medv 的分布情况，绘制直方图、箱线图及密度函数图，并分析分布情况。请计算 medv 的最小值、最大值、中位数、下四分位数和上四分位数及标准差。

（2）请使用散点图分析 medv 与 lstat 的关系，以及计算它们之间的相关系数。

（3）请使用回归分析 medv 和 lstat 的关系，这些系数是否都显著？并解释这些回归系数的含义。

（4）请预测当 lstat 分别为 5、10、15 时的 medv 的值。

3. 假设多元线性回归模型为 $\boldsymbol{Y}=2+3\boldsymbol{X}_1+1.5\boldsymbol{X}_2+\boldsymbol{e}$，其中 $\boldsymbol{X}_1$ 和 $\boldsymbol{X}_2$ 是服从均值为（1，1），边际方差为（2，2），协方差为 1 的二元正态分布，扰动项 $\boldsymbol{e}$ 服从 $N(0,2)$分布。

（1）请模拟样本容量为 100 的随机数，分别画出 Y 和 X_1 和 X_2 的散点图，并用最小二乘法估计出系数。

（2）重复模拟 1 000 次，请用箱线图分析 1 000 次模拟的系数估计结果，并计算它们的均值和中位数，查看与真实参数是否存在差异。

4. 请分析 MASS 包里的 Boston 数据集，研究该地区的房屋价格中位数（medv）与其他影响因素的关系。

（1）请使用矩阵式散点图分析各个因素之间的关系，以及分析哪些因素可能会影响房屋价格。

（2）请使用逐步回归建立最优的模型，估计出最优模型的系数并解释这些系数的含义。

第 6 章

线性分类

第 5 章探讨的线性回归模型假设因变量 Y 是定量（quantitative）的，但在很多实际问题中，因变量却是定性的（qualitative）。定性变量是指这些量的取值并非有数量上的变化，而只有性质上的差异。例如，血型是定性变量，取值为 A 型、B 型、O 型和 AB 型。定性变量也称分类(categorical)变量，因此，预测一个观测的定性响应值的过程也称分类（classification）。大部分分类问题都是首先从预测定性变量取不同类别的概率开始，进而将分类问题作为概率估计的一个结果，所以从这个角度看，分类问题与回归问题有许多类似之处。

根据定性因变量取值的特点，我们又可将其分为二元变量（binary variable）和多分类变量（multinomial variable）。二元变量的取值一般为 1 和 0，取值为 1 表示某件事情的发生，取值为 0 则表示不发生，如信用卡客户发生违约的记为 1，不违约的记为 0。对于二元因变量，我们可考虑采用 Logistic 模型或判别分析法来处理，而对于多分类因变量，判别分析法的应用会更为广泛。本章分别对这两种方法进行介绍。

6.1 问题的提出

例 6.1 为了考察一种新的经济学教学方法对学生成绩的影响，进行了调查，共得到 32 个样本数据，数据见表 6-1。GRADE 取 1 表示新近学习成绩提高，0 表示其他；GPA 是平均积分点；TUCE 是以往经济学成绩；PSI 取 1 表示受到新的经济学教学方法的指导，0 表示其他。假如想要了解 GPA，TUCE 和 PSI 因素对学生成绩是否有影响，以及根据学生的 GPA，TUCE 和 PSI 预测学生成绩是否会提高，该如何建模分析？

表 6-1 新教学方法对成绩的影响数据

obs	GRADE	GPA	TUCE	PSI	obs	GRADE	GPA	TUCE	PSI
1	0	2.66	20	0	17	0	2.75	25	0
2	0	2.89	22	0	18	0	2.83	19	0
3	0	3.28	24	0	19	0	3.12	23	1
…	…	…	…	…	…	…	…	…	…

注：本例及例中的数据引自 Greene（2000）第 19 章例 19.1。

6.2 Logistic 模型

6.2.1 线性概率模型

考虑二元选择模型：

$$Y_i = \boldsymbol{X}_i'\boldsymbol{\beta} + \varepsilon_i \qquad i = 1,2,\cdots,N \tag{6.1}$$

其中，$\boldsymbol{X}_i'$ 是包含常数项的 k 元设计矩阵；Y_i 是二元取值的因变量：

$$Y_i = \begin{cases} 1 & \text{某一件事件发生} \\ 0 & \text{某一件事件不发生} \end{cases}$$

若假定 $E(\varepsilon_i \mid \boldsymbol{X}_i) = 0$，则总体回归方程为：

$$E(Y_i \mid \boldsymbol{X}_i) = \boldsymbol{X}_i'\boldsymbol{\beta} \tag{6.2}$$

进一步地假设在给定 $\boldsymbol{X}_i$ 时，某一事件发生的概率为 p，不发生的概率为 $1-p$。$\text{Prob}(Y_i = 1 \mid \boldsymbol{X}_i) = p$，$\text{Prob}(Y_i = 0 \mid \boldsymbol{X}_i) = 1 - p$，因为 Y_i 只取 1 和 0 两个值，所以其条件期望为：

$$\begin{aligned} E(Y_i \mid \boldsymbol{X}_i) &= 1 \times \text{Prob}(Y_i = 1 \mid \boldsymbol{X}_i) + 0 \times \text{Prob}(Y_i = 0 \mid \boldsymbol{X}_i) \\ &= 1 \times p + 0 \times (1 - p) \\ &= p \end{aligned} \tag{6.3}$$

综合（6.2）式和（6.3）式可以得到：

$$E(Y_i \mid \boldsymbol{X}_i) = \boldsymbol{X}_i'\boldsymbol{\beta} = \text{Prob}(Y_i = 1 \mid \boldsymbol{X}_i) = p \tag{6.4}$$

因此，（6.1）式拟合的是当给定自变量 $\boldsymbol{X}_i$ 的值时，某事件发生（Y_i 取值为 1）的平均概率。在（6.4）式中，这一概率体现为线性的形式 $\boldsymbol{X}_i'\boldsymbol{\beta}$，因此（6.1）式称为线性概率模型（Linear Probability Model, LPM）。这实际上就是用普通的线性回归方法对二元取值的因变量直接建模。

对于线性概率模型，我们也可以采用普通的最小二乘法进行估计，但是会存在如下一些问题。

（1）我们对（6.1）式进行的拟合，实际上是对某一事件发生的平均概率的预测，即

$\hat{Y}_i = \hat{\text{Prob}}(Y_i \mid \boldsymbol{X}_i) = \boldsymbol{X}_i'\hat{\boldsymbol{\beta}}$。但是，这里的 $\boldsymbol{X}_i'\hat{\boldsymbol{\beta}}$ 的值并不能保证在 0～1 之间，完全有可能出现大于 1 或小于 0 的情形。

（2）由于 Y 是二元变量，因此扰动项：

$$\varepsilon_i = \begin{cases} 1 - \boldsymbol{X}_i'\boldsymbol{\beta} & (Y_i = 1) \\ -\boldsymbol{X}_i'\boldsymbol{\beta} & (Y_i = 0) \end{cases}$$

也应该是二元变量，它应该服从二项分布，而不是我们通常假定的正态分布。但是，当样本足够多时，二项分布收敛于正态分布。

（3）在 LPM 中，扰动项的方差为：

$$\begin{aligned} \text{Var}(\varepsilon_i) &= \left(1 - \boldsymbol{X}_i'\boldsymbol{\beta}\right)^2 p + \left(-\boldsymbol{X}_i'\boldsymbol{\beta}\right)^2 (1-p) \\ &= \left(1 - \boldsymbol{X}_i'\boldsymbol{\beta}\right)\boldsymbol{X}_i'\boldsymbol{\beta} \neq \text{常数} \end{aligned} \tag{6.5}$$

因此，扰动项是异方差的。

由于存在着上述诸多问题，因此对于二元定性因变量，一般不推荐使用 LPM，而应使用其他更为科学的方法。

6.2.2　Probit 模型

在 LPM 中，通过适当的假设可以使得 $Y_i = 1$ 的概率 $\text{Prob}(Y_i = 1 \mid \boldsymbol{X}_i)$ 与 $\boldsymbol{X}_i$ 是线性关系，即

$$\text{Prob}(Y_i = 1 \mid \boldsymbol{X}_i) = F(\boldsymbol{X}_i'\boldsymbol{\beta}) = \boldsymbol{X}_i'\boldsymbol{\beta} \tag{6.6}$$

但是，（6.6）式存在的问题是，$\boldsymbol{X}_i'\hat{\boldsymbol{\beta}}$ 并不能保证概率的取值在 0～1 之间。所以，为了保证估计的概率的取值范围能够在[0, 1]区间上，一个直接的想法就是在外面套上分布函数。如果这里的 $F(\boldsymbol{X}_i'\boldsymbol{\beta})$ 用标准正态分布函数 $\boldsymbol{\Phi}(\cdot)$，即

$$\text{Prob}(Y_i = 1 \mid \boldsymbol{X}_i) = \boldsymbol{\Phi}(\boldsymbol{X}_i'\boldsymbol{\beta}) = \int_{-\infty}^{X_i'\beta} \frac{1}{\sqrt{2\pi}} \exp\left(-\frac{z^2}{2}\right) \mathrm{d}z$$

其中，$\boldsymbol{\Phi}(\boldsymbol{X}_i'\boldsymbol{\beta})$ 是正态分布的分布函数，取值范围是[0, 1]。这时的概率模型就称为 Probit 模型。

二元选择模型也可以从潜变量回归模型去解释，首先考察以下模型：

$$\begin{aligned} & Y_i^* = \boldsymbol{X}_i'\boldsymbol{\beta} + \varepsilon_i \qquad i = 1, 2, \cdots, T \\ & Y_i = \begin{cases} 1 & Y_i^* > 0 \\ 0 & Y_i^* \leqslant 0 \end{cases} \end{aligned} \tag{6.7}$$

其中，Y_i^* 是潜变量或隐变量（latent variable），它无法获得实际观测值，但是却可以观测到 $Y_i^*>0$ 还是 $Y_i^* \leqslant 0$。因此，我们实际上观测到的变量是 Y_i 而不是 Y_i^*。（6.7）式称为潜变量响应函数

（latent response function）或指示函数（index function）。

假设：

A1：$E(\varepsilon_i|\boldsymbol{X}_i)=0$；

A2：ε_i是 i.i.d.的正态分布；

A3：$\text{rank}(\boldsymbol{X}_i)=k$。

在 A1～A3 的假定之下，考察（6.7）式中 Y_i 的概率特征：

$$\begin{aligned}\text{Prob}(Y_i=1|\boldsymbol{X}_i)&=\text{Prob}(Y_i^*>0|\boldsymbol{X}_i)\\&=\text{Prob}(\boldsymbol{X}_i'\boldsymbol{\beta}+\varepsilon_i>0|\boldsymbol{X}_i)\\&=\text{Prob}(\varepsilon_i>-\boldsymbol{X}_i'\boldsymbol{\beta}|\boldsymbol{X}_i)\\&=\int_{-\boldsymbol{X}_i\boldsymbol{\beta}}^{\infty}f(\varepsilon_i)\text{d}\varepsilon_i\end{aligned}\tag{6.8}$$

则当 $f(\varepsilon_i)$ 为标准正态分布的概率密度函数

$$\Phi(\varepsilon_i)=\frac{1}{\sqrt{2\pi}}\exp(-\frac{\varepsilon_i^2}{2})$$

时，（6.8）式可以写成：

$$\begin{aligned}\text{Prob}(Y_i=1|\boldsymbol{X}_i)&=1-\int_{-\infty}^{-\boldsymbol{X}_i'\boldsymbol{\beta}}\Phi(\varepsilon_i)\text{d}\varepsilon_i\\&=1-\Phi(-\boldsymbol{X}_i'\boldsymbol{\beta})\\&=\Phi(\boldsymbol{X}_i'\boldsymbol{\beta})\end{aligned}\tag{6.9}$$

这样，（6.9）式正是 Probit 模型。

6.2.3 Logit 模型原理

如果（6.6）式中的 $F(\boldsymbol{X}_i'\boldsymbol{\beta})$ 取 Logistic 分布函数 $\Lambda(\cdot)$，则产生的概率模型为 Logit 模型：

$$\text{Prob}(Y_i=1|\boldsymbol{X}_i)=\Lambda(\boldsymbol{X}_i'\boldsymbol{\beta})=\frac{\exp(\boldsymbol{X}_i'\boldsymbol{\beta})}{1+\exp(\boldsymbol{X}_i'\boldsymbol{\beta})}$$

这里，$\Lambda(\cdot)$ 的取值范围也在 0～1 之间。

我们同样假设：

A1：$E(\varepsilon_i|\boldsymbol{X}_i)=0$；

A2：ε_i是 i.i.d.的 Logistic 分布；

A3：$\text{rank}(\boldsymbol{X}_i)=k$。

则在 A1～A3 的假定之下，（6.7）式中 Y_i 的概率特征可表示为：

$$
\begin{aligned}
\mathrm{Prob}(Y_i=1\mid \boldsymbol{X}_i) &= \mathrm{Prob}(Y_i^*>0\mid \boldsymbol{X}_i) \\
&= \mathrm{Prob}(X_i'\boldsymbol{\beta}+\varepsilon_i>0\mid \boldsymbol{X}_i) \\
&= \mathrm{Prob}(\varepsilon_i>-\boldsymbol{X}_i'\boldsymbol{\beta}\mid \boldsymbol{X}_i) \\
&= 1-\int_{-\infty}^{-X_i'\beta} f(\varepsilon_i)\mathrm{d}\varepsilon_i \\
&= 1-\frac{\exp(-\boldsymbol{X}_i'\boldsymbol{\beta})}{1+\exp(-\boldsymbol{X}_i'\boldsymbol{\beta})} \\
&= \frac{\exp(\boldsymbol{X}_i'\boldsymbol{\beta})}{1+\exp(\boldsymbol{X}_i'\boldsymbol{\beta})} = \Lambda(\boldsymbol{X}_i'\boldsymbol{\beta})
\end{aligned} \tag{6.10}
$$

这里，（6.10）式正是 Logit 模型。

6.2.4　边际效应分析

对于 Probit 模型来说，其边际效应为：

$$
\frac{\partial\,\mathrm{Prob}(Y_i=1\mid \boldsymbol{X}_i)}{\partial \boldsymbol{X}_i} = \boldsymbol{\Phi}'(\boldsymbol{X}_i'\boldsymbol{\beta})\boldsymbol{\beta} = \boldsymbol{\Phi}(\boldsymbol{X}_i'\boldsymbol{\beta})\boldsymbol{\beta} \tag{6.11}
$$

对于 Logit 模型，其边际效应为：

$$
\frac{\partial\,\mathrm{Prob}(Y_i=1\mid \boldsymbol{X}_i)}{\partial \boldsymbol{X}_i} = \Lambda'(\boldsymbol{X}_i'\boldsymbol{\beta})\boldsymbol{\beta} = \Lambda(\boldsymbol{X}_i'\boldsymbol{\beta})[1-\Lambda(\boldsymbol{X}_i'\boldsymbol{\beta})]\boldsymbol{\beta} \tag{6.12}
$$

其中，$\Lambda'(\cdot)=\Lambda(\cdot)[1-\Lambda(\cdot)]$。

从（6.11）式和（6.12）式可以看出，在 Probit 和 Logit 模型中，自变量对 Y_i 取值为 1 的概率的边际影响并不是常数，它会随着自变量取值的变化而变化。所以，对于 Probit 模型和 Logit 模型来说，其回归系数的解释就没有线性回归那么直接了，相应地，它们的边际影响也不能像线性回归模型那样，直接等于其系数。那么，对于这两个模型，应该如何进行边际效应分析呢？一种常用的方法是计算其平均边际效应，即对于非虚拟的自变量，一般是将其样本均值代入到（6.11）式和（6.12）式中，估计出平均的边际影响。但是，对于虚拟自变量而言，则需要首先计算其取值分别为 1 和 0 时 $\mathrm{Prob}(Y_i=1\mid \boldsymbol{X}_i)$ 的值，二者的差即虚拟自变量的边际影响。

6.2.5　最大似然估计（MLE）

Probit 和 Logit 模型的参数估计常用最大似然法。对于 Probit 或 Logit 模型来讲，

$$
\mathrm{Prob}(Y_i=1\mid \boldsymbol{X}_i) = F(\boldsymbol{X}_i'\boldsymbol{\beta})
$$

$$
\mathrm{Prob}(Y_i=0\mid \boldsymbol{X}_i) = 1-F(\boldsymbol{X}_i'\boldsymbol{\beta})
$$

似然函数为：

$$L=\prod_{i=1}^{N}F(X_i'\beta)^{Y_i}\left[1-F(X_i'\beta)\right]^{1-Y_i}$$

对数似然函数为：

$$\ln L=\sum_{i=1}^{N}\left\{Y_i\ln F(\boldsymbol{X}_i'\boldsymbol{\beta})+(1-Y_i)\ln\left[1-F(\boldsymbol{X}_i'\boldsymbol{\beta})\right]\right\} \tag{6.13}$$

最大化 ln L 的一阶条件为：

$$\begin{aligned}\frac{\partial\ln L}{\partial\boldsymbol{\beta}}&=\sum_{i=1}^{N}\left[Y_i\boldsymbol{X}_i\frac{f_i}{F_i}+(1-Y_i)\boldsymbol{X}_i\frac{-f_i}{1-F_i}\right]\\&=\sum_{i=1}^{N}\left[\boldsymbol{X}_i f_i\frac{Y_i-F_i}{F_i(1-F_i)}\right]=0\end{aligned} \tag{6.14}$$

由于（6.14）式不存在封闭解，所以要使用非线性方程的迭代法进行求解。常用的方法有 Newton-Raphson 法或二次爬坡法（quadratic hill climbing）。

6.2.6 似然比检验

似然比检验类似检验模型整体显著性的 F 检验，原假设为全部自变量的系数都为 0，检验的统计量 LR 为：

$$\text{LR}=2(\ln L-\ln L_0) \tag{6.15}$$

其中，ln$L$ 为对概率模型进行 MLE 估计的对数似然函数值，lnL_0 为只有截距项的模型的对数似然函数值，往往也称为空模型，即模型中不包含任何自变量。当原假设成立时，LR 的渐近分布是自由度为 k-1（即除截距项外的自变量的个数）的 X^2 分布。

6.3 判别分析

对于二元因变量，Logistic 模型采取的方法是直接对 $\text{Prob}(Y=k\mid X=x)$ 进行建模，用统计术语讲，就是在给定自变量 X 情况下，建立因变量 Y 的条件分布模型。在此我们介绍另一种间接估计这些概率的方法——判别分析。判别分析采取的方法是先对每一个给定的 Y 建立自变量 X 的分布，然后使用贝叶斯定理反过来再去估计 $\text{Prob}(Y=k\mid X=x)$。

那么，什么情况下我们会考虑使用判别分析呢？一方面，当类别的区分度较高时，或者当样本量 n 较小且自变量 X 近似服从正态分布时，Logistic 模型的参数估计会相对不够稳定，而判别分析就不存在这样的问题；另一方面，在现实生活中有很多因变量取值超过两类的情形，虽然我们可以把二元 Logistic 模型推广到多元，但这在实际应用中并不常用。实际上，对于因变量取多类别的问题，我们更常使用的是判别分析法。

接下来，我们介绍判别分析的几种常用方法，包括 Naïve Bayes 判别分析、线性判别分析（Linear Discriminant Analysis, LDA）和二次判别分析(Quadratic Discriminant Analysis, QDA)。

6.3.1 Naïve Bayes 判别分析

（一）贝叶斯分类器

对于分类模型，我们的目的是构建从输入空间（自变量空间）X 到输出空间（因变量空间）Y 的映射（函数）：$f(X) \to Y$。它将输入空间划分成几个区域，每个区域都对应一个类别。区域的边界可以是各种函数形式，其中，最重要且最常用的一类就是线性的。对于第 k 类，记 $\hat{g}_k(x) = \hat{\beta}_{k0} + \hat{\boldsymbol{\beta}}_k^{\mathrm{T}} x \ (k = 1, \cdots, K)$，则第 k 类和第 m 类的判别边界为 $\hat{g}_k(x) = \hat{g}_m(x)$，也就是所有使得 $\{x : (\hat{\beta}_{k0} - \hat{\beta}_{m0}) + (\hat{\boldsymbol{\beta}}_k - \hat{\boldsymbol{\beta}}_m)^{\mathrm{T}} x = 0\}$ 成立的点。需要说明的是，实际上我们只需要 $K-1$ 个边界函数。

为了确定边界函数，在构造分类器时，我们最关注的便是一组测试观测值上的测试错误率，在一组测试观测值 (x_0, y_0) 上的误差计算具有以下形式：

$$\mathrm{Ave}\left[I\left(y_0 \neq \hat{y}_0\right)\right] \tag{6.16}$$

其中，$\hat{y}_0$ 是用模型预测的分类变量。$I(y_0 \neq \hat{y}_0)$ 是示性变量，当 $y_0 \neq \hat{y}_0$ 时值等于 1，说明测试值被误分；当 $y_0 = \hat{y}_0$，值等于 0，说明测试值被正确分类。一个好的分类器应使（6.16）式表示的测试误差最小。

一个非常简单的分类器是将每个观测值分入到它最大可能所在的类别中，即在给定 $X = x_0$ 的情况下，将它分入到条件概率最大的 j 类中是比较合理的：

$$\max_j \mathrm{Prob}\left(Y = j \mid X = x_0\right) \tag{6.17}$$

这类方法称为贝叶斯分类器，这种分类器将产生最低的测试错误率，称为贝叶斯错误率，在 $X = x_0$ 这点的错误率为 $1 - \max_j \mathrm{Prob}\left(Y = j \mid X = x_0\right)$，整个分类器的贝叶斯错误率为：

$$1 - E\left[\max_j \Pr\left(Y = j \mid X\right)\right] \tag{6.18}$$

（二）贝叶斯定理

假设观测分成 K 类，即因变量 Y 的取值为 $\{1, 2, \cdots, K, K \geqslant 2\}$，取值顺序对结果并无影响。假设 π_k 为一个随机选择的观测属于因变量 Y 的第 k 类的概率，即先验概率，$f_k(X) = \mathrm{Prob}(X = x \mid Y = k)$ 表示第 k 类观测的 X 的密度函数。根据贝叶斯定理，我们可观测 $X = x$ 属于第 k 类的后验概率为：

$$\mathrm{Prob}(Y = k \mid X = x) = \frac{\pi_k f_k(x)}{\sum_{i=1}^{K} \pi_i f_i(x)} \tag{6.19}$$

我们记 $p_k(X) = \mathrm{Prob}(Y = k \mid X)$，因此只要估计出 π_k 和 $f_k(x)$ 就可以计算 $p_k(x)$。通常，π_k 的估计比较容易，仅需分别计算属于第 k 类的样本占总样本的比例，即 $\hat{\pi}_k = \dfrac{n_k}{n}$。$f_k(x)$ 的估计则要

复杂一些，除非假设它们的密度函数形式很简单。

我们知道，贝叶斯分类器是将一个观测分到 $p_k(X)$ 最大的类中，它在所有分类器中测试错误率是最小的（注意，只有当（6.19）式中的各项假设正确，该结论才是对的）。如果我们找到合适的方法估计 $f_k(X)$，便可构造一个与贝叶斯分类器类似的分类方法。

6.3.2 线性判别分析

（一）一元线性判别分析

我们在进行分类时，首先要获取 $f_k(x)$ 的估计，然后代入（6.19）式从而估计 $p_k(x)$，并根据 $p_k(x)$ 的值，将观测分入到值最大的一类中。为获取 $f_k(x)$ 的估计，首先需要对其做一些假设。

通常，假设 $f_k(x)$ 的分布是正态的，当 $p=1$ 时，密度函数为一维正态密度函数：

$$f_k(x)=\frac{1}{\sqrt{2\pi}\sigma_k}\exp\left[-\frac{1}{2\sigma_k^2}(x-\mu_k)^2\right] \tag{6.20}$$

其中，μ_k 和 σ_k^2 分别为第 k 类的均值和方差。再假设 $\sigma_1^2=\cdots=\sigma_K^2=\sigma^2$，即所有 K 个类别方差相同，均为 σ^2。将（6.20）式带入（6.19）式，可得：

$$p_k(x)=\frac{\pi_k\frac{1}{\sqrt{2\pi}\sigma}\exp\left[-\frac{1}{2\sigma^2}(x-\mu_k)^2\right]}{\sum_{i=1}^{K}\pi_i\frac{1}{\sqrt{2\pi}\sigma}\exp\left[-\frac{1}{2\sigma^2}(x-\mu_i)^2\right]} \tag{6.21}$$

贝叶斯分类器是将观测值 $X=x$ 分到（6.21）式中 $p_k(x)$ 最大的一类。我们对（6.21）式取对数，并将对 $p_k(x)$ 大小无影响的项删除，整理式子，不难看出贝叶斯分类器也将观测分入到

$$\delta_k(x)=x\frac{\mu_k}{\sigma^2}-\frac{\mu_k^2}{2\sigma^2}+\ln\pi_k \tag{6.22}$$

最大的一类。例如，$K=2$，且 $\pi_1=\pi_2$，当 $2x(\mu_1-\mu_2)>\mu_1^2-\mu_2^2$ 时，贝叶斯分类器把观测分入到第一类，反之分到第二类。此时贝叶斯决策边界对应的点为：

$$x=\frac{\mu_1^2-\mu_2^2}{2(\mu_1-\mu_2)}=\frac{\mu_1+\mu_2}{2} \tag{6.23}$$

在实际中，即使确定 X 服从正态分布，我们也仍然不知道总体参数 $\mu_1,\cdots,\mu_K$，$\pi_1,\cdots,\pi_K$，σ^2，需要进行估计。线性判别分析方法与贝叶斯分类器类似，计算（6.22）式的值，常用的参数估计如下：

$$\begin{aligned}\hat{\mu}_k&=\frac{1}{n_k}\sum_{i:y_i=k}x_i\\ \hat{\sigma}^2&=\frac{1}{n-K}\sum_{k=1}^{K}\sum_{i:y_i=k}(x_i-\mu_k)^2\\ &=\sum_{k=1}^{K}\frac{n_k-1}{n-K}\hat{\sigma}_k^2\end{aligned} \tag{6.24}$$

其中，n 为随机抽取的样本数，n_k 为属于第 k 类的样本数，μ_k 的估计值为第 k 类观测的均值；$\hat{\sigma}_k^2=\frac{1}{n_k-1}\sum_{i:y_i=k}(x_i-\mu_k)^2$ 为第 k 类观测的样本方差，σ^2 的估计值可以看作 K 类样本方差的加权平均。

实际中，有时我们可以掌握每一类的先验概率 $\pi_1,\cdots,\pi_K$，但当信息不全时需要用样本进行估计，LDA 是用属于第 k 类的观测的比例作为 π_k 的估计，即

$$\hat{\pi}_k=\frac{n_k}{n} \tag{6.25}$$

将（6.24）式和（6.25）式的估计值代入（6.21）式，即得线性判别分析的判别函数

$$\hat{\delta}_k=x\frac{\hat{\mu}_k}{\hat{\sigma}^2}-\frac{\hat{\mu}_k^2}{2\hat{\sigma}^2}+\ln\hat{\pi}_k \tag{6.26}$$

LDA 分类器将观测 $X=x$ 分入 $\hat{\delta}_k$ 值最大的一类中。由于判别函数（6.26）式中 $\hat{\delta}_k$ 是关于 x 的线性函数，所以该方法称为线性判别分析。

与贝叶斯分类器比较，LDA 分类器是建立在观测都来自于均值不同、方差相同的正态分布假设上的，将均值、方差和先验概率的参数估计代入贝叶斯分类器便可得到 LDA 分类器。

（二）多元线性判别分析

若自变量维度 $p>1$，假设 $\boldsymbol{X}=(X_1,\cdots,X_p)$ 服从一个均值不同、协方差矩阵相同的多元正态分布，即假设第 k 类观测服从一个多元正态分布 $N(\boldsymbol{\mu}_k,\boldsymbol{\Sigma})$，其中，$\boldsymbol{\mu}_k$ 是一个均值向量，$\boldsymbol{\Sigma}$ 为所有 K 类共同的协方差矩阵，其密度函数形式为：

$$f_k(x)=\frac{1}{(2\pi)^{\frac{p}{2}}\,|\boldsymbol{\Sigma}|^{\frac{1}{2}}}\exp\left[-\frac{1}{2}(\boldsymbol{x}-\boldsymbol{\mu}_k)^{\mathrm{T}}\boldsymbol{\Sigma}^{-1}(\boldsymbol{x}-\boldsymbol{\mu}_k)\right] \tag{6.27}$$

通过类似一维自变量的方法，我们可以知道贝叶斯分类器将 $X=x$ 分入

$$\delta_k(x)=\boldsymbol{x}^{\mathrm{T}}\boldsymbol{\Sigma}^{-1}\boldsymbol{\mu}_k-\frac{1}{2}\boldsymbol{\mu}_k{}^{\mathrm{T}}\boldsymbol{\Sigma}^{-1}\boldsymbol{\mu}_k+\ln\pi_k \tag{6.28}$$

最大的一类。这也是（6.22）式的向量形式。

同样，需要估计未知参数 $\boldsymbol{\mu}_1,\cdots,\boldsymbol{\mu}_K$，$\pi_1,\cdots,\pi_K$ 和 $\boldsymbol{\Sigma}$，估计方法与一维情况类似。同样，LDA 分类器将各个参数估计值带入判别函数（6.28）式中，并将观测值 $\boldsymbol{X}=\boldsymbol{x}$ 分入 $\hat{\delta}_k(\boldsymbol{x})$ 最大的一类。我们发现多元情况下判别函数关于 $\boldsymbol{x}$ 也是线性的，即可以写作 $\delta_k(\boldsymbol{x})=c_{k0}+c_{k1}\boldsymbol{x}_1+\cdots+c_{kp}\boldsymbol{x}_p$ 的形式。

可以看到，对于类别 k 和 l，决策边界 $\{\boldsymbol{x}:\delta_k(\boldsymbol{x})=\delta_l(\boldsymbol{x})\}$ 是关于 x 的线性函数，如果我们将 R^p 空间分成 K 个区域，这些分割将是超平面。

6.3.3 二次判别分析

正如前面所讨论的，LDA 假设每一类观测服从协方差矩阵相同的多元正态分布，但现实中可能很难满足这样的假设。二次判别分析放松了这一假设，虽然 QDA 分类器也假设每类观测都服从一个正态分布，并把参数估计代入贝叶斯定理进行预测，但 QDA 假设每类观测都有自己的协方差矩阵，即假设第 k 类观测服从的分布为 $X \sim N(\boldsymbol{\mu}_k, \boldsymbol{\Sigma}_k)$，其中，$\boldsymbol{\Sigma}_k$ 是第 k 类观测的协方差矩阵。此时，二次判别函数为：

$$\begin{aligned}\delta_k(\boldsymbol{x}) &= -\frac{1}{2}(\boldsymbol{x}-\boldsymbol{\mu}_k)^{\mathrm{T}}\boldsymbol{\Sigma}_k^{-1}(\boldsymbol{x}-\boldsymbol{\mu}_k) + \ln \pi_k \\ &= -\frac{1}{2}\boldsymbol{x}^{\mathrm{T}}\boldsymbol{\Sigma}_k^{-1}\boldsymbol{x} + \boldsymbol{x}^{\mathrm{T}}\boldsymbol{\Sigma}_k^{-1}\boldsymbol{\mu}_k - \frac{1}{2}\boldsymbol{\mu}_k^{\mathrm{T}}\Sigma_k^{-1}\boldsymbol{\mu}_k + \ln \pi_k\end{aligned} \tag{6.29}$$

QDA 分类器把 $\boldsymbol{\mu}_k$、$\boldsymbol{\Sigma}_k$、π_k 的估计值代入（6.29）式，然后将观测分入使 $\hat{\delta}_k(\boldsymbol{x})$ 值最大的一类。我们发现判别函数（6.29）式是关于 $\boldsymbol{x}$ 的二次函数，类别 k 和 l 的决策边界也是一条曲线边界，这也是二次判别分析名字的由来。

那么，面对一个分类问题时，我们该如何在 LDA 和 QDA 中做出选择呢？这其实是一个偏差-方差权衡的问题。这里不妨假设我们有 p 个自变量，并且因变量包含 K 个不同类别，于是对上述问题我们可以做如下分析。

首先，假设 p 个自变量的协方差矩阵不同，由于预测一个协方差矩阵就需要 $\frac{p(p+1)}{2}$ 个参数，而 QDA 需要对每一类分别估计协方差矩阵，因而共需要 $\frac{K_p(p+1)}{2}$ 个参数；其次，若我们假设 K 类的协方差矩阵相同，那么 LDA 模型对 $\boldsymbol{x}$ 来说是线性的，这时候就只需估计 K_p 个线性系数。从这个角度看，LDA 没有 QDA 分类器光滑，因此拥有更低的方差，所以，LDA 模型有改善预测效果的潜力。

但是，从另一个角度看，如果我们假设 K 类的协方差矩阵相同，且与实际情况差别很大，那么 LDA 就会产生很大的偏差。所以，需要在方差与偏差之间进行一个权衡。一般而言，如果训练数据相对较少，那么降低模型的方差就显得很有必要，这个时候 LDA 是一个比 QDA 更好的选择。反之，如果训练集非常大，则我们会更倾向于使用 QDA，因为这时候 K 类的协方差矩阵相同的假设是站不住脚的。

6.4 分类问题评价准则

在分类问题中需要基于一定的准则对分类器进行评价，以二分类问题为例，设 $Y \in \{+,-\}$。例如，在信用卡用户的违约问题中，我们可以将“+”理解为“违约”，将“−”理解为“未违约”。如果与经典的假设检验进行结合，那么就可以将“−”看作零假设，而将“+”看作备择

（非零）假设。

对于二分类问题，预测结果可能出现四种情况：如果一个点属于阴性（-）并被预测到阴性（-）中，即为真阴性值（True Negative，TN）；如果一个点属于阳性（+）但被预测到阴性（-）中，称为假阴性值（False Negative，FN）；如果一个点属于阳性（+）并且被预测到阳性中，即为真阳性值（True Positive，TP）；如果一个点属于阴性（-）但被预测到阳性（+）中，称为假阳性值（False Positive，FP）。可用表 6-2 的混淆矩阵来表示这四类结果。

表 6-2　混淆矩阵

		预测分类		
		- 或零	+ 或非零	总计
真实分类	- 或零	真阴性值（TN）	假阳性值（FP）	N
	+ 或非零	假阴性值（FN）	真阳性值（TP）	P
	总计	N^*	P^*	

于是，模型整体的正确率可表示为 $\text{accuracy}=\dfrac{(\text{TN}+\text{TP})}{(N+P)}$，相应地，整体错误率为 $1-\text{accuracy}$。

不过，很多时候我们更关心的其实是模型在每个类别上的预测能力，尤其是在不平衡分类（imbalance classification）问题下，模型对不同类别点的预测能力可能差异很大，如果只关注整体预测的准确性，模型很有可能将所有数据都预测为最多类别的那一类，而这样的模型是没有意义的。所以，需要用如表 6-3 所示的评价指标来综合判断模型的准确性。

表 6-3　分类和诊断测试中重要的评价指标

名　称	定　义	相同含义名称
假阳性率	FP/N	第 I 类错误，1-特异度（1-specificity）
真阳性率	TP/P	1-第 II 类错误，灵敏度（sensitivity），召回率（recall）
预测阳性率	TP/P^*	精确度，1-假阳性率
预测阴性率	TN/N^*	

另外，对于二分类模型，很多时候并不是直接给出每个样本的类别预测，而是给出其中一类的预测概率，因此需要选取一个阈值，如 0.5，当预测概率大于阈值时，将观测预测为这一类，否则预测为另一类。不同的阈值对应不同的分类预测结果。对于不平衡数据，可以通过 ROC 曲线来比较模型优劣。ROC 曲线是一类可以同时展示出所有可能阈值对应的两类错误的图像，它通过将阈值从 0 到 1 移动，获得多对 FPR（1-specificity）和 TPR（sensitivity），以 FPR 为横轴，TPR 为纵轴，将各点连接起来而得到的一条曲线。下面我们详细地介绍 ROC 曲线的原理。

首先，考虑如图 6-1 所示中的四个点和一条线。第一个点 $(0,1)$，即 FPR=0，TPR=1，这意味着 FP=FN=0，这种情况表示我们得到了一个完美的分类器，因为它将所有的样本都正确分类。第二个点(1,0)，即 FPR=1，TPR=0，类似地分析可以发现这是一个最差的分类器，因为它对所有样本的分类都是错误的。第三个点(0,0)，即 FPR=TPR=0，这时 FP=TP=0，可以发现此时的分类器将所有的样本都预测为负样本（negative）。类似地，第四个点(1,1)，表示此时的分类器将所有的样本都预测为正样本（positive）。所以，经过上述分析我们就可以明确，ROC 曲线越接近左上角，说明该分类器的性能是越好的。另外，图中用虚线表示的对角线上的点其实表示的是一个采用随机猜测策略的分类器的结果。例如，(0.5,0.5) 表示该分类器随机的将一半的样本猜测为正样本，另外一半样本猜测为负样本。

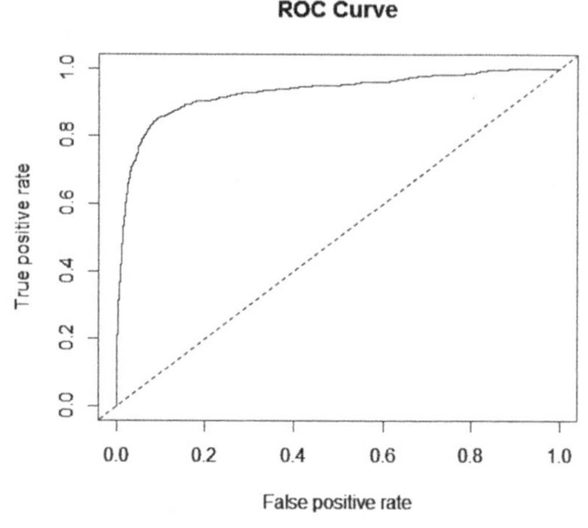

图 6-1　ROC 曲线

接下来，我们讨论如何绘制出 ROC 曲线。对于一个特定的分类器和数据集，我们显然只能得到一个分类结果，即一对 FPR 和 TPR 的结果，而要得到一条 ROC 曲线，实际是需要多对 FPR 和 TPR 的值的。但是，我们前面提到了，很多分类器的输出其实是一个概率值，即表示该分类器认为某个样本具有多大的概率属于正样本。当然，对于本书后面章节中将介绍的其他分类器，如第 9 章的基于树的分类器、第 10 章的支持向量机等，也都是可以通过某种机理得到一个概率输出的。当我们得到所有样本的概率输出（即属于正样本的概率）后，将它们从小到大排列，并从最小的概率值开始，依次将概率值作为阈值，当样本的输出概率大于等于这个值时，将其判定为正样本，反之判定为负样本。于是，每次我们都可以得到一对 FPR 和 TPR，即 ROC 曲线上的一点，最终我们就可以得到与样本个数相同的 FPR 和 TPR 的对数。注意，当我们将阈值设置为 1 和 0 时，就可以分别得到 ROC 曲线上的(0,0)和(1,1)这两个点，将这两个点与之前得到的这些（FPR,TPR）对连接起来，就得到了 ROC 曲线。注意，选取的阈值个数越多，ROC 曲线就越平滑。

不过，很多时候由 ROC 曲线并不能清晰地看出哪个分类器的效果更好，所以可以采用 ROC 曲线下面的面积（area under the ROC curve, AUC）来代表分类器的性能，显然这个数值不会大于 1。前面提到，一个理想的 ROC 曲线会紧贴左上角，所以 AUC 值越大，分类器的效果就越好。另外不难理解，任何一个有效的分类器的 AUC 值都应该大于 0.5。

6.5　R 语言实现

6.5.1　描述统计

现在对例 6.1 的数据进行分析。在建模之前，求出数据的基本描述统计量，R 语言程序如下：

```
> grade <- read.table ( file = "grade.txt" , header = T )
> summarys <- function ( x ) {
list ( mean = mean ( x ) , max = max ( x ) , min = min ( x ) , sd = sd ( x ) )
 } # 自编一个求基本描述统计量简单函数
> summarys ( subset ( grade , PSI == 0 ) $ GRADE )
# subset ( )筛选 PSI = 0 的数据
> summarys ( subset ( grade , PSI == 1 ) $ GRADE )
> summarys ( grade $ GRADE )
> summarys ( subset ( grade , PSI == 0 ) $ GPA )
> summarys ( subset ( grade , PSI == 1 ) $ GPA )
```

整理后的结果见表 6-4。

表 6-4　数据的基本描述

变　量	均　值	最 大 值	最 小 值	标 准 差
GRADE				
PSI=0	0.166667	1.000000	0.000000	0.383482
PSI=1	0.571429	1.000000	0.000000	0.513553
全部	0.343750	1.000000	0.000000	0.482559
GPA				
PSI=0	3.101111	4.000000	2.630000	0.422985
PSI=1	3.137857	4.000000	2.060000	0.533511
全部	3.117188	4.000000	2.060000	0.466713
TUCE				
PSI=0	21.55556	29.00000	12.00000	4.003267
PSI=1	22.42857	28.00000	14.00000	3.857346
全部	21.93750	29.00000	12.00000	3.901509
PSI				
PSI=0	0.000000	0.000000	0.000000	0.000000
PSI=1	1.000000	1.000000	1.000000	0.000000
全部	0.437500	0.000000	1.000000	0.504016

6.5.2　Logistic 模型

R 语言中可以使用 glm()函数拟合广义线性模型，包含 Logistic 回归中的 probit 模型和 logit 模型。glm()函数的形式与 lm()函数类似，只是多了一些参数。函数的基本形式为：

```
glm ( formula , family = family ( link = function ) , data = )
```

其中，formula 是模型表达式，与 lm()函数的表达式一致。family 参数用于设置模型的连接函数对应的分布族，如 gaussian 分布、poisson 分布等，详见表 6-5。

表 6-5 glm()函数的 family 参数代表的分布族

分布族（family）	连接函数
binomial	(link = "logit" 或 "probit" 或 "cauchit")
gaussian	(link = "indentity")
gamma	(link = "inverse" 或 "identity" 或 "log")
inverse.gaussian	(link = "1/mu^2")
poisson	(link = "log" 或 "identity" 或 "sqrt")
quasi	(link = "identity" , variance = "constant")
quasibinomial	(link = "logit")
quasipoisson	(link = "log")

与分析线性回归模型时 lm()函数连用的许多函数在 glm()函数中也有对应的形式，其中常用的函数见表 6-6。

表 6-6 与 glm()函数常用的连用函数

函 数	用 途
summary()	给出拟合模型的信息摘要
coefficients() / coef()	列出拟合模型的参数
confint()	给出模型参数的置信区间
residuals()	列出拟合模型的残差值
anova()	生成两个拟合模型的方差分析表
plot()	生成评价拟合模型的诊断图
Predict()	用拟合的模型对原有数据进行拟合或者对新数据进行预测
aic()	计算拟合模型的 AIC 值

接下来，就开始建立模型。首先设定以下线性概率模型：

$$GRADE = \beta_0 + \beta_1 GPA + \beta_2 TUCE + \beta_3 PSI + \varepsilon$$

其中，GRADE 取 1 表示新近学习成绩提高，0 表示其他；GPA 是平均积分点；TUCE 是以往经济学成绩；PSI 取 1 表示受到新的经济学教学方法的指导，0 表示其他。

（一）OLS 估计

用 OLS 估计这一线性概率模型的 R 语言程序和结果如下：

```
> lpm <- lm ( GRADE ~ GPA + TUCE + PSI , data = grade )
> summary ( lpm )
Call:
lm(formula = GRADE ~ GPA + TUCE + PSI, data = grade)
Residuals:
   Min          1Q       Median      3Q        Max
-0.781530  -0.277314  0.005306  0.210891  0.811449
Coefficients:
             Estimate   Std. Error   t -value   Pr(>|t|)
```

```
(Intercept)   -1.49802   0.52389        -2.859    0.00793 **
GPA             0.46385   0.16196         2.864    0.00784 **
TUCE            0.01050   0.01948         0.539    0.59436
PSI             0.37855   0.13917         2.720    0.01109 *
---
Signif. codes:  0 '***' 0.001 '**' 0.01 '*' 0.05 '.' 0.1 ' ' 1
Residual standard error: 0.3881 on 28 degrees of freedom
Multiple R-squared: 0.4159,     Adjusted R-squared: 0.3533
F-statistic: 6.646 on 3 and 28 DF,  p-value: 0.001571
```

从分析的结果看，在 5%的显著性水平上，PSI 对 GRADE 的影响是显著的。也就是说，在 GPA 和 TUCE 都一样的情况下，接受过新的教学方法的学生与没有接受过新的教学方法的学生相比，学习成绩提高的概率要多 0.3786。此外，GPA 对成绩提高的边际影响是 0.46，也就是说，在其他条件相同的情况下，GPA 每增加 1 分，学习成绩提高的概率是 46%。

（二）Probit 模型估计

使用 Probit 模型估计的 R 语言程序和结果如下：

```
> grade.probit <- glm ( GRADE ~ GPA + TUCE + PSI ,
                   family = binomial ( link = "probit" ) , data = grade )
# Probit 模型
> summary ( grade.probit )
Call:
glm ( formula = GRADE ~ GPA + TUCE + PSI , family = binomial ( link = "probit" ) ,
data = grade )
Deviance Residuals:
  Min       1Q       Median    3Q     Max
-1.9392  -0.6508  -0.2229  0.5934  2.0451
Coefficients:
              Estimate   Std. Error  z value   Pr(>|z|)
(Intercept)    -7.45231    2.57152     -2.898   0.00376 **
GPA             1.62581    0.68973      2.357   0.01841 *
TUCE            0.05173    0.08119      0.637   0.52406
PSI             1.42633    0.58695      2.430   0.01510 *
---
Signif. codes:  0 '***' 0.001 '**' 0.01 '*' 0.05 '.' 0.1 ' ' 1
(Dispersion parameter for binomial family taken to be 1)
   Null deviance: 41.183  on 31  degrees of freedom
Residual deviance: 25.638  on 28  degrees of freedom
AIC: 33.638
Number of Fisher Scoring iterations: 6
```

从分析结果看 Probit 模型的设定形式是：

$$\text{Prob}(\text{GRADE}_i = 1 \mid \boldsymbol{X}_i) = \boldsymbol{\Phi}(\boldsymbol{X}_i{}'\boldsymbol{\beta})$$

其中，$\boldsymbol{\Phi}(\cdot)$是标准正态分布的累积分布函数。将系数的估计结果代入得到估计的模型为：

$$\begin{aligned}\text{Prob}(\text{GRADE}_i = 1 \mid \boldsymbol{X}_i) = \boldsymbol{\Phi}(&-7.452320 + 1.625810 \times \text{GPA} \\ &+ 0.051729 \times \text{TUCE} + 1.426332 \times \text{PSI})\end{aligned}$$

下面进行模型的似然比检验和拟合优度：

```
> install.packages ( "lmtest" )
> library ( lmtest ) # 需首先安装lmtest包，并载入包
> lrtest ( grade.probit ) # LR检验
Likelihood ratio test
Model 1: GRADE ~ GPA + TUCE + PSI
Model 2: GRADE ~ 1
  #Df  LogLik Df  Chisq   Pr(>Chisq)
1   4 -12.819
2   1 -20.592 -3   15.546   0.001405 **
---
Signif. codes:  0 '***' 0.001 '**' 0.01 '*' 0.05 '.'
```

上面的检验结果中还给出了有关模型的似然比检验和拟合优度的信息。根据（6.15）式，L 为 Model 1 LogLik 的值，为-12.81880；L_0 为 Model 2 LogLik 的值，为-20.59173；LR 值为 Chisq，为 15.546，它对应的 p 值只有 0.001405，因此，它是显著的，表明模型整体是显著的。

（三）Logit 模型估计

Logit 模型的 R 语言程序和估计结果如下：

```
> grade.logit <- glm ( GRADE ~ GPA + TUCE + PSI ,
                  family = binomial (link = "logit" ) , data = grade)
# 注意 link设为 logit
> summary ( grade.logit )
Call:
glm ( formula = GRADE ~ GPA + TUCE + PSI , family = binomial ( link = "logit" ) ,
    data = grade )
Deviance Residuals:
   Min       1Q     Median     3Q        Max
-1.9551  -0.6453  -0.2570   0.5888   2.0966
Coefficients:
                 Estimate    Std. Error  z value   Pr(>|z|)
(Intercept)     -13.02135    4.93127      -2.641    0.00828 **
GPA               2.82611    1.26293       2.238    0.02524 *
TUCE              0.09516    0.14155       0.672    0.50143
PSI               2.37869    1.06456       2.234    0.02545 *
---
Signif. codes:  0 '***' 0.001 '**' 0.01 '*' 0.05 '.' 0.1 ' ' 1
(Dispersion parameter for binomial family taken to be 1)
    Null deviance: 41.183  on 31  degrees of freedom
Residual deviance: 25.779  on 28  degrees of freedom
AIC: 33.779
Number of Fisher Scoring iterations: 5
```

Logit 模型的估计结果也给出了与 Probit 模型估计结果相似的似然比和拟合优度指标。但

是对应的 Logit 模型为：

$$\text{Prob}(\text{GRADE}_i = 1 | X_i) = \Lambda(-13.02135 + 2.826113 \times \text{GPA} + 0.095158 \times \text{TUCE} + 2.378688 \times \text{PSI})$$

```
> library ( lmtest )
> lrtest ( grade.logit ) # LR 检验
Likelihood ratio test
Model 1: GRADE ~ GPA + TUCE + PSI
Model 2: GRADE ~ 1
  #Df  LogLik    Df   Chisq   Pr(>Chisq)
1   4 -12.890
2   1 -20.592    -3  15.404   0.001502 **
---
Signif. codes:  0 '***' 0.001 '**' 0.01 '*' 0.05 '.' 0.1 ' ' 1
```

L 为 Model 1 LogLik 的值，为−12.890；L_0 为 Model 2 LogLik 的值，为−20.592；LR 值为 Chisq，为 15.404，它对应的 p 值只有 0.001502，因此，它是显著的，表明模型整体是显著的。

Probit 和 Logit 模型中的回归系数与线性概率模型不同，并没有实际的经济意义。但可以依据（6.11）式和（6.12）式计算自变量 GPA 和 TUCE 对 GRADE 的平均边际影响：

```
> coe <- coef ( grade.probit ) # 提取 probit 模型系数
> probit <- dnorm ( coe [ 1 ] + coe [ 2 ] * mean ( grade $ GPA ) +
            coe [ 3 ] * mean ( grade $ TUCE ) + coe [ 4 ] * mean ( grade $ PSI ) )
# 求 probit 模型平均边际影响
> ( m.gpa = coe [ 2 ] * probit ) # 求 GPA 平均边际影响
> ( m.tuce = coe [ 3 ] * probit )
> ( m.PSI = coe [ 4 ] * probit )
> coe.l <- coef ( grade.logit ) # 提取 logit 模型系数
> logit <- dlogis ( coe.l [ 1 ] + coe.l [ 2 ] * mean ( grade $ GPA ) +
           coe.l [ 3 ] * mean ( grade $ TUCE ) + coe.l [ 4 ] * mean ( grade$PSI ) )
# 求 logit 模型平均边际影响
> ( m.gpa.l = coe.l [ 2 ] * logit )
> ( m.tuce.l = coe.l [ 3 ] * logit )
> ( m.PSI.l = coe.l [ 4 ] * logit )
```

有关的计算结果整理后见表 6-7。

表 6-7 Probit 和 Logit 模型边际影响分析对比

	Probit 模型		Logit 模型	
$F'(\bar{X}_i'\hat{\beta}) = f(\bar{X}_i'\hat{\beta})$	$\Phi(\bar{X}_i'\hat{\beta}) = 0.3281$		$\Lambda'(\bar{X}_i'\hat{\beta}) = 0.1889$	
变量	回归系数	平均边际影响	回归系数	平均边际影响
GPA	1.625810	0.5333	2.826113	0.5339
TUCE	0.051729	0.0170	0.095158	0.0180
PSI	1.426332	0.4644	2.378688	0.4493

表 6-7 中，自变量 GPA 和 TUCE 对因变量 GRADE 的边际影响是通过将相应的回归系数乘以 $F'(\bar{X}_i'\hat{\beta})$ 的值得到的。例如，对于 Probit 模型，GPA 对 GRADE 的边际影响等于 1.625810 ×0.3281=0.5333。但是，这一算法不适用于像 PSI 这一离散的自变量。对于 Logit 模型，PSI 对 GRADE 的平均边际影响是 PSI 分别取值为 1 和 0 时，GRADE 取值为 1 的概率差，即

$$\Phi(-7.452320+1.625810\times\overline{\text{GPA}}+0.051729\times\overline{\text{TUCE}}+1.426332\times1)$$
$$-\Phi(-7.452320+1.625810\times\overline{\text{GPA}}+0.051729\times\overline{\text{TUCE}})=0.4644$$

表 6-7 中的边际影响分析取的是自变量的均值。但实际上，自变量对因变量的影响是非线性的。例如，在 Probit 模型当中，PSI 对 GRADE 的影响是随着 GAP 和 TUCE 取值的不同而不同的。假设 TUCE 取均值，则这一边际影响的函数为：

$$\Phi(-7.452320+1.625810\times\text{GPA}+0.051729\times\overline{\text{TUCE}}+1.426332\times1)$$
$$-\Phi(-7.452320+1.625810\times\text{GPA}+0.051729\times\overline{\text{TUCE}})$$
$$=\text{Prob}(\text{GRADE}=1\,|\,\text{PSI}=1)-\text{Prob}(\text{GRADE}=1\,|\,\text{PSI}=0)$$

用各样本的 GPA 值代入这一边际影响函数，可以得到在不同的 GPA 水平下，PSI 对 GRADE 的边际影响，如图 6-2 所示。

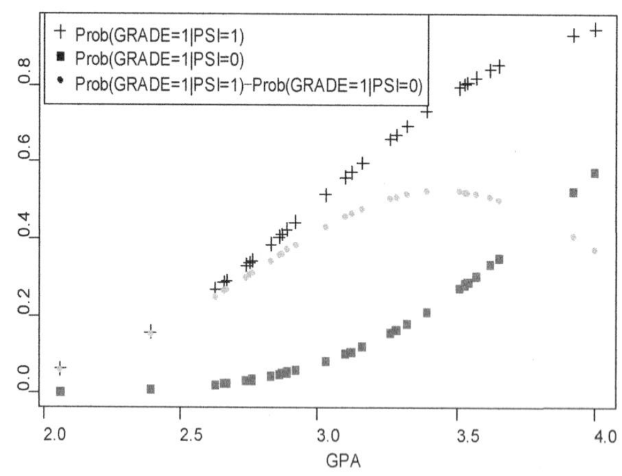

图 6-2　不同 GPA 水平下 PSI 对 GRADE 的影响（假设 TUCE 取均值）

图 6-2 中横轴为 GPA，纵轴为概率，图中折断线表示的是接受过新方法训练的学生（PSI = 1）成绩提高的概率曲线；点线是没有接受过新方法训练的学生（PSI = 0）成绩提高的概率曲线。可以看到，两条曲线之间的差距并不是不变的，开始时，它随着 GPA 的提高而增大，但是，当 GPA 高于一定水平后，这一差距又开始缩小。图 6-2 中的实线为这两条曲线的差值，它首先是上升的，然后又开始下降。

6.5.3　判别分析

在这部分，我们同样用例 6.1 的数据进行判别分析。R 语言中的 MASS 包提供了 lda()函数和 qda()函数分别做线性判别分析和二次判别分析，e1071 包提供了 naiveBayes()函数做朴素贝叶斯分类。

（一）线性判别分析

我们首先使用 MASS 包中的 lda()函数来拟合一个 LDA 模型：

```
> library ( MASS )
> lda.fit <- lda ( GRADE ~ GPA + TUCE + PSI , data = grade )
> lda.fit
Call:
lda(GRADE ~ GPA + TUCE + PSI, data = grade)
Prior probabilities of groups:
          0        1
0.65625 0.34375
Group means:
     GPA      TUCE      PSI
0  2.951905  21.09524  0.2857143
1  3.432727  23.54545  0.7272727
Coefficients of linear discriminants:
        LD1
GPA  1.91853948
TUCE 0.04340893
PSI  1.56574254
```

LDA 输出表明 $\hat{\pi}_1 = 0.65625$，$\hat{\pi}_2 = 0.34375$，也就是说，约 34.4%的观测对应着新近学习成绩提高。同时，LDA 也输出了类平均值，即每类中每个自变量的平均都用来估计 μ_k。另外，线性判别系数输出给出了线性判别函数中 GPA、TUCE 和 PSI 的组合系数，用来形成 LDA 的决策准则。换句话说，该决策函数是由(6.29)式 $\boldsymbol{X} = \boldsymbol{x}$ 各变量相乘表示的，若 1.91853948 × GPA + 0.04340893 × TUCE + 1.56574254 × PSI 很大，则 LDA 分类器预测新进学习成绩提高；若很小，则预测为其他。

还可以通过 plot()函数生成线性判别图像（如图 6-3 所示），可以通过对每个观测计算 1.91853948 × GPA + 0.04340893 × TUCE + 1.56574254 × PSI 获得：

```
> plot ( lda.fit )
```

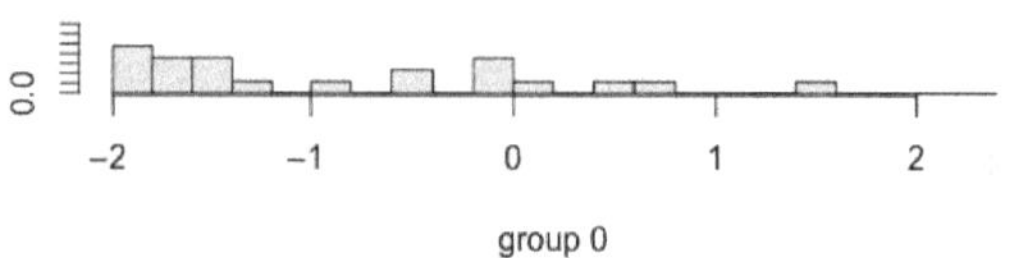

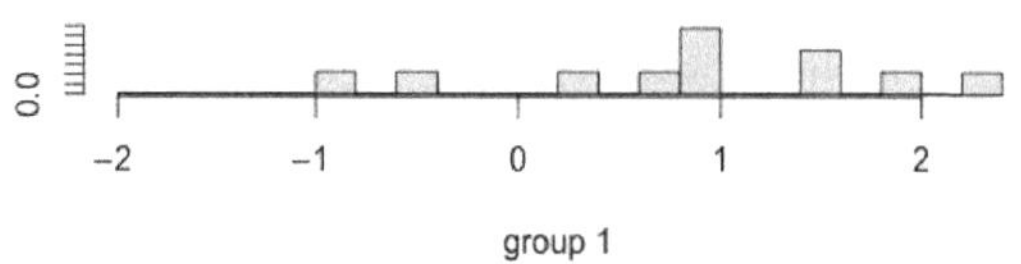

图 6-3 线性判别图像

另外，可以使用 predict()函数对 LDA 模型进行预测。predict()函数返回一个三元列表，第一个元素 class 存储了 LDA 关于新进学习成绩是否提高的预测；第二个元素 posterior 是一个矩阵，其中第 k 列是观测属于第 k 类的后验概率；最后，x 包含线性判别。

例如，这里我们对 LDA 模型的训练误差进行估计：

```
> lda.pred <- predict ( lda.fit, grade )
> names ( lda.pred )
[1] "class"    "posterior" "x"
> lda.class <- lda.pred $ class
> table ( lda.class , grade $ GRADE , dnn = c ( "Prediction" , "Actual" ) )
          Actual
Prediction  0  1
         0 18  3
         1  3  8
> mean ( lda.class != grade $ GRADE )
[1] 0.1875
```

估计得到的 LDA 模型训练误差为 0.1875。

（二）二次判别分析

接下来，我们对上面的数据使用 QDA 模型进行拟合，可以通过 MASS 库中的 qda()函数实现，它的语法与 lda()函数一样：

```
> qda.fit <- qda ( GRADE ~ GPA + TUCE + PSI , data = grade )
> qda.fit
Call:
qda(GRADE ~ GPA + TUCE + PSI, data = grade)
Prior probabilities of groups:
   0       1
0.65625 0.34375
Group means:
```

```
      GPA          TUCE        PSI
0    2.951905   21.09524  0.2857143
1    3.432727   23.54545  0.7272727
```

从结果可以看出，QDA 模型的输出同样包含类平均值，但不再包含线性判别系数，这是因为 QDA 分类器是一个二次函数，不是自变量的线性函数了。

同样，可以使用 predict()函数进行预测，使用语法与 LDA 一样。

```
> qda.pred <- predict ( qda.fit , grade )
> names ( qda.pred )
[1] "class"     "posterior"
> qda.class <- qda.pred $ class
> table ( qda.class , grade $ GRADE , dnn = c ( "Prediction" , "Actual" ) )
          Actual
Prediction    0   1
          0  18   2
          1   3   9
> mean ( qda.class != grade $ GRADE )
[1] 0.15625
```

估计得到的 QDA 模型训练误差为 0.15625，略好于 LDA 模型。

（三）Naïve Bayes 判别分析

最后，使用 e1071 包中的 naiveBayes()函数来做朴素贝叶斯分类，它的语法与 lda()函数和 qda()函数均类似，不过这里要注意的是，使用 naiveBayes()函数时，因变量必须是因子型的格式：

```
> library ( e1071 )
> bayes.fit <- naiveBayes( as.factor ( GRADE ) ~ GPA + TUCE + PSI , data =
grade )
> bayes.fit
Naive Bayes Classifier for Discrete Predictors
Call:
naiveBayes.default(x = X, y = Y, laplace = laplace)
A-priori probabilities:
Y
      0       1
0.65625 0.34375
Conditional probabilities:
   GPA
Y       [,1]      [,2]
  0 2.951905 0.3572201
  1 3.432727 0.5031320
   TUCE
```

```
Y         [,1]      [,2]
  0 21.09524 3.780275
  1 23.54545 3.777926
   PSI
Y          [,1]       [,2]
  0 0.2857143 0.4629100
  1 0.7272727 0.4670994
```

该函数有两项输出：A-priori probabilities 给出该样本中每个类别出现的频率，Conditional probabilities 给出每个自变量在各个类别上的服从正态分布下的均值和标准差。

接下来，同样可以使用 predict()函数进行预测：

```
> bayes.pred <- predict ( bayes.fit , grade )
> table ( bayes.pred , grade $ GRADE , dnn = c ( "Prediction" , "Actual" ) )
         Actual
Prediction   0   1
          0  19  3
          1  2   8
> mean ( bayes.pred != grade $ GRADE )
[1] 0.15625
```

估计得到的 Naïve Bayes 模型的训练误差为 0.15625，与 QDA 模型相同。

6.5.4 模型比较

我们将从两个方面（模型的错分率和 ROC 曲线）来分别对前面介绍的 4 种模型（Logit、LDA、QDA、Naïve Bayes）的分类效果进行比较。

（一）错分率

前面已经计算了 LDA、QDA 和 Naïve Bayes 三种模型在训练集上的错分率，这里再计算一下 Logit 模型的错分率，并将结果整理成表 6-8：

```
> logit.pred <- predict ( grade.logit , grade , type = "response" )
> logit.class <- rep ( 0 , nrow ( grade ) )
> logit.class [ logit.pred > 0.5 ] <- 1 #阈值设为 0.5
> table ( logit.class , grade $ GRADE , dnn = c ( "Prediction" , "Actual" ) )
        Actual
Prediction  0  1
          0 18  3
          1  3  8
> mean ( logit.class != grade $ GRADE )
[1] 0.1875
```

表 6-8　4 种模型的错分率比较

模型	Logit	LDA	QDA	Naïve Bayes
错分率	0.1875	0.1875	0.15625	0.15625

所以，根据表 6-8 的结果可以发现，若单纯从错分率来看，模型的优劣情况为 QDA 与 Naïve Bayes 相同，Logit 与 LDA 相同，且前面一组一致，优于后面一组。

（二）ROC 曲线

R 语言中的 ROCR 包可以用于生成 ROC 曲线。首先，为了能画出 ROC 曲线，需要将所有输出变为概率值，不同的模型概率输出的方式不一样，详见下面的代码：

```
> logit.pred2 <- predict ( grade.logit , grade , type = "response" )
> lda.pred2 <- predict ( lda.fit , grade ) $ posterior [ , 2 ]
> qda.pred2 <- predict ( qda.fit , grade ) $ posterior [ , 2 ]
> bayes.pred2 <- predict ( bayes.fit , grade , type = "raw") [ , 2 ]
```

接下来，加载 ROCR 包，并且编写一个 rocplot()函数，使得每次只需要输入拟合概率值和相对应的真实类别就能自动画出 ROC 曲线：

```
> library ( ROCR )
> rocplot <- function ( pred , truth , ... ) {
      predob <- prediction ( pred , truth )
      perf <- performance ( predob , "tpr", "fpr" )
      plot ( perf , ... )
      auc <- performance ( predob , "auc" )
      auc <- unlist ( slot ( auc , "y.values" ) )
      auc <- round ( auc , 4 ) #保留 4 位小数
      text ( x = 0.8 , y = 0.1 , labels = paste ( "AUC =" , auc ) )
}
```

在上面所编写的函数中，prediction()和 performance()是 ROCR 包中自带的函数，其中 prediction()函数用于创建一个预测的对象，即将输入值转换为某种特定的格式；而对于 performance()函数，它的第一个参数是前面 prediction()函数生成的对象，后面若还设置了两个参数，则它们共同决定了得到的是什么图形，若只设置了一个参数，且是“auc”时，表示我们要输出的是 AUC 值。

最后，就可以通过调用 rocplot()函数画出每种模型的 ROC 曲线，四种模型的 ROC 曲线如图 6-4 所示。

```
> par ( mfrow = c ( 2 , 2 ) )
> y <- grade $ GRADE
> rocplot ( logit.pred2 , y , main = "Logit" )
> rocplot ( lda.pred2 , y , main = "LDA" )
> rocplot ( qda.pred2 , y , main = "QDA" )
> rocplot ( bayes.pred2 , y , main = "Naive Bayes" )
```

所以，由图形中给出的 AUC 值就可以得到各个模型的优劣，排序为 QDA 大于 Naïve Bayes 大于 LDA 大于 Logit，这与单纯从错分率的角度得到的结论有所不同。在实际应用中，我们更多地使用 ROC 曲线来对分类器的性能进行评价。

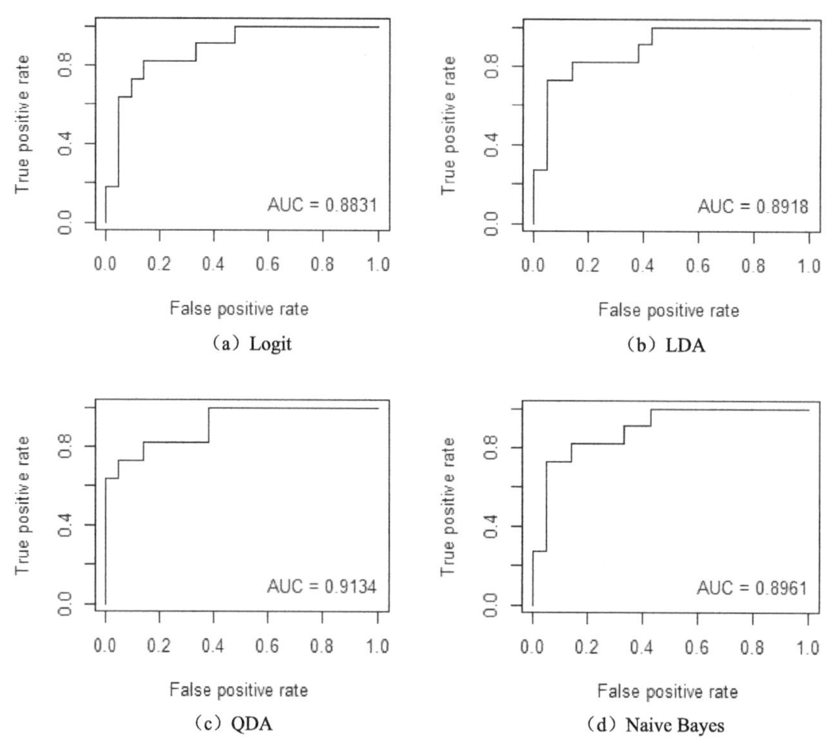

图 6-4　四种模型的 ROC 曲线

6.6　习题

1. 请分析 ISLR 包中的 Default 数据集。

（1）请分析 default 的分布情况，并计算违约率。

（2）请分析 default 与 student、balance 和 income 的关系。

（3）请用一元 Logistic 建模分析 default 与 student、balance、income 的关系。

（4）请用多元 Logistic 建模分析 default 与 student、balance、income 的关系，并比较分析一元 logistic 回归的分析结果与多元 Logistic 的分析结果。

（5）请基于多元 Logistic 回归的分析预测当一个申请者是 student，balance=2500，income=50000 时的违约概率。

（6）请将 Default 数据集按照 7:3 的比例划分为训练集和测试集，基于训练集建立最优的

Logistic 回归模型，计算训练集的预测准确率，并用测试集验证模型的可靠性，计算测试集的预测准确率。

2．使用判别分析方法分析 ISLR 包中的 Default 数据集。

（1）基于第 1 题划分的训练集和测试集，使用 LDA 对训练集建模，计算训练集和测试集的准确率。

（2）基于第 1 题划分的训练集和测试集，使用 QDA 对训练集建模，计算训练集和测试集的准确率。

（3）使用 ROC 曲线比较 Logistic 分类、LDA 和 QDA 的测试集预测效果，并分别计算它们的 AUC 值。

第 7 章

重抽样

重抽样（resampling）方法是统计学上一个非常重要的工具，它通过首先反复从训练集中抽取样本，然后对每一个样本重新拟合一个感兴趣的模型，来获取关于拟合模型的附加信息。本章介绍两种最为重要且常用的重抽样方法：交叉验证法（cross-validation）和自助法（Bootstrap）。

7.1 问题的提出

例 7.1 MASS 包含的 Boston 数据集。Boston 数据集记录了波士顿周围 506 个街区的 medv（房价中位数）及与 medv 相关的 13 个变量，包括 rm（每栋住宅的平均房间数）、age（平均房龄）和 lstat（社会经济地位低的家庭所占比例）等，表 7-1 给出了该数据集的部分信息。若我们使用这 13 个变量建立多元线性回归模型来预测 medv，那么如何知道模型的预测效果？或者说，如何估计模型的测试误差？另外，若想得到估计系数的分布情况，又该如何操作？

表 7-1 Boston 数据集

	crim	zn	indus	chas	nox	rm	age	dis	rad	tax	…
1	0.00632	18	2.31	0	0.538	6.575	65.2	4.09	1	296	…
2	0.02731	0	7.07	0	0.469	6.421	78.9	4.9671	2	242	…
…	…	…	…	…	…	…	…	…	…	…	…

7.2 基本概念

首先，我们介绍两组基本概念：一是训练误差和测试误差，二是偏差和方差。

7.2.1　训练误差和测试误差

在模型训练过程中，一般可通过训练误差和测试误差来衡量模型的拟合精度。所谓训练误差，顾名思义，就是将一个统计学习方法用于某些观测集上进行训练，将得到的模型重新用于这部分观测集进行预测得到的平均误差；而测试误差则是将该模型用于一个新的观测集上（这些观测在训练模型时是没有用到的）来预测对应的因变量所产生的平均误差，它衡量了模型的推广预测能力。

通常，随着模型复杂度的增加，模型的训练误差会一直减小并趋向于 0（最后的模型就是逐点拟合，即出现了过拟合（overfitting）)，如图 7-1 中下方的曲线所示。而模型的测试误差的变化则如图 7-1 中上方的曲线所示，通常在模型过于简单时，误差偏高，此时模型欠拟合(underfitting)。随着模型复杂度的增加，测试误差会先减少后增加。所以，无论是欠拟合还是过拟合，模型的推广预测能力都较差，因此存在一个中等复杂的模型使得测试误差达到最小，我们的目标就是要找到这个最优的模型。

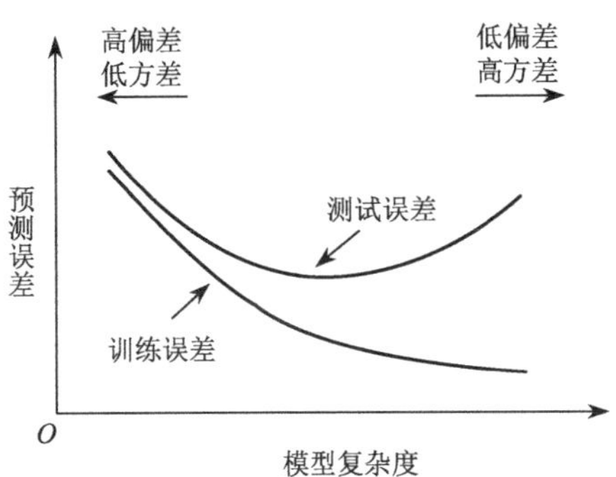

图 7-1　模型复杂度与模型的预测误差

7.2.2　偏差和方差

前面介绍了用于衡量模型拟合精度的两类误差，接下来介绍误差的来源。在统计学习中，通常存在三种误差来源，即随机误差、偏差和方差。

随机误差是数据本身的噪声带来的，这种误差是不可避免的。一般认为随机误差服从高斯分布，记作 $\varepsilon \sim N(0,\sigma_\varepsilon^2)$。因此，若假定 Y 是因变量，X 是自变量，则有：

$$Y = f(X) + \varepsilon$$

偏差描述的是模型拟合结果的期望与真实结果之间的差异，反映的是模型本身的精度，可以表示为：

$$\text{Bias}\left(\hat{f}(X)\right) = E\left[\hat{f}(X)\right] - f(X)$$

方差则描述了模型每一次的拟合结果与模型拟合结果的期望之间的差异的平方，反映的是模型的稳定性，可以表示为：

$$\mathrm{Var}[\hat{f}(X)] = E\left[\hat{f}(x_0) - E\hat{f}(x_0)\right]^2$$

因此，模型在任意一点 $X = x_0$ 的均方误差可表示为：

$$\begin{aligned}
\mathrm{Err}(X) &= E\left[\left(Y - \hat{f}(x_0)\right)^2 \mid X = x_0\right] \\
&= E\left[f(x_0) + \varepsilon - \hat{f}(x_0)\right]^2 \\
&= \left[E\hat{f}(x_0) - f(x_0)\right]^2 + E\left[\hat{f}(x_0) - E\hat{f}(x_0)\right]^2 + \sigma_\varepsilon^2 \\
&= \mathrm{Bias}^2\left[\hat{f}(x_0)\right] + \mathrm{Var}\left[\hat{f}(x_0)\right] + \sigma_\varepsilon^2
\end{aligned}$$

即均方误差可以分解为偏差的平方、方差与随机误差之和。

由于随机误差是不可避免的，所以在实际应用中，我们只能设法减小偏差和方差。然而，在一个实际系统中，偏差与方差往往是无法兼得的。若想降低模型的偏差，就会在一定程度上提高模型的方差，反之亦然。图 7-2 给出了模型复杂度与误差的关系，一般而言，当模型较简单时，偏差较大，方差较小，此时模型是欠拟合的。随着模型复杂度的增加，偏差会逐渐减小，而方差会逐渐增大，达到一定程度后会出现过拟合的现象。因此，模型过于简单或复杂都是不好的，如何选择一个复杂度适中的模型，即如何对偏差与方差进行权衡（Bias-Variance trade-off）是机器学习中的一个重要问题。

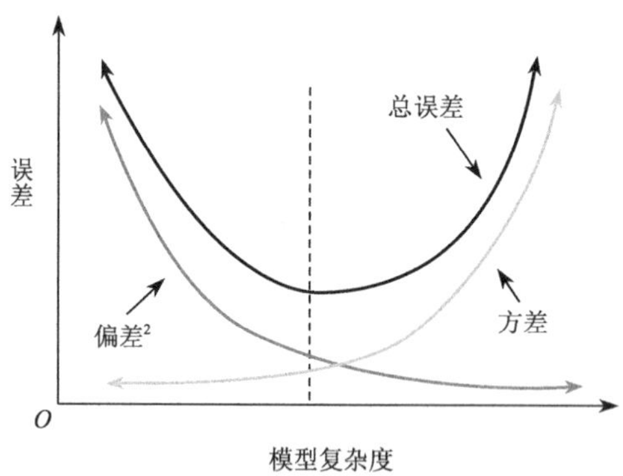

图 7-2　模型复杂度与方差、偏差的关系

7.3　交叉验证法

前面提到可以用测试误差来衡量模型的推广预测能力，但是一般情况下，我们并不能事先得到一个测试观测集。幸运的是，现如今已有很多方法可以通过可获得的训练数据来估计测试误差。在本节中，我们所采取的方法是在拟合过程中保留训练观测的一个子集，首先在其余的观测上拟合模型，进而将拟合的模型在所保留的观测子集上进行预测，从而得到其预测误差的估计。

7.3.1 验证集方法

对于某个给定的观测集，假如我们想要估计使用某种模型拟合所产生的测试误差，应该如何操作呢？一种最简单、直接的方法是验证集方法，它的原理可以概括如下。

（1）把给定的观测集随机地分为不重复的两部分：一部分用于训练，称为训练集（training set）；另一部分用于验证，称为验证集（validation set）或测试集（test set）。

（2）只在训练集上拟合模型，然后将拟合的模型用于验证集上，对验证集中观测的因变量进行预测。

（3）在验证集上估计得到的拟合值与真实值的均方误差（回归问题）或分类误差（分类问题）就是该模型的测试误差。

可以看出，验证集方法的原理非常简单，且易于执行，但是它也存在如下两个弊端。

（1）最终模型的选取将最大限度地依赖于训练集和验证集的划分方式，因为不同的划分方式会得到不同的测试误差。

（2）该方法只用了部分数据进行模型的训练。在实际应用中，当用于模型训练的观测越多时，训练得到的模型的效果往往也更好。所以，验证集方法的这种划分使得我们无法充分利用所有的观测，因此对模型的效果有一定的影响。

接下来介绍交叉验证法（cross-validation），它是针对验证集方法存在的上述两个弊端的改进。

7.3.2 留一交叉验证法

留一交叉验证法（Leave-One-Out-Cross-Validation, LOOCV）与验证集方法类似，也是需要将观测集分为训练集和验证集。但与将观测集分为大小相当的两个子集不同，LOOCV 每次只将其中一个观测作为验证集，其余的观测均作为训练集。其原理可概括如下。

（1）对于给定的样本容量为 n 的观测集，令 $i=1,2,\cdots,n$，

1）将观测 (x_i, y_i) 作为验证集，剩下的观测 $\{(x_1,y_1),\cdots,(x_{i-1},y_{i-1}),(x_{i+1},y_{i+1}),\cdots,(x_n,y_n)\}$ 均作为训练集。

2）在 $n-1$ 个观测组成的训练集上拟合模型，将拟合的模型用于验证集上，对验证集中的观测利用 x_i 预测它的因变量 $\hat{y}_i$，于是就能得到测试误差的一个渐进无偏的估计。

（a）回归问题：
$$\mathrm{MSE}_i = (y_i - \hat{y}_i)^2$$

（b）分类问题：
$$\mathrm{Err}_i = I(y_i \neq \hat{y}_i)$$

（2）将（1）中得到的 n 个测试误差的估计取均值即得到测试均方误差的 LOOCV 估计。

（a）回归问题：
$$\mathrm{CV}_{(n)} = \frac{1}{n}\sum_{i=1}^{n}\mathrm{MSE}_i \tag{7.1}$$

（b）分类问题：
$$\mathrm{CV}_{(n)} = \frac{1}{n}\sum_{i=1}^{n}\mathrm{Err}_i \tag{7.2}$$

LOOCV 是一种十分常用的方法，相比于验证集方法，它有如下优点。

(1)由于每个数据都会单独作为验证集，所以在训练集和验证集上的划分不存在随机性。因此，多次运用 LOOCV 方法总会得到相同的结果。

(2)由于每次的训练都使用了几乎所有的($n-1$个)观测，所以拟合得到的模型的偏差较小。

不过，LOOCV 方法的缺点也是很明显的。由于需要拟合模型n次，当n很大，或者每个单独的模型拟合起来耗时很长时，计算成本将非常大。于是就有了一种折中的方法——K折交叉验证法(K-fold CV)。

7.3.3 *K* 折交叉验证法

K折交叉验证法的原理如下。

(1)对于给定的样本容量为n的观测集，随机地将其分为K个大小相当的组，或者说折(fold)，令$k=1,2,\cdots,K$

1)将第K折的所有观测视为验证集，剩余$K-1$折的观测均视为训练集。

2)在训练集上拟合模型，将拟合的模型用于验证集上，对验证集中观测的因变量进行预测。同 LOOCV 方法一样，这时我们可以得到测试误差的一个估计MSE_k(回归问题)或Err_k(分类问题)。

(2)将(1)中得到的K个测试误差的估计取均值即得到测试均方误差的K折交叉验证估计。

(a)回归问题：
$$\text{CV}_{(K)}=\frac{1}{K}\sum_{k=1}^{K}\text{MSE}_k \tag{7.3}$$

(b)分类问题：
$$\text{CV}_{(K)}=\frac{1}{K}\sum_{k=1}^{K}\text{Err}_k \tag{7.4}$$

不难理解，其实 LOOCV 方法就是K折交叉验证法当$K=n$时的一个特例。而当$K<n$时，K折交叉验证法相对于 LOOCV 方法一个最大的优势就是计算成本更小，因为它只需拟合模型K次。

现在考虑一个问题：该如何确定K？这其实就是涉及偏差—方差权衡的问题。我们从以下两个方面进行考虑。

一方面，K越大(每次用于拟合模型的训练集包含的观测越多)，模型的偏差就越小。特别是对于 LOOCV，由于每次的训练都包含了$n-1$个(近乎所有的观测)，故能提供一个近似无偏的测试误差估计。

但是另一方面，K越大就意味着每次用于拟合模型的训练集的观测数据越相似，特别是对于 LOOCV，每一次训练的观测数据几乎是相同的，因此这样拟合得到的结果之间是高度(正)相关的。由于许多高度相关的量的均值要比相关性相对较小的量的均值具有更高的波动性，因此K越大，得到的测试误差估计的方差也将更大。

所以，考虑到上述问题，在实际应用中我们一般选取$K=5$或$K=10$，因为根据经验，这两个取值会使测试误差的估计不会有过大的偏差或方差。

7.4　自助法

自助法（Bootstrap）是 Efron 在 1979 年提出的一种重抽样方法，是统计学上一种广泛使用且非常强大的方法，可以用于衡量一个指定的估计量或统计方法中不确定的因素。Bootstrap 的基本原理是，在已有观测数据中进行重抽样得到不同的样本，对每个样本进行估计，进而对总体的分布特性进行统计推断。所谓重抽样，就是指有放回的抽取，即一个观测有可能被重复抽取多次。

本质上，Bootstrap 就是将一次的估计过程重复上千次甚至上万次，从而得到上千个甚至上万个的估计值，于是利用重复多次得到的估计值，我们就可以估计其均值、标准差、中位数等。尤其当有些估计量的理论分布很难证明时，可以利用 Bootstrap 进行估计。下面以估计一个线性回归拟合模型的系数的标准误差为例，对 Bootstrap 的基本步骤进行描述。

假设现在有一部分包含 X 和 Y 的容量为 n 的样本，记为 Z，我们想对其建立线性回归模型，那么如何对斜率参数 θ 进行估计呢？在传统的方法中，我们一般会使用所有已有的样本进行估计得到 $\hat{\theta}$。但若采用 Bootstrap，我们便可以更好地去估计总体的分布特征，即不仅可以估计 θ，还可以估计 θ 的方差、中位数等值。那么 Bootstrap 是如何做到的呢？我们将它的步骤概括如下。

（1）指定重抽样次数 k，对于 $b=1,2,\cdots,k$：

1）在原有的样本中通过重抽样的方式得到一个与原样本大小相同的新样本，记为 Z_b^*；

2）基于新产生的样本，计算我们需要的估计量 $\hat{\theta}_b$。

（2）对于（1）中得到的 k 个 $\hat{\theta}_b$，就可以计算被估计量 θ 的均值和它的标准误差了。

- 均值：

$$\bar{\theta}=\frac{1}{k}\sum_{i=1}^{k}\hat{\theta}_b$$

- 标准误差：

$$\mathrm{SE}(\hat{\theta})=\sqrt{\frac{1}{k-1}\sum_{b=1}^{k}(\hat{\theta}_b-\bar{\theta})^2}$$

不妨假设 $n=3$，那么上述过程就可以用图 7-3 来展示。

上述描述的就是估计一个线性回归拟合模型的系数的标准误差的例子。当然，在线性回归的情况下，Bootstrap 可能不是特别有用，因为很容易根据公式导出 $\hat{\theta}$ 估计量的分布。但是当估计量 $\hat{\theta}$ 的分布很难导出时，利用 Bootstrap 就显得很有用，可以估计 $\hat{\theta}$ 方差、分位数等。Bootstrap 的强大之处在于，它可以简便地应用于很多统计方法中（用于创造数据的随机性），包括对一些很难获取的波动性指标的估计。例如，第 9 章介绍的随机森林算法的第一步就是从原始的训练数据集中，应用 Bootstrap 有放回地随机抽取 k 个新的自助样本集，并由此构建 k 棵分类回归树。

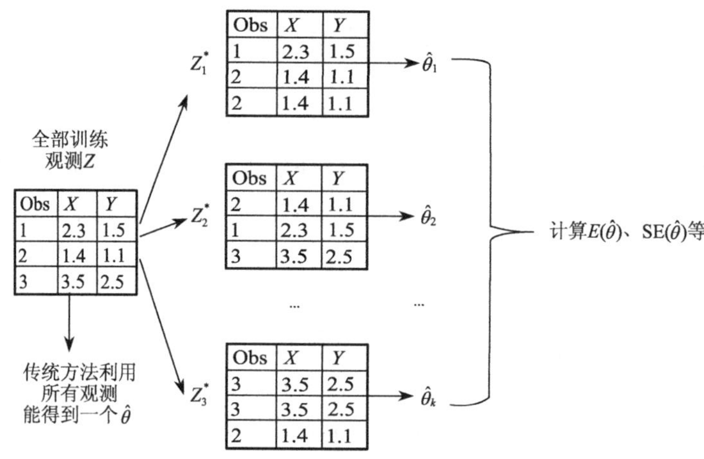

图 7-3　考虑 $n = 3$ 时对 θ 进行估计的 Bootstrap 原理图

7.5　R 语言实现

在这部分，使用 MASS 库中的 Boston 数据集来拟合多元线性模型，计算不同的重抽样方法下的测试误差：

```
> library ( MASS )
> data ( Boston )
> dim ( Boston )
[1] 506 14
```

这里首先介绍一个 set.seed()函数，它可以用来为 R 语言的随机数生成器设定一个种子（seed），这样读者就可以得到与我们的展示完全相同的结果。通常来讲，使用一种如同交叉验证法这种包含随机性的分析方法时，可以设定一个随机种子，这样下次就能得到完全相同的结果。

7.5.1　验证集方法

使用 sample()函数把数据集随机分成大小相等的两份：一份作为训练集，另一份作为验证集：

```
> set.seed ( 1 )
> train1 <- sample ( 506 , 506 / 2 )
```

使用 lm()函数对训练集的数据拟合一个多元线性回归模型，其中，参数 subset 用于选择进行建模所用的子集：

```
> lmfit1 <- lm ( medv ~. , data = Boston , subset = train1 )
```

使用 predict()函数对验证集预测其因变量，再使用 mean()函数计算它们与真实值之间的均方误差。注意，attach()函数用于指定搜索路径为 Boston，这样接下来访问 Boston 对象时就不需要再使用“$”符号了，而且在最后只要使用 detach()函数就可以解除这种指定了。另外，train1 表示只选取不在训练集中的观测：

```
> attach ( Boston )
> pred1 <- predict ( lmfit1 , Boston [ - train1 , ] )
> mean ( ( medv [ - train1 ] - pred1 ) ^ 2 )
[1] 26.28676
```

使用多元线性回归拟合模型所产生的测试均方误差为 26.28676。

重复运用验证集方法 10 次，即每次使用一种不同的随机分割把观测分为一个训练集和一个测试集，查看表现如何：

```
> err1 <- rep ( 0 , 10 )
> for ( i in 1 : 10 ) {
      train2 <- sample ( 506 , 506 / 2 )
      lmfit2 <- lm ( medv ~. , data = Boston , subset = train2 )
      pred2 <- predict ( lmfit2 , Boston [ - train2 , ] )
      err1 [ i ] <- mean ( ( medv [ - train2 ] - pred2 ) ^ 2 )
  }
> plot ( 1 : 10 , err1 , xlab = "" , ylim = c ( 20 , 30 ) , type = "l" ,
    main = "选取 10 个不同的训练集对应的测试误差" )
> detach ( Boston )
```

从图 7-4 可以看出，使用验证集方法所产生的测试均方误差具有较大的波动性。

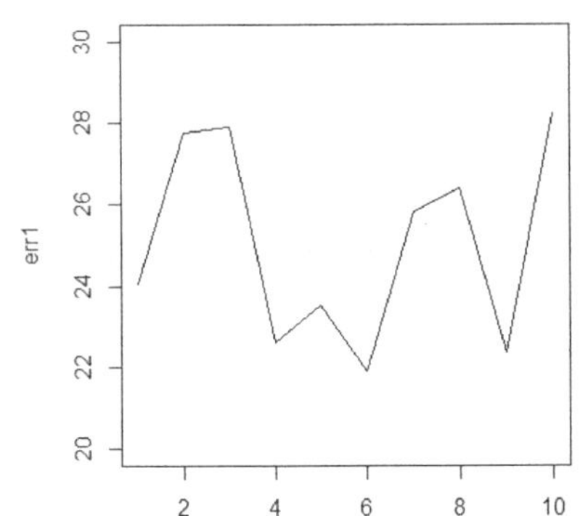

（a）重复运用验证集方法 10 次，每次用一种不同的随机分割把观测分为一个训练集和一个测试集

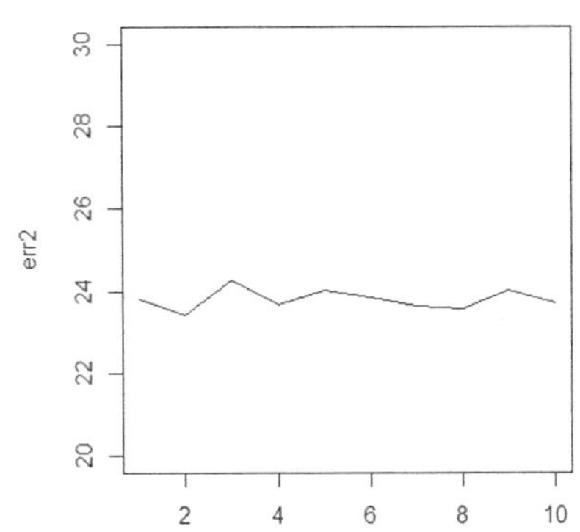

（b）运用 10 折交叉验证法 10 次，每次用一种不同的随机分割把数据分为 10 个部分

图 7-4　验证集方法及 *K* 折交叉验证法演示结果

7.5.2 留一交叉验证法

R 语言中 boot 包的 cv.glm()函数可以实现交叉验证法。这里需要先说明的是，对于任意一个广义线性模型，都可以用 glm()函数拟合对应的模型。例如，我们在第 6 章中设置 family = "binomial"即可拟合 Logistic 模型。但是，如果使用 glm()函数时没有指定 family 参数的值，即默认 family = "gaussian"，那么这时它就与 lm()函数一样执行的是线性回归。

所以，在这里使用 glm()函数而不是 lm()函数来处理线性回归问题，因为前者可以与 cv.glm()函数一起使用：

```
> library ( boot )
> glmfit1 <- glm ( medv ~. , data = Boston )
> cv.err1 <- cv.glm ( Boston , glmfit1 )
> cv.err1 $ delta
[1] 23.72575 23.72388
```

cv.glm()函数默认 $K = n$ ，即留一交叉验证。cv.err1 $ delta 给出的就是交叉验证的结果，这里 delta 里有两个数字，其中第一个是（7.1）式中的标准 LOOCV 估计，第二个是偏差校正后的结果，在这个数据集上，这两个结果相差不大。另外需要说明的是，对于 LOOCV，在同一个训练集，无论训练多少次，结果都将是一样的。

7.5.3 *K* 折交叉验证法

cv.glm()函数同样可以实现 *K* 折交叉验证法，只需通过函数的参数 *K* 设置所需折数即可。这里选择 $K = 10$，并且设定一个随机种子：

```
> set.seed ( 3 )
> glmfit2 <- glm ( medv ~. , data = Boston )
> cv.err2 <- cv.glm ( Boston , glmfit2 , K = 10 )
> cv.err2 $ delta
[1] 24.52474 24.38088
```

通过运行代码就可以发现，*K* 折交叉验证法的运算要比 LOOCV 快很多。

接下来，运用 10 折交叉验证法 10 次，即每次使用一种不同的随机分割把数据集分为 10 个部分，查看表现如何：

```
> err2 <- rep ( 0 , 10 )
> for ( i in 1 : 10 ) {
        glmfit3 <- glm ( medv ~. , data = Boston )
        cv.err3 <- cv.glm ( Boston , glmfit3 , K = 10 )
        err2 [ i ] <- cv.err3 $ delta [ 1 ]
 }
> plot ( 1 : 10 , err2 , xlab = "" , ylim = c ( 20 , 30 ) , type = "l" ,
main = "10 次不同的 CV 误差" )
```

通过图 7-4 可以看出，与验证集方法相比，10 折交叉验证法产生的测试误差更加稳健，这也进一步展示了 *K* 折交叉验证法的优势。

7.5.4 自助法

前面我们介绍了，Bootstrap 可以用来衡量一种统计学习方法的估计系数的波动性，下面同样以 Boston 数据集为例进行介绍。为了方便分析，这里我们只考虑最简单的一元线性回归的情况，即用变量 lstat（社会经济地位低的家庭所占比例）来预测 medv（房价中位数），读者可以自然地将其推广到多元的情况。

使用 Bootstrap 需要两个步骤：（1）创建一个计算感兴趣的统计量的函数；（2）用 boot 包中的 boot()函数，通过反复从数据集中有放回抽取观测来执行 Bootstrap。接下来，我们就使用 Boston 数据集来具体说明。

首先，创建一个简单的函数 boot.f()，这个函数通过输入数据集和观测的序号可以返回本书第 5 章介绍的线性回归模型的截距项和斜率的估计：

```
> boot.f <- function ( data , index ){
        fit <- lm ( medv ~ lstat , data = data , subset = index )
        return ( coef ( fit ) )
}
```

例如，使用全部的数据进行拟合：

```
> boot.f ( Boston , 1 : 506 )
(Intercept)      lstat
 34.5538409  -0.9500494
```

再例如，通过有放回地从观测里抽样进行拟合，其中 sample()函数的参数 replace 用来设定是否为有放回抽样：

```
> set.seed ( 4 )
> boot.f ( Boston , sample ( 506 , 506 , replace = T ) )
(Intercept)       lstat
   34.99572    -0.96963
```

接下来，使用 boot()函数计算 1 000 个截距项和斜率的估计，该函数能够自动输出它们的估计值和对应的标准误差：

```
> boot ( Boston , boot.f , 1000 )
ORDINARY NONPARAMETRIC BOOTSTRAP
Call:
boot(data = Boston, statistic = boot.f, R = 1000)
Bootstrap Statistics :
     original        bias    std. error
t1* 34.5538409 -0.0243015171   0.7458422
```

```
t2* -0.9500494 0.0006828497 0.0495254
```

上面的输出结果表明，$SE(\hat{\beta}_0)$的 Bootstrap 估计为 0.7458422，$SE(\hat{\beta}_1)$的 Bootstrap 估计为 0.0495254。

下面使用一般的公式来求线性回归模型中系数的标准误差，可以通过 summary()函数实现：

```
> fit <- lm ( medv ~ lstat , data = Boston )
> summary ( fit ) $ coef
              Estimate  Std. Error   t value      Pr(>|t|)
(Intercept) 34.5538409  0.56262735   61.41515  3.743081e-236
lstat       -0.9500494  0.03873342  -24.52790   5.081103e-88
```

可以看到，用这种方法得到的$SE(\hat{\beta}_0)$为 0.56262735，$SE(\hat{\beta}_1)$为 0.03873342，与 Bootstrap 得到的结果有些区别。这是由于，线性模型给出的计算标准误差的计算公式是依赖于某些假设的，当假设不成立时，所得的结果是会有误差的。此例用的是 boot 包，当然也可以自己编写循环实现 Bootstrap，这个不难，本书不再赘述。

7.6 习题

1．分析 ISLR 包中的 Auto 数据集，以 mpg 为因变量、horsepower 为自变量建立多项式回归，选取最优的幂次。

（1）利用 5 折交叉验证法选取最优的幂。

（2）利用留一交叉验证法选取最优的幂，并与用 5 折交叉验证法选取的结果进行比较。

2．分析 MASS 包中的 Boston 数据集。

（1）估计 medv 变量的均值$\hat{\mu}$和$\hat{\mu}$的标准差。

（2）利用自助法估计$\hat{\mu}$的标准差，比较和（1）中估计结果的差异。

（3）估计 medv 变量的均值的中位数$\hat{\mu}_{med}$和$\hat{\mu}_{med}$的标准差，此时$\hat{\mu}_{med}$的标准差可能无法用公式表示，请使用自助法估计。

第 8 章

模型选择与正则化

模型选择是指利用统计方法，从众多自变量中选择显著的、最能解释因变量变化的那一部分自变量参与建模。在统计建模中，模型选择是重要的也是核心的步骤之一。

模型选择方法通常可分为三类：传统的子集选择法（subset selection），包括最优子集法（best subset）和逐步选择法（stepwise）；基于压缩估计（shrinkage estimation）的模型选择方法，又称为正则化（regularization）方法；降维法（dimension reduction），最典型的降维法是主成分分析法（principal component analysis）。前两类方法在本质上是一致的，都是从原始变量集合中选择一个合理的子集来达到降维的目的，只不过子集选择法是将选择和判别分开，每一个子集便是一个选择，最后通过相应的判别准则来决定选择哪一个最佳的子集。而正则化方法则是将选择和判别融为一个过程，在全变量的目标函数中加入惩罚约束，以达到系数估计和模型选择的一个权衡。降维法与前两类方法的不同之处在于，它不是直接使用原始变量，而是对原始变量进行投影转换为新的综合变量，通过选取少数的综合变量就可以解释原始变量的大部分信息。

本章主要介绍前两类模型选择方法，降维法在第 12 章中进行介绍。

8.1 问题的提出

银行在审核客户的信用卡申请资料时，由于填入的信息繁多而全面，往往包括个人信息如性别、年龄、学历、职业、婚姻状况、家庭成员数等，又有经济状况如个人月年收入、基本生活支出、服务业支出、教育支出等，同时还可能出现已有信用卡数量、信用不良记录等历史信用信息，因此若建立一个包含所有指标的 Logistic 模型预测客户是否有违约风险，那么模型的自变量维度将很大，待估参数非常多。而且这其中不乏对分类影响十分微小的变量，将其加入模型并不会带来显著的预测效果。此外，指标之间共线性问题也常常存在，如收入和支出，可能存在一定的正相关关系，对于这些高度相关的指标，是否只需选择其中的代表进入模型？如何更加有效地解决这些问题？

8.2 子集选择法

子集选择法是通过从 p 个预测变量中挑选出与因变量相关的变量形成子集，再用缩减后的变量集合来拟合模型。常见的子集选择法有最优子集法和逐步选择法。

8.2.1 最优子集法

最优子集法运用了穷举的思想，对 p 个预测变量的所有可能组合逐一进行拟合，找到最优的模型，这个过程可以概括为算法 8.1。

算法 8.1 最优子集法

（1）记不含预测变量的零模型为 M_0。

（2）$k=1,2,\cdots,p$：

（a）拟合 C_p^k 个包含 k 个预测变量的模型；

（b）在上述 C_p^k 个模型中，选择 RSS 最小或 R^2 最大的模型作为最优模型，记为 M_k。

（3）对于得到的 $p+1$ 个模型 $M_0,M_1,\cdots,M_p$，进一步根据交叉验证法、C_p、AIC、BIC 或调整的 R^2 选出一个最优模型，为最后得到的最优模型。

在算法 8.1 中，我们总共需要拟合 2^p 个模型，另外需要注意的是，在步骤（2）中，我们对变量个数相同的模型是根据 RSS 或 R^2 来选择最优模型的，而在步骤（3）中，对变量个数不同的模型需要用交叉验证法、AIC、BIC 或调整的 R^2 来选择最优模型。这样做的原因将在 8.2.3 节中解释。

最优子集法的优点是思想简单，而且肯定能够找到最优模型。但是它的可操作性不强，原因在于计算量太大，随着自变量的增加，计算量成指数级增长。例如，自变量仅为 10 个时，备选模型就达到了 $2^{10}=1024$ 个。所以说该方法“过于贪婪”，在实际中的应用并不多。

8.2.2 逐步选择法

最优子集法的计算效率较低，不适用于维数很大的情况。除此之外，最优子集法还存在一个问题：当搜索空间增大时，通过此法得到的模型虽然能够很好地拟合训练数据，但往往对新数据的预测效果并不理想，即会存在过拟合和系数估计方差高的问题。接下来要介绍的逐步选择法则限制了搜索空间，大大减少了搜索计算量。

（一）向前逐步选择法

向前逐步选择法是以一个不包含任何预测变量的零模型为起点，依次往模型中添加变量，每次只将能够最大限度地提升模型效果的变量加入模型中，直到所有的预测变量都包含在模型中。详见算法 8.2。

算法 8.2　向前逐步选择法

（1）记不含预测变量的零模型为 M_0。

（2）$k=0,1,2,\cdots,p-1$：

（a）拟合 $p-k$ 个模型，每个模型都是在 M_k 的基础上只增加一个变量；

（b）在上述 $p-k$ 个模型中，选择 RSS 最小或 R^2 最大的模型作为最优模型，记为 M_{k+1}。

（3）对于得到的 $p+1$ 个模型 $M_0,M_1,\cdots,M_p$，进一步根据交叉验证法、C_p、AIC、BIC 或调整的 R^2 选出一个最优模型，为最后得到的最优模型。

向前逐步选择法需要拟合的模型个数为 $\sum_{k=0}^{p-1}(p-k)=1+\frac{p(p+1)}{2}$，所以当 p 较大时，它与最优子集法相比较，在运算效率上具有很大的优势。不过，向前逐步选择法存在的一个问题是，它无法保证找到的模型是 2^p 个模型中最优的。例如，给定包含三个变量 X_1、X_2 和 X_3 的数据集，其中，最优的单变量模型是只包含 X_1 的模型，最优的双变量模型是包含 X_2 和 X_3 的模型，则对于该数据集，通过向前逐步选择法是无法找到最优的双变量模型的，因为 M_1 包含了 X_1，故 M_1 只能包含 X_1 和另一个变量，即 X_2 或 X_3，见表 8-1。

表 8-1　向前逐步法和最优子集法的结果比较

变　量　数	向前逐步法	最优子集法
1	X_1	X_1
2	X_1，X_2	X_2，X_3

（二）向后逐步选择法

向后逐步选择法从含有所有变量的模型开始，依次剔除不显著的变量。详见算法 8.3。

算法 8.3　向后逐步选择法

（1）记包含全部 p 个预测变量的全模型为 M_p。

（2）$k=p,p-1,\cdots,1$：

（a）拟合 k 个模型，每个模型都是在 M_k 的基础上只减少一个变量；

（b）在上述 k 个模型中，选择 RSS 最小或 R^2 最大的模型作为最优模型，记为 M_{k-1}。

（3）对于得到的 $p+1$ 个模型 $M_0,M_1,\cdots,M_p$，进一步根据交叉验证法、C_p、AIC、BIC 或调整的 R^2 选出一个最优模型，即为最后得到的最优模型。

与向前逐步选择法类似，向后逐步选择法需要拟合的模型个数同样为 $\sum_{k=0}^{p-1}(p-k)=1+\frac{p(p+1)}{2}$，大大少于最优子集法，并且向后逐步选择法也无法保证找到的模型是 2^p 个模型中最优的。

不过，向后逐步选择法还需要满足 $n > p$ 的条件，这样才能保证全模型是可以拟合的，而向前逐步选择法则不需要这个条件限制。因此，当 p 非常大时，应选择向前逐步选择法。

（三）向前向后选择法

还有一种将向前逐步选择法和向后逐步选择法相结合的方法，即向前向后选择法。该方法也是逐次将变量加入模型中，不同的是，在引入新变量的同时，也剔除不能提升模型拟合效果的变量。这种方法在试图达到最优子集法效果的同时也保留了向前和向后逐步选择法在计算上的优势。

8.2.3 模型选择

在算法 8.1~8.3 中，步骤（2）和（3）都需要选择最优模型，其中，传统的 RSS 和 R^2 可以用于步骤（2）中对具有相同变量个数的模型进行选择，但不适用于步骤（3）中对变量个数不同的模型进行选择。这是由于随着模型中变量数的增加，RSS 会不断减小，R^2 会不断增大，所以包含所有预测变量的模型总能具有最小的 RSS 和最大的 R^2，因为它们只与训练误差有关。而实际中，我们希望找到的测试误差小的模型，即泛化能力好的模型。所以，对于包含不同变量数的模型评价就不能用 RSS 和 R^2。解决的方法有两种：一种方法是对于训练误差进行适当调整，间接估计测试误差，如 C_p、AIC、BIC 和调整的 R^2（adjusted R^2）；另一种方法就是第 7 章介绍的交叉验证法，直接估计测试误差。

1．C_p

若采用最小二乘法拟合一个包含 d 个预测变量的模型，则 C_p 的值为：

$$C_p = \frac{1}{n}\left(\mathrm{RSS} + 2d\hat{\sigma}^2\right)$$

其中，$\hat{\sigma}^2$ 是各个因变量观测误差的方差 ε 的估计值。通常而言，测试误差较低的模型的 C_p 取值也更小，因而在模型选择时，应选择 C_p 取值最小的模型。

2．AIC

AIC 准则适用于许多使用极大似然法进行拟合的模型，它的一般公式为：

$$\mathrm{AIC} = -2\ln L(\hat{\theta}) + 2d$$

其中，等号右边第一项为负对数似然函数，第二项是对模型参数个数（模型复杂度）的惩罚。实际应用中，我们也应选取 AIC 取值最小的模型。

另外，对于标准的线性回归模型而言，极大似然估计和最小二乘法估计是等价的，此时，模型的 AIC 值为：

$$\mathrm{AIC} = \frac{1}{n\hat{\sigma}^2}\left(\mathrm{RSS} + 2d\hat{\sigma}^2\right)$$

可以看出，对于最小二乘法而言，C_p 和 AIC 是成比例的。

3．BIC

BIC 准则是从贝叶斯的角度推导出来的，与 AIC 准则相似，都是用于最大化似然函数的拟合。对于包含 d 个预测变量的模型，BIC 的一般公式为：

$$\mathrm{BIC}=-2\ln L(\hat{\theta})+d\ln n$$

可以看出 BIC 与 AIC 非常相似，只是把 AIC 中的 2 换成了 $\ln n$。所以，当 $n>\mathrm{e}^2$ 时，BIC 对复杂模型的惩罚更大，故更倾向于选取简单的模型。同样类似 C_p，测试误差较低的模型 BIC 的取值也较低，故通常选择具有最低 BIC 值的模型为最优模型。并且对于最小二乘估计，BIC 可写成：

$$\mathrm{BIC}=\frac{1}{n}\left(\mathrm{RSS}+\ln n d\hat{\sigma}^2\right)$$

4．调整的 R^2

对于包含 d 个变量的最小二乘法估计，其调整的 R^2 可由下式计算得到：

$$调整的\ R^2=1-\frac{\dfrac{\mathrm{RSS}}{n-d-1}}{\dfrac{\mathrm{TSS}}{n-1}}$$

其中，$\mathrm{TSS}=\sum_{i=1}^{n}(y_i-\bar{y})^2$ 是因变量的总平方和。

与前面介绍的三个准则不同，调整的 R^2 越大，模型的测试误差越低。其中，随着模型包含的变量个数 d 的增大，RSS 逐渐减小，不过 $\dfrac{\mathrm{RSS}}{n-d-1}$ 可能增大也可能减小，故不存在随着模型包含的变量个数越多，调整的 R^2 就越大的问题。

8.3　基于压缩估计的逐个变量选择

传统的子集选择法虽然思想十分简单，但是存在许多缺陷。首先，子集选择法是一个离散而不稳定的过程，模型选择会因数据集的微小变化而变化；其次，模型选择和参数估计分两步进行，后续的参数估计没有考虑模型选择产生的偏误，从而会低估实际方差；最后，子集选择法的计算量相对比较大。

一种改进方法就是基于惩罚函数（penalty function）的压缩估计法，其思想是通过惩罚函数约束模型的回归系数，同步实现变量选择和系数估计，模型估计是一个连续的过程，因而稳健性高。惩罚函数法根据变量间的结构主要分为三类，分别是逐个变量选择（individual variable selection）、整组变量选择（group variable selection）和双层变量选择（bi-level variable selection）。

惩罚函数法和最小二乘法或者最大似然估计类似，也是求解优化问题。假设自变量为 $\boldsymbol{X}\in R^p$，因变量记为 $\boldsymbol{Y}$，回归系数记为 $\boldsymbol{\beta}$，截距项为 $\boldsymbol{\beta}_0$，目标函数的一般形式为：

$$\min_{\boldsymbol{\beta}} Q(\boldsymbol{\beta}_0,\boldsymbol{\beta})=\min_{\boldsymbol{\beta}}\left[L(\boldsymbol{\beta}_0,\boldsymbol{\beta}|\boldsymbol{Y},\boldsymbol{X})+P(|\boldsymbol{\beta}|;\lambda)\right] \tag{8.1}$$

其中，$L(\boldsymbol{\beta}_0,\boldsymbol{\beta}|\boldsymbol{Y},\boldsymbol{X})$ 是损失函数，不同模型的损失函数形式不同，通常有最小二乘函数、似然函数的负向变换。其中，线性回归模型的损失函数常用最小二乘函数，即

$$L(\boldsymbol{\beta}_0,\boldsymbol{\beta}|\boldsymbol{Y},\boldsymbol{X})=\frac{(\boldsymbol{Y}-\boldsymbol{X\beta}-\boldsymbol{\beta}_0)^{\mathrm{T}}(\boldsymbol{Y}-\boldsymbol{X\beta}-\boldsymbol{\beta}_0)}{n} \tag{8.2}$$

而对于 Logistic 回归，它的损失函数为极大似然函数的负向变换，例如：

$$L(\boldsymbol{\beta}_0,\boldsymbol{\beta}|\boldsymbol{Y},\boldsymbol{X})=-\frac{l(\boldsymbol{\beta}_0,\boldsymbol{\beta})}{n}=\frac{-(\boldsymbol{\beta}_0+\boldsymbol{X\beta})^{\mathrm{T}}\boldsymbol{Y}+\ln(1+\mathrm{e}^{(\boldsymbol{\beta}_0+\boldsymbol{X\beta})})^{\mathrm{T}}\mathbf{1}_n}{n} \tag{8.3}$$

其中，$l(\boldsymbol{\beta}_0,\boldsymbol{\beta})$ 为 Logistic 回归的极大似然函数，$\mathbf{1}_{\boldsymbol{n}}=\underbrace{(1,\cdots,1)}_{n\text{个}}{}^{\mathrm{T}}$。

（8.1）式第二部分 $P(|\boldsymbol{\beta}|;\lambda)$ 称为惩罚函数，是惩罚变量选择方法的核心部分。该函数是关于 $|\boldsymbol{\beta}|$ 和 λ 都递增的非负函数，$\lambda(\lambda\geqslant 0)$ 为调整参数（tuning parameter）。目标函数（8.1）式中，λ 越大，第二部分所占比重越高，这样不利于 $Q(\boldsymbol{\beta})$ 总体达到最小，因此必须压缩 $|\boldsymbol{\beta}|$ 的值以降低 $P(|\boldsymbol{\beta}|;\lambda)$ 所占比重，实现总目标函数最小化。由此可知，当 λ 大到一定程度时，回归系数可能被压缩为 0，就出现了变量选择的结果。而当 λ 接近 0 时，惩罚函数 $\boldsymbol{P}(|\boldsymbol{\beta}|;\lambda)$ 所占比重很小，估计值会接近于损失函数 $L(\boldsymbol{\beta}|\boldsymbol{Y},\boldsymbol{X})$ 的最小解（如 MLE 或者 OLS）。因此，λ 的选择是非常重要的，通过选择合适的 λ 值，得到最优解并实现变量选择。如何选择最优的 λ 将在 8.3.4 节中详细介绍。惩罚函数 $P(|\boldsymbol{\beta}|;\lambda)$ 的形式很多，我们主要介绍三种最常用的方法，分别为 LASSO、SCAD 和 MCP。

8.3.1 LASSO 惩罚

惩罚函数方法中具有里程碑意义的是由 Tibshirani 1996 年提出的 LASSO（Least Absolute Shrinkage and Selection Operator）方法。LASSO 惩罚函数为：

$$P_{\mathrm{Lasso}}(|\boldsymbol{\beta}|;\lambda)=\lambda\sum_{i=1}^{p}|\beta_i| \tag{8.4}$$

对于 LASSO 惩罚问题，（8.1）式等价于如下带约束的优化问题：

$$\begin{gathered}\hat{\beta}=\underset{\boldsymbol{\beta}}{\operatorname{argmin}}\left\{L(\boldsymbol{\beta}_0,\boldsymbol{\beta}|\boldsymbol{Y},\boldsymbol{X})\right\}\\ \text{s.t.}\sum_{i=1}^{p}|\beta_i|\leqslant t\end{gathered} \tag{8.5}$$

（8.4）式中的参数 λ 和（8.5）式中的参数 t 存在一一对应的关系。要特别指出的是，惩罚函数一般不对截距项进行压缩。

为了便于理解 LASSO 方法的原理，我们首先介绍岭回归（ridge regression），它是 Hoerl 和 Kennard 于 1970 年提出的，其惩罚函数为：

$$P_{\mathrm{Ridge}}(|\boldsymbol{\beta}|;\lambda)=\lambda\sum_{i=1}^{p}\beta_i^2 \tag{8.6}$$

类似于（8.5）式，可转化为约束条件 $\sum_{i=1}^{p}\beta_i^2\leqslant t^2$。

LASSO 虽然和 Ridge 形式上类似，但是性质上有着重要的差别。由于 LASSO 惩罚函数在零点不可导，因此当λ大到一定程度时，可将部分系数压缩为零，这样连续地实现变量选择。而 Ridge 是关于$\boldsymbol{\beta}$连续可导的，无法进行变量选择。

下面以二元线性回归为例，以最小二乘函数（8.2）式作为损失函数，从图形上区别 LASSO 惩罚和 Ridge 惩罚。在图 8-1 中，菱形和圆分别表示 LASSO 和 Ridge 对两个回归系数(β_1,β_2)的约束区域，即由$|\beta_1|+|\beta_2|\leqslant t$和$\beta_1^2+\beta_2^2\leqslant t^2$所构成的范围。椭圆簇是最小二乘法函数关于$(\beta_1,\beta_2)$的等高线，其中心是最小二乘法估计，椭圆越大，表示最小二乘法函数的值越大。那么，在（8.5）式中，LASSO 的求解是在菱形范围内，找到最小二乘法函数的最小值，也就是找到与菱形相交且最小的椭圆。若菱形与最小椭圆相交的点刚好是菱形的顶点时，会出现某一回归系数β_j为 0，从而在估计参数的同时实现了变量选择。而图 8-1（b）中 Ridge 的区域是圆形，在椭圆中心点（即最小二乘法估计）$\hat{\beta}$不存在 0 元素的情况下，椭圆簇都不会与坐标轴平行，因此圆形与最小椭圆的交点不可能落在坐标轴上，故无法选择变量。

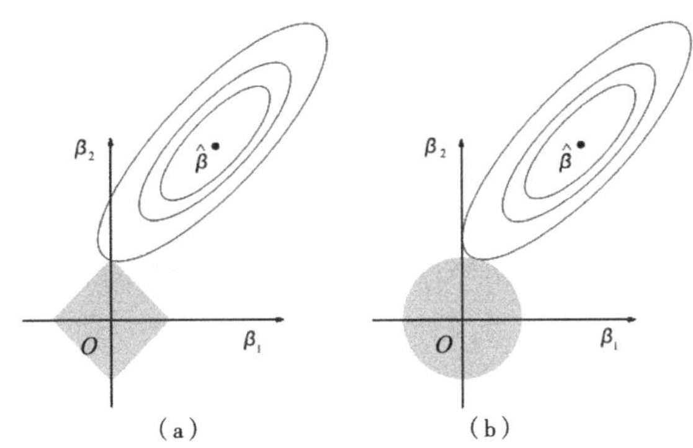

图 8-1 LASSO 惩罚（a）和 Ridge 惩罚（b）的估计图

8.3.2 SCAD 惩罚

λ除了平衡参数的压缩程度和损失函数外，另一个作用是权重的作用。例如，在 LASSO 惩罚函数中，对系数的压缩权重都是λ。然而这存在一定的弊端，对所有参数一视同仁，会导致大的系数被过分压缩，带来较大的估计偏差。理想的状态是大系数和小系数要区别对待，大系数不应该被压缩，以降低它们估计的偏差，而小系数尤其是接近 0 的系数要重点压缩，以更好地识别到不显著变量。

Fan 和 Li 在 2001 年提出了 SCAD（Smoothly Clipped Absolute Deviation）惩罚，较好地考虑了上述问题。该方法的提出是惩罚变量选择发展的又一里程碑，它从理论上对惩罚变量选择方法建立了基本的评价准则，提出了参数估计的 Oracle 性质，成为后来检验这类方法好坏的最重要准则。而 Fan 和 Li 提出 SCAD 的另一原因也正是由于 LASSO 不满足 Oracle 性质。SCAD 的惩罚函数如下：

$$P_{\text{SCAD}}(|\beta|;\lambda,a)=\begin{cases}\lambda|\beta| & \text{若}\ 0\leqslant|\beta|<\lambda\\ -\dfrac{\beta^2-2a\lambda|\beta|+\lambda^2}{2(a-1)} & \text{若}\ \lambda\leqslant|\beta|<a\lambda\\ \dfrac{(a+1)\lambda^2}{2} & \text{其他}\end{cases} \tag{8.7}$$

其中，$a>2$是另一个调整参数，常取值 3.7。从（8.7）式可得出，当惩罚参数较小时，SCAD 等同于 LASSO，随着参数的增大，惩罚的程度减轻，当惩罚参数大于$a\lambda$时，惩罚度为零。这样减少了参数估计的偏差，大系数会以更大的概率被选入模型。

8.3.3 MCP 惩罚

Zhang（2010）提出的 MCP（Minimax Concave Penalty）是与 SCAD 类似的方法，也是理论性质良好的惩罚方法。它对$|\beta|$也是分阶段惩罚，避免大系数过度被压缩，惩罚函数为：

$$P_{\text{MCP}}(|\beta|;\lambda,a)=\begin{cases}\lambda|\beta|-\dfrac{|\beta|^2}{2a} & |\beta|\leqslant a\lambda\\ \dfrac{a\lambda^2}{2} & |\beta|>a\lambda\end{cases}\qquad P'_{\text{MCP}}(|\beta|;\lambda,a)=\begin{cases}\lambda-\dfrac{|\beta|}{a} & |\beta|\leqslant a\lambda\\ 0 & |\beta|>a\lambda\end{cases}$$

其中，参数$a>0$为待定参数。可以看出当$|\beta|<a\lambda$时，MCP 函数的一阶导数随$|\beta|$增大而减小，即$|\beta|$越大，惩罚函数上升越缓慢；当$|\beta|>a\lambda$时，惩罚函数的一阶导数 0，即对大的回归系数不惩罚。MCP 也同样改善了 LASSO 过度惩罚大系数的缺点。

下面，我们从图形上来理解 LASSO、SCAD、MCP 的压缩特征。如图 8-2 所示是$\lambda=1$时这三种变量选择方法在一维情形下的惩罚函数值。可以看出，在参数值β较小时，SCAD、MCP、LASSO 都是β的线性函数，三种惩罚形式一致；随着β的增大，SCAD、MCP 由直线惩罚变为曲线惩罚，惩罚力度会慢慢减弱，但是 LASSO 一直是线性惩罚。当参数大到一定程度时，SCAD 和 MCP 的值与β无关，即不再对β进行惩罚，这样可以保证大系数被选入模型。

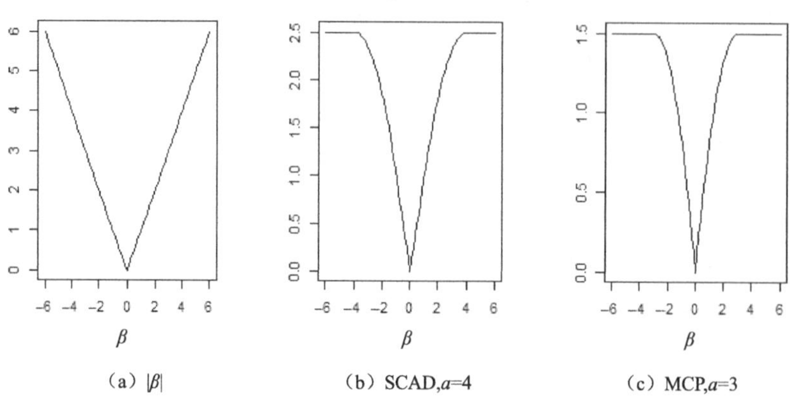

（a）$|\beta|$　（b）SCAD,a=4　（c）MCP,a=3

图 8-2　$\lambda=1$时 LASSO、SCAD、MCP 的惩罚函数

8.3.4　调整参数选择

调整参数λ连接损失函数和惩罚函数，λ越大，惩罚函数越大，压缩越严重，模型结构会越简单，反之得到的模型越复杂。因此基于一定的评价准则，选择合适的调整参数来平衡模型拟合优度和复杂度，使模型结构精简又拟合良好。常用的方法有交叉验证（Cross Validation, CV）、广义交叉验证（GCV）、广义信息准则（GIC）、AIC、BIC、风险膨胀准则（RIC）、C_p准则等。其中，用 CV 求解调整参数的步骤如下。

（1）随机地将样本分为等量的 k 份。

（2）选择其中 k-1 份样本作为训练集（train set），用来构建模型，剩下的样本作为测试集（test set）用于检验模型的预测能力，得到这份样本的预测误差平方和。

（3）循环第（2）步直到所有样本都被预测一次且仅一次，加总所有样本的预测误差平方和（PRESS）。

（4）对于每个可能取值的λ，计算它们相应的 PRESS 值，选择 PRESS 最小时的λ作为最优调整参数估计值。

惩罚变量选择方法在 R 语言中的大多数包都是利用 CV 的方法来确定调整参数的值。

8.4　基于压缩估计的组变量选择

组变量选择的含义是，某些变量会因为特殊关系而“绑”在一起作为一个整体参与变量选择的过程，绑在一起的变量被选择的结果是相同的，要么全部选入，要么全部剔除。既然多个变量作为整体才能进行组变量选择，那么确定变量能否视为一个整体是首要解决的问题，或者说，满足什么前提下这种整体性才成立。这涉及变量的分组结构。

8.4.1　自然分组结构

在某些实际应用中，自变量呈现分组结构，最常见的是先验信息形成的自然分组结构，它具有一定的客观存在性，不是主观定义的结构。具体是指多水平的分类变量在参与建模时，会转化为虚拟变量组，这组虚拟变量都是关于同一个指标，因此客观存在一定的整体性。此外，非参数模型中，基于某一变量的基函数组也具有一定的整体结构性。那么，为什么要以它们作为一个整体进行变量选择以确保同进同出呢？例如，在研究季节对某计算机销售量的影响时，季节用三个虚拟变量来描述，若季节带来的影响是不显著，那么这三个虚拟变量的回归系数应该都显著为 0，此时合理的变量选择方法必须能够正确地剔除整组变量而非单个变量。

这类方法的惩罚目标函数与（8.1）式有所不同，它是对参数以组为整体进行惩罚，一般形式如下：

$$\min_{\beta} Q(\boldsymbol{\beta}_0,\boldsymbol{\beta}) = \min_{\beta}\left[L(\boldsymbol{\beta}_0,\boldsymbol{\beta}|\boldsymbol{Y},\boldsymbol{X}) + \sum_{j=1}^{J} P(|\boldsymbol{\beta}^{(j)}|;\lambda)\right]$$

其中，回归系数向量分为 J 个组，即 $\boldsymbol{\beta}^{\mathrm{T}} = (\boldsymbol{\beta}^{(1)\mathrm{T}},\cdots,\boldsymbol{\beta}^{(J)\mathrm{T}})$。$\boldsymbol{X}_j = (x_{j1},\cdots,x_{jp_j})$ 和 $\boldsymbol{\beta}^{(j)} = (\beta_1^{(j)},\cdots,\beta_{p_j}^{(j)})^{\mathrm{T}}$ 分别是第 j 组自变量的 $n\times p_j$ 维设计矩阵和 $p_j\times 1$ 维回归系数，$\sum_{j=1}^{J} p_j = p$。$\sum_{j=1}^{J} P(|\boldsymbol{\beta}^{(j)}|;\lambda)$ 类似（8.1）式的 $P(|\boldsymbol{\beta}|;\lambda)$，不同的是，此处在系数组间存在可加的结构。对于这样的问题，用逐个变量选择法是无法解决的。因此接下来介绍组变量选择方法，最常用的是 Yuan 和 Lin（2006）提出的 Group LASSO。它的惩罚函数为：

$$P_{\mathrm{GLASSO}}(|\boldsymbol{\beta}|;\lambda) = \lambda\sum_{j=1}^{J}\sqrt{p_j}\,\|\boldsymbol{\beta}^{(j)}\|_2 \tag{8.8}$$

其中，$\|\cdot\|_2$ 为 L_2 范数。从该方法的惩罚函数形式上可知，同组变量的回归系数 $\boldsymbol{\beta}^{(j)} = (\beta_1^{(j)},\cdots,\beta_{p_j}^{(j)})^{\mathrm{T}}$ 是以 $\left(\beta_1^{(j)}\right)^2+\cdots+\left(\beta_{p_j}^{(j)}\right)^2$ 的关系存在，可理解为组内惩罚是岭惩罚，由第二节可知岭惩罚不能选择变量，因此这里 Group LASSO 在组内也是不能选择变量的。组间系数 $\boldsymbol{\beta}^{\mathrm{T}} = (\boldsymbol{\beta}^{(1)\mathrm{T}},\cdots,\boldsymbol{\beta}^{(J)\mathrm{T}})$ 的构成形式为 $\left[P_{\mathrm{Ridge}}(\boldsymbol{\beta}^{(1)})\right]^{\frac{1}{2}}+\cdots+\left[P_{\mathrm{Ridge}}(\boldsymbol{\beta}^{(J)})\right]^{\frac{1}{2}}$，其中函数 P_{Ridge} 是岭惩罚函数的形式，那么组间是具有变量选择功能的 Bridge 惩罚（Frank 和 Friedman 在 1993 年提出）。之所以能够保证整组变量同时被剔除，是因为组间的 Bridge 可以选择整组。

8.4.2 人为分组结构

人为定义变量的组结构是针对具有高度相关性的变量而言的。当一组变量具有不可忽略的相关性时，往往在建模时要解决共线性问题，在变量选择过程中，部分惩罚方法能够将这一问题考虑进来，不仅选择变量、估计参数，还同时处理了共线性。

Zou 和 Hastie 在 2005 年提出的弹性网（Elastic Net）是最早能够解决共线性问题的变量选择方法，其惩罚函数为 LASSO 惩罚函数和岭惩罚函数的线性组合：

$$P_{\mathrm{ENet}}(|\boldsymbol{\beta}|;\lambda_1,\lambda_2) = \lambda_1\sum\nolimits_{i=1}^{p}|\beta_i| + \lambda_2\sum\nolimits_{i=1}^{p}\beta_i^2 \tag{8.9}$$

其中，λ_1、λ_2 都是调整参数，惩罚函数的第一部分为 LASSO 惩罚，用于选择变量；第二部分为岭惩罚，能够处理高度相关的数据，消除变量间的多重共线性。这也是弹性网既能选择变量又能处理共线性的原因。该方法的组结构不需要先验给定，在计算时岭回归会自动识别到组效应。弹性网的惩罚函数也可以改写为：

$$P_{\mathrm{ENet}}(|\boldsymbol{\beta}|;\lambda,\alpha) = \lambda\alpha\sum\nolimits_{i=1}^{p}|\beta_i| + \frac{\lambda(1-\alpha)}{2}\sum\nolimits_{i=1}^{p}\beta_i^2 \tag{8.10}$$

其中，λ、α 都是待定的调整参数。

8.5　基于压缩估计的双层变量选择

Group LASSO 的特点是一组变量要么全被选入，要么全被剔除，无法在组内选择重要的变量。但是在某些应用中，不仅要选择组，还要在组内选择。例如，研究某一疾病发病的影响因素，一个基因由一组变量来描述，但是理论研究表明该组变量中并非每一个都会对该病有显著影响，因此在选择重要基因的同时，还需要识别基因中重要的变量。这一过程分为两个层次，第一层选择显著组，第二层选择组内显著单个变量，因此很形象地称为双层选择（bi-level selection）。双层选择在理论上的研究比组变量选择要多，应用更广，模型的形式也更具一般性。根据惩罚函数的形式，可分为复合函数型双层选择方法和稀疏组惩罚型（又称可加惩罚型）双层选择方法。下面将分别介绍这两类方法。

8.5.1　复合函数型双层选择

复合函数型双层选择是指惩罚函数表示为组间惩罚 P_{outer} 和组内惩罚 P_{inner} 的复合函数，这类方法的特点是组内 P_{outer} 和组间惩罚函数 P_{inner} 都具有单个变量选择功能。对第 j 组变量，复合惩罚可以表示为：

$$P_{\text{outer}}\left[\sum_{k=1}^{p_j} P_{\text{inner}}(|\beta_k^{(j)}|)\right]$$

（一）Group Bridge

Huang 等人于 2009 年提出的 Group Bridge 是最早的双层变量选择方法，Group Bridge 惩罚函数如下：

$$P_{\text{GBridge}}(\boldsymbol{\beta};\lambda,\gamma)=\sum_{j=1}^{J}\lambda p_j^{\ \gamma}\|\boldsymbol{\beta}^{(j)}\|_1^{\gamma} \tag{8.11}$$

其中，$0<\gamma<1$，p_j 是第 j 组变量所包含的个数，在此的作用是权重，即变量数越多，权重越大，被压缩的程度越高。由于 LASSO 和 Bridge 都具有单个变量选择的效果，因此 Group Bridge 具有双层选择功能。它在组内进行 LASSO 惩罚，即以 $\left|\beta_1^{(j)}\right|+\cdots+\left|\beta_{p_j}^{(j)}\right|$ 的形式进行组合。组间进行 Bridge 惩罚，以 $\left[P_{\text{Lasso}}(\boldsymbol{\beta}^{(1)})\right]^{1/\gamma}+\cdots+\left(P_{\text{Lasso}}(\boldsymbol{\beta}^{(1)})\right)^{1/\gamma}+\cdots+$ 的形式组合，其中函数 P_{Lasso} 是 LASSO 惩罚。

（二）Composite MCP

Breheny 和 Huang 在 2009 年提出的 Composite MCP 是另一双层变量选择方法，其函数结构与 Group Bridge 类似，都是复合型函数，但组内和组间惩罚都是 MCP 函数，惩罚函数为：

$$P_{\text{CMCP}}(\boldsymbol{\beta};\lambda_1,a_1,\lambda_2,a_2)=\sum_{j=1}^{J}P_{\text{MCP}}\left[\sum_{k=1}^{p_j}P_{\text{MCP}}\left(|\beta_k^{(j)}|;\lambda_l,a_l\right);\lambda_2,a_2\right] \tag{8.12}$$

类似地，将 MCP 函数换为 SCAD 函数时，又有 Composite SCAD 方法，也能进行双层选择。不同方法在二维情形下的惩罚函数如图 8-3 所示。

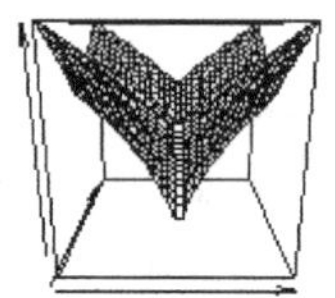

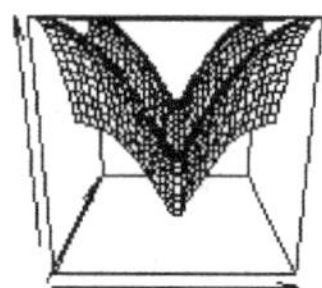
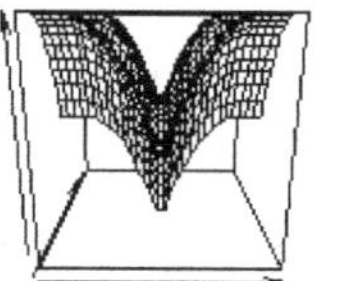

（a）Group Bridge （b）Composite SCAD （c）Composite MCP

图 8-3 二维情形下三种双层变量选择方法的惩罚函数图像

8.5.2 稀疏组惩罚型双层选择

稀疏组惩罚（sparse group penalty）又称可加惩罚（additive penalty），它的惩罚函数不是两个具有逐个变量选择功能惩罚的复合函数，而是构建逐个变量惩罚和仅选择组变量惩罚的线性组合，将选择逐个变量和组变量的惩罚函数分开。惩罚函数的一般形式如下：

$$P_{\text{indiv}}(|\boldsymbol{\beta}|;\lambda_1)+P_{\text{grp}}(|\boldsymbol{\beta}|;\lambda_2)\ P_{\text{indiv}}(|\boldsymbol{\beta}|;\lambda_1)+P_{\text{grp}}(|\boldsymbol{\beta}|;\lambda_2)$$

其中，$P_{\text{indiv}}(\cdot)$ 是具有逐个变量选择功能的惩罚函数，它作用在每个系数上，如 LASSO、SCAD 和 MCP；$P_{\text{grp}}(\cdot)$ 是仅具组变量选择功能的惩罚函数，它作用在组变量上，如 Group LASSO。

Simon 等人于 2013 年提出的 Sparse Group Lasso（SGL）属于这类方法，它通过 LASSO 和 Group LASSO 的线性组合来双层选择，惩罚函数为：

$$P_{\text{SGL}}(|\boldsymbol{\beta}|;\lambda,\alpha)=\lambda\alpha\|\boldsymbol{\beta}\|_1+\lambda(1-\alpha)\sum_{j=1}^{J}\|\boldsymbol{\beta}^{(j)}\|_2 \quad (8.13)$$

（8.13）式中的第一项惩罚是 LASSO，用于选择逐个变量，因此具有变量选择效果的方法如 MCP、SCAD 等都可以代替它。同样，第二项惩罚是 Group LASSO，是为了选择重要的变量组，理论上，任何具有组变量选择功能的方法都能代替该项。SGL 方法中，不同变量的系数或者不同组的系数可能具有同等的重要性，在进行惩罚时都施以相同的压缩力度。但是在实际中应区别它们的重要性，不同的系数施加不同的惩罚，因此需要更一般的方法。Fang 等人于 2014 年提出的 Adaptive SGL 满足这一要求，惩罚函数为：

$$P_{\text{adSGL}}(|\boldsymbol{\beta}|;\alpha,\lambda)=(1-\alpha)\lambda\sum_{j=1}^{J}w_j\left\|\boldsymbol{\beta}^{(j)}\right\|_2+\alpha\lambda\sum_{j=1}^{J}\boldsymbol{\xi}^{(j)\mathrm{T}}|\boldsymbol{\beta}^{(j)}|$$

其中，$w_j\in R_+$ 为第 j 组系数作为一个整体的权重；$\boldsymbol{\xi}^{(j)}=(\xi_1^{(j)},\cdots,\xi_{p_j}^{(j)})^{\mathrm{T}}$ 是第 j 组系数内部的权重向量，其元素 $\xi_i^{(j)}$（$i=1,\cdots,p_j$）为第 j 组中第 i 个系数 β_i^j 的权重，因此，它对单个系数和组系数分别建立了权重，使不同的组具有不同的重要性，不同的单个系数也具备不完全相同的重要性。当两组权重都为 1 时，该方法退化为 SGL 方法。

8.6　R 语言实现

接下来，我们将介绍前文提到的方法 R 语言的实现。在 8.6.1 节中，我们使用 ISLR 包中的大学（College）数据集介绍子集选择法的 R 语言实现，在 8.6.2~8.6.4 节的正则化方法部分，我们对每种方法都分为线性回归和 Logistic 回归两种情形进行介绍。

8.6.1　子集选择法

载入数据，将 College 数据集中的申请人数（Apps）作为因变量，其他变量作为预测：

```
> library ( ISLR )
> data ( College )
> names ( College )
 [1]  "Private"  "Apps"  "Accept"  "Enroll"  "Top10perc"  "Top25perc"
"F.Undergrad"
 [8]  "P.Undergrad"  "Outstate"  "Room.Board"  "Books"  "Personal"  "PhD"
"Terminal"
[15] "S.F.Ratio"  "perc.alumni"  "Expend"  "Grad.Rate"
> dim ( College )
[1] 777  18
```

（一）最优子集法

R 语言的 leaps 包中的 regsubset()函数可以用于实现最优预测变量子集的筛选。regsubset()函数的语法与 lm()函数类似，也同样可以用 summary()函数查看模型输出的相关信息：

```
> library ( leaps )
> subset.full <- regsubsets ( Apps ~ . , College )
> summary ( subset.full )
Subset selection object
Call: regsubsets.formula ( Apps ~ . , College )
17 Variables  (and intercept)
# 限于篇幅，此处省略
1 subsets of each size up to 8
Selection Algorithm: exhaustive
          PrivateYes Accept Enroll Top10perc Top25perc F.Undergrad P.Undergrad
Outstate
1  ( 1 ) " "        "*"    " "    " "       " "       " "         " "         " "
2  ( 1 ) " "        "*"    " "    "*"       " "       " "         " "         " "
3  ( 1 ) " "        "*"    " "    "*"       " "       " "         " "         " "
4  ( 1 ) " "        "*"    " "    "*"       " "       " "         " "         "*"
5  ( 1 ) " "        "*"    "*"    "*"       " "       " "         " "         "*"
6  ( 1 ) " "        "*"    "*"    "*"       " "       " "         " "         "*"
7  ( 1 ) " "        "*"    "*"    "*"       "*"       " "         " "         "*"
8  ( 1 ) "*"        "*"    "*"    "*"       " "       " "         " "         "*"
```

```
       Room.Board Books Personal PhD Terminal S.F.Ratio perc.alumni Expend
Grad.Rate
1  ( 1 ) " "        " "   " "      " " " "    " "       " "         " "    " "
2  ( 1 ) " "        " "   " "      " " " "    " "       " "         " "    " "
3  ( 1 ) " "        " "   " "      " " " "    " "       " "         "*"    " "
4  ( 1 ) " "        " "   " "      " " " "    " "       " "         "*"    " "
5  ( 1 ) " "        " "   " "      " " " "    " "       " "         "*"    " "
6  ( 1 ) "*"        " "   " "      " " " "    " "       " "         "*"    " "
7  ( 1 ) "*"        " "   " "      " " " "    " "       " "         "*"    " "
8  ( 1 ) "*"        " "   " "      "*" " "    " "       " "         "*"    " "
```

输出结果中的“*”表示列对应的变量包含于行对应的模型当中。例如，在上述输出结果中，最优的两个变量模型是仅包含 Accept 和 Top10perc 两个变量的模型。regsubsets()函数默认只输出截至最优 8 个变量模型的筛选结果，若想要改变输出的预测变量个数，可通过函数中的参数 nvmax 来进行更改。例如，我们想要输出截至最优 17 个变量的模型：

```
> subset.full <- regsubsets ( Apps ~ . , College , nvmax = 17 )
> full.summary <- summary ( subset.full )
```

另外，summary()函数还返回了相应模型的 R^2、RSS、调整的 R^2、C_p、BIC 等指标。我们可以通过比较这些统计指标来筛选出整体上最优的模型。例如，当模型中只含一个变量时，R^2 约为 89.0%；当模型中包含所有变量时 R^2 增大到 92.9%。从这里就可以看出，R^2 随着模型中引入变量个数的增多而逐渐递增：

```
> names ( full.summary )
[1] "which"  "rsq"  "rss"  "adjr2"  "cp"  "bic"  "outmat"  "obj"
> full.summary $ rsq
 [1] 0.8900990 0.9157839 0.9183356 0.9212640 0.9237599 0.9247464 0.9257649
 [8] 0.9268725 0.9276780 0.9283103 0.9288011 0.9289945 0.9291223 0.9291632
[15] 0.9291878 0.9291885 0.9291887
```

还可以画出一些图像（如图 8-4 所示）来帮助我们选择最优的模型。which.min()函数和 which.max()函数用于识别一个向量中最大值和最小值对应点的位置，points()函数用于将某个点加在已有图像上：

```
> par ( mfrow = c ( 1 , 3 ) )
# CP
> which.min ( full.summary $ cp )
[1] 12
> plot ( full.summary $ cp , xlab = "Number of Variables" , ylab = "CP" , type
= "b" )
> points ( 12 , full.summary $ cp [ 12 ] , col = "red" , cex = 2 , pch = 20 )
# BIC
> which.min ( full.summary $ bic )
[1] 10
```

```
> plot ( full.summary $ bic , xlab = "Number of Variables" , ylab = "BIC" , type = "b" )
> points ( 10 , full.summary $ bic [ 10 ] , col = "red" , cex = 2 , pch = 20 )
# Adjust Rsq
> which.max ( full.summary $ adjr2 )
[1] 13
> plot ( full.summary $ adjr2 , xlab = "Number of Variables" , ylab = "Adjusted RSq" , type = "b" )
> points ( 13 , full.summary $ adjr2 [ 13 ] , col = "red" , cex = 2 , pch = 20 )
```

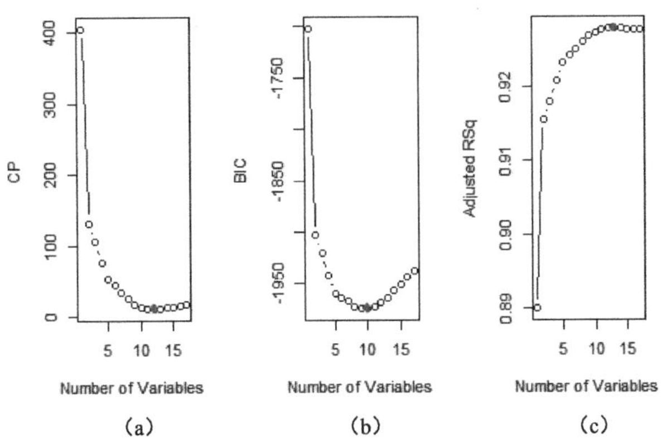

图 8-4　模型选取的变量个数与不同统计指标的关系

还可以用 coef()函数提取该模型的参数估计值，如提取含有 10 个变量的最优模型：

```
> coef ( subset.full , 10 )
 (Intercept)    PrivateYes      Accept        Enroll    Top10perc    Top25perc
-100.51668243 -575.07060789 1.58421887 -0.56220848 49.13908916 -13.86531103
  Outstate     Room.Board       PhD         Expend     Grad.Rate
 -0.09466457    0.16373674 -10.01608705 0.07273776 7.33268904
```

（二）向前逐步选择法和向后逐步选择法

向前逐步选择法和向后逐步选择法也可以通过 regsubsets()函数来实现，只需要设置参数为 method = "forward"或 method = "backward"：

```
# 向前逐步选择法
> subset.fwd <- regsubsets ( Apps ~ . , College , nvmax = 17 , method = "forward" )
> summary ( subset.fwd )
# 限于篇幅，此处省略
# 向后逐步选择法
> subset.bwd <- regsubsets ( Apps ~ . , College , nvmax = 17 , method = "backward" )
> summary ( subset.bwd )
# 限于篇幅，此处省略
```

对这个数据集而言，使用最优子集法和向前逐步选择法选择的最优单变量模型到最优 6 变量模型的结果是完全一致的，但从最优 7 变量模型开始，3 种方法所得的结果就完全不一样了。

8.6.2 模型选择

做变量选择的 R 语言包较多，其中，glmnet 可处理 LASSO 惩罚，ncvreg 可处理 LASSO、MCP 和 SCAD 惩罚，此外 grpreg 可以实现组变量选择等。

（一）线性回归

模拟产生样本量为 200 的样本，$p=20$，各自变量独立同分布于标准正态分布，回归系数的真实值由 beta 变量给定，截距项为 0，误差项满足标准正态分布。注意，glmnet 包中的 cv.glmnet()函数默认使用 LASSO 方法选择变量，ncvreg 包中的 cv.ncvreg 函数默认使用 MCP 方法选择变量，模型可以有多种，均由 family 参数赋值，默认值为“gaussian”，即线性回归。3 种方法的估计结果如下：

```
> x <- matrix ( rnorm ( 100*20 ) , 100 , 20 )
> beta <- c ( seq ( 1 , 2 , length.out = 6 ) , 0 , 0 , 0 , 0 , rep ( 1 , 10 ) )
> y <- x %*% beta + rnorm ( 100 )
############################## (1) LASSO 惩罚 ###########################
> library ( glmnet )
> fit1 <- cv.glmnet ( x , y , family = "gaussian" )
> beta.fit1 <- coef ( fit1 ) # 提取参数的估计值
> beta.fit1
21 x 1 sparse Matrix of class "dgCMatrix"

(Intercept)      0.22107597
V1               1.07078564          V11          0.91660575
V2               0.92873628          V12          1.01732755
V3               1.29251538          V13          1.03031400
V4               1.42091683          V14          0.79554151
V5               1.69264590          V15          1.06862775
V6               1.98246988          V16          1.02252502
V7               .                   V17          1.01463598
V8              -0.01970388          V18          1.04317595
V9               0.05541718          V19          0.64361753
V10              .                   V20          0.63119819

> resid1 <- ( x %*% beta.fit1 [ -1 ] + beta.fit1 [ 1 ] - y )
> MSE1 <- sum ( resid1 ^ 2 ) # 计算残差平方和
> MSE1
107.5669
############################## (2) MCP 惩罚 ############################
> library ( ncvreg )
```

```
> fit2 <- cv.ncvreg ( x , y , family = "gaussian" )
> fit.mcp <- fit2$fit
> beta.fit2 <- fit.mcp$beta [ , fit2$min ] # 提取参数的估计值
> round ( beta.fit2 , 3 ) # 保留 3 位小数
(Intercept)  V1    V2    V3    V4    V5    V6    V7    V8    V9    V10
 0.133    1.142 1.038 1.393 1.506 1.765 2.075 0.000 0.000 0.000 0.000
  V11      V12   V13   V14   V15   V16   V17   V18   V19   V20
 0.999    1.092 1.055 0.878 1.190 1.107 1.068 1.079 0.748 0.725
 > resid2 <- ( x %*% beta.fit2 [ -1 ] + beta.fit2 [ 1 ] - y )
> MSE2 <- sum( resid2 ^ 2 ) # 计算残差平方和
> MSE2
98.49723
############################## (3) SCAD 惩罚 ##########################
> fit3 <- cv.ncvreg ( x , y , family = "gaussian" , penalty = "SCAD" )
> fit.scad <- fit3$fit
> beta.fit3 <- fit.scad$beta [ , fit3$min ] # 提取参数的估计值
> round ( beta.fit3 , 3 ) # 保留 3 位小数
(Intercept) V1    V2    V3    V4    V5    V6    V7    V8    V9    V10
0.133    1.142 1.039 1.393 1.506 1.765 2.077 0.000 0.000 0.011 0.000
  V11      V12   V13   V14   V15   V16   V17   V18   V19   V20
 1.000    1.089 1.058 0.879 1.192 1.106 1.067 1.080 0.746 0.725
> resid3 <- ( x %*% beta.fit3 [ -1 ] + beta.fit3 [ 1 ] - y )
> MSE3 <- sum( resid3 ^ 2 ) # 计算残差平方和
> MSE3
98.11981
```

分析以上结果，首先从模型选择的结果看，MCP 的选择是 100%准确的，将第 7～10 个变量压缩为 0，截距项也很接近零，SCAD 识别出了其中 3 个零系数，而 LASSO 只将第 7 和第 10 个变量成功选择出来。再从 MSE 来评价 3 种方法的参数估计能力，MCP 和 SCAD 的 MSE 分别为 98.49723 和 98.11981，均比 LASSO 的 107.5669 小，这说明 MCP 和 SCAD 的参数估计结果要比 LASSO 更好。其实，在实际应用中，MCP 和 SCAD 的效果相当，且都比 LASSO 要好。

（二）Logistic 回归

在这部分所使用的数据来自 ncvreg 包中自带的 heart 数据集：

```
> library ( ncvreg )
> data ( heart )
> x <- as.matrix ( heart [ , 1 : 9 ] )
> y <- heart $ chd
############################## (1) LASSO 惩罚 ##########################
> library ( glmnet )
> fit1 <- cv.glmnet ( x , y , family = "binomial" )
> beta.fit1 <- coef ( fit1 )
> beta.fit1
```

```
10 x 1 sparse Matrix of class "dgCMatrix"
                        1
(Intercept)   -3.265555818
sbp            .
tobacco        0.045237374
ldl            0.084175104
adiposity      .
famhist        0.516247338
typea          0.006829911
obesity        .
alcohol        .
age            0.032644419

##########################（2）MCP 惩罚 ##########################
> fit2 <- cv.ncvreg ( x , y , family = "binomial" )
> fit.mcp <- cvfit.mcp $ fit
> beta.fit2 <- fit.mcp $ beta [ , fit2 $ min]
> beta.fit2
(Intercept)        sbp        tobacco          ldl        adiposity
-6.261745725  0.0000000   0.080241489  0.164707815    0.000000
famhist          typea       obesity         alcohol         age
0.909393005  0.03685869  -0.007391584    0.000000    0.050702038
##########################（3）SCAD 惩罚 ##########################
> fit3 <- cv.ncvreg ( x , y , family = "binomial" , penalty = "SCAD" )
> fit3 <- cvfit.scad $ fit
> beta.fit3 <- fit.scad $ beta [ , fit3 $ min]
> beta.fit3
(Intercept)       sbp         tobacco          ldl         adiposity
-6.350302864  0.002146815  0.080082494  0.170419891   0.00000
famhist          typea        obesity        alcohol          age
0.912651281  0.037773295  -0.017317769    0.000000    0.050087532
```

从以上参数估计结果得出，LASSO、MCP 和 SCAD 分别选择了 5、6、7 个变量来建立模型。MCP 和 SCAD 的参数估计结果接近，但与 LASSO 的值相差较大。因此，在 Logistic 回归中，SCAD 和 MCP 的表现也是差不多的。

8.6.3 组模型选择

R 语言的 grpreg 包常用来处理 Group LASSO 问题，而弹性网可通过前面介绍的 glmnet 包实现。接下来，我们以 grpreg 包中的 birthwt.grpreg 数据为例进行分析，同样分为线性回归和 Logistic 回归两种情况。

（一）线性回归

1．Group LASSO

首先了解一下数据的形式，以便体会变量分组结构的含义：

```
> library ( grpreg )
> data ( birthwt.grpreg )
> X <- as.matrix ( birthwt.grpreg [ , -1 : -2 ] )
> y <- birthwt.grpreg $ bwt
> colnames ( X )
 [1] "age1"   "age2"   "age3"   "lwt1"   "lwt2"   "lwt3"   "white"    "black"
"smoke"
 "ptl1"   "ptl2m"   "ht"   "ui"   "ftv1"   "ftv2"   "ftv3m"
> group <- c ( 1 , 1 , 1 , 2 , 2 , 2 , 3 , 3 , 4 , 5 , 5 , 6 , 7 , 8 , 8 ,
8 )  # 变量组结构
```

通过查看自变量的名称及分组结构可知共有 8 组，其中，第 4、6 组都是单变量构成，其余都是多个变量组成，如 age1、age2 和 age3 都是关于年龄的变量。

拟合该数据就可以得到参数估计和模型选择结果，其中，coef()函数输出了最优 λ 下的估计结果，而调整参数是用 CV 准则进行选择的：

```
> cvfit <- cv.grpreg ( X , y , group , penalty = "grLasso" )
> coef ( cvfit ) # Beta at minimum Cross-Validation Error
(Intercept)      age1         age2         age3        lwt1        lwt2
3.03980161   0.06605057   1.22157782   0.72417976  1.45304814  -0.07667569
lwt3          white        black        smoke         ptl1        ptl2m
1.07987795   0.25511386  -0.11491470  -0.24778502  -0.25537334  0.15024454
ht             ui          ftv1         ftv2         ftv3m
-0.46412745  -0.44048368  0.05015767   0.01708853   -0.07517179
```

从估计值可以看出，Group LASSO 将所有变量都选入了模型。

2. 弹性网

这里使用 glmnet 程序包进行求解。当 cv.glmnet()函数中 alpha 参数（(8.10) 式中的 α）为 0.2 时，弹性网选择了 11 个变量，剔除了 5 个变量：

```
> library ( glmnet )
> library ( grpreg )
> data ( birthwt.grpreg )
> X <- as.matrix ( birthwt.grpreg [ , -1:-2 ] )
> y <- birthwt.grpreg $ bwt
> fit.enet <- cv.glmnet ( X , y , family = "gaussian" , alpha = 0.2 )
> beta.enet <- coef ( fit.enet )
> beta.enet
17 x 1 sparse Matrix of class "dgCMatrix"
(Intercept)      2.98434865
age1             .
age2             0.60024850
age3             0.06567480
lwt1             0.60249639
lwt2             .
lwt3             0.39602314
```

```
white          0.15222354
black          -0.01589913
smoke          -0.12106499
ptl1           -0.17957626
ptl2m          .
ht             -0.17381305
ui              -0.26172670
ftv1           0.02059075
ftv2           .
ftv3m
```

（二）Logistic 回归

1. Group LASSO

同样使用 birthwt.grpreg 数据集对 Group LASSO 在 Logistic 回归问题中的使用进行介绍。注意，cv.grpreg()函数可以根据因变量的类型自动识别是线性回归问题还是 Logistic 回归问题，所以这里可以省略参数 family：

```
> library ( grpreg )
> data ( birthwt.grpreg )
> X <- as.matrix ( birthwt.grpreg [ , -1 : -2 ] )
> y <- birthwt.grpreg$low
> group <- c ( 1 , 1 , 1 , 2 , 2 , 2 , 3 , 3 , 4 , 5 , 5 , 6 , 7 , 8 , 8 ,
8 ) # 变量的分组结构
> cvfit <- cv.grpreg ( X , y , group , penalty = "grLasso" )
> coef ( cvfit ) # Beta at minimum Cross-Validation Error
(Intercept)       age1        age2         age3         lwt1         lwt2
0.254271970  -0.125734126 -0.061604766 0.006872249 -0.673684419 0.084708069
lwt3              white        black        smoke        ptl1         ptl2m
-0.420177679 -0.073716576  0.039466934 0.086290980  0.272284639 -0.011222035
  ht                ui          ftv1         ftv2         ftv3m
0.240495141   0.107842459 -0.032038315 -0.019871825 0.028053504
> summary ( cvfit )
grLasso-penalized linear regression with n=189, p=16
At minimum cross-validation error (lambda=0.0198):
-------------------------------------------------
  Nonzero coefficients: 16
  Nonzero groups: 8
  Cross-validation error of 0.20
  Maximum R-squared: 0.09
  Maximum signal-to-noise ratio: 0.10
Scale estimate (sigma) at lambda.min: 0.442
```

参数估计结果显示模型的所有变量都选入模型。summary()函数输出惩罚估计的模型评价和选择的相关指标，从中能得出最优 λ 为 0.0198；在该 λ 值下，模型的交叉验证误差达到最小，为 0.20。我们也可以从图像（如图 8-5 所示）上来看一系列近似连续的 λ 值下交叉验证误差是怎么变化的：

```
> plot ( cvfit )
```

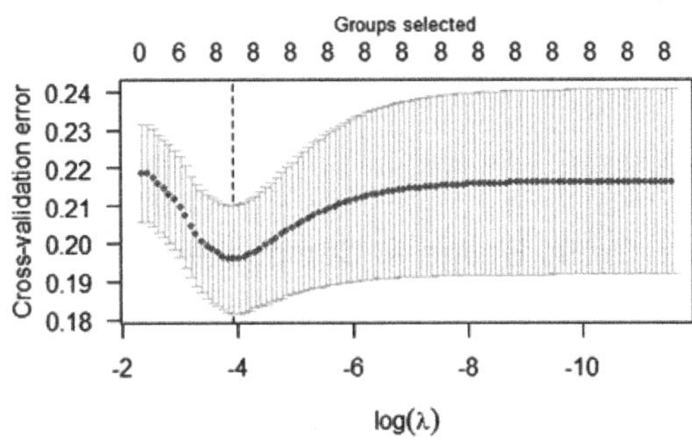

图 8-5　birthwt.grpreg 使用 Group LASSO 方法的交叉验证图

如图 8-5 所示，下面的 x 轴表示 $\lg\lambda$，上面的 x 轴表示选入模型的组数，y 轴为交叉验证计算所得到的误差，当 $\lg\lambda=-3.922073$ 时（即虚线所示位置），交叉验证误差达到最小，模型达到最优，此时有 8 组变量被选入模型。从图 8-5 也可以得出，当 $\lg\lambda$ 较大（−2.2 左右）时，所有组都被剔除，随着 $\lg\lambda$ 减小，被选择的组数就越多，当小到一定程度时，所有组都被选入模型。

2. 弹性网

当因变量是二元变量时，设定 cv.glmnet()函数中 alpha 参数((8.10)式中的 α)为 0.2 时，弹性网选择 8 个变量，与 Group LASSO 不同的是它只选择了部分变量，而不是所有变量：

```
> y <- birthwt.grpreg $ low
> fit.enet <- cv.glmnet ( X , y , family = "binomial" , alpha = 0.2 )
> beta.enet <- coef ( fit.enet )
> beta.enet
17 x 1 sparse Matrix of class "dgCMatrix"
(Intercept)      -0.8973143
age1             -0.1778102
age2             .
age3             .
lwt1             -0.9025948
lwt2             .
lwt3             -0.0404139
white            -0.1137740
black            .
smoke            0.1097521
ptl1             0.5773527
ptl2m            .
ht               0.2443846
ui               0.1550119
ftv1             .
ftv2             .
```

8.6.4 双层模型选择

Group Bridge 和 Composite MCP 惩罚同样可以通过 grpreg 包实现，而 SGL 惩罚则通过 SGL 包实现。下面同样以 Birthwt.grpreg 数据集为例说明这两种方法在线性回归和 Logistic 回归中的选择变量。

（一）线性回归

1．复合函数双层选择：Group Bridge 和 Composite MCP

```
################################ (1) Group Bridge ##############################
> library ( grpreg )
> data ( birthwt.grpreg )
> X <- as.matrix ( birthwt.grpreg [ , -1 : -2 ] )
> y <- birthwt.grpreg $ bwt
> group <- c ( 1 , 1 , 1 , 2 , 2 , 2 , 3 , 3 , 4 , 5 , 5 , 6 , 7 , 8 , 8 ,
8 ) # 变量的分组结构
> cvfit.b <- gBridge ( X , y , group ) # L1 group bridge
> select ( cvfit.b ) $ beta
(Intercept)    age1        age2        age3        lwt1        lwt2
2.99828275   0.00000000  0.88487300  0.27400847  1.00999184  0.00000000
lwt3         white       black       smoke       ptl1        ptl2m
0.73202308   0.26614561 -0.03940054 -0.22143201 -0.17146875  0.00000000
ht           ui          ftv1        ftv2        ftv3m
-0.28424954 -0.38434970  0.00000000  0.00000000  0.00000000
############################ (2) Composite MCP ###############################
> cvfit.m <- cv.grpreg ( X , y , group , penalty = "cMCP" , gama = 2.5 )
> coef ( cvfit.m )
(Intercept)    age1        age2        age3        lwt1        lwt2
3.03356397   0.00000000  1.19551692  0.60858915  1.37706565  0.00000000
lwt3         white       black       smoke       ptl1        ptl2m
0.95690954   0.29741588 -0.07031732 -0.27205278 -0.24569795  0.03671572
 ht          ui          ftv1        ftv2        ftv3m
-0.47175797 -0.45020423  0.02207935  0.00000000  -0.04190141
```

Group Bridge 剔除了 age1、lwt1、ptl2m、ftv1、ftv2、ftv3 等 6 个变量，其中，ftv1、ftv2 和 ftv3 属于同一组，该组变量被全部剔除。age1 与 age2、age3 属于同一组，在这组变量内实现了组内选择，这一现象在 Group LASSO 中并未出现，而是同组变量一起显著。

Composite MCP 的结果与 Group Bridge 类似。但是它选择的变量只有上述 6 个中的 3 个。非零参数的符号是一致的。此方法的结果依赖与 MCP 函数的参数 a 的值，即代码中的参数 gama，此例中取为 2.5。

2．稀疏组惩罚：SGL

```
> library ( SGL )
> library ( grpreg )
```

```
> data ( birthwt.grpreg )
> X <- as.matrix ( birthwt.grpreg [ , -1 : -2 ] )
> y <- birthwt.grpreg $ bwt
> group <- c ( 1 , 1 , 1 , 2 , 2 , 2 , 3 , 3 , 4 , 5 , 5 , 6 , 7 , 8, 8 ,8)
# 变量的分组结构
> data <- list ( x = X , y = y )
> cvFit <- cvSGL ( data , group , type = "linear" ) # SGL
> lambda.min <- which.min ( cvFit $ lldiff )
> cvFit $ fit $ beta [ , lambda.min ]
0.0000000  1.4428484   0.7672427  1.7192625   0.0000000   1.2259704
1.8724141  -0.6588856  -1.7136471  -1.3453811  0.3434001  -1.6959587
-2.1734458  0.4434236   0.0000000  -0.4432124
```

（二）Logistic 回归

1．复合函数双层选择：Group Bridge 和 Composite MCP

```
############################## (1) Group Bridge ##############################
> library ( grpreg )
> cvfit.b <- gBridge ( X , y , group , family = "binomial" )
> select ( cvfit.b ) $ beta
 (Intercept)       age1        age2        age3         lwt1        lwt2
-1.0668180   0.0000000   0.0000000   0.0000000   -4.3252995   0.0000000
  lwt3          white       black       smoke        ptl1        ptl2m
-2.1440684   0.0000000   0.0000000   0.0000000    1.3588312   0.0000000
  ht             ui          ftv1        ftv2         ftv3m
0.8587455   0.0000000   0.0000000   0.0000000    0.0000000
############################ (2) Composite MCP ##############################
> cvfit.m <- cv.grpreg ( X , y , group , penalty = "cMCP" , family = "binomial" )
> coef ( cvfit.m )
(Intercept)       age1        age2         age3        lwt1        lwt2
-0.9657177   0.0000000   0.0000000   0.0000000   0.0000000   0.0000000
  lwt3          white       black        smoke        ptl1        ptl2m
0.0000000    0.0000000   0.0000000    0.0000000   1.2191463   0.0000000
  ht             ui          ftv1         ftv2        ftv3m
0.0000000    0.0000000   0.0000000    0.0000000   0.0000000
```

两种方法选择的变量不完全相同，且比 Group LASSO 和弹性网的选择个数要少，尤其是 Composite MCP 的结果。在 Composite MCP 的惩罚涉及参数 b，在 cv.grpreg 中由 gama 参数设置，默认为 3，因此可以自行调整 b 值，不同的值会有不同参数估计和模型选择结果。

2．稀疏组惩罚：SGL

```
> library ( SGL )
> library ( grpreg )
> data ( birthwt.grpreg )
> X <- as.matrix ( birthwt.grpreg [ , -1 : -2 ] )
> y <- birthwt.grpreg$low
```

```
> group <- c ( 1 , 1 , 1 , 2 , 2 , 2 , 3 , 3 , 4 , 5 , 5 , 6 , 7 , 8 , 8 ,
8 ) # 变量的分组结构
> data <- list ( x = X , y = y )
> cvFit <- cvSGL ( data , group , type = "logit" )
> lambda.min <- which.min ( cvFit $ lldiff ) # 最优λ值
> cvFit $ fit $ beta [ , lambda.min ] # 最优λ值时回归系数的估计结果
-1.3997012   0.0000000  0.0000000  -3.3837210  0.0000000
-1.5201370  -2.7994839  0.5032670   2.6756901  5.8547097
0.0000000    3.4718736  2.1202437  -1.0878828  0.0000000  0.1816522
> cvFit $ fit $ intercepts [ lambda.min ]
-0.7158308
```

在 Logistic 回归中，SGL 选择了 11 个变量，其中 age2、age3、lwt2、fitv2、ptl2m 被剔除了，这与弹性网比较吻合。

8.7 习题

1．请分析 MASS 包中的 Boston 数据集。

（1）利用 LASSO、MCP 和 SCAD 3 种惩罚方法分析找出影响房屋价格 medv 的因素，比较一下这些方法找出的影响因素。

（2）比较 LASSO 方法与逐步回归方法筛选出来的结果。

2．请分析 ISLR 包中的 Smarket 数据集。以 Direction 为因变量，请用 LASSO、MCP 和 SCAD 3 种惩罚方法分析找出影响股票价格涨跌方向的因素，并比较 3 种方法找出的影响因素是否一样。

3．请模拟生成 X，由多元正态分布产生，$p=100$，$n=100$，X_i、X_j 对应的相关系数是 $\rho^{|i-j|}$，$\rho=0.1$、0.5、0.9，回归系数 $\beta=(1,1,1,1,1,0.5,0.5,0.5,0.5,0.5,0,\cdots,0)$，随机扰动项是标准正态分布，请模拟 100 次，分别用 LASSO、MCP 和 SCAD 筛选变量，比较变量筛选的 FNR 和 FDR。

第 9 章 决策树与组合学习

基于树的方法是数据科学、机器学习里最常用的方法之一，本质上它是一种非参数方法，因为我们不需要事先对总体的分布做任何假设。决策树的算法很多，本章我们首先以经典的 CART 算法开始，介绍基于树的分类和回归方法。然后，我们介绍决策树的修剪枝（pruning tree），为了防止过拟合，我们常常首先生成一棵大树，然后对生成的树进行剪枝。最后，我们介绍几种基于决策树的组合学习方法（ensemble learning），因为基于树的方法简单且易于解释，但存在方差大、不稳定的问题。而通过组合算法常常能降低方差，大大提高预测效果，虽然与此同时会损失一些解释性。

9.1 问题的提出

例 9.1（分类问题） MASS 库包含乳腺癌（biopsy）数据集。该数据集是从威斯康星大学医学院麦迪逊分校（University of Wisconsin Hospital, Madison）获得的，共有 699 个观察和 11 个变量，除不纳入分析的病人 ID 外，包含了病人乳腺肿瘤切片的诊断信息（class），和 9 个与判别是否为恶性肿瘤相关的检验指标，如肿块厚度、细胞大小均匀性等，每个病人在这些细胞特征上都有一个 1~10 的得分，1 为接近良性，10 为接近病变，表 9-1 给出了该数据集的部分信息。若想根据 9 个检验指标的得分预测病人是否为恶性肿瘤，该如何建模？

表 9-1 乳腺癌（biopsy）数据集

	ID	V1	V2	V3	V4	V5	V6	V7	V8	V9	class
1	1000025	5	1	1	1	2	1	3	1	1	benign
2	1002945	5	4	4	5	7	10	3	2	1	benign
3	1015425	3	1	1	1	2	2	3	1	1	benign
…	…	…	…	…	…	…	…	…	…	…	…

例 9.2（回归问题） ISLR 库中包含的座椅（Carseats）数据集。该数据集是一个包含 400 个不同商店的儿童座椅销售情况的模拟数据集，共有 11 个变量。我们感兴趣的是该儿童座椅的销售量（Sales，单位：千把），可能与此相关的变量有地区的收入水平（Income，单位：千美元）、公司在每个地区的广告预算（Advertising，单位：千美元）及区域的人口规模（Population，单位：千人）等。表 9-2 给出的是该数据集的部分信息，假如想要了解各因素对儿童座椅的销售量是否有影响，该如何建模？

表 9-2 座椅（Carseats）数据集

	Sales	Comp-Price	Income	Adver-tising	Popula-tion	Price	Shelve-Loc	Age	Educa-tion	Urban	US
1	9.5	138	73	11	276	120	Bad	42	17	Yes	Yes
2	11.22	111	48	16	260	83	Good	65	10	Yes	Yes
3	10.06	113	35	10	269	80	Medium	59	12	Yes	Yes
…	…	…	…	…	…	…	…	…	…	…	…

9.2 决策树

决策树方法最早产生于 20 世纪 60 年代，其中 CART（Classification and Regression Tree）算法是决策树最经典和最主要的算法。CART 算法是 Breiman 等在 1984 年提出来的一种非参数方法，它可以用于解决分类问题（预测定性变量，或者当因变量是因子时），也可以用于回归问题（预测定量变量，或者当因变量是连续变量时），分别称为分类树（classification tree）和回归树（regression tree）。CART 算法的基本思想是一种二分递归分割方法，在计算过程中充分利用二叉树，在一定的分割规则下将当前样本集分割为两个子样本集，使得生成的决策树的每个非叶节点都有两个分裂，这个过程又在子样本集上重复进行，直至无法再分成叶节点为止。在本节中，我们首先介绍决策树的基本概念，接着对回归树和分类树的建模过程进行详细讲解，最后分析决策树的优缺点。

9.2.1 基本概念

（一）节点

决策树包含 3 种节点，分别是根节点、中间节点、叶节点。

- 建模之初，全部样本组成的节点，没有入边，只有出边，称为**根节点**（root node）。
- 不再继续分裂的节点称为树的**终端节点**（terminal node）或**叶节点**（leaf node），没有出边，只有入边，它的个数决定了决策树的规模（size）和复杂程度。

- 根节点和叶节点之外的节点都称作**中间节点或内节点**（internal node），既有入边，又有出边。

根节点在一定的分割规则下被分割成两个子节点，这个过程在子节点上重复进行，直至无法再分为叶节点为止。用图 9-1 表示一棵决策树的分割过程，则 t_1 是这棵树的根节点，它没有入边，但有两条出边；t_2、t_3、t_4 是中间节点，有一条入边和两条出边；R_m 是叶节点，只有一条入边，没有出边。

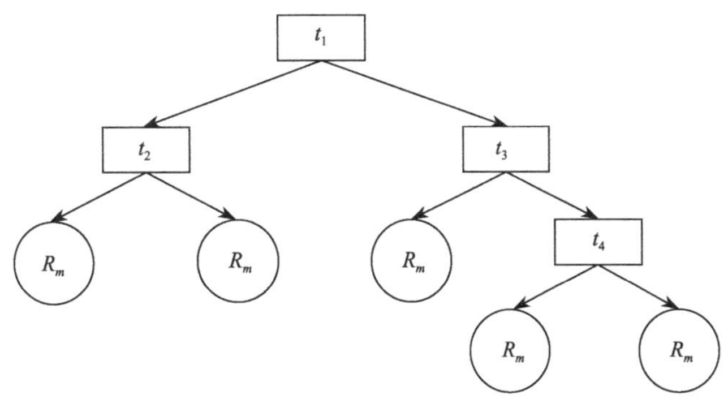

图 9-1　决策树分割过程

（二）决策树的建立

以一个简单的例子来介绍决策树的建立过程。在 Carseats 数据集中，考虑自变量只有两维的情况，即只用地区的收入水平 Income 和公司在每个地区的广告预算 Advertising 来预测座椅的销售量 Sales，则可以生成一棵如图 9-2（a）所示的含有 3 个叶节点的决策树。这棵树是由从树顶端开始的一系列分裂规则构成的，根节点是 Advertising<8，则对于所有 Advertising<8 的座椅，其 Sales 都将预测为 7.149，这是这棵树的第一个叶节点。中间节点是 Income<73.5，则所有 Advertising>8 且 Income<73.5 的 Sales 都将预测为 7.533，这是这棵树的第二个叶节点，最后，剩下的座椅的 Sales 都将预测为 9.881，这是这棵树的第三个叶节点。若将上述过程在二维的坐标轴中画出，则得到图 9-2（b）。从这个图中就可以发现，决策树实际上就是对自变量空间的划分，且划分区域的数目就是叶节点的数目。

将上述过程推广至多维的情况，则可以将建立决策树的过程概括为以下两个步骤。

（1）将自变量空间（$X_1, X_2 \cdots, X_p$ 的所有可能取值构成的集合）分割成 J 个互不重叠的区域 $R_1, R_2, \cdots, R_J$。

（2）对落入区域 R_j 的每个观测，都将其预测为 R_j 上训练集的响应值的简单算术平均。

所以说，图 9-2（a）的第一个叶节点 7.149 就是满足 Advertising<8 的所有观测的 Sales 的平均值，且对任意给定的一个新的观测，若其落入此区域（满足 Advertising<8），则我们也将把它的 Sales 预测为 7.149。

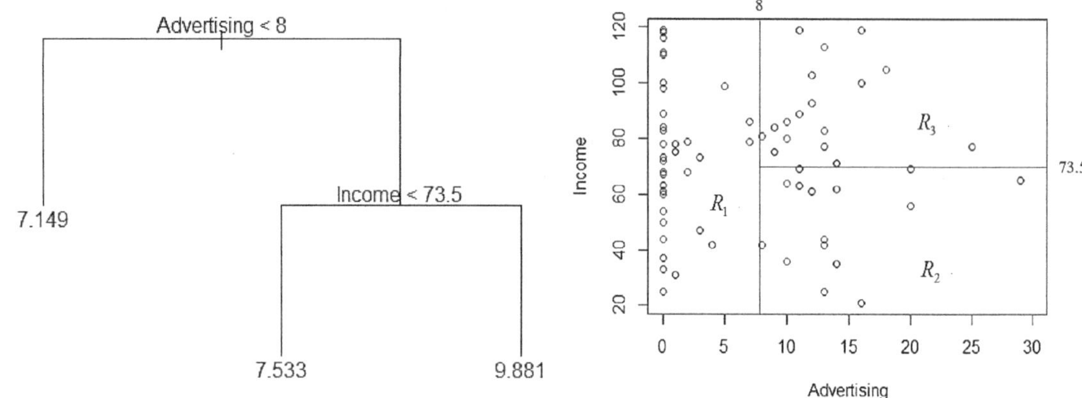

（a）基于 Carseats 数据集的回归树，根据地区的收入水平和公司在每个地区的广告预算预测座椅的销售量

（b）根据左边的回归树将 Carseats 数据集划分成 3 个区域

图 9-2　决策树的建立过程

现在再来讨论上述过程中的第（1）步，该如何构建区域 $R_1,R_2,\cdots,R_J$ 呢？理论上，我们可以将区域的形状进行任意分割，但出于模型的简化和可解释性考虑，一般只将区域划分为高维矩形。不过，若要将自变量空间划分为 J 个矩形区域的所有可能性都进行考虑，这在计算上是不可行的。所以，我们对区域的划分一般采用一种自上而下（top-down）、贪婪（greedy）的方法：**递归二叉分裂**（recursive binary splitting）。“自上而下”指的是它从树顶端开始依次分裂自变量空间，每个分裂点都产生两个新的分裂。“贪婪”是指在建立树的每一步中，最优分裂确定仅限于某一步进程，而不是针对全局取选择那些能够在未来进程中构建出更好的树的分裂点。对每个节点重复以上过程，寻找继续分割数据集的最优自变量和最优分裂点。此时被分割的不再是整个自变量空间，而是之前确定的两个区域之一。这一过程不断持续，直到符合某个停止准则。例如，当叶节点包含的观测值个数低于某个最小值时，分裂停止。

如何确定最优的分裂方案？我们基于不纯度的减少来作为分裂准则，即通过最小化节点不纯度的减少来确定最优分裂变量和最优分裂点。对于分类树和回归树有不同的衡量节点不纯度的指标 $Q_m(t)$，我们将在后面的分类树和回归树部分进行具体的描述。

（三）剪枝

决策树虽能在训练集中取得良好的预测效果，却很有可能造成数据的过拟合，导致在测试集上效果不佳。所以，为了防止决策树过度生长、出现过拟合现象，我们需要对决策树进行剪枝。剪枝方法一般有事先剪枝（pre-prune）和事后剪枝（post-prune）两种。事先剪枝方法在建树过程中要求每个节点的分裂使得不纯度下降超过一定阈值。这种方法具有一定的短视，因为很有可能某一节点分裂不纯度的下降没超过阈值，但是其在后续节点分裂时不纯度会下降很多，而事先剪枝法则在前一节点就已经停止分裂了。所以实际中，更多的是使用事

后剪枝法，其中的代价复杂性剪枝（cost complexity pruning）是最常用的方法。这种方法是首先让树尽情生长，得到 T_0，然后再在 T_0 基础上进行修剪。设 $|T|$ 表示子树 T 的叶节点数目，n_m 表示叶节点 R_m 的样本量，则代价复杂性的剪枝法为：

$$C_\alpha(T)=\sum_{m=1}^{|T|} n_m Q_m(T)+\alpha|T| \text{（分类树）} \tag{9.1}$$

其中，每个 α 的取值都对应一棵子树 $T\subset T_0$，它通过对 T_0 进行剪枝得到，也就是减去 T_0 某个中间节点的所有子节点，使其成为 T 的叶节点。我们的目标是确定 α，使得子树 T_α 最小化 $C_\alpha(T)$。调整参数 α 控制着模型对数据的拟合与模型的复杂度（树的大小）之间的平衡。当 $\alpha=0$ 时，子树 T 等于原树 T_0，此时（9.1）式只衡量了训练误差。随着 α 取值增大，树变得越来越小，模型就越简单。可以首先使用交叉验证法确定 α，然后在整个数据集中找到与之对应的子树。

9.2.2　分类树

我们首先介绍分类树。当因变量为定性变量时，可建立分类树模型。分类树是一种特殊的分类模型，是一种直接以树的形式表征的非循环图。它的建模过程就是自动选择分裂变量，以及根据这个变量进行分裂的条件。

假设数据 (x_i,y_i)（$i=1,2,\cdots,n$）包含 p 个输入变量和一个分类型的因变量 $y\in\{1,\cdots K\}$，样本量为 n。现在我们想把数据分成 M 个区域（或称为节点），第 m 个区域 R_m 的样本量为 n_m（$m=1,2,\cdots,M$）。则建立分类树的过程可以用算法 9.1 表示。

算法 9.1　分类树算法

（1）采用递归二叉分裂法在训练集中生成一棵分类树。最优的分裂方案是使得 M 个节点的不纯度减少达到最小。其中，衡量节点不纯度的指标 Q_m 有如下几个。

错分率：$\frac{1}{n_m}\sum_{x_i\in R_m} I\left[y_i\neq k(m)\right]=1-\hat{p}_{m,k(m)}$；

Gini 指数：$\sum_{k\neq k'}\hat{p}_{m,k}\hat{p}_{m,k'}=\sum_{k=1}^{K}\left[\hat{p}_{m,k}(1-\hat{p}_{m,k})\right]$；

熵：$-\sum_{k=1}^{K}\hat{p}_{m,k}\ln\hat{p}_{m,k}$。

（2）剪枝。

1）对大树进行代价复杂性剪枝，得到一系列最优子树，子树是 α 的函数。

2）利用 K 折交叉验证选择 α，找出此 α 对应的子树即可。

（3）预测。令 $\hat{p}_{m,k}=\frac{1}{n_m}\sum_{x_i\in R_m} I(y_i=k)$ 表示在节点 m 中第 k 类样本点的比例，则预测节点 m 的类别为：

$$k(m) = \arg\max_k \hat{p}_{m,k}$$

即节点 m 中类别最多的一类。

其中，Gini 指数衡量的是 K 个类别的总方差，若所有 $\hat{p}_{m,k}$ 的取值都接近 0 或 1，则 Gini 指数会很小，因此它视为衡量节点纯度的指标；类似地，对于熵而言，若所有 $\hat{p}_{m,k}$ 的取值都接近 0 或 1，则熵接近于 0。所以，第 m 个节点的纯度越高，Gini 指数和熵的值就越小。事实上，Gini 指数和熵在数值上是相当接近的，且相比于错分率，这两种方法对节点纯度更敏感，因此在实际中使用也更多。特别是对于二分类的情况，若用 p 表示节点 m 包含其中一类的比例，则错分率、Gini 指数和熵的取值分别为 $1-\max(p,1-p)$、$2p(1-p)$、$-p\ln p-(1-p)\ln(1-p)$，如图 9-3 所示给出了三者的关系。

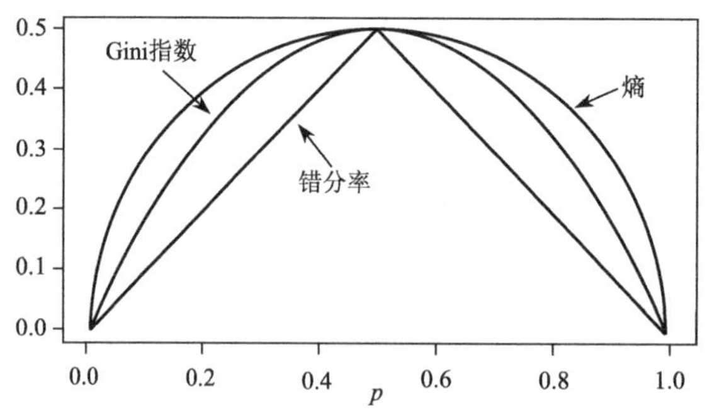

图 9-3　衡量节点不纯度的 3 种指标

如图 9-4 显示了基于 biopsy 数据集的一个例子。该数据集包含 699 个病人乳腺肿瘤切片的诊断信息，随机抽取 500 个样本作为训练集，可以训练得到一棵含有 10 个叶节点的分类树。接着我们对得到的这棵树进行剪枝。交叉验证的结果显示，当叶节点个数为 4 时，交叉验证误差达到最低，所以我们最终得到一棵含有 4 个叶节点的树。当 $V3<2.5$ 时我们将病人类别预测为 benign，当 $V3\geqslant 2.5$ 且 $V6\geqslant 2.5$ 时预测为 malignant，而当 $V3\geqslant 2.5$ 且 $V6<2.5$ 时，若有 $V2<3.5$，则预测为 benign，反之则预测为 malignant。

另外，这里再说明一个问题，仔细观察如图 9-4 所示中的未剪枝的树可以发现，某些分裂点产生的叶节点具有相同的观测值，如对于中间节点 $V5<2.5$，无论其是否成立，对这些观测的预测都是 benign。其实，这些结果存在的意义在于增加该节点的纯度。例如，对于这个中间节点 $V5<2.5$ 而言，假设其左侧分枝所包括的观测的真实取值均为 benign，而右侧分枝所包括的观测的真实取值只有 $13/20$ 为 benign。那么，给定一个新的观测，若其落入它的左侧分枝中，那我们就能肯定地将其判为 benign；若其落入右侧分枝中，则虽然我们还是将其判为 benign，但此时却存在较大的不确定性。

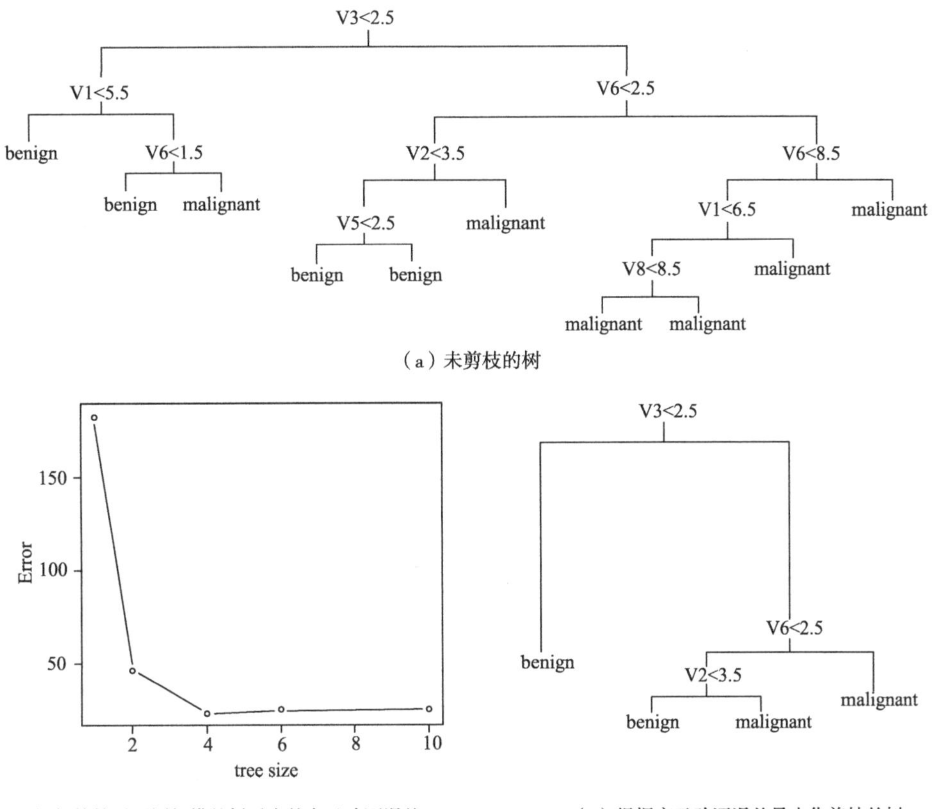

（a）未剪枝的树

（b）剪枝后不同规模的树对应的交叉验证误差

（c）根据交叉验证误差最小化剪枝的树

图 9-4　biospy 数据集

9.2.3　回归树

回归树和分类树的思想类似，只在分裂准则的确定上略有差异。当因变量为连续型变量时，可建立回归树模型。对于分类树，将落在该叶节点的观测点的最大比例类别作为该叶节点预测值，而对于回归树，则是将落在该叶节点的观测点的平均值作为该叶节点预测值。我们同样可以将回归树的过程用算法 9.2 概括如下。

算法 9.2　回归树算法

（1）采用递归二叉分裂法在训练集中生成一棵分类树。最优的分裂方案是使得 M 个节点的不纯度减少达到最小。其中，衡量节点不纯度的指标 Q_m 为内样本残差平方和的平均。

$$Q_m(T)=\frac{1}{n_m}\sum_{x_i\in R_m}(y_i-\hat{y}_{R_m})^2$$

（2）剪枝。

1）对树进行代价复杂性剪枝，得到一系列最优子树，子树是 α 的函数。

2）利用 K 折交叉验证选择 α，找出此 α 对应的子树即可。

（3）预测。区域划分后，可以确定某一给定预测数据所属的区域，并用这一区域的训练集的平均响应值对其进行预测：

$$\hat{y}_{R_m}=\frac{1}{n_m}\sum_{x_i\in R_m}y_i$$

如图 9-5 所示显示了在 Carseats 数据集的一个例子。该数据集是一个包含 400 个不同商店儿童座椅销售情况的模拟数据集，随机抽取 300 个样本作为训练集，可以训练得到一棵含有 15 个叶节点的回归树。同样，根据交叉验证结果对其剪枝，最终得到一棵含有 7 个叶节点的树。在这棵树中，根节点 ShelveLoc 是一个定性变量，“ShelveLoc: Bad, Medium”表示其左侧分枝由 ShelveLoc 中取值为 Bad 或 Medium 的观测构成，而右侧分枝则由非左侧的观测构成。例如，在剪枝后的树中，最左边的叶节点可以解释为当 ShelveLoc 的类别为 Bad 或 Medium，且 Price<105.5，Age<56.5 时，Sales 的值预测为 9.463。

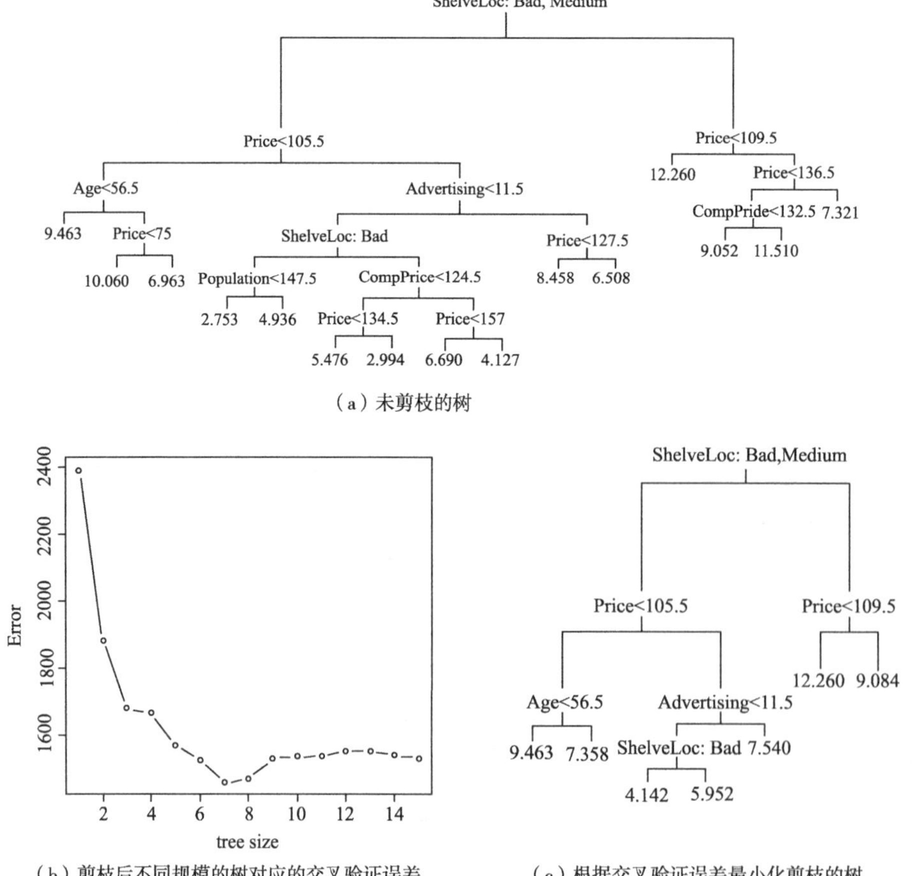

（a）未剪枝的树

（b）剪枝后不同规模的树对应的交叉验证误差

（c）根据交叉验证误差最小化剪枝的树

图 9-5 Carseats 数据集

9.2.4 树的优缺点

（一）优点

- 易理解、解释性强；
- 不需要任何先验假设；
- 与传统的回归和分类方法相比，更接近人的大脑决策模式；
- 可以用图形展示，可视化效果好，非专业人士也可轻松解释；
- 可以直接处理定性的自变量，而无须像线性回归那样将定性变量转换成虚拟变量。

（二）缺点

决策树方差大、不稳定，数据很小的扰动可能得到完全不同的分裂结果，有可能是完全不同的决策树。

不过，通过组合算法，即组合大量决策树（回归或分类模型）可以降低方差，显著提升预测效果。目前，常用的组合算法主要有装袋法（Bagging）、随机森林（Random Forest, RF）和提升法（Boosting）等。接下来我们分别介绍这几种方法。

9.3 Bagging

9.3.1 基本算法

Bagging 是 Bootstrap Aggregating 的缩写，它指的是利用 Bootstrap 抽样方法对训练集进行抽样，得到一系列新的训练集，对每个训练集都构建一个预测器，最后组合所有预测器得到最终的预测模型。

我们知道，给定 n 个独立同分布的观测值 $Z_1,Z_2,\cdots,Z_n$，每个观测值的方差都是 σ^2，则它们的平均值 $\overline{Z}$ 的方差为 $\frac{\sigma^2}{n}$。也就是说，对一组观测值求平均可以减小方差。所以，假设训练样本集 T 为 $\{(x_i,y_i),i=1,2,3,\cdots,n\}$，其中，$x_i$ 为 p 维自变量，y_i 为因变量。对此数据集，我们自然想，若能从总体中抽取多个训练集，对每个训练集分别建立预测模型，再对由此得到的多个预测值进行“投票”便能得出最后的结果。遗憾的是，一般情况下我们只有一个训练集，对于一个训练集，如何建立多个预测模型呢？这时可以用 Bootstrap 抽样法解决，该方法我们在第 7 章已详细介绍了，此处即对 n 个样本点进行概率为 $\frac{1}{n}$ 的等概率有放回抽样，样本量仍为 n。这就是 Bagging 方法的基本思想。事实证明，通过成百甚至上千棵树的组合，Bagging 方法能够大幅提升预测准确性。

我们可以将上述 Bagging 算法概括如下。

算法 9.3 Bagging 算法

（1）对一个训练集 T，我们进行 Bootstrap 抽样，得到 B 个样本量为 n 的训练样本集$\{T_1, T_2,\cdots,T_B\}$。

（2）用这 B 个训练集进行决策树生成，得到 B 个决策树模型：

1）对于回归问题，我们得到回归树，记为 $f(x;T_b)$，$b=1,2,\cdots,B$。

2）对于分类问题，我们得到分类树，记为 $h(x;T_b)$，$b=1,2,\cdots,B$。

（3）当对新样本进行预测时，由每个决策树得到一个预测结果，再进行“投票”得出最后的结果。

1）对于回归问题，最后的预测结果为所有决策树预测值的平均数：

$$\frac{F(x)=\sum_{b=1}^{B}\left[f(x;T_b)\right]}{B}$$

2）对于分类问题，最终的预测结果为所有决策树预测结果中最多的那类

$$H(x)=\arg\max_{j} N_j$$

其中，$N_j=\sum_{b=1}^{B}\left\{I\left(h(x;T_b)=j\right)\right\}$，$I(\bullet)$为示性函数。

树的棵数 B 并不是一个对 Bagging 法起决定作用的参数，B 值很大时也不会产生过拟合，但会增加计算量。在实践中，我们取足够大的 B 值，如 200 左右，就可以使误差能够稳定下来。

最后需要说明的是，Bagging 是一种组合学习的算法，不仅应用在决策树模型上，也可以应用到其他模型，但本章我们主要以决策树模型为例。

9.3.2 袋外误差估计

可以使用交叉验证的方法来估计 Bagging 模型的测试误差，但是这种方法需要大量的计算时间，这里提出一种更加快速方便的方法。

上面介绍的 Bagging 组合算法中，我们注意到在对训练集 T 进行 Bootstrap 抽样（样本量为 n）以获得新的训练集$\{T_b,b=1,2,\cdots,B\}$时，鉴于 Bootstrap 抽样的性质，可以证明 T 中每次大约有三分之一的样本点不在 T_b 中（因为 $\lim\limits_{n\to\infty}(1-\frac{1}{n})^n=\mathrm{e}^{-1}\approx\frac{1}{3}$），这些未被使用的观测值称为此树的袋外（Out-Of-Bag，OOB）观测值。

可以将这些 OOB 观测值作为对应训练集生成的树的测试集来评估训练的结果，即可以用所有将第 i 个观测值作为 OOB 的树来预测第 i 个观测值的响应值。这样便会生成约 $\frac{B}{3}$ 个对第 i 个观测值的预测。我们可以对这些预测响应值求平均（回归情况下）或执行多数投票（分类情况下），已得到第 i 个观测值的一个 OOB 预测。用这种方法可以求出每个观测值的 OOB 预

测，根据这些就可以计算总体的 OOB 均方误差（对回归问题）或分类误差（对分类问题）。由此得到的 OOB 误差是对 Bagging 模型测试误差的有效估计。

9.3.3　变量重要性的度量

如前所述，与单棵树相比，Bagging 通常能够提高预测的准确性。但遗憾的是，由此得到的模型可能难以解释。回忆前文可知，决策树的优点之一是它能够得到漂亮且易于解释的图形。然而，当大量的树被组合后，就无法仅用一棵树展现结果，也无法知道在整个过程中哪些变量最为重要。因此可以说，组合方法对预测准确性的提高是以牺牲解释性为代价的。

不过庆幸的是，我们可以使用 RSS（针对回归树）或 Gini 指数（针对分类树）对自变量的重要性做出整体概括。对于回归树，我们可以打乱给定任意变量的顺序，这样该变量与因变量就没有任何关系，实际上是一个无任何作用的自变量，计算该自变量打乱前后而减小的 RSS 的总量，对每个减小总量在所有 B 棵树上取平均，值越大说明自变量越重要。同样，对于分类树，可以对某一给定的自变量在一棵树上因分裂而使 Gini 指数的减少量加总，再取所有 B 棵树的平均，值越大说明自变量越重要。

基于 biopsy 数据集的变量重要性见图 9-6。图中给出了每个变量对 Gini 指数的平均减小值（相对于使 Gini 指数减小最多的变量）。使 Gini 指数平均减小最多的，即相对最重要的变量依次是 V2、V3 和 V6。

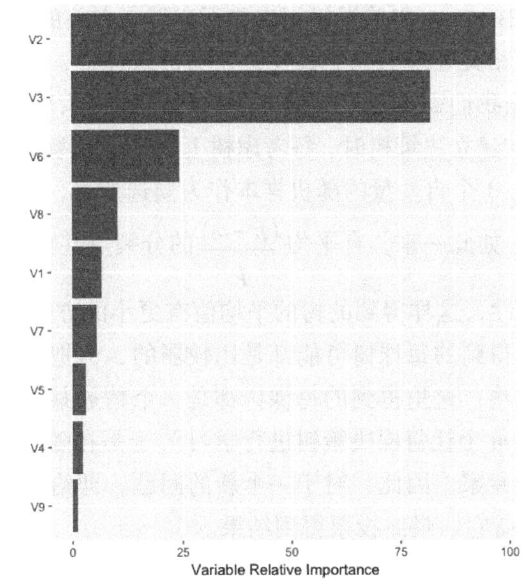

（注：变量重要性是根据 Gini 指数的平均减少量计算出来的。）

图 9-6　Bagging 算法基于 biopsy 数据集的变量重要性

9.4 随机森林

随机森林是由美国加州大学伯克利分校统计系教授 Breiman 于 2001 年提出来的一种统计学习理论。与 Bagging 算法类似，随机森林算法首先建立若干互不相关的树，再对各树的结果进行“投票”得到最终的预测结果。我们可以发现，上面的描述与 Bagging 的区别在于建立的树是“互不相关”的，顾名思义，随机森林是通过对树做了去相关（decorrelate）处理，从而实现对 Bagging 改进的一种算法。

为什么要对树进行去相关处理呢？前面我们提到，给定 n 个独立同分布观测值 $Z_1,Z_2,\cdots,Z_n$，每个观测值的方差都是 σ^2，则它们的平均值 $\overline{Z}$ 的方差为 $\frac{\sigma^2}{n}$。但是，若 $Z_1,Z_2,\cdots,Z_n$ 是来自同一分布但不独立的样本，如两两之间相关系数（pairwise correlation）为 ρ，则此时 $\overline{Z}$ 的方差变为 $\mathrm{Var}(\overline{Z})=\rho\sigma^2+\frac{1-\rho}{n}$。在这个式子中，随着 n 的增大，第二部分的方差可以减少直至趋近于 0，但是第一部分的方差并不受 n 值的影响，主要取决于 ρ。所以，不妨假定我们的数据集中有一个很强的自变量和一些中等强度的自变量。那么在 Bagging 树的集合中，大多（甚至可能是所有）树都会将最强的自变量用于顶部分裂点，这就将使得所有的树看起来都很相似，因为这些 Bagging 树中的自变量是高度相关的。所以说，Bagging 算法对于不相关的树求平均可以显著降低其方差，但是对于高度相关的树求平均并不能显著带来方差的减小，也就是说，在这种情况下，Bagging 与单棵树相比并不会带来方差的重大降低。

那么，如何对树做去相关处理的呢？其实，在随机森林中，建立每一棵决策树时均有两个随机采样的过程。首先我们需要用 Bootstrap 抽样得到一系列训练样本集，这个过程和 Bagging 是一样的，然后在建立决策树时，每考虑树上的一个分裂点都要从全部的 p 个自变量中选出一个包含 m（$m<p$）个自变量的随机样本作为候选变量，这个分裂点所用的自变量只能从这 m 个变量中选择。如此一来，有平均 $\frac{(p-m)}{p}$ 的分裂点甚至连最强的自变量也不考虑，大大降低了树之间的相关性，这样得到的树的平均值有更小的方差。

随机森林按这种方式得到的每棵树可能都是比较弱的，但把这些树组合在一起后就很强了。一个不是很恰当的比喻：这里得到的每棵树都是一个精通某个领域的专家（因为我们是从 p 个随机变量中只选择 m 个让每棵决策树进行学习），于是在随机森林中我们实际是得到了很多个精通于不同领域的专家。因此，对于一个新的问题，即给定一些新的输入数据，这些专家可以从不同角度去看待它，最终投票得到结果。

我们将上述随机森林算法概括如下。

算法 9.4 随机森林算法

（1）对于每棵树 $b=1,2,\cdots,B$：

1）从包含全部样本的训练集 T 中进行 Bootstrap 抽样，得到一个样本量为 n 的训练样本

集 T^*。

2）利用 T^* 建立一棵决策树，对于树上的每个节点，重复以下步骤，直到节点的样本数达到指定的最小限定值 $n_{\min}$：

a）从全部 p 个随机变量中随机取 m（$m<p$）个；

b）从这 m 个变量中选取最优分裂变量，将此节点分裂成两个子节点。

注：对于分类问题，构造每棵树时默认使用 $m=\sqrt{p}$ 个随机变量，节点最小样本数为 1；对于回归问题，构造每棵树时默认使用 $m=\frac{p}{3}$ 个随机变量，节点最小样本数为 5。

（2）当对新样本进行预测时，由每个决策树得到一个预测结果，再进行“投票”得出最后的结果，“投票”的含义同 Bagging 算法。

其实，Bagging 和随机森林最大的不同就在于自变量子集的规模 m。若取 $m=p$ 建立随机森林，则等同于建立 Bagging 树。另外，和 Bagging 一样，随机森林也可以使用袋外（OOB）预测值估计预测误差，也能得到变量的重要性排序，并且也不会因为 B 的增大而造成过拟合。所以，在实践中应取足够大的 B，如 $B\geqslant 200$，就能使分类错误率降低到一个稳定的水平。

如图 9-7 所示给出了随机森林算法基于 biopsy 数据集的变量重要性结果。可以看出，使 Gini 指数平均减小最多的，即相对最重要的变量依次是 V3、V2 和 V6，与 Bagging 算法的结果略有不同。

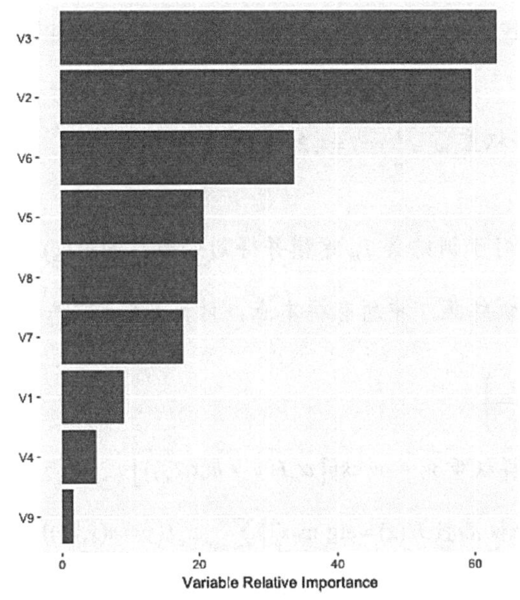

（注：变量重要性是根据 Gini 指数的平均减少量计算出来的。）

图 9-7　随机森林算法基于 biopsy 数据集的变量重要性图

9.5 提升法

提升法（Boosting）也是一种非常通用的将多个弱预测器组合成强预测器的方法。回忆前文，Bagging 通过 Bootstrap 抽样得到多个训练样本，对每个训练样本建立决策树，最后将这些树结合起来建立一个预测模型。值得注意的是，每棵树都建立在各自的训练样本集上。Boosting 也采用类似的方法，只是这里的树都是顺序生成的，即每棵树的构建都需要用到之前生成的树中的信息。在本书中，我们介绍最经典的几个算法，Adaboost、GBDT 及近年来被广泛应用的 XGBoost。

9.5.1 Adaboost 算法

设训练样本集 T 为 $\{(x_i,y_i),i=1,\cdots,n\}$，其中，$x_i$ 为 p 维自变量，$y\in\{1,\cdots,K\}$ 是定性因变量。Bagging 算法首先使用 Bootstrap 抽样方法得到训练样本集 T_m（$m=1,2,\cdots,M$），然后构建 M 棵分类树 $h(x;T_m)$，最后以"投票"的方式组合这 M 棵分类树得到组合分类器 H_M。而 Adaboost 方法与 Bagging 最大的不同在于，只有训练集 T_1 是通过 Bootstrap 方法抽样得到的，在接下来的过程中，基于错分率重新调整训练集 T_m（$m=2,3,\cdots,M$）的权重——若判别错误，则增加此样本的权值，后续模型训练中会更多考虑判错的样本。Adaboost 方法的目标在于连续地在不断修改的数据集上使用弱分类算法，产生一系列的弱分类器，一系列弱分类器通过加权多数投票（weighted majority vote）产生最后的预测值。具体算法如下。

算法 9.5 Adaboost 算法

（1）初始化样本抽样权重 $w_i=\dfrac{1}{n}$，$i=1,2,\cdots,n$。

（2）对 $m=1,2,\cdots,M$：

1）以 w_i 为样本权重对于训练集 T_m 建模并得到分类器 $h(x,T_m)$。

2）应用 $h(x,T_m)$预测训练集 T 中所有样本点，计算 $\mathrm{Err}_m=\dfrac{\sum_{i=1}^{n}w_iI\left[y_i\neq h(x,T_m)\right]}{\sum_{i=1}^{n}w_i}$。

3）计算 $\alpha_m=\ln\left(\dfrac{1-\mathrm{Err}_m}{\mathrm{Err}_m}\right)$。

4）重新计算样本抽样权重 $w_i\leftarrow w_i\exp\left[\alpha_mI\left(y_i\neq h(x,T_m)\right)\right]$，$i=1,2,\cdots,n$。

（3）通过投票建立加权函数 $H(x)=\arg\max\limits_{y\in\{1,\cdots,K\}}\left[\sum_{m=1}^{M}\alpha_mI\left(y=h(x,T_m)\right)\right]$。

模型中参数 M 可通过交叉验证法进行选择。

9.5.2　GBDT 算法

AdaBoost 算法通过给已有模型预测错误的样本更高的权重，使得先前的学习器做错的训练样本在后续通过受到更多的关注的方式来弥补已有模型的不足。与 AdaBoost 算法不同，GBDT（Gradient Boost Decision Tree）在迭代的每一步构建一个能够沿着梯度最陡的方向降低损失（steepest-descent）的学习器来弥补已有模型的不足。经典的 AdaBoost 算法只能处理采用指数损失函数的二分类学习任务，而 GBDT 算法通过设置不同的可微损失函数可以处理各类学习任务（多分类、回归、Ranking 等），应用范围大大扩展。具体算法如下。

算法 9.6　GBDT 算法

（1）给定损失函数 $L(y_i,\gamma)$，初始化 $f_0(x)=\arg\min\limits_{\gamma}\sum_{i=1}^{n}L(y_i,\gamma)$，得到只有一个根节点的树，即 γ 是一个常数值。

（2）对 $m=1,2,\cdots,M$：

1）计算损失函数的负梯度在当前模型的值，将它作为残差的估计值：

$$r_{i,m}=-\left[\frac{\partial L\left(y_i,f(x_i)\right)}{\partial f(x_i)}\right]_{f=f_{m-1}},\quad i=1,2,\cdots,n$$

2）根据 $r_{i,m}$ 训练回归树得到叶节点区域 $R_{j,m}$，$j=1,2,\cdots,J_m$。

3）利用线性搜索估计叶节点区域的值，使损失函数极小化：

$$\gamma_{j,m}=\arg\min_{\gamma}\sum_{x_i\in R_{j,m}}L\left[y_i,f_{m-1}(x_i)+\gamma\right],\quad j=1,2,\cdots,J_m$$

4）更新回归树 $f_m(x)=f_{m-1}(x)+\sum_{j=1}^{J_m}\gamma_{j,m}I(x\in R_{j,m})$。

（3）输出最终模型 $\hat{f}(x)=f_M(x)$。

9.5.3　XGBoost 算法

XGBoost 是 Extreme Gradient Boosting 的简称，是陈天奇在 2016 年提出的，兼具线性模型求解器和树学习算法。它是在 GBDT（Gradient Boosting Decision Tree）算法上的改进，更加高效。传统的 GBDT 方法只利用了一阶的导数信息，XGBoost 则是对损失函数做了二阶的泰勒展开，并在目标函数之外加入了正则项整体求最优解，用于权衡目标函数的下降和模型的复杂程度，避免过拟合，使求得模型的最优解的效率更高。

在实际应用中，XGBoost 是 Gradient Boosting Machine 的一个 C++实现，最大的特点在于它能够自动利用 CPU 的多线程进行并行，同时在算法上加以改进从而提高了精度。它是目前最快最好的开源 boosted tree 工具包，比常见的工具包快 10 倍以上。XGBoost 提供多种目标函数，包括回归、分类和排序等。由于在预测性能上的强大表现，XGBoost 成为很多数据挖掘比赛的理想选择。在优化模型时，这个算法有非常多的参数需要调整，我们将在代码实现部分进行简单介绍。具体算法如下。

算法 9.7 XGBoost 算法

（1）假设我们有 K 个基分类器：

（1）模型为：$\hat{y}_i=\sum_{k=1}^{K}f_k(x_i)$。

（2）目标函数为：$\text{Obj}=\sum_{i=1}^{n}l(y_i,\hat{y}_i)+\sum_{k=1}^{K}\Omega(f_k)$。

注：目标函数第一部分是训练误差，可采用平方误差等形式，第二部分是基分类器的复杂程度，以决策树为基分类器，可以用叶节点个数或树的深度来衡量。这是一个加法模型，类似前向分布算法。

（2）每次都保留原来的模型不变，加入一个新的基分类器到模型中：

$$\begin{aligned}&\hat{y}_i^{(0)}=0\\&\hat{y}_i^{(1)}=f_1(x_i)=\hat{y}_i^{(0)}+f_1(x_i)\\&\hat{y}_i^{(2)}=f_1(x_i)+f_2(x_i)=\hat{y}_i^{(1)}+f_2(x_i)\\&\cdots\\&\hat{y}_i^{(t)}=\sum_{k=1}^{K}f_k(x_i)=\hat{y}_i^{(t-1)}+f_t(x_i)\end{aligned}$$

（3）选取每一轮新的基分类器，这个新的基分类器使得目标函数尽量最大地降低。因为：

$$\hat{y}_i^{(t)}=\hat{y}_i^{(t-1)}+f_t(x_i)$$

所以：

$$\text{Obj}^{(t)}=\sum_{i=1}^{n}l(y_i,\hat{y}_i^{(t)})+\sum_{k=1}^{K}\Omega(f_k)=\sum_{i=1}^{n}l\left[y_i,\hat{y}_i^{(t-1)}+f_t(x_i)\right]+\Omega(f_t)+\text{const}$$

（4）将目标函数做泰勒展开，并引入正则项：

$$\begin{aligned}\text{Obj}^{(t)}&\simeq\sum_{i=1}^{n}\left[l(y_i,\hat{y}_i^{(t-1)})+g_if_t(x_i)+\frac{1}{2}h_if_t^2(x_i)\right]+\Omega(f_t)+\text{const}\\&\simeq\sum_{i=1}^{n}\left[g_if_t(x_i)+\frac{1}{2}h_if_t^2(x_i)\right]+\Omega(f_t)+\text{const}\end{aligned}$$

其中，$g_i=\partial_{\hat{y}^{(t-1)}}l(y_i,\hat{y}^{(t-1)})$，$h_i=\partial^2_{\hat{y}^{(t-1)}}l(y_i,\hat{y}^{(t-1)})$。

9.6 R 语言实现

9.6.1 数据介绍

在这部分将使用 glmpath 包中自带的数据 heart.data，该数据集描述了 462 个南非人的身体健康状况指标，用来研究哪些因素对是否患有心脏病有影响。其中，因变量 y 是一个二分类变量，代表是否患有冠心病，自变量共 9 个，包括 sbp（血压）、tobacco（累计烟草量）、ldl（低密度脂蛋白胆固醇）、adiposity（肥胖）、famhist（是否有心脏病家族史，定性变量）、typea（型表现）、obesity（过度肥胖）、alcohol（当前饮酒）、age（年龄）。

9.6.2 描述性统计

heart.data 数据集可以从 R 语言的 glmpath 包中获得。首先载入数据，将数据转换成数据框格式，观察各变量的分布情况，并将类别型变量转换成因子格式：

```
> library ( glmpath )
> data ( heart.data )
> attach ( heart.data )
> heart <- data.frame ( cbind ( as.matrix ( heart.data $ x ) , y ) )
# 将数据转换成数据框
> detach ( heart.data )
> summary ( heart )
> heart $ famhist <- as.factor ( heart $ famhist )
> heart $ y <- as.factor ( heart$y )
> table ( heart $ y )
0    1
 302  160
```

结果显示，462 个人中有 302 个人患有冠心病，大约占比 65%。随机选取 300 个样本作为训练集，剩下的 162 个样本作为测试集：

```
> set.seed ( 1 )
> index <- sample ( nrow ( heart ) , 300) # 抽取 300 个样本作为训练集
> train <- heart [ index , ]
> test <- heart [ - index , ]
> table ( train $ y )
  0   1
191 109
> table ( test $ y )
  0   1
111  51
```

接下来，将分别用决策树、Bagging、随机森林和 Boosting 这 4 种算法来分别对该数据集进行建模。

9.6.3 分类树

加载 tree 包以建立树。用 tree()函数建立分类树，它的语法与函数 lm()类似：

```
> library ( tree )
> tree.heart <- tree ( y ~. , train )
```

使用 summary()函数列出用于生成叶节点的所有变量、叶节点个数和训练错误率：

```
> summary(tree.heart)
Classification tree:
tree(formula = y ~ ., data = train)
```

```
Number of terminal nodes:  22
Residual mean deviance:  0.7168 = 199.3 / 278
Misclassification error rate: 0.1867 = 56 / 300
```

由结果可知，训练错误率为 18.67%。

可以用函数 plot()画出树的结构，用 text()函数显示节点标记，其中，参数 pretty = 0 可以使 R 语言输出所有定性自变量的类别名，而不是仅展示各个类别的首字母。heart.data 数据集的未剪枝的树如图 9-8 所示。

```
> plot ( tree.heart )
> text ( tree.heart , pretty = 0 )
```

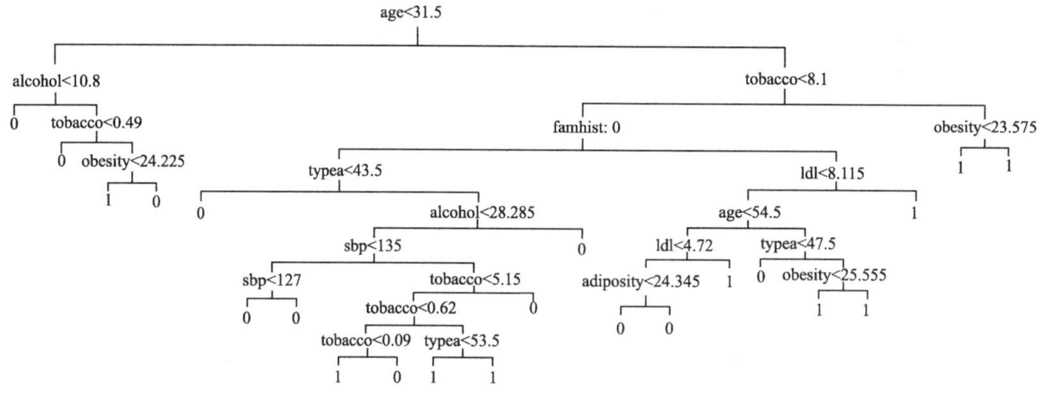

图 9-8　heart.data 数据集的未剪枝的树

如果只输入树对象的名字，R 语言会输出树上每个分支的结果。R 语言会将分裂准则（如 age < 31.5）、这一分支的观测值的数量、偏差、这一分支的整体预测（1 或 0）和这一分支中取 1 和 0 的观测值的比例都显示出来，引申出的叶节点的分支用星号标出：

```
> tree.heart
node), split, n, deviance, yval, (yprob)
     * denotes terminal node
  1) root 300 393.200 0 ( 0.63667 0.36333 )
    2) age < 31.5 73  46.130 0 ( 0.90411 0.09589 )
      4) alcohol < 10.8 51   0.000 0 ( 1.00000 0.00000 ) *
      5) alcohol > 10.8 22  27.520 0 ( 0.68182 0.31818 )
       10) tobacco < 0.49 9   0.000 0 ( 1.00000 0.00000 ) *
       11) tobacco > 0.49 13  17.940 1 ( 0.46154 0.53846 )
         22) obesity < 24.225 6   5.407 1 ( 0.16667 0.83333 ) *
         23) obesity > 24.225 7   8.376 0 ( 0.71429 0.28571 ) *
    #限于篇幅，此处省略
```

为合理评价分类树在这个数据集上的分类效果，必须估计测试误差，而不是仅计算训练误差。我们用 predict()函数评估次数的预测效果。其中，在分类树的情况下，参数 type = "class"

令 R 语言返回真实的预测类别：

```
> tree.pred <- predict ( tree.heart , test , type = "class" )
> table ( tree.pred , test $ y )
tree.pred  0  1
        0 78 16
        1 33 35
> ( 78 + 35 ) / 162
[1] 0.6975309
```

结果显示，该模型在测试集上的预测准确率约为 69.8%。

接下来，考虑剪枝能否改进预测结果。用函数 cv.tree()进行交叉验证以确定最优的树的复杂性，用代价复杂性剪枝选择要考虑的一系列树。选择对象属性 FUN = prune.misclass 表明，用分类错误率而不是函数 cv.tree()的默认值偏差来控制交叉验证和剪枝过程。函数 cv.tree()给出了所考虑的每棵树的叶节点个数（size）、相应的分类错误率及使用的代价复杂性参数值（k）：

```
> set.seed ( 1 )
> cv.heart <- cv.tree ( tree.heart , FUN = prune.misclass )
> cv.heart
$size
[1] 22 17 16 13  8  6  3  1
$dev
[1] 107 106  96 103  97  96 102 118
$k
[1] -Inf 0.000000 1.000000 1.333333 1.800000 2.000000 6.000000 8.500000
$method
[1] "misclass"
attr(,"class")
[1] "prune"    "tree.sequence"
```

其中，dev 对应的是交叉验证错误率。当终端节点数为 16 和 6 时，交叉验证错误率最低，共有 96 个交叉验证误差。我们画出错误率对 size 的函数（如图 9-9 所示）：

```
> plot ( cv.heart $ size , cv.heart $ dev , type = "b" , xlab = "Tree size" ,
ylab = "Error" )
```

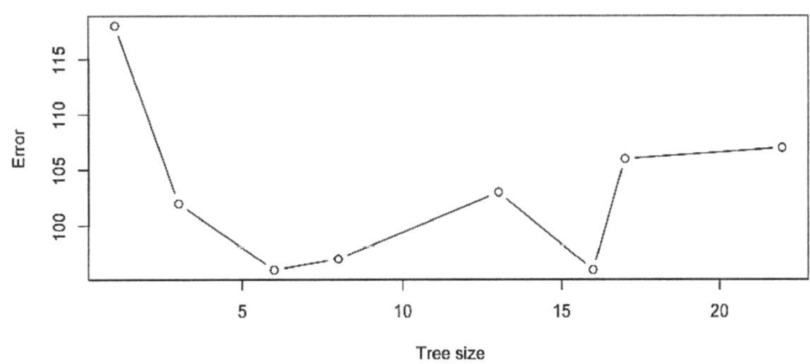

图 9-9　错误率对 size 的函数

用 prune.misclass()函数进行剪枝，以得到使得交叉验证错误率最低并且使得树更为简洁的 6 个节点的树（如图 9-10 所示）：

```
> prune.heart <- prune.misclass ( tree.heart , best = 6)
> plot ( prune.heart )
> text ( prune.heart , pretty = 0)
```

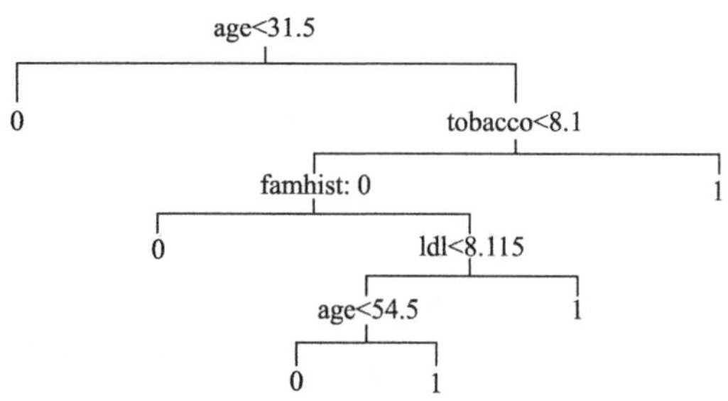

图 9-10　heart.data 数据集的剪枝后的树

剪枝后的树在测试集上的效果如何？再一次使用函数 predict()：

```
> cv.tree.pred <- predict ( prune.heart , test , type = "class" )
> table ( cv.tree.pred , test $ y )
cv.tree.pred  0  1
           0 94 26
           1 17 25
> (94 + 25) / 162
[1] 0.7345679
```

现在有 73.5%的测试观测被分到正确的类别中了,所以剪枝的过程不仅生成了一棵更易于解释的树，而且还提高了分类准确性。

9.6.4　Bagging

本书用 R 语言中的 randomForest 包实现 Bagging 和随机森林算法。回忆前文，Bagging 是随机森林的一种特殊情况，即在每次分割时不对变量做随机抽样，因此函数 randomForest() 既可以用来做随机森林，也可以用来实现 Bagging 算法，只需令 $m = p$。

我们首先加载 randomForest 包，并用 randomForest()函数实现 Bagging 算法：

```
> library ( randomForest )
> set.seed ( 1 )
> bag.heart <- randomForest ( y~. , data = train , mtry = ncol ( heart ) -
1 , importance = TRUE )
```

参数 mtry = ncol (heart) – 1 指定每次分割时用到的变量个数,即除因变量外的 9 个变量，这就意味着函数会执行 Bagging 算法。那么，Bagging 算法在测试集上的效果如何呢？我们同样可以用 predict()函数在测试集上进行预测：

```
> bag.pred.heart <- predict ( bag.heart , newdata = test , type = "class" )
> table ( bag.pred.heart , test $ y )
bag.pred.heart  0  1
             0  92 29
             1  19 22
> (92 + 22) / 162
[1] 0.7037037
```

结果显示，该模型在测试集上的预测准确率约为 70.4%，表现要优于未剪枝前的单棵树。

9.6.5　随机森林

生成随机森林的过程和 Bagging 类似，都是用 randomForest()函数，区别在于 mtry 取值更小。对于回归问题，randomForest()函数在建立随机森林时默认使用 $\frac{p}{3}$ 个变量，而对于分类问题，默认使用 $\sqrt{p}$ 个变量，在本例中取 mtry = 3：

```
> set.seed ( 1 )
> rf.heart <- randomForest ( y~. , data = train , importance = TRUE )
> rf.pred.heart <- predict ( rf.heart , newdata = test , type = "class" )
> table ( rf.pred.heart , test $ y )
rf.pred.heart  0  1
            0  92 28
            1  19 23
> (92 + 23) / 162
[1] 0.7098765
```

随机森林在测试集上的准确率为 71.0%，略高于 Bagging 算法，即在这个数据集上，随机森林会对 Bagging 算法有所提升。

我们可以用 importance()函数查看各变量在模型中的相对重要性：

```
> importance ( rf.heart )
                   0           1 MeanDecreaseAccuracy MeanDecreaseGini
sbp        1.3925056  -0.7059566            0.6489017        13.558169
tobacco    6.7171989   5.1614369            8.7606445        21.592526
ldl        0.9941933  10.0952862            7.2767006        20.461049
adiposity  8.8582520  -0.3276848            7.2117883        16.797190
famhist    2.2265359   7.6517235            6.8574342         5.342261
typea      0.8080816  -0.5457215            0.2641321        13.687812
obesity    2.5229900  -5.8820616           -1.6835086        15.487127
alcohol    1.1295355  -3.2156840           -1.0452915        11.356724
age       12.4053176   6.3477458           13.8268465        20.188861
```

此处给出了两种度量变量准确性的指标。MeanDecreaseAccuracy 表示这一变量被剔除时，预测准确率的下降；MeanDecreaseGini 表示由这一节点处的分裂导致的节点不纯度的下降。后一个指标是我们更经常使用的，在回归树中，节点不纯度是由 RSS 衡量的，而分类树的节点纯度是由偏差衡量的。反映这些变量重要程度的图可由 varImplot()函数画出（如图 9-11 所示）：

```
> varImpPlot ( rf.heart )
```

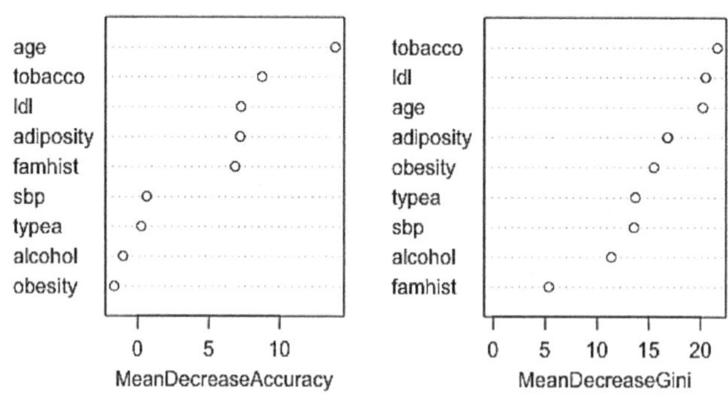

图 9-11　随机森林给出的变量重要程度

结果表明，在随机森林考虑的所有变量中，考虑节点不纯度的下降最重要的 3 个变量是 tobacco、ldl 和 age。

9.6.6　Boosting

（一）Adaboost

本书用 gbm 包里的 gbm()函数构造 Boosting 模型，还有其他 R 语言包也可实现 Boosting 算法。注意，在用 gbm()函数处理分类问题时，类别变量要以数值型的 0 和 1 的方式编码。首先载入 gbm 包，对于回归问题，在执行 gbm()函数时选择 distribution = "Gaussian"；对于分类问题，此处我们采用的是 AdaBoost 算法，因此令 distribution = "adaboost"。对象 n.trees = 5000 表示我们一共希望构建 5 000 棵树（5 000 次迭代），interaction.depth = 4 限制了每棵树的深度：

```
> library ( gbm )
> train.a <- train
> train.a $ y <- as.numeric ( levels ( train.a $ y ) ) [ train.a $ y ]
> test.a <- test
> test.a $ y <- as.numeric ( levels ( test.a $ y ) ) [ test.a $ y ]
> set.seed ( 1 )
>adaboost.heart <- gbm ( y~. , data = train.a , distribution = "adaboost",
                 n.trees = 5000 , interaction.depth = 4 )
```

用 summary()函数可以输出变量的相对重要性并生成一张相对影响图（如图 9-12 所示）：

```
> summary ( adaboost.heart )
                   var          rel.inf
tobacco        tobacco        18.131124
age                age        16.352190
ldl                ldl        14.916879
obesity        obesity        11.868525
adiposity    adiposity        10.013081
typea            typea         9.884840
alcohol        alcohol         8.165422
sbp                sbp         5.665043
famhist        famhist         5.002896
```

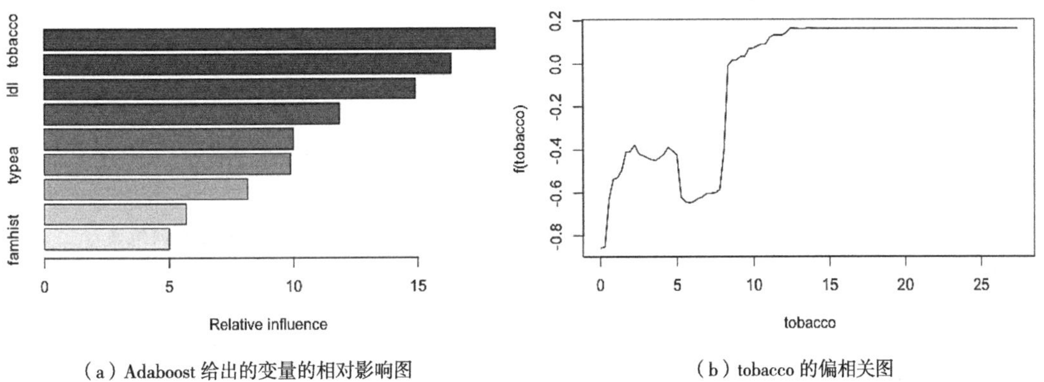

（a）Adaboost 给出的变量的相对影响图　　（b）tobacco 的偏相关图

图 9-12　相对影响图和偏相关图

结果显示，tobacco 是最重要的变量。还可以画出该变量的偏相关图（partial dependence plot）：

```
plot ( adaboost.heart , i = "tobacco" )
```

图 9-12（a）反映的是排除其他变量后，这一变量对模型输出值的边际影响。在本例中，从偏相关图可以看出，在大部分范围内 tobacco（累计烟草量）与模型的输出成正比，即累计烟草量越大，越有可能患有冠心病。

用所得模型在测试集上进行预测。由于 predict()函数返回的预测是实数，在此处可以根据实际需要选取不同的阈值，若取阈值为 0.5，即当预测结果大于 0.5 时将其判为 1，表示患有冠心病；若预测结果小于 0.5，将其判为 0，表示未患有冠心病：

```
> adaboost.pred.heart <- predict ( adaboost.heart , newdata = test.a,
                       n.trees = 5000 , type = "response" )
> adaboost.pred.heart <- ifelse ( adaboost.pred.heart > 0.5 , 1 , 0 )
> table ( adaboost.pred.heart , test $ y )
```

```
adaboost.pred.heart 0  1
                  0  93 27
                  1  18 24
> (93 + 24) / 162
[1] 0.7222222
```

阈值取 0.5 时，Boosting 在测试集上的准确率为 72.2%，比 Bagging 和随机森林的结果略好。

（二）XGBoost

R 语言中的 xgboost 包可以实现 XGBoost 算法，首先载入 xgboost 包。注意，xgboost()函数仅适用于数值型向量，因此在建模之前需要将所有其他形式的数据转换为数值型向量。对于该数据集，原始数据已全部是数值型格式，故可直接用于建模，但因为之前将定性变量转换成了因子型，故在此首先重新载入数据：

```
> library ( xgboost )
> data ( heart.data )
> attach ( heart.data )
> heart <- data.frame ( cbind ( as.matrix ( heart.data $ x ) , y ) )
> detach ( heart.data )
> set.seed ( 1 )
> index <- sample ( nrow ( heart ) , 300 ) # 抽取 300 个样本作为训练集
> train <- heart [ index , ]
> test <- heart [ - index , ]
```

不过，若原始数据本身就包含因子型变量，则可以通过建立一个稀疏矩阵的方式将类别型变量转换成数值向量。稀疏矩阵是一个大多数值为零的矩阵，相反，一个稠密矩阵是大多数值非零的矩阵：

```
> xgtrain_s <- Matrix::sparse.model.matrix ( y ~ . -1 , data = train )
> xgtest_s <- Matrix::sparse.model.matrix ( y ~ . -1 , data = test )
> dtrain <- xgb.DMatrix ( data = xgtrain_s , label = train $ y )
> dtest <- xgb.DMatrix ( data = xgtest_s , label = test $ y )
```

其中，sparse.model.matrix 这条命令的圆括号里面包含了所有其他输入参数。第一个参数“y ~ .”表示应该忽略“响应”变量 y；“-1”意味着该命令会删除矩阵的第一列，即截距项；最后一个参数指定了数据集的名称。

接着就可以用 xgboost()函数进行建模了。xgboost()函数的参数有很多，可以概括为三种类型的参数，即通用参数、辅助参数和任务参数。通用参数为我们提供在上升过程中选择哪种上升模型，常用的是树（tree）或线性模型（linear model）；辅助参数取决于选择的上升模型；任务参数决定学习场景，如回归任务在排序任务中可能使用不同的参数。本书只介绍一些常用的参数，其他参数介绍可以在 R 语言中输入“?xgboost”进行查看：

```
> set.seed ( 1 )
> xgb <- xgboost ( data = dtrain , max.depth = 10 , min_child_weight = 1 ,gamma
```

```
= 0.1 , colsample_bytree = 0.8 ,subsample=0.8 ,scale_pos_
weight = 1 ,eta = 0.1 , eval_metric = "auc" , nround = 10000 ,
objective = "binary:logistic",silent = TRUE)
```

最常用的参数是 booster，我们可以指定要使用的提升模型 gbtree（树）或 gblinear（线性函数），它的默认值是 gbtree。silent 取 0 或 FALSE 时表示打印出运行时信息，反之则不打印运行时信息，默认取 0。

辅助参数中对于树模型常见的参数见表 9-3。

表 9-3　常见辅助参数说明

参 数 名	取　　值	说　　明
eta	0~1，默认值为 0.3	指定用于更新的步长收缩以防止过度拟合，取值范围是 0～1
gamma	0~∞，默认值为 0	指定最小损失减少应进一步划分树的叶节点，值越大算法越保守
max_depth	1~∞，默认值为 6	指定一个树的最大深度
min_child_weight	0~∞，默认值为 1	表示孩子节点中最小的样本权重和，值越大算法越保守，如果一个叶子节点的样本权重和小于它，则拆分过程结束
subsample	0~1，默认值为 1	指定训练实例的子样品比，若设置为 0.5 则意味着 XGBoost 随机收集一半的数据实例来生成树来防止过度拟合
colsample_bytree	0~1，默认值为 1	表示在构建每棵树时，需要指定列的子样品比

任务参数 objective 定义学习任务及相应的学习目标，默认值设置为 reg:linear，可选的目标函数见表 9-4。

表 9-4　objective 参数的可选目标函数

objective 参数	用　　途
reg:linear	线性回归
reg:logistic	逻辑回归
binary:logistic	二分类的逻辑回归问题，输出为概率
binary:logitraw	二分类的逻辑回归问题，输出的结果为 wTx
count:poisson	计数问题的 poisson 回归，输出结果为 poisson 分布。 在 poisson 回归中，max_delta_step 的默认值为 0.7
multi:softmax	让 XGBoost 采用 softmax 目标函数处理多分类问题，同时需要设置参数 num_class（类别个数）
multi:softprob	与 softmax 一样，但输出的是 ndata * nclass 的向量，可以将该向量 reshape 成 ndata 行 nclass 列的矩阵。 每行数据表示样本所属于每个类别的概率

另一个常用参数是 eval_metric，用于校验数据所需要的评价指标，不同的目标函数将会有默认的评价指标，在此处我们选择的是 AUC 值进行评价。

那么，该模型在测试集上的效果如何呢？我们仍然可以用 predict()函数进行预测：

```
> predxgb_test <- predict ( xgb , xgtest_s )
```

同 Adaboost 模型，predict()函数返回的预测是实数，在此处，我们仍然可以根据实际需要选取不同的阈值，若取阈值为 0.5，则结果如下：

```
> xgbpt <- function ( p ) {
      prediction <- as.numeric ( predxgb test > p )
      return ( table ( prediction , test $ y ) )
 }
> xgbpt ( 0.5 )
prediction  0  1
     0  90 31
     1  21 20
> (90 + 20) / 162
[1] 0.6790123
```

结果似乎并不理想，不过，正如我们前面所说，选取不同的阈值会得到不同的预测结果。例如，若实际问题中我们是希望提高预测出患病人群的概率，则可以适当减小阈值。

另外值得说明的是，xgboost 算法在处理大型数据问题中的表示是十分突出的，而本数据集的样本量较少，并不能很好地显示出它的优势，读者可选用其他大型数据集进行尝试，将 xgboost 和其他算法的结果进行比较。

最后，还可以通过 xgb.importance()函数得到特征的重要程度，print()函数可以打印出结果：

```
> importance matrix <- xgb.importance ( model = xgb )
> print ( importance_matrix )
  Feature       Gain       Cover    Frequency
1:       1  0.24186625  0.24063011  0.22445786
2:       3  0.17265136  0.17529697  0.16901408
3:       2  0.16307025  0.16647062  0.17013190
4:       6  0.14944989  0.16474956  0.16454281
5:       5  0.12254307  0.10663046  0.11491169
6:       0  0.10597116  0.11291407  0.12698413
7:       4  0.04444801  0.03330822  0.02995752
```

并且，函数 xgb.plot.importance()可以画出变量相对重要性（如图 9-13 所示）：

```
> xgb.plot.importance ( importance_matrix = importance_matrix )
```

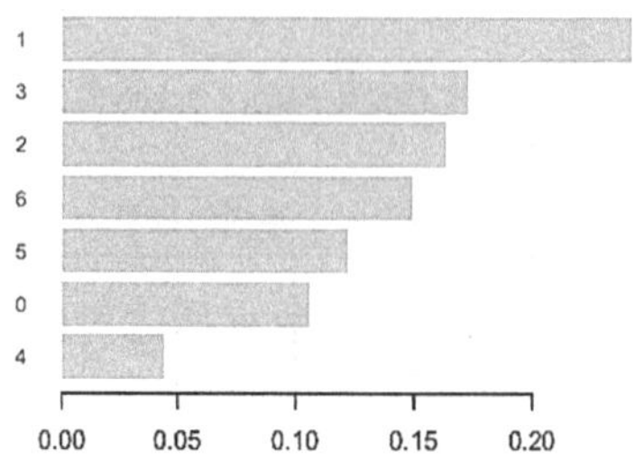

图 9-13　XGoost 给出的变量相对重要性

如图 9-13 所示的纵轴标注的是变量的序号，从图中可以看出，最重要的变量为第 1 个变量（tobacco）、第 3 个变量（ldl）和第 2 个变量（age），这与随机森林给出的结果一致。

9.7　习题

1. 请分析 ISLR 包中的 OJ（橘汁销售）数据集。该数据集包含了 1 070 个顾客购买橙汁的记录。

（1）用 summary()函数查看数据基本信息，按 7:3 的比例划分训练集和测试集。

（2）将 purchase 作为响应变量，其余变量作为预测变量，对训练集建立一棵树。用 summary()函数查看树的输出信息、训练错误率及树的终端节点个数分别是多少。

（3）画出所建立的树并解释结果。

（4）预测测试数据的响应值，并计算测试错误率。

（5）对树进行剪枝，用 cv.tree()函数在训练集上确定最优的树。并画出错误率对 size 的函数。多大规模的树对应的交叉验证分类错误率是最低的?

（6）用交叉验证得出的结果，生成经剪枝的树。如果交叉验证无法对剪枝之后的树进行选择，则建立一棵含 5 个终端节点的树。

（7）比较剪枝前后的训练错误率和测试错误率哪个更低?

2. 请分析 ISLR 包中的 Default 数据集：$p=100$，$n=100$。

（1）请将数据集按 6:4 的比例划分训练集和测试集，请分别利用决策树、随机森林、Adaboost、XGboost 和 logistic 回归对训练集构建模型，利用测试集对所构建的模型进行测试。比较这几个模型的训练集预测准确率及测试集的预测准确率。

（2）用 ROC 曲线比较模型的好坏，并计算模型的 AUC 值。

（3）请思考如何选择最优模型来预测。

第 10 章

支持向量机

支持向量机（Support Vector Machine, SVM）是 20 世纪 90 年代中期发展起来的、基于统计学习理论的一种能够同时用于分类和回归的方法。支持向量机的理论出发点十分简单直观，在分类问题上，它是通过寻求将特征空间一分为二的方法来进行分类的。

本章以最常用的二分类问题为例介绍支持向量机的原理。首先介绍基于超平面和间隔的最大间隔分类器（maximal margin classifier）。这种方法设计巧妙，原理简单，对大部分数据都容易应用。但是，由于超平面是由少数训练观测，即支持向量所确定，这就使得最大间隔分类器对样本的局部扰动反应灵敏。所以，进一步介绍了引入软间隔（soft margin）的支持向量分类器（support vector classifier）。然而，在实际问题中，不同类别观测之间常常是线性不可分的，面对这种情况，我们就需要使用支持向量机方法。支持向量机是将低维特征空间投影到高维中，从而在高维特征空间中实现线性可分，并且，在计算中使用了核函数技巧的一种方法。最后，我们将讨论支持向量机与 Logistic 回归的关系，以及支持向量回归问题。

10.1　问题的提出

例 10.1　假设有 10 个观测数据，它们分属于两个类别，其中观测数据 1~5 是一类，观测数据 6~10 是另一类，见表 10-1。现在想建立一个分类器，使得对给定的任意一个新的观测，都能将它正确分类。那么，除前面几章介绍的方法（如 Logistic 回归、判别分析、树模型）外，还有没有其他方法可以用于建立这样的分类器呢？

表 10-1　两个类别的 10 个观测数据

Obs	1	2	3	4	5	6	7	8	9	10
x_1	0.5	1	1.5	1	2.5	2.5	3	3	4	4
x_2	3	2.5	3.5	2	3.8	1	2	1.5	3	1
y	-1	-1	-1	-1	-1	1	1	1	1	1

10.2　最大间隔分类器

10.2.1　使用分割超平面分类

首先介绍超平面（hyperplane）的概念。一个 p 维空间的超平面就是它的一个 $p-1$ 维的线性子空间。例如，二维空间的超平面是它的一维子空间，即一条直线，三维空间的超平面是它的二维子空间，即一个平面。如果用数学定义来表示，那么一个 p 维空间的超平面可定义为：

$$\beta_0+\beta_1 X_1+\beta_2 X_2+\cdots+\beta_p X_p=0 \tag{10.1}$$

其中，β_k（$k=0,1,\cdots,p$）为参数。例如，如图 10-1 所示的直线$1-2X_1-X_2=0$即为二维空间的一个超平面。

所以，任何满足（10.1）式的点 X 都会落在超平面上。那么，对于不满足（10.1）式的点 X，若

$$\beta_0+\beta_1 X_1+\beta_2 X_2+\cdots+\beta_p X_p>0 \tag{10.2}$$

则说明此时的 X 位于超平面的一侧；若

$$\beta_0+\beta_1 X_1+\beta_2 X_2+\cdots+\beta_p X_p<0 \tag{10.3}$$

则此时的 X 位于超平面的另一侧。因此可以说，超平面是将空间分成了两个部分，对于任意给定的一个点 X，我们只需将其代入（10.1）式的等号的左边项，就可以根据它的符号来判断 X 是位于超平面的哪一侧。

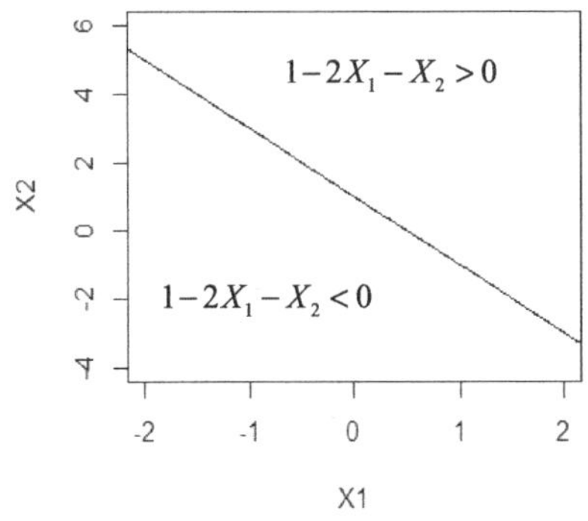

图 10-1　超平面 $\mathbf{1-2X_1-X_2=0}$

那么，上述的这种思想是不是可以运用到一个二分类问题当中呢？答案是肯定的，这就是我们接下来要介绍的基于分割超平面的分类方法。

假设我们有 n 个 p 维训练样本数据 $\boldsymbol{x}_i=(x_{i1},x_{i2},\cdots,x_{ip})^{\mathrm{T}}$，$i=1,\cdots,n$，它们分属于两个类别，即 $y_i\in\{-1,1\}$，$i=1,\cdots,n$，其中，-1 和 1 代表两个不同的类别。注意，在支持向量机的问题中，我们一般都用“-1”和“1”来表示两个类别。我们的目标是根据这些训练数据建立一个分类器，使得对于新的观测数据我们能准确地识别它们属于哪一类。

假设我们可以构造一个超平面把上述不同类别的观测完全分割开来：

$$\left\{x:f(x)=\beta_0+\beta_1x_1+\beta_2x_2+\cdots+\beta_px_p=\boldsymbol{\beta}_0+\boldsymbol{\beta}^{\mathrm{T}}\boldsymbol{x}=0\right\}$$

那么，这个超平面应该满足：

$$\begin{aligned}f(\boldsymbol{x}_i)&=\beta_0+\beta_1x_{i1}+\beta_2x_{i2}+\cdots+\beta_px_{ip}=\beta_0+\boldsymbol{\beta}^{\mathrm{T}}\boldsymbol{x}>0\quad,y_i=1\\f(\boldsymbol{x}_i)&=\beta_0+\beta_1x_{i1}+\beta_2x_{i2}+\cdots+\beta_px_{ip}=\beta_0+\boldsymbol{\beta}^{\mathrm{T}}\boldsymbol{x}<0\quad,y_i=-1\end{aligned}\tag{10.4}$$

所以，如果满足（10.4）式的超平面存在，那么我们就可以利用它来构造分类器：测试观测数据属于哪一类取决于它落在超平面的哪一侧。例如，对于例 10.1 给出的观测数据，如图 10-2（a）所示，黑色实线就是我们构造的一个超平面，它使得不同类别的红色观测数据 1~5 和蓝色观测数据 6~10 分别位于超平面的两侧。

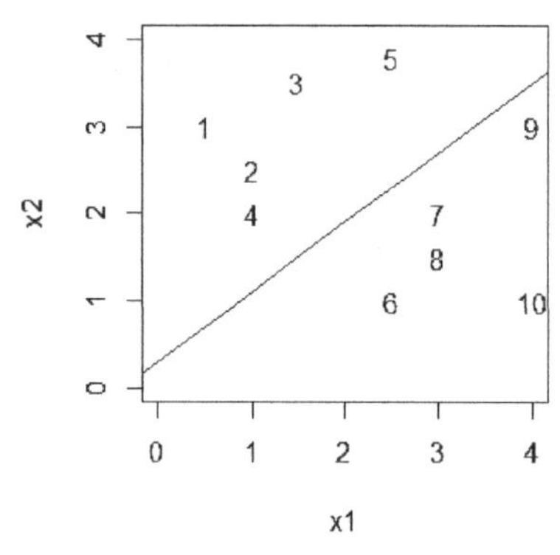

（a）例 10.1 观测数据的分割超平面

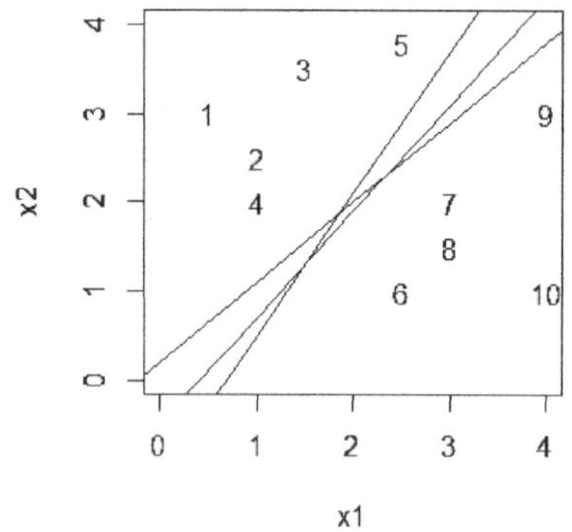

（b）例 10.1 观测数据可能的多个分割超平面

图 10-2　分割超平面

另外，对于落在超平面两侧的观测数据，我们还可以根据它们到超平面的距离来定义这种分类的准确性。由几何知识可知，点 $\boldsymbol{x}_i$ 到超平面 $H=\left\{x:f(x)=\beta_0+\beta_1x_1+\beta_2x_2+\cdots+\beta_px_p=\beta_0+\boldsymbol{\beta}^{\mathrm{T}}\boldsymbol{x}=0\right\}$ 的距离为 $D(H,\boldsymbol{x}_i)=|\boldsymbol{\beta}^{*\mathrm{T}}(\boldsymbol{x}_i-x_0)|=\dfrac{|\boldsymbol{\beta}^{\mathrm{T}}(\boldsymbol{x}_i-x_0)|}{\|\boldsymbol{\beta}\|}=\dfrac{|\boldsymbol{\beta}^{\mathrm{T}}\boldsymbol{x}_i+\boldsymbol{\beta}_0)|}{\|\boldsymbol{\beta}\|}=\dfrac{|f(\boldsymbol{x}_i)|}{\|\boldsymbol{\beta}\|}=y_i\dfrac{f(\boldsymbol{x}_i)}{\|\boldsymbol{\beta}\|}$，其中，$\boldsymbol{\beta}^*=\dfrac{\boldsymbol{\beta}}{\|\boldsymbol{\beta}\|}$ 是该超平面的单位法向量，x_0 是超平面上的一个点。如果观测点距离超平面很远，那么我们就能肯定对该观测点的分类判断，但如果观测点离超平面很近，那么我们就不能确定对该观测点的判断是否正确。

10.2.2 构建最大间隔分类器

一般来说，若对于给定的不同类别的观测，我们可以构造某个超平面将它们分割开来，那么我们将这个超平面稍微地上移或下移或旋转，只要不碰到原有的那些观测，就能够得到另外的超平面。例如，在图 10-2（b）中，我们画出了三个不同的超平面（理论上可以画出无穷多个这样的超平面），它们均可以把不同类别的数据完美地分割开来。所以，为了合理地构造分类器，有必要选择一个"最合适"的超平面。那么，哪个超平面才是"最合适"的呢？这就是我们要介绍的最大间隔超平面（maximal margin hyperplane）。

首先，把位于超平面两侧的所有训练观测到超平面的距离的最小值称作观测与超平面的间隔（margin）。前面提到，若观测点离超平面距离越远，则对于该观测点的判断会更加有信心，这也表明了，间隔实际上是代表了误差的上限。基于此，就应该选择与这些观测具有最大间隔的超平面作为分类器，称为最大间隔分类器（maximal margin classifier）。

图 10-3 给出了例 10.1 中观测数据的最大间隔超平面，即图中的黑色实线。另外两条虚线称为边界，它们到最大间隔超平面的距离是一样的，所以任意一条虚线到黑色实线的距离就是观测数据与超平面的间隔。从图 10-3 中可以看出，处于虚线上的观测数据 4、7、9 确定了最大间隔超平面，换句话说，观测数据 4、7、9 中任意一个观测点只要靠实线稍移动了都会导致最大间隔超平面发生变化，而其余观测数据无论怎么移动，只要不越过各自的边界，就不会对超平面造成影响。所以，把 4、7、9 这样的观测数据称为支持向量（support vector），相当于超平面是由这些点支撑（持）的，而每个点都是自变量空间中的一个向量。

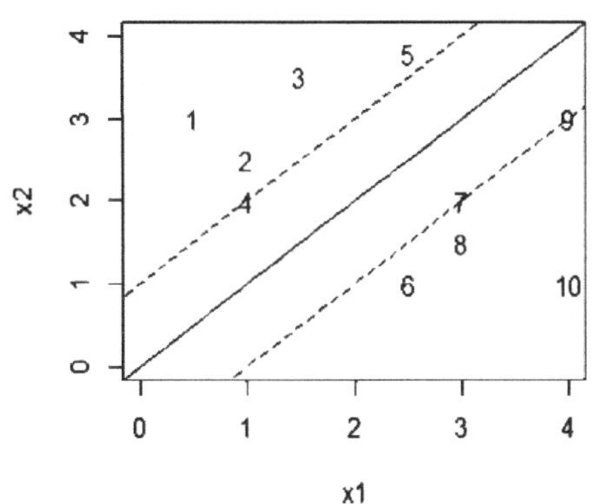

（注：最大间隔超平面是图中黑色实线，间隔指任意一条虚线到实线的距离，
落在虚线上的观测数据 4、7、9 是支持向量。）

图 10-3 最大间隔超平面

下面就用数学表达式来描述如何构建一个最大间隔分类器。以 10.2.1 节中提到的分类问题为例，构造的最大间隔超平面是如下优化问题的解：

$$\max_{\beta_0,\boldsymbol{\beta}} M$$

$$\text{s.t.} \|\boldsymbol{\beta}\| = \sum_{j=1}^{p} \beta_j^2 = 1 \tag{10.5}$$

$$y_i f(x_i) = y_i(\beta_0 + \boldsymbol{x}_i^{\mathrm{T}}\boldsymbol{\beta}) \geqslant M, \ \forall i$$

对于这个最优化问题，第一个约束条件是令参数的 L_2 范数为 1，这个条件实际上是保证了求解上述最优化问题时能得到参数的唯一解。因为我们知道，若定义了一个超平面 $\beta_0+\beta_1x_1+\beta_2x_2+\cdots+\beta_px_p=0$，那么对于任意的 $k\neq0$，$k(\beta_0+\beta_1x_1+\beta_2x_2+\cdots+\beta_px_p)=0$ 也都是超平面。另外，在第一个约束成立的条件下，就可以用 $y_if(x_i)$ 来表示观测到超平面的距离了，所以此时第二个约束的意思就是使得每一个观测数据到超平面的距离大于等于 M，这里的 M 其实就是前面介绍的间隔，默认它是大于 0 的。

对于最优化问题（10.5）式，转化为求解它的对偶问题会更加容易些。这里，为了使求解得到的参数的唯一性，采用另一种约束 $M=\dfrac{1}{\|\boldsymbol{\beta}\|}$，于是可以得到最优化问题（10.5）式的对偶问题为：

$$\min_{\beta_0,\boldsymbol{\beta}} \|\boldsymbol{\beta}\|$$

$$\text{s.t. } y_i f(x_i) = y_i(\beta_0 + \boldsymbol{x}_i^{\mathrm{T}}\boldsymbol{\beta}) \geqslant 1, \ \forall i \tag{10.6}$$

这是一个凸规划问题，由于所有观测线性可分，故可行域非空，该问题有解。

10.2.3 线性不可分的情况

现在考虑一种情况，如图 10-4（a）所示，我们改变了例 10.1 中观测点 9 的位置，那么这个时候将找不到任何一个超平面可以完美地将不同类别的观测分割开来，当然更不存在最大间隔超平面了，换句话说，此时最优化问题（10.5）式在 $M>0$ 时是无解的，那么该如何处理呢？这时候就需要对超平面的概念进行扩展，即只要求超平面能将大部分不同类别的观测区别开来就好，这样的超平面称为软间隔（soft margin），相应地，将由软间隔建立的分类器称为支持向量分类器（support vector classifier）。

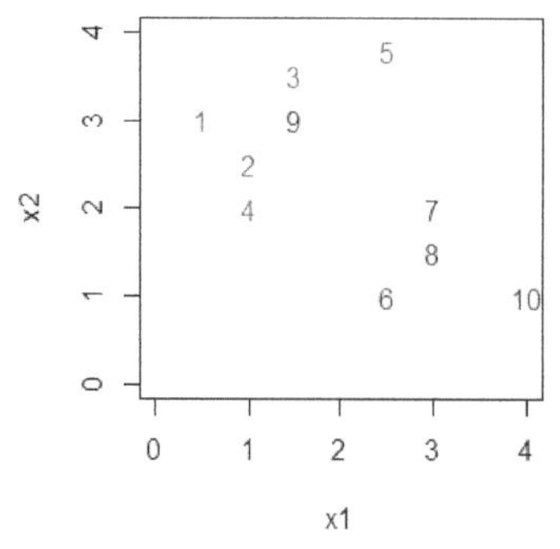

（a）改变观测点 9 的位置，此时最大间隔超平面不存在

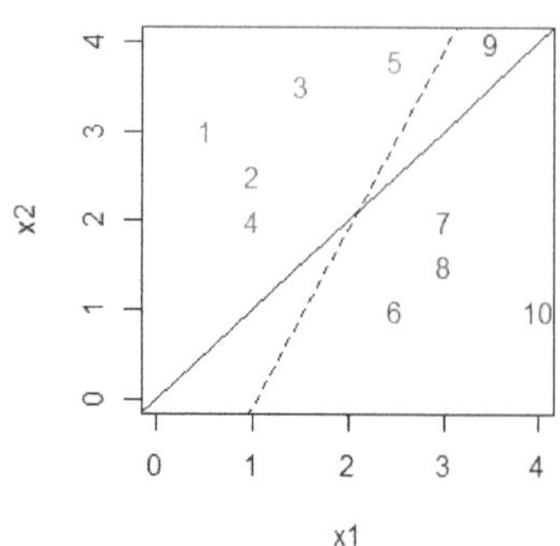

（b）轻微移动观测点

图 10-4 改变观测点位置及轻微移动观测点

10.3　支持向量分类器

10.3.1　使用软间隔分类

正如图 10-4（a）所示，当两种类别观测不能被一个超平面完全分割开来时，此时最大间隔超平面就不存在了。其实，就算最大间隔超平面存在，但它也经常是不可取的。最大间隔超平面其实是由少数几个训练观测，即支持向量所决定的，所以它对这些观测的局部扰动的反应是非常灵敏的。例如，我们同样轻微移动观测点 9 的位置，这时就会使最大间隔超平面发生巨大变化，如图 10-4（b）所示。此外，也正是由于超平面对观测的局部扰动的反应非常灵敏，所以它很有可能会对训练数据过拟合，导致对测试数据的划分效果并不好。

基于这样的情况，为了提高分类器的稳定性及对测试数据分类的效果，有必要对超平面的概念进行扩展，即只要求超平面能够将大部分不同类别的观测数据区别开来就好，这样的超平面就称为软间隔（soft margin）。软间隔的这个定义又包含两种情况，一种情况是允许部分观测穿过边界（如图 10-5 所示的观测数据 5、9），但此时对观测数据的分类仍然是正确的；另一种情况是允许部分观测数据分类错误（如图 10-5 所示的观测数据 9）。

同样，从图 10-5 可以看出，只有落在边界上的观测数据 4、7 和穿过边界的观测数据 5、9 会影响超平面，我们只需要这几个观测就能建立一个分类器。所以，这几个观测数据就是我们所建立的分类器的支持向量。

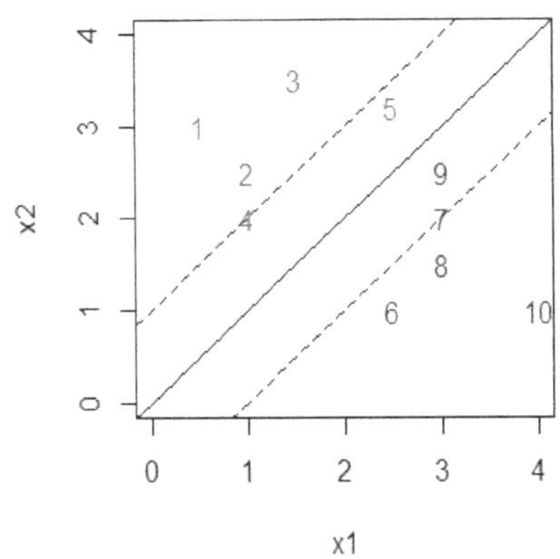

（a）允许部分观测穿过边界（如观测数据 5、9），但此时对所有观测数据的分类仍然是正确的

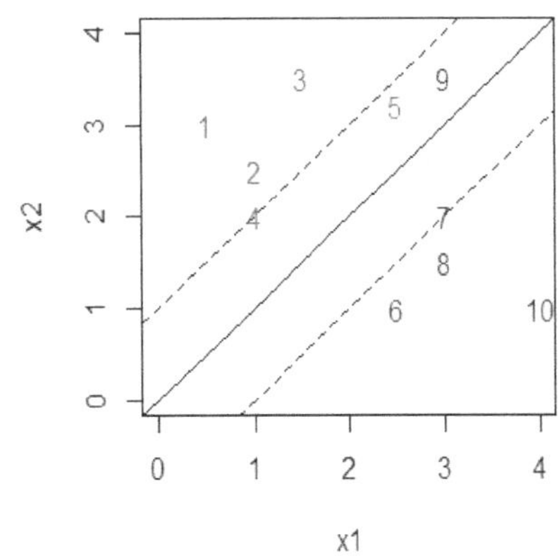

（b）允许部分观测数据（如观测数据 9）分类错误

图 10-5　例 10.1 观测数据的软间隔

10.3.2　构建支持向量分类器

由软间隔建立的分类器就是支持向量分类器，它同样是通过建立超平面将训练观测分为两侧，以测试观测落入哪一侧来判断归属于哪一类，不同的只是这时的超平面是允许部分观

测穿过边界，或者部分观测分类错误的。用数学表达式来描述如何构建一个支持向量分类器，对于 10.2.1 节中提到的分类问题，我们构造的软间隔是如下优化问题的解：

$$
\begin{aligned}
&\max_{\beta_0,\boldsymbol{\beta},\varepsilon} M \\
&\text{s.t.} \|\boldsymbol{\beta}\|=\sum_{j=1}^{p}\beta_j^2=1 \\
&y_i f(x_i)=y_i(\beta_0+\boldsymbol{x}_i^{\mathrm{T}}\boldsymbol{\beta})\geqslant M(1-\varepsilon_i),\ \forall i \\
&\sum_{i=1}^{n}\varepsilon_i\leqslant C,\quad \varepsilon_i\geqslant 0
\end{aligned}
\tag{10.7}
$$

可以发现，最优化问题（10.7）式与（10.5）式的最大区别就在于多了松弛变量（slack variable）ε_i（$i=1,2,\cdots,n$）。松弛变量的作用在于允许训练观测中有小部分观测可以穿过边界，甚至是穿过超平面。

现在来分析一下最优化问题（10.7）式中的各个约束条件。同最优化问题（10.5）式一样，第一个约束条件保证了求解上述最优化问题时能得到参数的唯一解，以及此时可以用 $y_i f(x_i)$ 表示观测到超平面的距离。对于第二个约束条件，现在不等号右边不再是简单的间隔 M，而是多乘了一项 $(1-\varepsilon_i)$。可以根据 ε_i 的值判断第 i 个观测的位置。如果 $\varepsilon_i=0$，即 $(1-\varepsilon_i)=1$，此时不等号右边还是等于 M，则观测 i 是落在边界正确的一侧（如图 10-6 所示除点 5、9、11 外的点）；如果 $\varepsilon_i>0$ 即 $(1-\varepsilon_i)<1$，此时不等号右边的值小于 M，则说明此时允许观测 i 穿过边界，但是分类还是正确的（如图 10-6 所示的点 11）；如果 $\varepsilon_i>1$ 即 $(1-\varepsilon_i)<0$，此时不等号右边的值小于 0，则此时允许观测 i 穿过超平面，即分类是错误的（如图 10-6 所示的点 5、9）。对于第三个约束，C 是所有松弛变量和的上界，也就是能容忍观测穿过边界的数量或者说限度。随着 C 增大，能够容忍观测点穿过边界的程度增大，则此时间隔越宽。

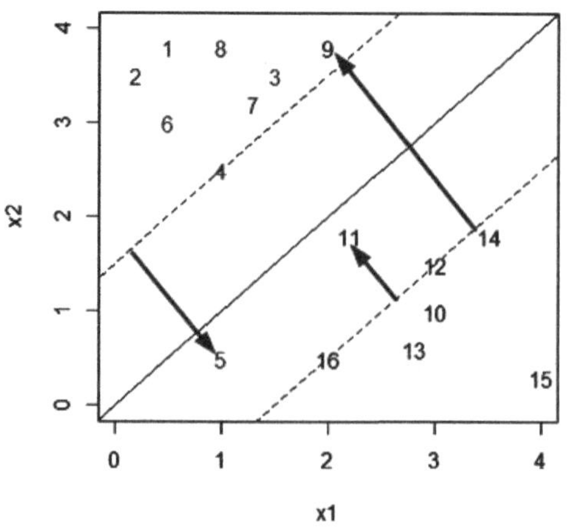

图 10.6　观测位置与松弛变量的关系

那么，C 一般要怎么选择呢？其实这又涉及了偏差–方差的权衡问题。当 C 越大时，我们能够容忍观测穿过边界的程度增大，间隔越宽，则此时能够降低方差，但却可能因拟合不足而产生较大的偏差；相反，C 越小，间隔越窄，这时分类器很有可能会过度拟合数据，即虽然降低了偏差，但可能产生较大的方差。所以在实际问题中，一般也是通过交叉验证的方法来确定 C。

最后，再来讨论最优化问题（10.7）式的求解。同样，转化为对偶问题的求解会更容易些，这里依然采用约束 $M=\dfrac{1}{\|\boldsymbol{\beta}\|}$ 来控制求解得到的参数的唯一性，所以，最优化问题（10.7）式的对偶问题为：

$$
\begin{aligned}
&\min_{\beta_0,\boldsymbol{\beta}}\|\boldsymbol{\beta}\| \\
&\text{s.t. } y_i f(\boldsymbol{x}_i)=y_i(\beta_0+\boldsymbol{x}_i^{\mathrm{T}}\boldsymbol{\beta})\geqslant 1-\varepsilon_i,\ \forall i \\
&\sum_{i=1}^{n}\varepsilon_i\leqslant C,\quad \varepsilon_i\geqslant 0
\end{aligned}
\tag{10.8}
$$

还可将（10.8）式写成下面的形式：

$$
\begin{aligned}
&\min_{\beta_0,\boldsymbol{\beta}}\frac{1}{2}\|\boldsymbol{\beta}\|^2+\lambda\sum_{i=1}^{n}\varepsilon_i \\
&\text{s.t. } y_i f(x_i)=y_i(\beta_0+\boldsymbol{x}_i^{\mathrm{T}}\boldsymbol{\beta})\geqslant 1-\varepsilon_i,\ \forall i \\
&\varepsilon_i\geqslant 0
\end{aligned}
\tag{10.9}
$$

其中，λ 是调节参数，在最小化目标函数处加了 $\lambda\sum_{i=1}^{n}\varepsilon_i$ 这项相当于对松弛变量 ε 施加了一个惩罚，它与将 $\sum_{i=1}^{n}\varepsilon_i\leqslant C$ 放在约束条件处的作用类似。当 λ 越大时，对 ε 惩罚越大，即 ε 被压缩得越小，所以解出的 $\boldsymbol{\beta}$ 越大，即间隔 $M=\dfrac{1}{\|\boldsymbol{\beta}\|}$ 越小，这就意味着允许观测穿过边界的程度越小。

最优化问题（10.9）式是一个凸二次规划问题，可以通过构造拉格朗日函数对其进行求解。

10.4　支持向量机

10.4.1　使用非线性决策边界分类

一般情况下，如果两个类别的观测之间存在线性边界，那么建立一个支持向量分类器可以得到不错的效果。但是有些情况下，如果边界是非线性的，那么支持向量分类器往往效果很差。首先看一个简单的例子，如图 10-7（a），在一个一维空间中有几个观测点，它们分属于两个类别，分别用红色和蓝色表示不同的类别。在这种情况下，无法用一个点（一维空间的超平面）来将不同类别的观测分开，而只有用一条复杂的曲线才能将它们分开。也就是说，在这种情况下，边界不是线性的，因此，支持向量分类器是无效的。

为了解决上述问题，尝试将自变量的二次项添加到超平面中，即此时的超平面是：

$$\{x: f(x)=\beta_0+\beta_1 x+\beta_2 x^2=0\} \tag{10.10}$$

对于（10.10）式，为了更好地理解，其实可以将 x 看作一个变量 x_1，x^2 看作另一个变量 x_2，这样它就变成了一个二维空间的问题。如图 10-7（b）所示，在构造的这个二维空间中，观测点之间可以用一个线性超平面（图中的黑色实线）来分割开来，因此，在这个二维空间中，支持向量分类器是有效的。

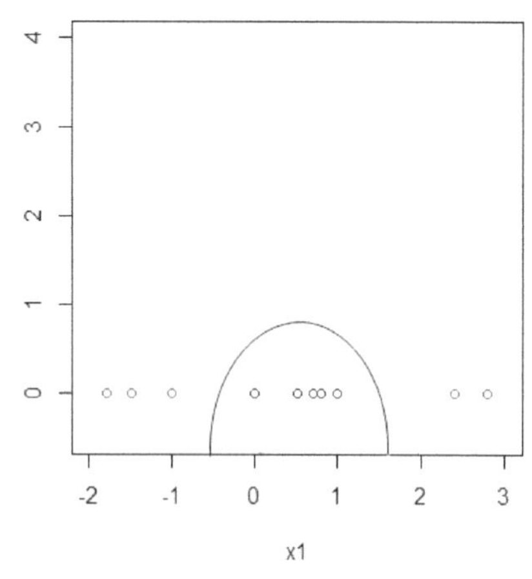

（a）在一维空间中，观测数据无法用一个线性边界分割开

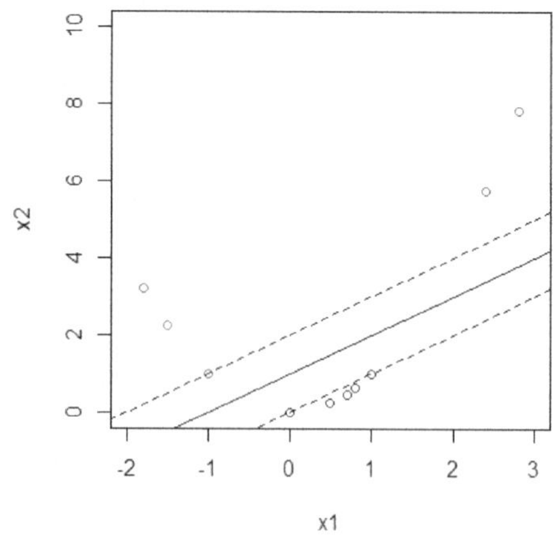

（b）将空间扩展到一个二维空间中，此时可以用一个线性超平面将观测数据分割开

图 10-7　线性边界分割

把这个问题扩展到 p 维空间中，可以类似处理，还可以考虑使用观测 $\boldsymbol{x}_i$ 的不同多项式，如二次、三次甚至是更高阶多项式，或者不同观测的交互项来扩大特征空间，进而在这个扩大的特征空间中构造一个线性超平面。例如，对于 p 维观测 $\boldsymbol{x}_i=(x_{i1},x_{i2},\cdots,x_{ip})^{\mathrm{T}}$，使用 $2p$ 个特征 x_{i1}，x_{i1}^2，x_{i2}，x_{i2}^2，$\cdots$，x_{ip}^2 来构造支持向量分类器，此时的最优化问题（10.7）式就变成：

$$\begin{aligned}
&\max_{\beta_0,\beta_1,\beta_2,\varepsilon} M \\
&\text{s.t.} \sum_{k=1}^{2}\sum_{j=1}^{p}\beta_{kj}^2=1 \\
&y_i f(x_i)=y_i\left[\beta_0+\boldsymbol{x}_i^{\mathrm{T}}\boldsymbol{\beta}_1+(x_i^2)^{\mathrm{T}}\boldsymbol{\beta}_2\right]\geqslant M(1-\varepsilon_i),\ \forall i \\
&\sum_{i=1}^{n}\varepsilon_i\leqslant C,\quad \varepsilon_i\geqslant 0
\end{aligned} \tag{10.11}$$

求解最优化问题（10.11）式就能得到一个线性的边界，这个边界在原始特征空间中是一个二次多项式，通常它的解是非线性的。

前面介绍的这种方法看似非常合理，但是扩展特征空间的方法是有很多的，如果处理不当，就会得到庞大的特征空间，这时的计算量将是惊人的。所以有必要找到合适的扩展特征空间的方法，使得在这个新的特征空间中能够有效求解得到线性的超平面，这其实就是我们接下来要介绍的支持向量机方法。

10.4.2　构建支持向量机

支持向量机是支持向量分类器的一个扩展，它的基本思想是通过将特征空间进行扩展，在扩展后的特征空间中求解线性超平面。但这里，支持向量机是通过核函数（kernel）来扩展特征空间的，这种扩展方式使得在新的特征空间中能够有效求解得到线性的超平面。

在介绍核函数之前，有必要首先对内积的概念进行介绍。两个观测 x_i 和 x_k 的内积定义为：

$$\langle \boldsymbol{x}_i, \boldsymbol{x}_k \rangle = \sum_{j=1}^{p} x_{ij} x_{kj} \qquad (10.12)$$

可以证明，支持向量分类器的解可以描述为内积的形式：

$$f(\boldsymbol{x}) = \beta_0 + \sum_{i=1}^{n} \alpha_i \langle \boldsymbol{x}, \boldsymbol{x}_i \rangle \qquad (10.13)$$

这个公式有 n 个参数 α_i（$i = 1, 2, \cdots, n$），每个训练观测对应一个参数。所以，要估计出所有的 α_i，只需计算 $C_n^2 = \frac{n(n-1)}{2}$ 个成对组合的内积即可。另外，为了计算 $f(x)$的值，需要计算的是新的观测点 $\boldsymbol{x}$ 与每个训练观测 $\boldsymbol{x}_i$ 的内积。但事实证明，有且仅有支持向量对应的 α_i 是非零的，所以，若用 S 表示支持向量观测点的指标的集合，那么（10.13）式可以改写成：

$$f(\boldsymbol{x}) = \beta_0 + \sum_{i \in S} \alpha_i \langle \boldsymbol{x}, \boldsymbol{x}_i \rangle \qquad (10.14)$$

这样，（10.14）式的求和项就比（10.13）式要少得多。

总而言之，为了估计系数进而得到线性分类器 $f(\boldsymbol{x})$，所需的仅是内积。

现在，用一种一般化的形式：

$$K(\boldsymbol{x}_i, \boldsymbol{x}_k)$$

来代替内积，这就是前面提到的核函数。此时，$f(x)$变为：

$$f(\boldsymbol{x}) = \beta_0 + \sum_{i \in S} \alpha_i K(\boldsymbol{x}, \boldsymbol{x}_i) \qquad (10.15)$$

核函数其实是一类用来衡量观测之间的相似性的函数，表 10-2 列出了三种最常使用的核函数。

表 10-2　三种最常使用的核函数

名　　称	表 达 式
线性核函数	$K(\boldsymbol{x}_i, \boldsymbol{x}_k) = \sum_{j=1}^{p} x_{ij} x_{kj}$

续表

名　称	表 达 式
多项式核函数	$K(\boldsymbol{x}_i,\boldsymbol{x}_k)=\left(1+\sum_{j=1}^{p}x_{ij}x_{kj}\right)^d$
径向核函数	$K(\boldsymbol{x}_i,\boldsymbol{x}_k)=\exp\left(-\gamma\sum_{j=1}^{p}(x_{ij}-x_{kj})^2\right)$

在表 10-2 列出的三种核函数中，线性核函数是一类最简单的核函数，若使用这种核函数就等于建立支持向量分类器。而对于多项式核函数，当$d=1$时，所建立的支持向量机其实也就是支持向量分类器。最后，对于径向核函数，$\sum_{j=1}^{p}(x_{ij}-x_{kj})^2$表示的是 p 维空间中两个观测的欧式距离，而γ是一个正的常数，它通常也是通过交叉验证法来确定。

本节的最后，再简单说明以下两个问题。

（1）关于核函数的选择，一直以来都是支持向量机研究的热点，但是学者们通过大量的研仍没有形成定论，即没有最优核函数。通常情况下，径向核函数是使用最多的。

（2）采用核函数而不是类似 10.4.1 节提到的直接扩展特征空间的方式的优势在于，使用核函数仅需计算$C_n^2=\dfrac{n(n-1)}{2}$个成对组合的$K(\boldsymbol{x}_i,\boldsymbol{x}_k)$，而若采取直接扩展特征空间的方式，则是没有明确的计算量的；另外，对于某些核函数，如径向核函数来说，它的特征空间是不确定的，并且可以扩展到无限维，所以是无法对这样的特征空间进行计算的。

10.5　与 Logistic 回归的关系

这一节讨论 SVM 与 Logistic 回归的关系。首先，为了建立支持向量分类器$f(x)=\beta_0+\beta_1x_1+\cdots+\beta_px_p$，对于最优化问题（10.7）式，其实可以将它改写成下面的形式：

$$\min_{\beta_0,\beta_1,\cdots,\beta_p}\left\{\sum_{i=1}^{n}\max[0,1-\boldsymbol{y}_if(\boldsymbol{x}_i)]+\gamma\sum_{j=1}^{p}\boldsymbol{\beta}_j^2\right\}\tag{10.16}$$

其中，γ为调节参数，而$\gamma\sum_{j=1}^{p}\boldsymbol{\beta}_j^2$就是岭回归的惩罚项，同样，这一项需要根据偏差—方差的关系来确定。

（10.16）式其实就是如下我们熟悉的“损失函数+惩罚”的形式：

$$\min_{\beta_0,\beta_1,\cdots,\beta_p}\{L(\boldsymbol{X},\boldsymbol{y},\boldsymbol{\beta})+\gamma P(\boldsymbol{\beta})\}\tag{10.17}$$

这里，把具有形式$L(\boldsymbol{X},\boldsymbol{y},\boldsymbol{\beta})=\sum_{i=1}^{n}\max\left[0,1-\boldsymbol{y}_i f(\boldsymbol{x}_i)\right]$的损失函数称为铰链损失(hinge loss)。这类损失的特点是，对于边界外完全判对的观测点，$\boldsymbol{y}_i f(\boldsymbol{x}_i)>1$，故损失为零；对于边界上的观测点及判错的观测点，损失是线性的。后来，人们还发现铰链损失和在 Logistic 回归中使用的损失函数是非常接近的，只不过 Logistic 回归的损失函数在任何时候都是非零的，所以通常来讲，SVM 和 Logistic 回归的结果也是非常接近的。

那么，对于一个给定的问题，该如何选择是使用 SVM 还是 Logistic 回归呢？首先，当类别的区分度较高时，选择 SVM 会更加合适，当然此时 LDA 也是适用的；其次，如果想要得到估计的概率，那么就需要选择 Logistic 回归；最后，对于决策边界是非线性的情况，使用了核函数的 SVM 方法是应用得更加广泛的。

10.6　支持向量回归

本节将简单介绍如何将支持向量机扩展到回归问题中，这类问题称为支持向量回归(support vector regression)。它与分类问题的思想是类似的，不同的地方在于，现在的目的是要寻找一个超平面，在距离超平面ε的范围内尽可能地包含最多的观测点。

可以将上述过程用数学公式来定义，考虑如下回归模型：

$$f(\boldsymbol{x})=\beta_0+\sum_{m=1}^{M}\boldsymbol{\beta}_m\boldsymbol{h}_m(\boldsymbol{x}) \tag{10.18}$$

则支持向量回归所选的超平面是如下最优化问题的解：

$$\min_{\beta_0,\boldsymbol{\beta}}H(\beta_0,\boldsymbol{\beta})=\min_{\beta_0,\boldsymbol{\beta}}\sum_{i=1}^{n}V_\varepsilon\left[\boldsymbol{y}_i-f(\boldsymbol{x}_i)\right]+\frac{\lambda}{2}\sum_{m=1}^{M}\boldsymbol{\beta}_m^2 \tag{10.19}$$

这里同样采用了“损失函数+惩罚”的形式，其中，$V_\varepsilon(r)=\begin{cases}0, & |r|<\varepsilon\\ |r|-\varepsilon, & \text{其他}\end{cases}$称为$\varepsilon$不敏感损失($\varepsilon$-insensitive error measure)，它将与超平面的距离小于ε的观测的损失定义为 0，而距离大于等于ε的观测的损失定义为线性的形式。因此，只有距离大于等于ε的观测才会影响超平面的确定，与分类问题类似，这些观测称为支持向量。

可以证明，最优化问题(10.19)式的解可以表示为：

$$\hat{f}(x)=\sum_{i=1}^{n}\hat{\alpha}_i K(\boldsymbol{x},\boldsymbol{x}_i) \tag{10.20}$$

其中，$K(\boldsymbol{x},\boldsymbol{y})=\sum_{m=1}^{M}\boldsymbol{h}_m(\boldsymbol{x})\boldsymbol{h}_m(\boldsymbol{y})$就是核函数。

上述介绍的就是支持向量回归的思想。其实，支持向量回归是对普通线性回归的一种非线性推广，相比较于处理线性回归的最小二乘法而言，它的好处在于避开了对回归中因变量分布的假设，也不再局限于线性模型。

10.7 R语言实现

在R语言中能够实现支持向量机的包有很多,其中最常用的就是e1071包中的svm()函数。svm()函数可以利用支持向量机的原理实现分类和预测,如果因变量为因子型数据的分类变量,则自动执行标准的支持向量分类;如果因变量为数值型数据,则自动执行支持向量回归。特定的训练方式可以通过函数中的 type 参数进行选择。该函数中各参数的具体含义可以参考e1071包的说明文档,这里只介绍与核函数的设置相关的参数,见表10-3。

表10-3 svm()核函数解释

核函数类型	释　义	参数设定
线性核函数	kernel="linear"	无
*d*次多项式	kernel="polynomial"	gamma，degree，coef0
径向基	kernel="radial"（默认）	gamma

在svm()函数中最重要的两个参数是cost和gamma。cost是对松弛变量的惩罚,即(10.9)式中的调节参数λ,cost参数值设置越大,则间隔会越窄,就会有更少的支持向量落在边界上或穿过边界;cost参数值设置越小,则间隔会越宽,就会有更多的支持向量落在边界上或穿过边界。gamma 是除线性核函数外其余核函数都需要的参数,不同的参数设定对分类效果影响很大。e1071包中的 tune.svm()函数可以帮助我们自动选择最优的参数,常用于正式建模前。

另外,由于支持向量机是一种有监督的机器学习方法,通常对训练集进行学习后,要用测试集进行分类效果检验。与svm()函数搭配使用的函数有predict()函数与plot.svm()函数,可用于建模后的预测和可视化。

不过,svm()函数对于高维数据并不是很理想。在高维甚至超高维情况下,通过核函数进行更高维的映射的效果与原空间直接做线性支持向量机差别不大。因此,在高维数据中,LiblineaR包效果更好。

10.7.1 支持向量分类器

首先展示在二维空间上观测线性可分或近似线性可分的情况下,svm()函数的应用。首先随机生成两个属于不同类别的观测集:

```
> set.seed ( 123 )
> x <- matrix ( rnorm ( 40 * 2 ) , ncol = 2 )
> y <- rep ( c ( -1 , 1 ) , each = 20 )
> x [ y == 1 , ] <- x [ y == 1 , ] + 3
```

用plot()函数将这些观测画出来,观测它们的分布情况,如图10-8所示。

```
> plot ( x , col = y + 5 , xlab = "x1" , ylab = "x2" )
```

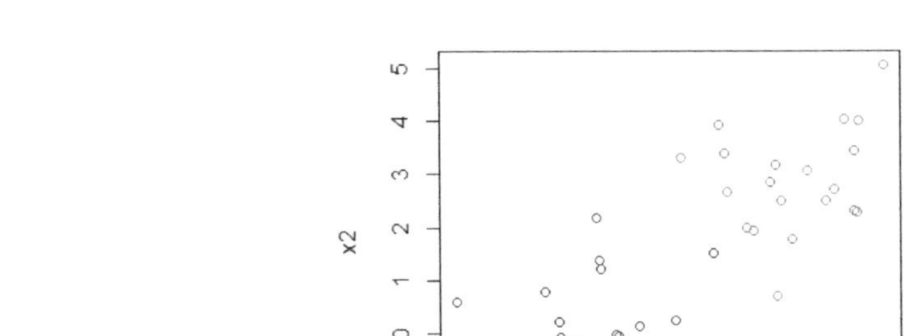

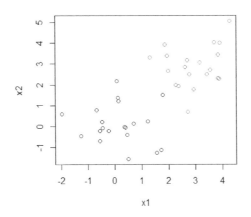

图 10-8　随机生成的两类具有线性决策边界的观测

从图 10-8 中可以看出，两个类别的观测是线性可分的，所以接下来考虑两种情况，即对两种类别的观测建立两种分类器，支持向量分类器和最大间隔分类器。

首先建立支持向量分类器，这时 kernel 应该设置为 linear，cost 此处先设置为 1。注意，svm()函数处理分类问题时要求响应变量必须为因子型，所以将 y 转化为因子型，并与预测变量一起建立一个数据框：

```
> y <- as.factor ( y )
> dat <- data.frame ( x = x , y = y )
> svm1 <- svm ( y ~. , data = dat , kernel = "linear" , cost = 1 )
```

可以通过 summary()函数查看拟合的这个分类器的基本信息：

```
> summary ( svm1 )
Call:
svm(formula = y ~ ., data = dat, kernel = "linear", cost = 1 )
Parameters:
   SVM-Type:  C-classification
 SVM-Kernel:  linear
       cost:  1
      gamma:  0.5
Number of Support Vectors:  6
 ( 3 3 )
Number of Classes:  2
Levels:
 -1 1
```

summary()函数指出了这个分类器共有 6 个支持向量。我们可以通过以下命令查看具体哪几个观测是支持向量：

```
> svm1 $ index
[1]  4 11 16 24 26 32
```

我们还可以使用 plot.svm()函数画出决策边界，如图 10-9（a）所示。plot.svm()有两个参数，一个是调用的函数的结果，另一个是所使用的数据：

```
> plot ( svm1 , dat )
```

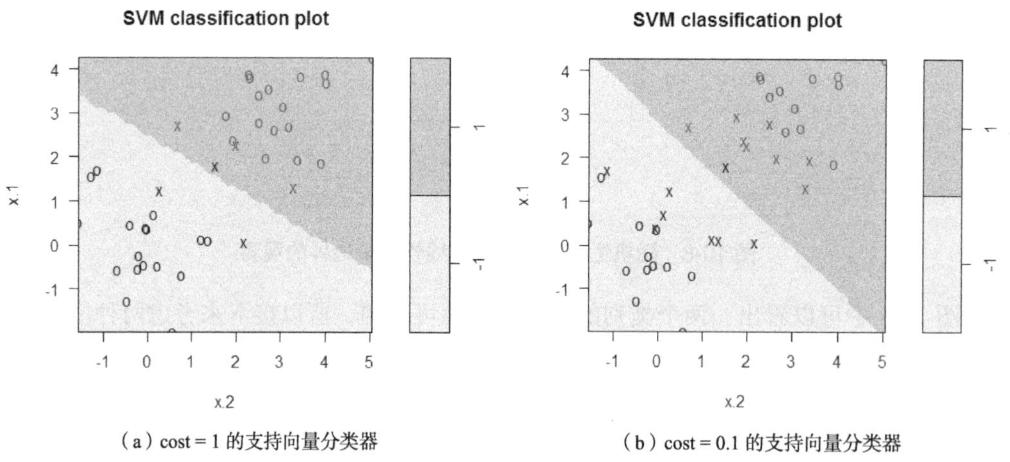

（a）cost = 1 的支持向量分类器　　（b）cost = 0.1 的支持向量分类器

图 10-9　向类分类器

图中标“×”的是支持向量，其余观测都使用圆圈表示。可以看出，确实有 6 个支持向量。另外，蓝色和粉色区域分别表示两个类别，它们的分割是一条直线，即线性的决策边界。

现在，尝试将 cost 的值缩小为 0.1，再次拟合数据：

```
> svm2 <- svm ( y~ ., data = dat , kernel = "linear" , cost = 0.1 )
> summary ( svm2 )
Call:
svm(formula = y ~ ., data = dat, kernel = "linear", cost = 0.1)
Parameters:
   SVM-Type:  C-classification
 SVM-Kernel:  linear
       cost:  0.1
      gamma:  0.5
Number of Support Vectors:  16
 ( 8 8 )
Number of Classes:  2
Levels:
 -1 1
```

如图 10-9（b）可以看到，现在的间隔变宽了，因此支持向量也从 6 个变成了 16 个。

接下来，如果要建立最大间隔分类器，该怎么操作呢？其实和建立支持向量分类器完全类似，只需要将 cost 设置一个很大的值即可，因为这时候就表示希望令间隔尽可能窄，而在观测线性可分的情况下，这个间隔刚好就是最大间隔。例如，这里设置 cost=1e5（如图 10-10 所示）：

```
> svm3 <- svm ( y ~. , data = dat , kernel = "linear" , cost = 1e5 )
> summary(svm3)
Call:
svm(formula = y ~ ., data = dat, kernel = "linear", cost = 1e+05)
Parameters:
   SVM-Type:  C-classification
 SVM-Kernel:  linear
       cost:  1e+05
      gamma:  0.5
Number of Support Vectors:  3
 ( 1 2 )
Number of Classes:  2
Levels:
 -1 1
```

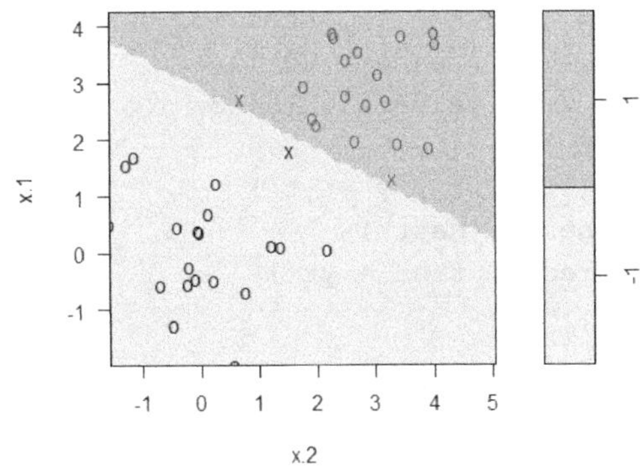

图 10-10　最大间隔分类器

此时只有 3 个支持向量了，可以看出间隔非常窄。

现在用 e1071 包中的 tune()函数来实现交叉验证。例如，想通过交叉验证选择合适的 cost 值，那么就可以通过 range 参数来设置：

```
> set.seed ( 1234 )
> tune1 <- tune ( svm , y ~. , data = dat , kernel = "linear" ,
                 ranges = list ( cost = c ( 0.01 , 0.1 , 1 , 10 , 50 ) ) )
```

使用 summary()函数可以查看每个模型对应的交叉验证误差：

```
> summary ( tune1 )
Parameter tuning of 'svm':
```

```
- sampling method: 10-fold cross validation
- best parameters:
 cost
  0.1
- best performance: 0.025
- Detailed performance results:
   Cost  error  dispersion
1  0.01  0.200  0.30731815
2  0.10  0.025  0.07905694
3  1.00  0.025  0.07905694
4  10.00 0.050  0.10540926
5  50.00 0.075  0.12076147
```

结果显示，当 cost=0.1 或 1 时，交叉验证误差最小。所以，就能使用这个交叉验证误差最小的 cost 对应的模型来建立分类器了。注意，可以直接使用如下命令调用这个最优的模型：

```
> best <- tune1 $ best.model
```

再生成一些测试观测来检验最优模型的效果，可以用 predict()函数进行预测：

```
> set.seed ( 1 )
> xt <- matrix ( rnorm ( 40 * 2 ) , ncol = 2 )
> yt <- rep ( c ( -1 , 1 ) , each = 20 )
> xt [ yt == 1 , ] <- xt [ yt == 1 , ] + 3
> yt <- as.factor ( yt )
> datt <- data.frame ( x = xt , y = yt )
> pred1 <- predict ( best , datt )
> table ( predict = pred1 , true = yt )
       true
predict  -1  1
    -1   20  0
     1    0 20
```

从结果看出，所有观测都被正确分类了，拟合效果非常好。

使用最大间隔超平面来对测试观测进行预测，查看效果：

```
> pred2 <- predict ( svm3 , datt )
> table ( predict = pred2 , true = yt )
       true
predict  -1  1
    -1   20  1
     1    0 19
```

正如我们预想的，此时效果并没有比建立支持向量分类器来得好，有 1 个观测被错误分类了。

10.7.2　支持向量机

使用 svm()函数来拟合具有非线性决策边界的 SVM。同样，首先生成一些具有非线性决策边界的观测数据（如图 10-11 所示）：

```
> set.seed ( 123 )
> x <- matrix ( rnorm ( 100 * 2 ) , ncol = 2 )
> y <- rep ( c ( -1 , 1 ) , each = 50 )
> x [ y == -1 , ] <- 2 * x [ y == -1 , ]
> x [ y == 1 , ] <- 0.8 * x [ y == 1 , ]
> plot ( x , col = y + 5 , xlab = "x1" , ylab = "x2" )
```

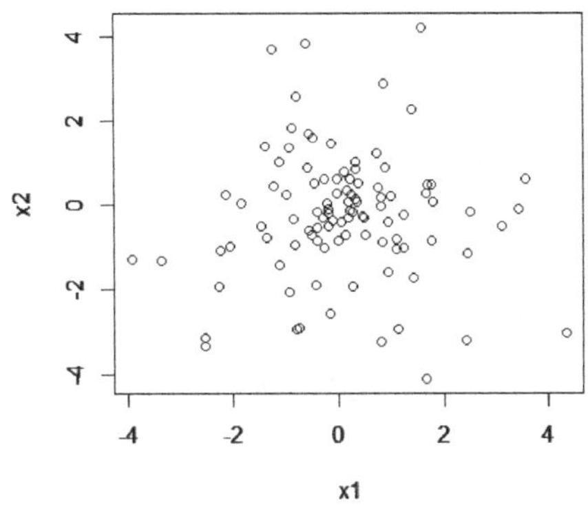

图 10-11　随机生成的两类不具有线性决策边界的观测数据

可以看出，此时是没有办法找到一个线性边界将不同各类别的观测数据分割开来的。所以在这里，选用径向核函数来拟合模型，即设置 svm()函数的参数 kernel = "radial"，并且此时还需要设置参数 gamma，即为径向核函数中的γ赋值（如图 10-12 所示）：

```
> y <- as.factor ( y )
> dat <- data.frame ( x = x , y = y )
> svm4 <- svm ( y ~. , data = dat , kernel = "radial" , gamma = 1 , cost = 1 )
> summary ( svm4 )
Call:
svm ( formula = y ~. , data = dat , kernel = "radial" , gamma = 1 , cost = 1 )
Parameters:
   SVM-Type:  C-classification
 SVM-Kernel:  radial
       cost:  1
      gamma:  1
Number of Support Vectors:  58
 ( 32 26 )
Number of Classes:  2
```

```
Levels:
 -1 1
> plot ( svm4 , dat )
```

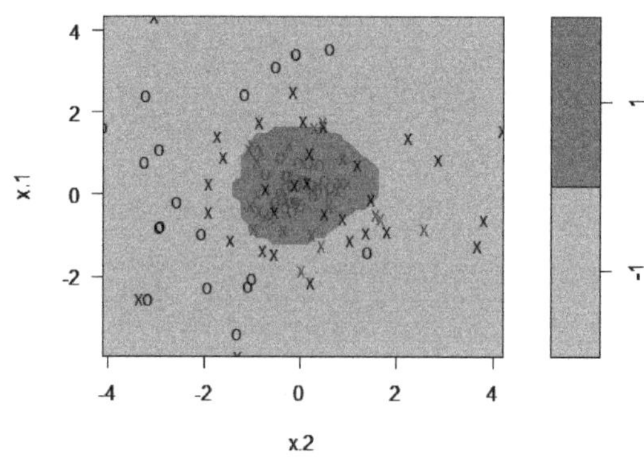

图 10-12　支持向量机

结果显示，在这种设置下，模型有 58 个支持向量。

同样，对 SVM 运用 tune()函数，即使用交叉验证来选择径向核函数最优的γ及 cost：

```
> set.seed ( 1234 )
> tune2 <- tune ( svm , y~. , data = dat , kernel = "radial" , ranges =
          list ( cost = c ( 0.01 , 0.1 , 1 , 10 , 50 ) , gamma = c ( 0.1 ,
          0.5 , 1 , 3 , 5 ) ) )
> summary ( tune2 )
Parameter tuning of 'svm':
- sampling method: 10-fold cross validation
- best parameters:
 cost gamma
  0.1   0.5
- best performance: 0.16
- Detailed performance results:
   cost gamma error dispersion
1   0.01   0.1  0.52 0.16193277
2   0.10   0.1  0.47 0.13374935
3   1.00   0.1  0.23 0.08232726
4  10.00   0.1  0.23 0.11595018
5  50.00   0.1  0.21 0.12866839
# 限于篇幅，此处省略
```

重新生成一些预测观测数据，并使用最优模型进行预测：

```
> best2 <- tune2 $ best.model
> xt <- matrix ( rnorm ( 100 * 2 ) , ncol = 2 )
```

```
> yt <- rep ( c ( -1 , 1 ) , each = 50 )
> xt [ yt == -1 , ] <- 2 * xt [ yt == -1 , ]
> xt [ yt == 1 , ] <- 0.8 * xt [ yt == 1 , ]
> yt <- as.factor (yt )
> datt <- data.frame ( x = xt , y = yt )
> pred3 <- predict ( best2 , datt )
> table ( predict = pred3 , true = yt )
      true
predict -1  1
     -1 35  4
      1 15 46
```

10.7.3　Auto 数据集

现在将 SVM 应用于 ISLR 包中的 Auto（汽车）数据集。该数据集记录了 392 辆车的 mpg（每英里耗油量，单位：加仑）及用于预测的 8 个变量，包括 cylinders（气缸）、horsepower（马力）和 weight（质量）等。

加载数据，并创建一个新的二分类变量，把每英里耗油量大于中位数的车记为 1，反之记为 0：

```
> library ( ISLR )
> data ( Auto )
> attach ( Auto )
> Auto $ level <- as.factor ( ifelse ( mpg > median ( mpg ) , 1 , 0 ) )
> detach ( Auto )
```

将数据集的 70%用作训练集，剩余的用作测试集：

```
> set.seed ( 123 )
> n <- dim ( Auto ) [ 1 ]
> train <- sample ( n , 0.7 * n )
> train_d <- Auto [ train , ]
> test_d <- Auto [ - train , ]
```

拟合支持向量分类器，设置一系列 cost 值，用交叉验证法选择最优的 cost：

```
> tune1 <- tune ( svm , level ~ cylinders + displacement + horsepower + weight
+ acceleration ,
                data = train_d , kernel = "linear" ,
                ranges = list ( cost = c ( 0.01 , 0.1 , 0.5 , 1 , 5 , 10 , 50 ,
100 ) ) )
> best1 <- tune1 $ best.model
> summary ( best1 )
Call:
best.tune(method = svm, train.x = level ~ cylinders + displacement + horsepower
        + weight + acceleration, data = train_d, ranges = list(cost = c(0.01,
```

```
          0.1, 0.5, 1, 5, 10, 50, 100)), kernel = "linear")
Parameters:
   SVM-Type:  C-classification
 SVM-Kernel:  linear
       cost:  0.1
      gamma:  0.2
Number of Support Vectors:  84
 ( 42 42 )
Number of Classes:  2
Levels:
 0 1
```

结果显示，在 cost = 0.1 时交叉验证的错误率最低，此时模型拟合效果最好，可以使用 plot()画出此时的决策边界（如图 10-13 所示）:

```
> plot ( best1 , train_d , horsepower ~ weight )
```

这里要注意的是，plot()只能用于展示 $p = 2$ 维的数据，即每次只能展示一对变量。所以当变量大于 2 个时，可自行设置希望展示的变量。例如，这里设置“horsepower ~ weight”，表示要展示的是关于变量 horsepower 和 weight 的图形。

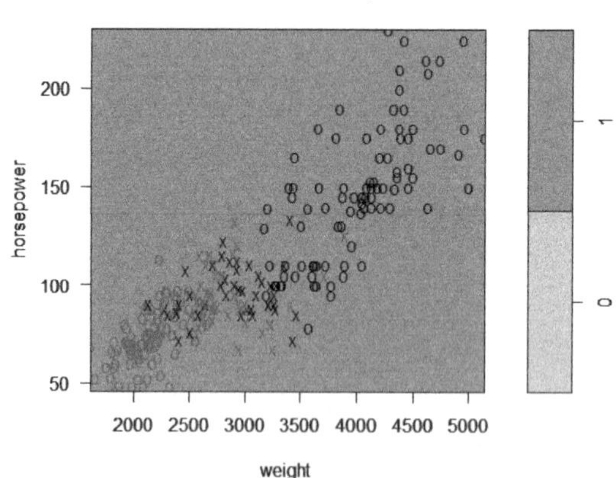

图 10-13　Auto 数据集，支持向量分类器

使用最优的模型对测试集进行预测:

```
> pred1 <- predict ( best1 , test_d )
> table ( true = test_d $ level , predict = pred1 )
    predict
true   0  1
   0  56  8
   1  3  51
> ( 8 + 3 ) / length ( test_d $ level )
```

```
[1] 0.09322034
```

结果显示，分类错误率为 0.09322034。

使用径向核函数的 SVM，同样通过交叉验证法选择最合适的 cost 和 gamma，进而用最优模型对测试集进行预测：

```
> tune2 <- tune ( svm , level ~ cylinders + displacement + horsepower + weight
+ acceleration ,
            data = train_d , kernel = "radial" ,
            ranges = list ( cost = c ( 0.1 , 1 , 5 , 10 , 50 , 100 ) ,
                  gamma = c ( 0 , 1 , 2 , 5 , 10 ) ) )
> best2 <- tune2 $ best.model
> summary ( best2 )
Call:
best.tune(method = svm, train.x = level ~ cylinders + displacement + horsepower
         + weight + acceleration, data = train_d, ranges = list(cost = c(0.1,
         1, 5, 10, 50, 100), gamma = c(0, 1, 2, 5, 10)), kernel = "radial")
Parameters:
   SVM-Type:  C-classification
 SVM-Kernel:  radial
       cost:  5
      gamma:  2
Number of Support Vectors:  112
 ( 67 45 )
Number of Classes:  2
Levels:
 0 1
> pred2 <- predict ( best2 , test_d )
> table ( true = test_d $ level , predict = pred2 )
    predict
true  0  1
   0  56  8
   1  4  50
> ( 8 + 4 ) / length ( test_d $ level )
[1] 0.1016949
```

结果显示，在 cost = 5 且 gamma = 2 时，交叉验证的错误率最低，此时模型拟合效果最好。并且，使用这个最优模型预测的分类错误率为 0.1016949，比使用支持向量分类器的效果差一些。

使用多项式核函数的 SVM，通过交叉验证法选择最合适的 cost、gamma 和 degree：

```
> tune3 <- tune ( svm , level ~ cylinders + displacement + horsepower + weight
+ acceleration ,
            data = train_d , kernel = "polynomial" ,
            ranges = list ( cost = c ( 0.1 , 1 , 5 , 10 , 50 ) ,
                  gamma = c ( 0 , 1 , 2 , 5 ) , degree = c ( 2 , 3 ) ) )
```

```
> best3 <- tune3 $ best.model
> summary ( best3 )
Call:
best.tune(method = svm, train.x = level ~ cylinders + displacement +
      horsepower + weight + acceleration, data = train_d, ranges = list(cost
= c(0.1,
      1, 5, 10, 50), gamma = c(0, 1, 2, 5), degree = c(2, 3)), kernel =
"polynomial")
Parameters:
   SVM-Type:  C-classification
 SVM-Kernel:  polynomial
       cost:  1
     degree:  3
      gamma:  1
     coef.0:  0
Number of Support Vectors:  78
 ( 39 39 )
Number of Classes:  2
Levels:
 0 1
> pred3 <- predict ( best3 , test_d )
> table ( true = test_d $ level , predict = pred3 )
    predict
true   0  1
   0  58  6
   1  5  49
> ( 6 + 5 ) / length ( test_d $ level )
[1] 0.09322034
```

结果显示，在 cost = 1，gamma = 1 且 degree = 3 时，交叉验证的错误率最低，此时模型拟合效果最好，且最优模型在测试集上的错误率为 0.09322034，与使用支持向量分类器的效果一样。

10.8 习题

1. 请分析 ISLR 包中的股票数据 Smarket，以股票的涨跌方向 Direction 为因变量，以 Lag1~Lag5 及 Volume 为自变量，进行如下分析。

（1）分析该数据集的股票涨跌天数分别是多少，以及它们的比例是多少。

（2）请以 2005 年数据为训练集，2005 年及之后的数据为测试集。用训练集数据进行建模，首先分析当 cost=1 时的建模结果，然后利用交叉验证方法选取最优的 cost 参数，并分析最优的模型结果。

（3）利用得到的最优模型对测试集进行预测，分析预测准确率。

2．请分析 ISLR 包中的 Auto 数据集。

（1）将 Auto 数据集中的 mpg 按照中位数划分为两类，新增一个变量 grade，并用 0 和 1 分别表示。

（2）从该数据集随机抽取 292 个样本作为训练集，剩下的作为测试集。

（3）利用 maximal margin classifier 进行建模，利用交叉验证选取最优的模型，分析该最优模型的结果，并利用该最优模型对测试集进行预测分析。

（4）请利用 radial kernel 的 SVM 对训练集进行建模，利用交叉验证选择最优的模型，分析该最优模型的结果，并利用最优模型对测试集进行预测分析。

第 11 章

神经网络

人工神经网络（artificial neural network），简称神经网络（neural network），是一种应用类似于大脑神经突触连接的结构进行信息处理的数学模型，是在现代神经科学研究成果的基础上提出的。它模拟大脑神经网络处理信息的方法，调整内部大量节点之间相互连接的关系，从而达到处理信息的目的。神经网络的发展跌宕起伏，从最初的感知器模型到 BP 神经网络，再到近年来兴起的深度学习（deep learning），它一直在曲折中前进。

神经网络起源于 20 世纪 40 年代，到今天已有 70 多年历史了。它的发展历程大致可分为以下三个阶段。

（1）第一阶段。1943 年，美国的心理学家 McCulloch 和数学家 Pitts 提出了一个非常简单的神经元模型，即 M－P 模型，开创了神经网络模型的理论研究，标志着神经网络的研究进入了第一阶段。此后，心理学家 Hebb 在 1949 年又提出了著名的 Hebb 学习规则。1958 年，Rosenblatt 等人研制出了首个具有学习型神经网络特点的模式识别装置，即代号为 Mark I 的感知机（perceptron）。但是 1969 年 Minsky 和 Papert 在其所著的《感知器》一书中指出了感知器模型的缺陷，使神经网络的研究在之后很长一段时间都处在低迷期。

（2）第二阶段。直到 1982 年，美国加州理工学院的生物物理学家 Hopfield 提出 Hopfield 模型，标志着神经网络的研究进入第二阶段。1983 年 Sejnowski 和 Hinton 提出了“隐单元”的概念，并且提出了 Boltzmann 机。1986 年 Rumelhart 和 McClelland 对多层网络的误差反向传播算法进行了详尽的分析，进一步推动了 BP 算法的发展。但是，多层神经网络的巨大计算量和优化求解难度使其在实际应用中存在很大的局限性。

（3）第三阶段。2006 年 Hinton 等使用逐层训练的方法克服了传统方法在训练深层神经网络时遇到的困难，实现了数据降维并获得了良好的效果。他提出的深度学习概念为神经网络的研究翻开了新的篇章，标志着神经网络的研究进入了第三阶段，即深度学习阶段。现在，深度学习技术在语言识别、图像识别、自然语言处理等领域得到广泛应用。

本章首先介绍神经网络的基本概念，包括神经网络的基本单位、神经网络的结构、神经网络的学习；然后介绍一些经典的神经网络模型，包括单层感知器、BP 神经网络和 RPROP 神经网络；最后介绍 R 语言的实现。

11.1　问题的提出

例 11.1　为了鉴别真币和假钞，收集真币和假钞的图像，通过工业摄像机等一系列技术将图像资料数字化，利用小波变换（wavelet transform）工具从图像中提取特征。数据集来源于 uci 数据库的 banknote authentication data set，一共有 5 个变量、1372 个样本。5 个变量分别为方差（variance of wavelet transformed image）、偏度（skewness of wavelet transformed image）、峰度（curtosis of wavelet transformed image）、熵（entropy of image）、类别（class），1 表示真币，0 表示假钞。除类别外，其余均为连续型变量。部分数据见表 11-1。

表 11-1　纸币鉴别数据表

Obs	variance	skewness	curtosis	entropy of image	class
1	3.6216	8.6661	−2.8073	−0.44699	0
2	4.5459	8.1674	−2.4586	−1.4621	0
3	3.866	−2.6383	1.9242	0.10645	0
…	…	…	…	…	…

若这时有一个新的纸币图像数据，如何判断它是真币还是假钞？

11.2　神经网络的基本概念

11.2.1　神经网络的基本单元——神经元

在大脑中，神经网络由称为神经元的神经细胞组成，神经元的主要结构有细胞体、树突（用来接收信号）和轴突（用来传输信号）。一个神经元的轴突末梢和其他神经元的树突相接触，形成突触。神经元通过轴突和突触把产生的信号送到其他的神经元。信号就从树突上的突触进入本细胞，神经元利用一种未知的方法，把所有从树突突触上进来的信号进行相加，如果全部信号的总和超过某个阈值，就会激发神经元进入兴奋状态，产生神经冲动并传递给其他神经元。如果信号总和没有达到阈值，神经元就不会兴奋。如图 11-1 所示的是一个生物神经元。

人工神经元模拟但简化了生物神经元，是神经网络的基本信息处理单位，其基本要素包括突触、求和单元及激活函数（有时为了简便起见，把求和单元和激活函数画在同一个节点上），结构如图 11-2 所示。

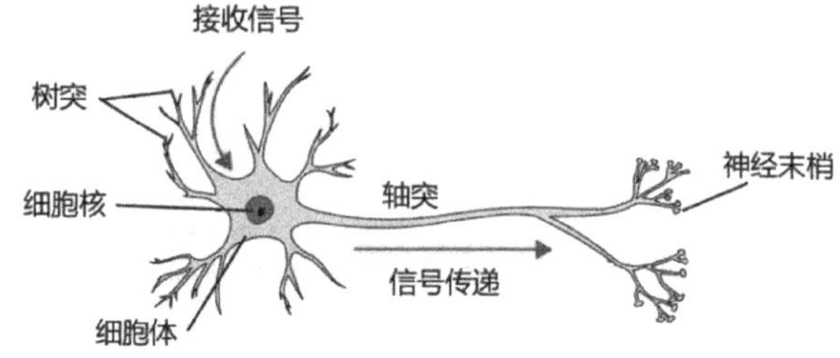

图 11-1　生物神经元

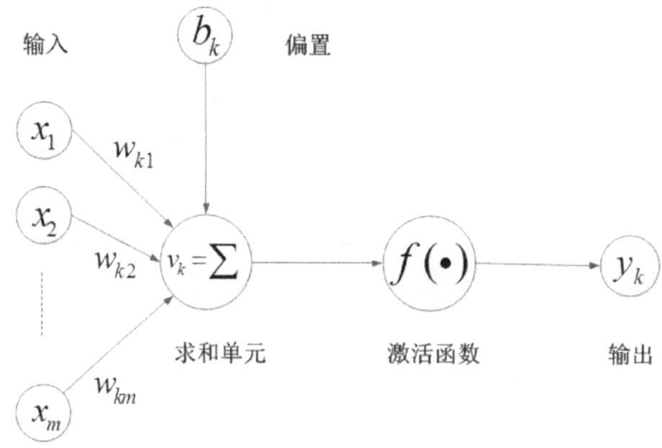

图 11-2　神经元结构图

（一）突触

突触实际上就是神经元的输入端。将要研究的这个神经元记作神经元 k，模型的输入信号 $x_1,x_2,\cdots,x_m$ 既可以是原始的信号源，也可以是其他神经元的输出信号，记为 $\{x_m\}$ 序列。每个输入都有一个权重 $w_{k1},w_{k2},\cdots,w_{km}$，记为 $\{w_{km}\}$ 序列。其中，w_{kj} 的第一个下标表示正在研究的神经元，第二个下标表示权重所在的突触输入端。与一般的权重不同，这里的权重既可以取正值也可以取负值。连接到神经元 k 的突触 j 上的输入信号 x_j 的突触权重为 w_{kj}。类似生物神经元的激活阈值（当输入信号超过该阈值时，神经元兴奋），人工神经元模型也包括一个外部偏置，记作 b_k（相当于常数项）。神经元结构简化模式如图 11-3 所示。

（二）求和单元

求和单元用来求各输入信号与相应突触权值的加权和，也就是提取输入信号的线性联系作为特征。令 v_k 为神经元内部的激活水平，那么 $v_k=\sum_{j=1}^{m}x_j w_{kj}+b_k$。

可以把偏置 b_k 看作一个新增的突触，即 $x_0=1$，$w_{k0}=b_k$，这样 v_k 就可以写成 $v_k=\sum_{j=1}^{m}x_j w_{kj}+b_k=\sum_{j=0}^{m}x_j w_{kj}$。若令 $\boldsymbol{x}_k=(x_0,x_1,\cdots,x_m)^{\mathrm{T}}$，$\boldsymbol{w}_k=(w_{k0},w_{k1},\cdots,w_{km})^{\mathrm{T}}$，则 $\boldsymbol{v}_k=\boldsymbol{x}_k{}^{\mathrm{T}}\boldsymbol{w}_k$。

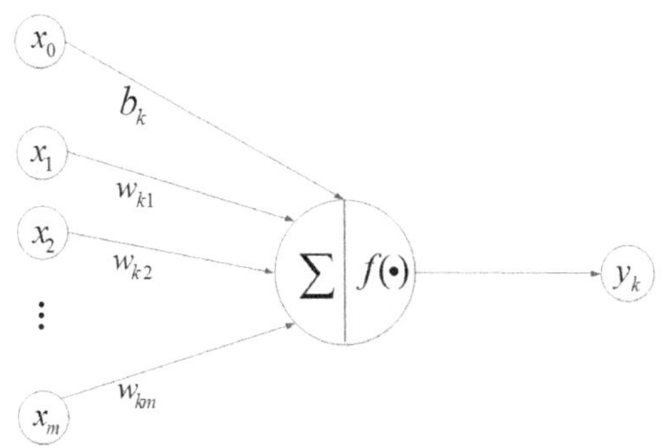

图 11-3　神经元结构简化模式

（三）激活函数

激活函数一般为非线性形式，是上述提取的特征 $\boldsymbol{v}_k$ 的函数，用来控制模型的输出，记作 $f(g)$，模型的输出为 $\boldsymbol{y}_k = f(\boldsymbol{v}_k) = f(\boldsymbol{x}_k{}^{\mathrm{T}}\boldsymbol{w}_k) = f(\sum_{j=1}^{m} x_j w_{kj} + b_k)$。激活函数的种类很多，下面介绍几种常见的激活函数。

（1）阶跃函数和符号函数。阶跃函数和符号函数是最简单的激活函数，其输出只有两个状态（0 和 1 或者−1 和 1），但这种函数的缺点就是不可微。阶跃函数和符号函数的表达式分别为（11.1）式和（11.2）式：

$$f(x) = \begin{cases} 1, & x \geqslant 0 \\ 0, & x < 0 \end{cases} \tag{11.1}$$

$$f(x) = \mathrm{sgn}(x) = \begin{cases} 1, & x \geqslant 0 \\ -1, & x < 0 \end{cases} \tag{11.2}$$

如图 11-4 所示展示了阶跃函数（如图 11-4（a）所示）和符号函数（如图 11-4（b）所示）的形状。

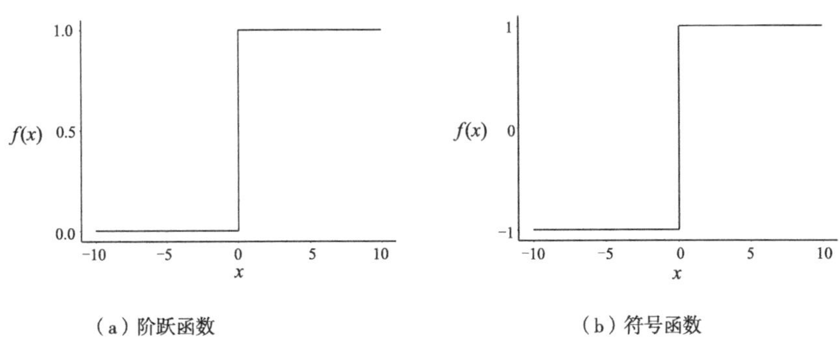

（a）阶跃函数　　（b）符号函数

图 11-4　阶跃函数和符号函数

（2）Sigmoid()函数。Sigmoid()函数也称 S 形函数，其值域是 0～1 的连续区间，具有非线性、单调性和可微性，在线性和非线性之间具有较好的平衡，是构造人工神经网络最常用的激活函数。Sigmoid()函数的表达式如下：

$$f(x)=\frac{1}{1+\exp(-ax)} \tag{11.3}$$

其中，a 是倾斜参数，修改 a 可以改变函数的倾斜程度，在极限的情况下倾斜参数趋于无穷，Sigmoid()函数就变成了简单的符号函数。Sigmoid()函数的形状如图 11-5 所示。

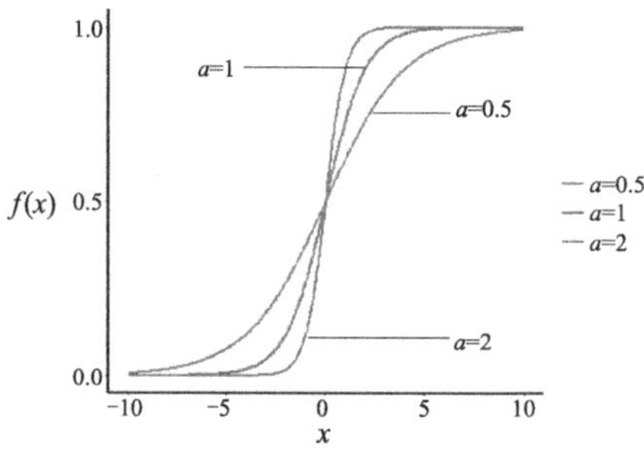

图 11-5　Sigmoid()函数

还有一种常用的函数是双曲正切函数（如图 11-6（a）所示），它是 Sigmoid()函数的变形，其值域是-1～1 的连续区间。表达式为：

$$f(x)=\tanh(x)=\frac{2}{1+e^{-2x}}-1=\frac{1-e^{-2x}}{1+e^{-2x}} \tag{11.4}$$

使用 sigmoid 作为激活函数有一个缺陷，就是梯度饱和。当输入非常大或者非常小时，函数的梯度接近于 0，在反向传播算法中计算出的梯度也会接近于 0，在调整参数时就会存在参数弥散问题，传到前几层的梯度已经非常靠近 0 了，参数几乎不会再更新，这就会使参数收敛速度很慢，严重影响了训练的效率。

（3）ReLU 激活函数（the Rectified Linear Unit）（如图 11-6（b）所示）。近年来，ReLU 激活函数越来越受欢迎，它的表达式为：

$$f(x)=\max(0,x) \tag{11.5}$$

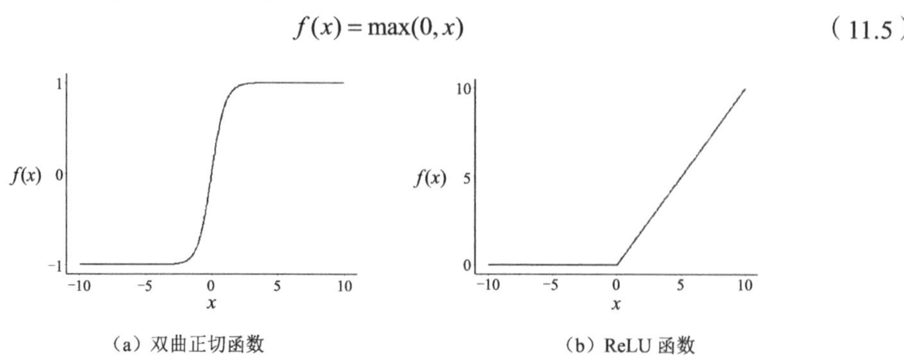

图 11-6　双曲正切函数和 ReLU 函数

相比于 sigmoid()函数和 tanh()函数，ReLU 的优势有两点，一是梯度不饱和。当 $x > 0$ 时，梯度为 1，从而在反向传播过程中，减轻了梯度弥散的问题；二是计算速度快，ReLU 只需一个阈值就可以得到激活值，加快了正向传播的计算速度。因此，RelU 激活函数可以极大地加快收敛速度。在 ReLU 的基础上，还有 Leaky-ReLU、P-ReLU、R-ReLU 等变形和改进。

11.2.2 神经网络的结构

神经元按照一定的方式连接成神经网络，不同的连接方式对应着不同的网络结构，相应的网络训练算法也不同。根据网络中是否存在反馈，可将神经网络分为前馈网络和反馈网络。

（一）前馈网络

前馈网络也称前向网络，是最早提出的人工神经网络，也是最简单的人工神经网络模型。在前馈网络中，神经元以层的形式组织，可以分为输入层、隐藏层（可以没有）、输出层。各层神经元从输入层开始，只接收前一层神经元的输入信号，并输出到下一层，直至输出层，整个网络中无反馈。

按照是否含有隐藏层，可以将前馈网络分为单层前馈网络和多层前馈网络。单层前馈网络是最简单的分层网络，如 Rosenblatt 感知器、源节点构成输入层，直接投射到神经元的输出层上。这里的单层指的是计算节点输出层，源节点的输入层不算在内。多层前馈网络有一个输入层，中间有一个或多个隐含层（相应的计算节点称为隐藏神经元或隐藏单元），还有一个输出层。隐藏是指神经网络的这一部分无论从网络的输入端或者输出端都无法直接观察到。源节点提供输入向量，组成第二层的输入，第二层的输出信号作为第三层的输入，这样一直传递下去，最后的输出层给出相对于源节点的网络输出。如图 11-7 所示给出一个 3-2-3-2 的多层前馈神经网络。常见的多层前馈神经网络有 BP（Back Propagation）网络、RBF（Radial Basis Function）网络等。

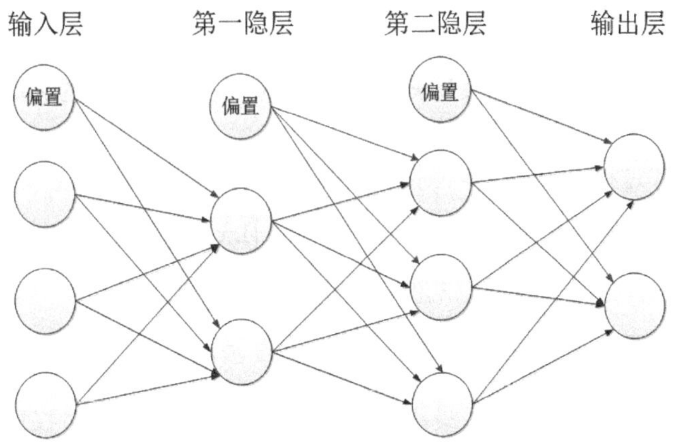

图 11-7 多层前馈神经网络

（二）反馈网络

反馈网络也称递归网络，它与前馈网络的区别在于网络中带有一个或多个反馈回路，也就是至少有一个神经元将自身的输出信号作为输入信号反馈给自身或其他神经元，它是一种反馈动力学系统。在反馈网络中，输入信号决定反馈系统的初始状态，经过一系列的反馈计算和状态转移，系统逐渐收敛于平衡状态，这样的平衡状态就是反馈网络的输出。相对于前馈网络，反馈网络具有更好的非线性动态特性，可用来实现联想记忆和优化求解问题，常见的有 Hopfield 神经网络模型。如图 11-8 所示给出的是由三个神经元组成的一个反馈网络。

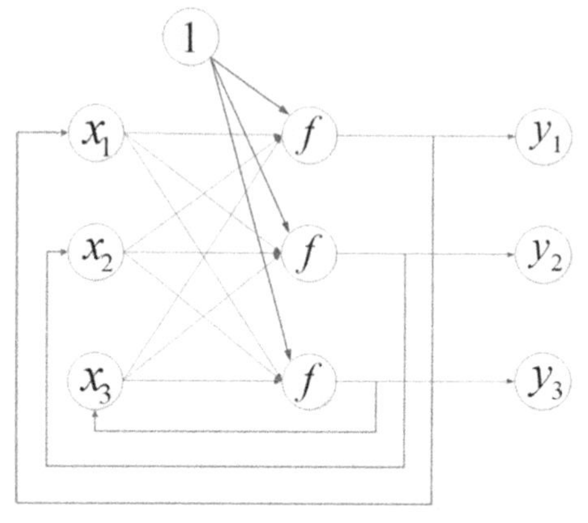

图 11-8　反馈网络

11.2.3　神经网络的学习

神经网络的学习方式和学习规则一直是研究的重点，本节首先介绍几种常见的神经网络的学习规则，然后介绍神经网络的学习目的。

（一）学习规则

在介绍学习规则之前，首先对批量学习和在线学习这两个概念做简要区别。批量学习（batch learning）指的是权值的调整是在训练数据集的 N 个样本都输入后进行，这构成了训练的一个回合，权值的调整是以回合-回合为基础的。而在线学习（online learning）指的是每输入一个样本就调整一次权重，权值的调整是以样例—样例为基础的。二者各有优缺点。

神经网络的学习规则就是修改权重或调整参数的规则。神经网络的结构不同，相应地学习规则也不同。常用的有 δ 学习规则、最小均方学习规则、Hebb 学习规则。

（1）δ（Delta）学习规则。1986 年，认知心理学家 McClelland 和 Rumelhart 提出了 δ 学习规则，也称作误差修正规则或连续感知器学习规则。δ 学习规则的关键思想是利用梯度下降法来找到最佳的权重。

设 t 为神经元迭代过程中的时间步，则第 t 步的训练数据集为 $D_t=\{[\boldsymbol{x}_n(t),d_n(t)],1\leqslant n\leqslant N\}$，这里 $\boldsymbol{x}_n(t)$ 是考虑偏置的 m+1 维向量，即 $\boldsymbol{x}_n(t)=[1,x_{n1}(t),x_{n2}(t),\cdots,x_{nm}(t)]^{\mathrm{T}}$；权值向量为 $\boldsymbol{w}_k(t)=[w_{k0}(t),w_{k1}(t),w_{k2}(t),\cdots,w_{km}(t)]^{\mathrm{T}}$；$d_n(t)$ 代表期望的输出；$f(g)$ 是激活函数；$y_n(t)=f[\boldsymbol{w}_k(t)^{\mathrm{T}}\boldsymbol{x}_n(t)]$ 是网络的实际输出；误差函数为 $E(t)=\frac{1}{2}\sum_{n=1}^{N}[d_n(t)-y_n(t)]^2=\sum_{n=1}^{N}E_n(t)$。

接下来的问题是调整权重使误差最小，这里采用梯度下降法来对权重进行调整。梯度下降法是从任意一个初始向量开始，以很小的步伐反复修改这个向量，每一步都沿着误差曲线最陡峭的下降方向修改权向量，直到得到全局的最小误差点。由于梯度向量

$\nabla E(\boldsymbol{w}_k)=\left[\frac{\partial E(t)}{\partial w_{k0}},\frac{\partial E(t)}{\partial w_{k1}},\frac{\partial E(t)}{\partial w_{k2}},\cdots,\frac{\partial E(t)}{\partial w_{km}}\right]$确定了使$E(t)$最陡峭上升的方向，所以梯度下降法即$\Delta\boldsymbol{w}_k(t)=-\eta\nabla E(\boldsymbol{w}_k)$，于是可得到下面的式子：

$$\Delta w_{ki}(t)=-\eta\frac{\partial E(t)}{\partial w_{ki}}=\eta\sum_{n=1}^{N}(d_n(t)-y_n(t))f'\left[\boldsymbol{w}_k(t)^{\mathrm{T}}\boldsymbol{x}_n(t)\right]x_{ni}(t),\quad i=0,1,2,\cdots,m$$

$$w_{ki}(t+1)=w_{ki}(t)+\Delta w_{ki}(t)$$

δ学习规则适用于训练监督学习的神经网络，要求激活函数是可导的，如 Sigmoid()函数。

（2）最小均方学习规则（Least Mean Square, LMS）。1962 年，美国机电工程师 B.Widrow 和 M.Hoff 提出了 Widrow-Hoff 学习规则，也称为最小均方规则，可以用如下公式表示：

$$\Delta w_{ki}(t)=-\eta\frac{\partial E(t)}{\partial w_{ki}}=\eta\sum_{n=1}^{N}\left[\boldsymbol{d}_n(t)-\boldsymbol{y}_n(t)\right]x_{ni}(t),\quad i=0,1,2,\cdots,m$$

$$w_{ki}(t+1)=w_{ki}(t)+\Delta w_{ki}(t)$$

最小均方学习规则与δ学习规则很相似，可将最小均方学习规则看作δ学习规则中$f'\left[\boldsymbol{w}_k(t)^{\mathrm{T}}\boldsymbol{x}_n(t)\right]=1$的特殊情况。该规则不仅学习速度快而且有较高的精度，权值可任意初始化。另外，它与神经元采用的激活函数无关，因此不要求激活函数可导。

（3）Hebb 学习规则。Hebb 学习规则是一种纯前馈、无监督的规则，由神经心理学家 D.O.Hebb 提出，它是最早也是最著名的训练算法，至今仍在各种神经网络模型中起着重要作用。Hebb 规则假定：若神经元 k 接收了神经元 i 的输入信号，当这两个神经元同时处于兴奋状态时，它们之间的连接强度应该增强。这条规则与“条件反射”学说一致，后来得到了神经细胞学说的证实。

设 $\boldsymbol{x}_k(t)=\left[x_0(t),x_1(t),\cdots,x_m(t)\right]^{\mathrm{T}}$ 为神经元 k 在第 t 步的输入信号，$\boldsymbol{w}_k(t)=\left[w_{k0}(t),w_{k1}(t),\cdots,w_{km}(t)\right]^{\mathrm{T}}$ 为第 t 步的连接权重，则神经元 k 在第 t 步的输出信号为 $\boldsymbol{y}_k(t)=f\left[\boldsymbol{x}_k(t)^{\mathrm{T}}\boldsymbol{w}_k(t)\right]$，对应的 Hebb 规则为：

$$\Delta w_{ki}(t)=\eta\boldsymbol{y}_k(t)\boldsymbol{x}_i(t)=\eta f\left[\boldsymbol{x}_k(t)^{\mathrm{T}}\boldsymbol{w}_k(t)\right]x_i(t)$$

$$w_{ki}(t+1)=w_{ki}(t)+\Delta w_{ki}(t)$$

其中，η为学习速率。Hebb 学习规则需预先设置权重饱和值，以防输入和输出正负始终一致时权重无约束增加。此外，要对权重初始化，也就是对$\boldsymbol{w}_k(0)$赋予零附近的小随机数。

（二）学习目的

神经网络的学习目的是调整网络的权重，提高或改善网络的性能，而网络的性能指的是神经网络的泛化能力。

神经网络的泛化能力也称作推广能力，指的是网络对于一个测试样本给出正确输出的能力，可以将其理解为测试误差。在实际应用中，相对于训练误差，人们更关心测试误差。由于神经网络的可变参数很多，如果迭代的时间过长，就会导致神经网络过拟合，即神经网络会拟合训练集的噪声，导致训练误差较小，测试误差较大，从而使网络的泛化能力较差。避免过拟合的方法有复杂度正则化、停止准则、交叉验证、验证集方法等。其中，权值衰减的复杂度正则化是在误差函数的基础上引入复杂度罚项：$R(\boldsymbol{w})=E(\boldsymbol{w})+\lambda J(\boldsymbol{w})$，类似岭回归，可以将复杂度罚项定义为网络中所有权值向量的平方范数，即 $J(\boldsymbol{w})=\sum_{i\in C}\boldsymbol{w}_i^2$，其中 C 指的是网络中权值的下标集，λ 是正则化参数。

11.3 神经网络模型

神经网络模型很多，典型的模型有感知器、BP 神经网络、Hopfied 网络、卷积神经网络、递归神经网络等,这里主要介绍单神经元感知器、单层感知器、BP 神经网络和 Rprop 神经网络。

感知器（perceptron）是第一个完整的人工神经网络，最早是由美国心理学家 Rosenblatt 于 1958 年提出的，是一种典型的前向神经网络，可分为单神经元感知器、单层感知器和多层感知器。通常讲的感知器不能解决线性不可分问题是指单神经元感知器和单层感知器，而多层感知器（Multilayer Perceptrons，MLP）可以解决线性不可分问题。由于多层感知器利用反向传播算法（Back-Propagation algorithm）进行训练，所以多层感知器也常常称作 BP 网络。

11.3.1 单神经元感知器

Rosenblatt 感知器是典型的单神经元感知器，建立在一个非线性神经元上，与神经元的 McCulloch-Pitts（M-P）模型十分相似，是用于线性可分模式（存在一个超平面可以把数据分成两类）的最简单的神经网络模型。由于只有一个神经元，所以只能完成两类的模式分类。单神经元感知器如图 11-9 所示。

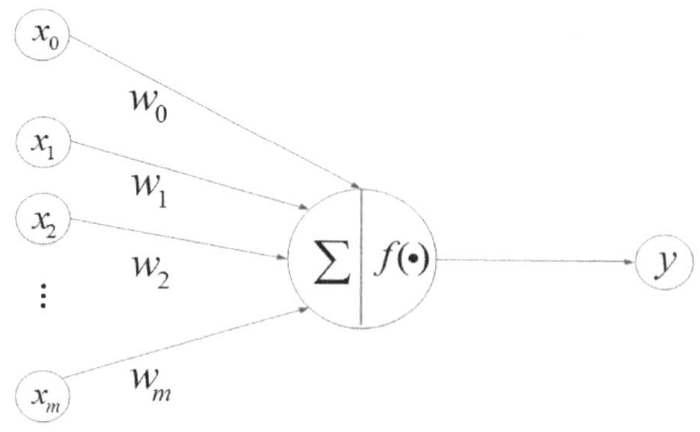

图 11-9 单神经元感知器

在神经元模型的基础上选择符号函数作为激活函数，由于这里只有一个神经元，所以可以省

略下标 k。第 t 步的训练数据集为 $D_t=\{[\boldsymbol{x}_n(t),d_n(t)],1\leqslant n\leqslant N\}$，$\boldsymbol{x}_n(t)=[1,x_{n1}(t),x_{n2}(t),\cdots,x_{nm}(t)]^{\mathrm{T}}$，权值向量为 $\boldsymbol{w}(t)=[w_0(t),w_1(t),w_2(t),\cdots,w_m(t)]^{\mathrm{T}}$，$d_n(t)$代表期望输出取值为 1 或-1，输出为

$$y_n(t)=f\left[\boldsymbol{w}_n^{\mathrm{T}}(t)\boldsymbol{x}_n(t)\right]=\operatorname{sgn}\left[\boldsymbol{w}_n^{\mathrm{T}}(t)\boldsymbol{x}_n(t)\right]=\begin{cases}1, & \boldsymbol{w}_n^{\mathrm{T}}(t)\boldsymbol{x}_n(t)\geqslant 0\\-1, & \boldsymbol{w}_n^{\mathrm{T}}(t)\boldsymbol{x}_n(t)<0\end{cases}$$

单神经元感知器的训练目标是找到一个 $\boldsymbol{w}^*$，使得如果 $d_n=1$，$\boldsymbol{w}^{*\mathrm{T}}\boldsymbol{x}\geqslant 0$（类 1），否则 $\boldsymbol{w}^{*\mathrm{T}}\boldsymbol{x}<0$（类 2）。利用最小均方误差规则进行训练的过程如下。

第一步：初始化网络权重为小的随机数，$t=0$。

第二步：输入第 t 步的训练数据，计算单神经元感知器的输出与期望输出的误差，调整权重：

$$\Delta w_i(t)=\eta\sum_{n=1}^{N}\left[d_n(t)-y_n(t)\right]x_{ni}(t)\,,\quad i=0,1,2,\cdots,m$$

$$w_i(t+1)=w_i(t)+\Delta w_i(t)$$

第三步：重复步骤二，直至训练数据集的误差小于预先设定的阈值或达到最大的迭代次数。

11.3.2　单层感知器

建立在一个神经元上的感知器只能完成两类的模式分类，通过扩展感知器的输出层可以使感知器包括不止一个神经元，相应地可以进行多类别的分类，这就是单层感知器（如图 11-10 所示）。

设单层感知器由 K 个神经元构成，当样本属于第 k 类时，第 k 个神经元的输出为 1，其余神经元的输出为 0，以此进行多分类。

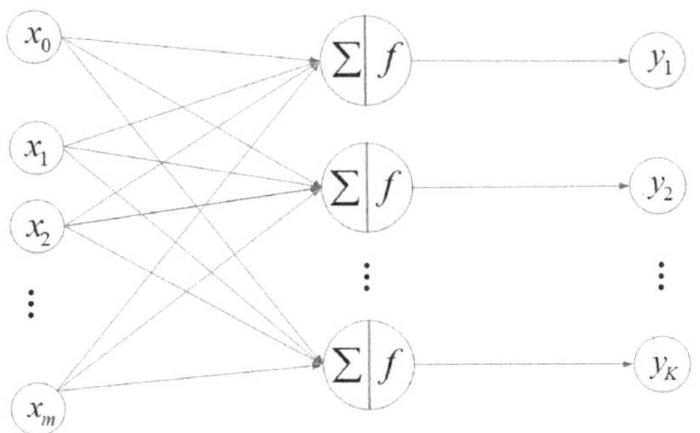

图 11-10　单层感知器

与单神经元感知器相似，设第 t 步的训练数据集为 $D_t=\{[\boldsymbol{x}_n(t),\boldsymbol{d}_n(t)],1\leqslant n\leqslant N\}$，输入为 $\boldsymbol{x}_n(t)=[1,x_{n1}(t),x_{n2}(t),\cdots,x_{nm}(t)]^{\mathrm{T}}$，则第 k 个神经元的权值向量为 $\boldsymbol{w}_k(t)=[w_{k0}(t),w_{k1}(t),w_{k2}(t),\cdots,w_{km}(t)]^{\mathrm{T}}$，

$k=1,2,\cdots,K$。另外，$\boldsymbol{d}_n(t)=[d_{n1}(t),d_{n1}(t),\cdots,d_{nK}(t)]^{\mathrm{T}}$ 表示 K 个神经元的期望输出，$f(g)$ 是激活函数，$\boldsymbol{y}_n(t)=[y_{n1}(t),y_{n1}(t),\cdots,y_{nK}(t)]^{\mathrm{T}}$ 表示 K 个神经元的实际输出，其中，$y_{nk}(t)=f\left[\boldsymbol{w}_k(t)^{\mathrm{T}}\boldsymbol{x}_n(t)\right]$，$k=1,2,\cdots,K$，则利用最小均方误差规则进行训练的过程如下。

第一步：初始化网络权重为小的随机数，$t=0$。

第二步：输入第 t 步的训练数据，计算单层感知器的输出与期望输出的误差，其中，第 k 个神经元的误差函数为：$E_k(t)=\dfrac{1}{2}\sum_{n=1}^{N}\left[d_{nk}(t)-y_{nk}(t)\right]^2$，$k=1,2,\cdots,K$，接着调整权重：

$$\Delta w_{ki}(t)=-\eta\frac{\partial E(t)}{\partial w_{ki}}=\eta\sum_{n=1}^{N}\left[\boldsymbol{d}_n(t)-\boldsymbol{y}_n(t)\right]x_{ni}(t),\quad i=0,1,2,\cdots,m$$

$$w_{ki}(t+1)=w_{ki}(t)+\Delta w_{ki}(t),\quad k=1,2,\cdots,K$$

第三步：重复步骤二，直至训练数据集的误差小于预先设定的阈值或达到最大的迭代次数。

感知器收敛定理证明如果训练数据是线性可分的，那么上述算法在有限步内收敛。对于线性不可分的情况，在训练过程中很有可能出现震荡，无法保证算法收敛。因此感知器不能解决线性不可分问题。

11.3.3 BP 神经网络

BP 神经网络是 1986 年由以 Rumelhart 和 McCelland 为首的科学小组提出的。它是单层感知器的推广，包括输入层、一个或多个隐藏层、输出层。隐藏层的存在使 BP 神经网络可以解决线性不可分问题。BP 神经网络通过误差反向传播算法进行训练，它是目前应用最广的神经网络模型（如图 11-11 所示）。

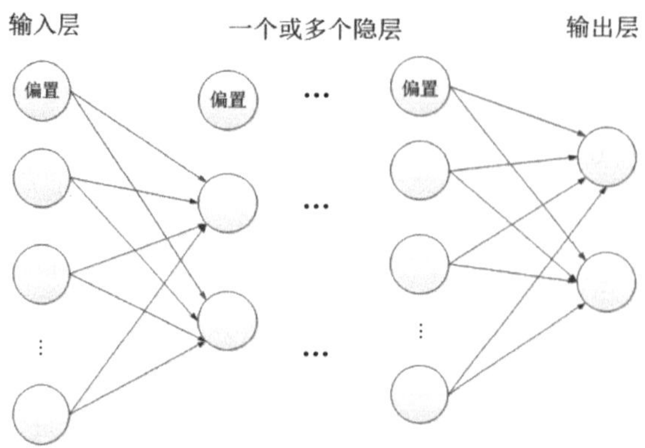

图 11-11 BP 网络结构图

以单隐藏层 BP 神经网络为例介绍 BP 算法。单隐藏层 BP 神经网络包含输入层、一个隐藏层和输出层，设训练数据集为 $D=\left\{(\boldsymbol{x}_n,\boldsymbol{d}_n),1\leqslant n\leqslant N\right\}$。输入层有 $m+1$ 个神经元节点，输入向量为考虑偏置的 $m+1$ 维向量，即 $\boldsymbol{x}_n=\left(x_{n0},x_{n1},x_{n2},\cdots,x_{nm}\right)^{\mathrm{T}}$，其中，$x_{n0}=1$，$n=1,2,\cdots,N$。隐藏层包含 L 个节点，h_{li} 表示连接隐藏层的神经元 l 与 x_{ni} 之间的权重，$i=0,1,2,\cdots,m$。$\varphi(g)$ 表示隐藏层神经元的激活函数，$z_{nl}=\varphi(\sum_{i=0}^{m}h_{li}x_{ni})$，$l=1,2,\cdots,L$ 是隐藏层的输出。输出层包含 K 个节点，输出层的输入向量为 $\boldsymbol{z}_n=\left(1,z_{n1},z_{n2},\cdots,z_{nL}\right)^{\mathrm{T}}$，$w_{kj}$ 表示连接输出层的神经元 k 与 z_{nj} 之间的权重，$j=0,1,2,\cdots,L$。$f(g)$ 表示输出层的激活函数，$y_{nk}=f(\sum_{l=0}^{L}w_{kl}z_{nl})$，$k=1,2,\cdots,K$。图 11-12 展示了一个单隐藏层 BP 神经网络的结构。

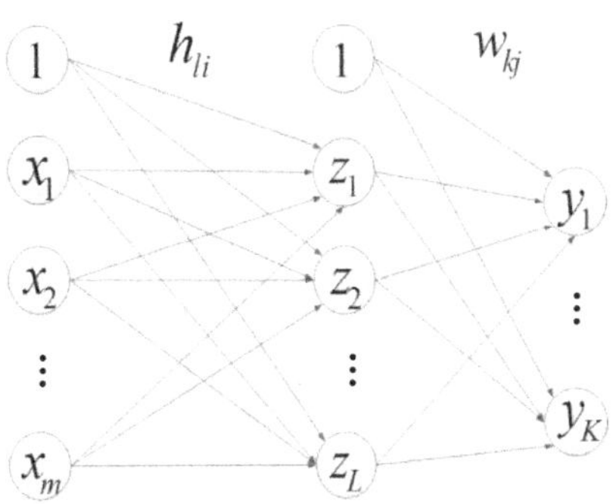

图 11-12 单隐藏层 BP 神经网络

介绍用于训练上述模型的误差反向传播算法，它由输入信号的正向传播和误差信号的反向传播两个过程组成。设第 t 步的训练数据集为 $D_t=\left\{\left(\boldsymbol{x}_n(t),\boldsymbol{d}_n(t)\right),1\leqslant n\leqslant N\right\}$，输入为 $\boldsymbol{x}_n(t)=\left[1,x_{n1}(t),x_{n2}(t),\cdots,x_{nm}(t)\right]^{\mathrm{T}}$。

（1）信号正向传播过程。输入信号首先输入到输入层，然后经过隐藏层，最后到达输出层。分别计算隐藏层和输出层的输入输出信号，设隐藏层神经元的激活函数 $\varphi(g)$，输出层的激活函数 $f(g)$，则：

隐藏层的输入向量：

$$\boldsymbol{x}_n(t)=\left[1,x_{n1}(t),x_{n2}(t),\cdots,x_{nm}(t)\right]^{\mathrm{T}},\quad n=1,2,\cdots,N$$

隐藏层神经元 l 的输入信号：

$$\alpha_{nl}(t)=\sum_{i=0}^{m}h_{li}(t)x_{ni}(t),\quad l=1,2,\cdots,L$$

隐藏层神经元 l 的输出信号：

$$z_{nl}(t)=\varphi(\alpha_{nl}(t)),\quad l=1,2,\cdots,L$$

输出层的输入向量为：

$$\boldsymbol{z}_n(t)=\left[1,z_{n1}(t),z_{n2}(t),\cdots,z_{nL}(t)\right]^{\mathrm{T}},\quad n=1,2,\cdots,N$$

输出层神经元 k 的输入信号：

$$\beta_{nk}(t)=\sum_{j=0}^{L}w_{kj}(t)z_{nj}(t)\ ,\quad k=1,2,\cdots,K$$

输出层神经元 k 的输出信号：

$$y_{nk}(t)=f\left[\beta_{nk}(t)\right],\quad k=1,2,\cdots,K$$

（2）误差反向传播过程。从输出层起反向逐层计算每一层的误差，根据梯度下降法更新各层的权重，使网络的实际输出尽可能接近期望输出。

首先令 $\boldsymbol{d}_n(t)=[d_{n1}(t),d_{n2}(t),\cdots,d_{nK}(t)]^{\mathrm{T}}$ 表示输出层 K 个神经元的期望输出，$\boldsymbol{y}_n(t)=[y_{n1}(t),y_{n2}(t),\cdots,y_{nK}(t)]^{\mathrm{T}}$ 表示输出层 K 个神经元的实际输出，则对于每个训练样本 $\boldsymbol{n}$，误差为：$E_n(t)=\frac{1}{2}\sum_{k=1}^{K}d_{nk}\left[(t)-y_{nk}(t)\right]^2$，$n=1,2,\cdots,N$，网络对 N 个训练样本的总体误差为：$E(t)=\frac{1}{2}\sum_{n=1}^{N}E_n(t)=\frac{1}{2}\sum_{n=1}^{N}\sum_{k=1}^{K}\left[d_{nk}(t)-y_{nk}(t)\right]^2$。使用如下的梯度下降法逐层更新权重：

$$\Delta w_{kj}(t)=-\eta\frac{\partial E(t)}{\partial w_{kj}(t)}$$

$$\Delta h_{li}(t)=-\eta\frac{\partial E(t)}{\partial h_{li}(t)}$$

其中，η 为学习率。

$$\begin{aligned}\Delta w_{kj}(t)=-\eta\frac{\partial E(t)}{\partial w_{kj}(t)}&=-\eta\sum_{n=1}^{N}\left[\frac{\partial E_n(t)}{\partial y_{nk}(t)}\frac{\partial y_{nk}(t)}{\partial\beta_{nk}(t)}\frac{\partial\beta_{nk}(t)}{\partial w_{kj}(t)}\right]\\&=\eta\sum_{n=1}^{N}\left[(d_{nk}(t)-y_{nk}(t))f'(\beta_{nk}(t))z_{nj}(t)\right]\\&=\eta\sum_{n=1}^{N}\left[\delta_{nk}(t)z_{nj}(t)\right]\end{aligned}$$

其中，$\delta_{nk}(t)=\left[d_{nk}(t)-y_{nk}(t)\right]f'\left[\beta_{nk}(t)\right]$。

$$\begin{aligned}\Delta h_{li}(t)=-\eta\frac{\partial E(t)}{\partial h_{li}(t)}&=-\eta\sum_{n=1}^{N}\sum_{k=1}^{K}\left[\frac{\partial E_n(t)}{\partial y_{nk}(t)}\frac{\partial y_{nk}(t)}{\partial\beta_{nk}(t)}\frac{\partial\beta_{nk}(t)}{\partial z_{nl}(t)}\frac{\partial z_{nl}(t)}{\partial\alpha_{nl}(t)}\frac{\partial\alpha_{nl}(t)}{\partial h_{li}(t)}\right]\\&=\eta\sum_{n=1}^{N}\sum_{k=1}^{K}\left[(d_{nk}(t)-y_{nk}(t))f'(\beta_{nk}(t))w_{kl}(t)\varphi'(\alpha_{nl}(t))x_{ni}(t)\right]\\&=\eta\sum_{n=1}^{N}\sum_{k=1}^{K}\left[\delta_{nk}(t)w_{kl}(t)\varphi'(\alpha_{nl}(t))x_{ni}(t)\right]\end{aligned}$$

其中，$\delta_{nk}(t)=\left[d_{nk}(t)-y_{nk}(t)\right]f'\left[\beta_{nk}(t)\right]$。

综合上面（1）和（2）的讨论，我们可将误差反向传播算法的训练过程总结如下。

第一步：初始化网络权重为小的随机数，$t=0$。

第二步：输入第 t 步的训练数据：

（a）信号的正向传播，逐层计算各神经元的输出；

（b）误差反向传播，调整输出层及隐藏层的权重：

$$\Delta w_{kj}(t)=\eta\sum_{n=1}^{N}\left[\delta_{nk}(t)z_{nj}(t)\right]$$

$$w_{kj}(t+1)=w_{kj}(t)+\Delta w_{kj}(t)$$

$$\Delta h_{li}(t)=\eta\sum_{n=1}^{N}\sum_{k=1}^{K}\left[\delta_{nk}(t)w_{kl}(t)\varphi'(\alpha_{nl}(t))x_{ni}(t)\right]$$

$$h_{li}(t+1)=h_{li}(t)+\Delta h_{li}(t)$$

第三步：重复步骤二，直至训练数据集的误差小于预先设定的阈值或达到最大的迭代次数。

需要注意的是，在训练神经网络前要将数据归一化，以便进行训练和分析。另外，对于 BP 神经网络，初始权值的设定对于网络训练有较大的影响。如果初始值的设定较大，使得加权后的输入落在激活函数的饱和区，会导致网络的权值调整过程缓慢，因此通常将初始值设定为零附近的小随机数。影响 BP 学习算法训练效率的另一个关键因素是学习率，学习率太低会导致训练时间过长，学习率太高可能会在误差减小过程中产生振荡，导致学习过程不收敛，因此在 BP 神经网络的设计中，倾向于选取较低的学习率以保证系统的稳定性，一般为 0.01~0.8。

BP 神经网络的输入层和输出层的节点数可以根据数据集的特性进行设定，但对于隐藏层数和隐藏层节点数的选取一般依赖经验和背景知识。若隐藏层的节点数过少，网络就不能充分提取数据的非线性特征，这会使网络的误差较大；若隐藏层的节点数过多，不仅会使网络的训练时间过长，还容易出现过拟合现象，即网络的测试误差很大。在设计神经网络时，一般首先考虑设置一个隐藏层，当一个隐藏层的节点数很多仍不能改善网络的性能时，可以考虑增加隐藏层，增加隐藏层的个数可以提高网络的非线性映射能力，进一步降低误差，提高训练精度，但加大隐藏层个数必定使训练过程复杂，训练时间延长。

11.3.4　Rprop 神经网络

BP 神经网络存在学习算法收敛速度慢、容易陷入局部极小值等缺陷。针对 BP 神经网络存在的问题，学者们提出了很多改进方法，如附加动量法、自适应学习速率法、拟牛顿法、共轭梯度法、LM 算法等，其中比较经典的是弹性反向传播算法（resilient back propagation，Rprop）神经网络。

由于误差超曲面非常复杂，很难从全局获得更多的启发式信息，所以可以考虑对每个权重分别采用不同的自适应学习率，即局部自适应策略。Riedmiller 和 Braun 于 1993 年提出的 Rprop 算法是在前向神经网络中实现监督学习的局部自适应方案。

设 w_{ij} 是联系神经元 i 和神经元 j 之间的权重，E 是可微的误差函数，上标代表迭代次数。在 Rprop 算法中，消除了偏导数的大小对权值改变的影响，权重更新的方向仅基于偏导数的符号，由专门的弹性更新值或步长（step-size）来确定，每个权重都有相对应的步长记作 $\varDelta_{ij}$。典型的 Rprop 算法包括两个部分。

第一部分，调整 step-size：

$$\Delta_{ij}^{(t)}=\begin{cases}\eta^{+}\Delta_{ij}^{(t-1)} & \dfrac{\partial E}{\partial w_{ij}}^{(t-1)}\dfrac{\partial E}{\partial w_{ij}}^{(t)}>0\\ \eta^{-}\Delta_{ij}^{(t-1)} & \dfrac{\partial E}{\partial w_{ij}}^{(t-1)}\dfrac{\partial E}{\partial w_{ij}}^{(t)}<0\\ \Delta_{ij}^{(t-1)} & \text{else}\end{cases}$$

这里，$0<\eta^{-}<1<\eta^{+}$，通常取 $\eta^{-}=0.5$，$\eta^{+}=1.2$，步长是有界的，上、下界分别记作 $\Delta_{\min}$ 和 $\Delta_{\max}$。

第二部分，调整权重。这里有两种方法，Rprop+和 Rprop−。

首先介绍 Rprop+（Rprop with weight−backtracking）方法。

（a）如果 $\dfrac{\partial E}{\partial w_{ij}}^{(t-1)}\dfrac{\partial E}{\partial w_{ij}}^{(t)}>0$，那么

$$\Delta_{ij}^{(t)}=\min(\eta^{+}\Delta_{ij}^{(t-1)},\Delta_{\max})$$

$$\Delta w_{ij}^{(t)}=-\text{sign}(\frac{\partial E}{\partial w_{ij}}^{(t)})\Delta_{ij}^{(t)}$$

$$w_{ij}^{(t+1)}=w_{ij}^{(t)}+\Delta w_{ij}^{(t)}$$

（b）如果 $\dfrac{\partial E}{\partial w_{ij}}^{(t-1)}\dfrac{\partial E}{\partial w_{ij}}^{(t)}<0$，那么

$$\Delta_{ij}^{(t)}=\max(\eta^{-}\Delta_{ij}^{(t-1)},\Delta_{\min})$$

$$\Delta w_{ij}^{(t)}=-\Delta w_{ij}^{(t-1)}$$

$$w_{ij}^{(t+1)}=w_{ij}^{(t)}-\Delta w_{ij}^{(t-1)}$$

令 $\dfrac{\partial E}{\partial w_{ij}}^{(t)}=0$（相当于强制设定 $\dfrac{\partial E}{\partial w_{ij}}^{(t)}=0$）

（c）如果 $\dfrac{\partial E}{\partial w_{ij}}^{(t-1)}\dfrac{\partial E}{\partial w_{ij}}^{(t)}=0$，那么

$$\Delta w_{ij}^{(t)}=-\text{sign}(\frac{\partial E}{\partial w_{ij}}^{(t)})\Delta_{ij}^{(t)}$$

$$w_{ij}^{(t+1)}=w_{ij}^{(t)}+\Delta w_{ij}^{(t)}$$

权重回溯（weight-backtracking）指的是如果前后两次误差函数的梯度符号改变，说明前一次的更新太大，跳过了一个局部极小值点，那么令

$$\Delta w_{ij}^{(t)}=-\Delta w_{ij}^{(t-1)}$$

$$\frac{\partial E}{\partial w_{ij}}^{(t)}=0$$

接着介绍 Rprop–（Rprop without weight-backtracking）。

（a）如果 $\frac{\partial E}{\partial w_{ij}}^{(t-1)}\frac{\partial E}{\partial w_{ij}}^{(t)}>0$，那么

$$\Delta_{ij}^{(t)}=\min(\eta^{+}\Delta_{ij}^{(t-1)},\Delta_{\max})$$

（b）如果 $\frac{\partial E}{\partial w_{ij}}^{(t-1)}\frac{\partial E}{\partial w_{ij}}^{(t)}<0$，那么

$$\Delta_{ij}^{(t)}=\max(\eta^{-}\Delta_{ij}^{(t-1)},\Delta_{\min})$$

权重更新为 $w_{ij}^{(t+1)}=w_{ij}^{(t)}-\text{sign}(\frac{\partial E}{\partial w_{ij}}^{(t)})\Delta_{ij}^{(t)}$。

Rprop 算法只是根据梯度的方向来决定权重调整的方向，而不考虑梯度值的大小，因此不会受到由于不可预见的干扰导致的梯度坏值的影响。由于除了梯度的计算外，权重的计算实际上也只依赖弹性更新值（resilient）的计算，而弹性更新值的计算很简单，因此计算量要比很多其他算法小。此外，一般的调整方法由于激活函数的限制，距离输出层越远的权重调整的越慢，学习能力越弱。由于 Rprop 算法不受梯度值大小的影响，在各层网络都具有相同的学习能力，而不受与输出层距离的影响。

11.4 R 语言实现

R 语言中可以用 nnet 程序包和 neuralnet 程序包来实现神经网络模型。本节我们首先分别介绍上述两个程序包，然后分别给出两个应用案例。

11.4.1 nnet 程序包

nnet 程序包主要用来建立单隐藏层的前馈神经网络模型，是常用的构建神经网络的 R 语言程序包。nnet 程序包中主要有 4 个函数，分别为 class.ind()、multinom()、nnet()、nnetHess()。

class.ind()函数是用来对建模数据中的结果变量（y）进行预处理的，通过结果变量的因子变量来生成一个类指标矩阵。格式为 class.ind(cl)。函数中只有一个参数，cl 既可以是一个因子向量，也可以是一个类别向量。该函数主要将向量变成一个矩阵，每行仍代表一个样本，将样本的类别用 0 或 1 表示，如果是该类，则在该类名下用 1 表示，其余类别名用 0 表示：

```
> v1 <- c ( "a" , "b" , "c" , "a" )
> v2 <- c ( 1 , 2 , 2 , 3 )
> class.ind ( v1 )
     a b c
[1,] 1 0 0
[2,] 0 1 0
[3,] 0 0 1
[4,] 1 0 0
```

```
> class.ind ( v2 )
     1  2  3
[1,] 1  0  0
[2,] 0  1  0
[3,] 0  1  0
[4,] 0  0  1
```

nnet()函数是实现神经网络的核心函数，可用来建立单隐藏层或无隐藏层的前馈神经网络模型。nnet()函数的使用格式有两种。第一种函数使用格式：

```
nnet ( formula , data , weights , ... , subset , na.action , contrasts = NULL )
```

主要参数介绍见表 11-2。

表 11-2　nnet()函数参数介绍 1

参　数	介　绍
formula	函数模型的形式，如“class~.”中的“.”代表在数据集中除 class 外的其他数据全部为模型的自变量
data	模型中的变量优先来自该数据框
weights	各类样本在模型中所占的比重，该参数默认为 1，即各类样本按原始比例建模
subset	主要用于抽取样本数据中的部分样本作为训练集，该参数所使用的数据格式为一个向量，向量中的每个数代表所要抽取的样本的行数
na.action	用来处理缺失值的函数

第二种函数使用格式：

```
nnet ( x , y , weights , size , Wts , mask , linout = FALSE , entropy = FALSE ,
    softmax = FALSE , censored = FALSE , skip = FALSE , rang = 0.7 ,
    decay = 0 , maxit = 100 ... )
```

这种格式的参数比较多，几个常用参数见表 11-3，其余参数的用法可通过在 R 语言中输入“?nnet”查看。

表 11-3　nnet()函数参数介绍 2

参　数	介　绍
x	一个矩阵或一个格式化数据集，即自变量
y	神经网络模型中的类别变量数据是一个矩阵，就是用 class.ind ( )处理生成的类指标矩阵，这里 y 必须使用这种格式
weights	与第一种格式相同
size	隐藏层的节点个数，为 0 则表示建立无隐藏层的神经网络模型
skip	默认为 FALSE，则建立单隐藏层神经网络，若为 TRUE，则建立无隐藏层神经网络
rang	初始权值的随机范围为[-rang , rang]，一般地，rang 与 x 的绝对值中的最大值的乘积大约为 1
decay	模型权值衰减的参数，默认为 0
maxit	控制模型的最大迭代次数，在模型迭代过程中，若一直没有触碰到模型迭代停止的其他条件，则模型会在迭代次数达到最大次数后停止

nnetHess()函数用来估计神经网络模型中的海塞矩阵（二次导数矩阵），该函数的具体使用格式为 nnetHess (net , x , y , weights)。其中，net 代表利用 nnet()函数建立的神经网络模型，x 和 y 是模型中的自变量和响应变量，weights 和前文一样。另外，nnet 程序包还能同 predict()函数配合使用，用来估计模型的预测结果。

11.4.2 neuralnet 程序包

neutralnet 程序包中主要有 6 个函数，分别为 compute()、confidence.interval()、gwplot()、neuralnet()、plot()、prediction()。neuralnet()函数是用来训练神经网络的核心函数，可用来建立多种结构的前馈神经网络模型。函数的使用格式为：

```
neuralnet ( formula , data , hidden = 1 , threshold = 0.01 , stepmax = 1e+05 ,
startweights = NULL , learningrate = NULL , algorithm = "rprop+" , err.fct
= "sse" , act.fct = "logistic" , linear.output = TRUE ,...)
```

该函数的参数也很多，几个常用参数见表 11-4，其余参数的用法可通过在 R 语言中输入“?neuralnet”查看。

表 11-4 neuralnet ( )函数参数介绍

参 数	介 绍
formula	需要拟合的函数模型的形式，如 class ~ X + Y。注意，这里不能直接使用 class~.的形式
data	模型中的变量所在的数据框
hidden	一个整型向量，用来说明隐藏层数和隐藏层的节点数，如 c(3,2)代表的是构建一个两个隐藏层的神经网络模型，其中，第一个隐藏层有 3 个节点，第二个隐藏层有 2 个节点
threshold	指定一个临界值，避免过拟合，当误差函数的偏微分小于该值时停止训练
stepmax	指定训练神经网络的最大迭代次数，达到最大迭代次数，模型就停止训练
startweights	设定模型初始权重，默认为 NULL，即初始权重随机设置
learningrate	指定标准反向传播算法的学习率参数，使用标准的反向传播算法时必须指定学习率参数
algorithm	设定训练神经网络的算法类型，一般 “backprop” “rprop+” “rprop-” “backprop”是标准的反向传播算法，“rprop+”和“rprop-”分别指的是有无权重回溯的弹性反向传播算法
err.fct	指定误差函数的类型，“sse”和“ce”分别指误差平方和和交叉熵函数
act.fct	指定激活函数的类型，“logistic”和“tanh”分别指的是 Sigmoid()函数和双曲正切函数
linear.output	如果激活函数不应用于输出神经元，则 linear.output 为“T”，否则为“F”

compute()函数主要用来估计模型的输出，使用格式为 compute (m , data)，其中，m 是所训练的神经网络模型，data 是数据框表示自变量。函数的输出有两个，neurons 是神经网络每一层神经元的输出；net.result 输出模型的拟合值。

plot()函数是该程序包自带的，用来画神经网络模型的拓扑结构图的函数。可以设置参数来改变神经元的大小，箭头的长短，横纵坐标、颜色等。

nnet 程序包和 neuralnet 程序包各有优势，我们比较它们的优缺点并整理成表 11-5。

表 11-5　两个程序包比较

	nnet 程序包	neuralnet 程序包
优点	（1）操作简单 （2）做预测比较方便 （3）可以处理类别变量 （4）误差函数考虑复杂度罚项 （5）输出节点不止 1 个 （6）应用最广泛	（1）可以构建多层的神经网络模型 （2）可以画出网络的结构图 （3）可以设定激活函数、误差函数、算法等参数 （4）可以采用 Rprop 等其他算法
缺点	只能构建单隐藏层和无隐藏层的神经网络模型，很多参数程序默认无法更改	输出节点只有 1 个，实际上是把分类当作回归处理

11.4.3　应用案例 1：利用 nnet 程序包分析纸币鉴别数据

利用 nnet 程序包构建神经网络模型分析例 11.1 中的纸币鉴别数据。首先，导入数据，对数据进行基本的描述性分析和归一化预处理：

```
> note <- read.table ( "banknote.txt" )
> names ( note ) = c ( "variance" , "skewness" , "curtosis" , "entropy" , "class" )
> dim ( note )
[1] 1372    5
> table ( note $ class )
 0    1
762  610
> summary ( note ) #限于篇幅，描述统计结果省略
```

banknote 数据集一共有 1372 个样本、5 个变量，最后一列为类别变量，而且真币和假钞的样本数为 762 和 610，比例接近 1:1。接下来，对数据进行预处理，取消各维度数据间数量级的差别，避免因输入/输出数据数量级差别较大而导致网络预测误差较大。常见的数据标准化的方法有最大/最小法和平均数方差法。这里采用第一种方法，即令 $x_i = (x_i - x_{\min})(x_{\max} - x_{\min})$：

```
> regular <- function ( x ) { # 自定义 regular 函数，用来对数据进行归一化
     ncol <- dim ( x ) [ 2 ] - 1 ; nrow <- dim ( x ) [ 1 ]
      new <- matrix ( 0 , nrow , ncol )
      for ( i in 1:ncol ) {
           max = max(x[, i]); min = min(x[, i])
           for(j in 1:nrow) {
             new [ j , i ] = ( x [ j , i ] - min ) / ( max-min ) }
             }
      x [ , 1 : ( dim ( x ) [ 2 ] - 1 ) ] <- new
      return(x)
 }
> banknote <- regular ( note ) # 归一化处理，得到新数据集 banknote
```

接着，将数据集划分为 75%样本的训练集和 25%样本的测试集：

```
> library ( nnet )
> set.seed ( 11 ) # 设置随机数种子
> index <- sample ( 1 : nrow ( banknote ) , round ( 0.75 * nrow ( banknote ) ) )
> train <- banknote [ index , ]
> test <- banknote [ - index , ]
> r <- 1 / max ( abs ( train [ , 1 : 4 ] ) ) # 确定参数 rang 的变化范围
> trainx <- train [ , 1 : 4 ]
> trainy <- train [ , 5 ]
> trainy <- class.ind ( trainy ) # 这里采用 nnet 的第二种格式，所以对 y 做变换
> testx <- test [ ,1 : 4 ] # 测试集
> testy <- test [ , 5 ]
> model1 <- nnet ( trainx , trainy , size = 0 , skip = T ) # 构建无隐藏层神经网络
> summary ( model1 )
a 4-0-2 network with 10 weights
options were - skip-layer connections
 b->o1     i1->o1    i2->o1   i3->o1   i4->o1
 -137.28  100.51     98.31   107.44     7.04
  b->o2    i1->o2    i2->o2   i3->o2   i4->o2
 137.36  -102.11   -98.12  -107.73    -6.05
model1$convergence
[1] 1
model1$value
[1] 11.481
```

通过 summary()函数可以得到模型的相关信息和权重的具体值，model1 的神经网络结构为 4-0-2，即输入层有 4 个节点，隐藏层没有节点，输出层有 2 个节点，一共有 10 个权重。i1、i2、i3、i4 分别代表输入层的 4 个节点，o1 和 o2 分别代表输出层的 2 个节点，b 为偏置也就是常数项，箭头下方的数值即为对应的权值。model1$convergence 为 1，说明模型达到最大的迭代次数后停止，model1$value 为 11.481。在 model1 的基础上，对测试集进行预测，只有 4 个样例预测出错，可见 model1 的预测效果是比较好的：

```
> pred1 <- predict ( model1 , testx ) # 预测的结果为一个矩阵
> name <- c ( "0" , "1" )              # 为 2 个类别确定名称
> pred <- name [ max.col ( pred1 ) ] # 确定最大值所在的列，根据结果将其转化为对应的类别
> table ( testy , pred )
       pred
 testy   0    1
 0      185   0
 1      4    154
```

对同样的训练集，构建隐藏层节点数为 2 的 BP 神经网络，记作 model2：

```
> model2 <- nnet ( trainx , trainy , decay = 5e-4 , maxit = 1000 , size = 2 ,
rang = r )
```

```
> summary ( model2 )
a 4-2-2 network with 16 weights
options were - decay=5e-04
 b->h1  i1->h1  i2->h1  i3->h1  i4->h1
 -14.09 16.53   11.01   6.65   -1.22
 b->h2  i1->h2  i2->h2  i3->h2  i4->h2
 9.31    -3.89   -8.87 -18.19    2.18
 b->o1  h1->o1  h2->o1
 -5.76  17.50  -18.18
 b->o2  h1->o2  h2->o2
 5.76 -17.51  18.19
model2$convergence
[1] 0
model2$value
[1] 1.501433
> pred2 <- predict ( model2 , testx )
> name <- c ( "0" , "1" )
> pred <- name [ max.col ( pred2 ) ]
> table ( testy , pred )
       pred
 testy   0   1
 0     185   0
 1      0  158
```

model2 的神经网络的结构为 4-2-2，一共有 16 个权重，h1 和 h2 分别代表隐藏层的 2 个节点。从测试集的角度看，模型将属于“0”的 185 个样本全部预测正确，将属于“1”的 158 个样本全部预测准确，模型的泛化能力很好。

11.4.4　应用案例 2：利用 neuralnet 程序包分析白葡萄酒的品质

为了在化学测试的基础上对白酒品质做出预测，本书选取 UCI 数据库中关于白酒品质的数据集构建合适的神经网络模型。该数据集包含 4 898 个样本，12 个变量。quality 为结果变量，将白酒品质分为 11 个等级， 0～10 代表白酒的质量逐步提高，但数据集中仅包括 3～9 这 7 个等级。其余 11 个基本特征分别为非挥发性酸、挥发性酸、柠檬酸、剩余糖分、氯化物、游离二氧化硫、总二氧化硫、密度、酸性、硫酸盐、酒精度。首先，导入数据，对数据进行基本分析：

```
> wwine1 <- read.table ( "wwine.txt" )
> names ( wwine1) <- c ( "fixedacidity" , "volatileacidity" , "citricacid" ,
"residualsugar" , "chlorides" , "freesulfurdioxide" , "totalsulfurdioxide" ,
"density" , "pH" , "sulphates" , "alcohol" , "quality" )
> dim ( wwine1 )
[1] 4898  12
> head ( wwine1 )
> summary ( wwine1 ) #限于篇幅，描述统计结果省略
```

对数据进行归一化预处理，并划分训练集和测试集：

```
> normalize <- function ( x ) { return ( ( x - min ( x ) ) / ( max ( x ) -
min ( x ) ) ) } # 归一化
> wwine1 <- as.data.frame ( lapply ( wwine1 , normalize ) )
> set.seed ( 11 ) # 设置随机数种子
> index <- sample ( 1 : nrow ( wwine1 ) , round ( 0.75 * nrow ( wwine1 ) ) )
> train <- wwine1 [ index , ]
> test <- wwine1 [ - index , ]
```

使用标准的反向传播算法构造神经网络模型：

```
> library ( grid ) ;library ( MASS ); library ( neuralnet )
> formula <- ( quality ~ fixedacidity + volatileacidity + citricacid +
            residualsugar + chlorides + freesulfurdioxide +
            totalsulfurdioxide + density + pH + sulphates + alcohol )
> model0 <- neuralnet ( formula , data = train , hidden = 1 , learningrate
                = 0.08 , algorithm = "backprop" , linear.output = F )
> ( train.error <- model0 $ result.matrix [ 1 , 1 ] )
[1] 461.9285593
> ( steps <- model0 $ result.matrix [ 3 , 1 ] )
[1] 2
> ( test.error <- sum ( ( compute ( model0 , test[ , 1 : 11 ] ) $ net.result
- test [ , 12 ] ) ^ 2 ) / 2 )
[1] 154.8465561
```

Model0 的训练误差为 461.9285593，steps 为 2，迭代次数少，测试误差为 154.8465561，该模型拟合得不好，很有可能是陷入了局部极小值，导致误差无法继续下降。利用同样的算法，构造不同结构的神经网络模型，并进行比较，结果见表 11-6。

表 11-6　标准 BP 算法的不同结构模型的比较结果

	Model1	Model2	Model3	Model4	Model5	Model6
网络结构	hidden=9	14	c(3,2)	c(7,2)	c(6,5,4)	c(9,8,5,4)
train.error	461.9281	537.4301	461.9301	537.4305	537.4299	461.9227
steps	93	2	2	2	2	7
test.error	154.8464	179.0137	154.8471	179.0139	179.0137	154.8446

这些模型的网络结构不同，但都拟合得不好，测试误差和训练误差都很大，迭代次数少，说明模型陷入局部极小值，无法使误差继续下降。容易陷入局部极小值是标准的反向传播算法的缺陷（由于初始权重由程序随机设定，所以同样的训练集、同样的程序，有可能得到不同的结果，但这些结果大致是一样的。)。

下面使用 Rprop 算法构建神经网络模型：

```
> library ( grid )
```

```
> model00 <- neuralnet ( formula , data = train , hidden = 1 )
> model00 $ result.matrix
                                           1
error                        28.343223433464
reached.threshold             0.009028457755
steps                     17688.000000000000
Intercept.to.1layhid1        -0.376560568053
fixedacidity.to.1layhid1      1.421118203045
# 限于篇幅，此处省略
> ( test.error <- sum ( ( compute ( model00 , test [ , 1 : 11 ] ) $ net.result
- test [ , 12 ] ) ^ 2 ) / 2 )
[1] 9.815340203
```

Model00 是用 Rprop 算法训练的隐藏层只有一个节点的神经网络模型，误差为 28.343223433464，reached.threshold 为 0.009028457755，steps 为 17688。与之前的模型相比，误差大大减小，模型拟合得较好，但网络训练的时间更长。其测试集的误差为 9.815340203。模型的预测能力还是比较好的。

利用类似的程序构建不同结构的神经网络模型，从中选择最优的模型。

模型的比较结果见表 11-7。

表 11-7　Rprop 算法的不同结构模型的比较结果

	Model01	Model02	Model03	Model04	Model05	Model06
网络结构	hidden=4	c(2,1)	c(2,2)	c(3,1)	c(2,1,1)	c(3,2)
error	25.2236	26.5433	26.5655	25.1997	26.5527	25.3703
steps	20381	3978	5152	18722	6854	37634
测试误差	9.0856	9.2854	9.3343	8.8335	9.3008	8.7669

经过多次尝试，构建单隐藏层的神经网络模型时，当隐藏层神经元的个数大于 6 时，模型在最大迭代次数下是不收敛的。通过比较上述 7 个模型，可以发现 model06 的测试误差和训练误差都比较小，因此选择 model06 作为拟合的模型：

```
> model06 <- neuralnet ( formula , data = train , hidden = c ( 3 , 2 ) )
> model06 $ result.matrix
1
error                        25.370269472384
reached.threshold             0.009523371431
steps                     37634.000000000000
Intercept.to.1layhid1         1.994141477135
fixedacidity.to.1layhid1     -1.883417989838
# 限于篇幅，此处省略
> ( test.error <- sum ( ( compute ( model06 , test [ , 1 : 11 ] ) $ net.result
- test [ , 12 ] ) ^ 2 ) / 2 )
[1] 8.76698358
```

Model06（如图 11-13 所示）的测试误差为 8.76698358，可以通过 model06$result.matrix 调出神经网络的各个权重，也可以通过 model06$weights，不过后者的结构更分明：

```
> plot ( model06 , information = F )
```

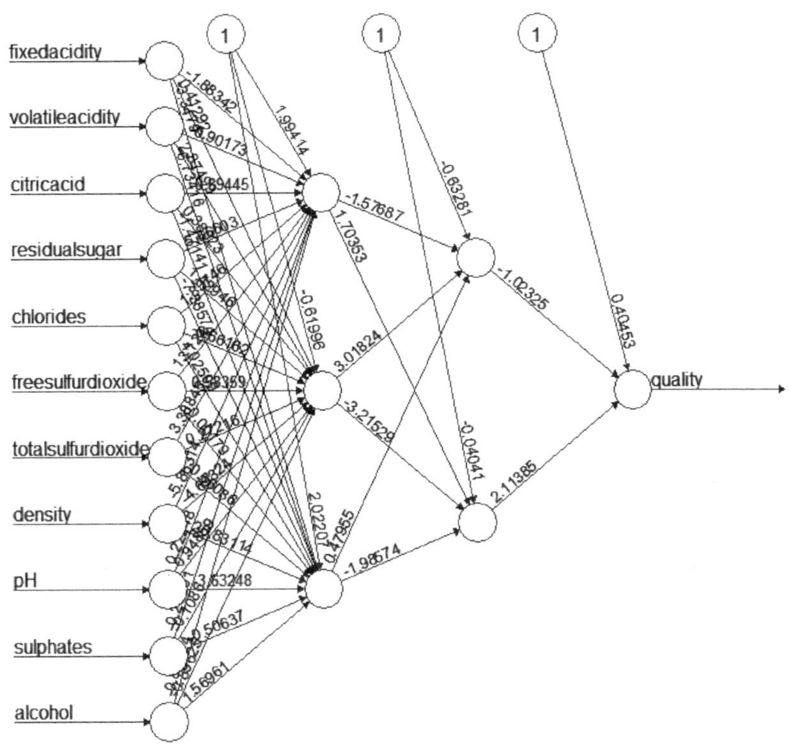

图 11-13 Model06 的神经网络结构图

从上述的建模过程可以发现，利用不同的算法训练神经网络会得到不同的结果，标准的 BP 算法在实际应用过程中会遇到很多问题，如局部极小值，网络一旦陷入局部极小值就很难跳出来。关于 BP 算法的改进方法很多，可根据具体情况选择，Rprop 算法是较快地训练神经网络模型的算法。我们不仅关注神经网络模型的训练误差，更关心模型的测试误差，也就是模型的泛化能力，要通过构建不同的神经网络模型，从中选择比较好的模型。

11.5 习题

1．请分析 ISLR 包中的 Auto 数据集。

（1）将 Auto 数据集中的 mpg 按照中位数划分为两类，新增一个变量 grade，并分别用 0

和 1 表示。

（2）从该数据集随机抽取 292 个样本作为训练集，剩下的作为测试集。

（3）利用 BP 神经网络进行建模，分析该最优模型的结果，并利用该最优模型对测试集进行预测分析。

（4）利用 Rprop 神经网络对训练集进行建模，分析该最优模型的结果，并利用最优模型对测试集进行预测分析。

（5）用 ROC 和 AUC 值比较 BP 神经网络、Rprop 神经网络和支持向量机对测试集的预测效果。

2．考虑 UCI 数据库（http://archive.ics.uci.edu/ml/datasets/Wine+Quality）中关于红酒品质的数据集（Wine Quality Data Set）。该数据集包含 1 599 个红葡萄酒样本信息，记录了非挥发性酸含量、挥发性酸含量、柠檬酸含量等 11 个预测变量，响应变量为综合品质得分，取值范围为 0~10，此样本集仅包含 3~8 这 6 种评分。

（1）使用 read.csv()函数读入数据。

（2）将红葡萄酒品质分为两个等级，其中评分为 3、4、5 的为“bad”品质，评分为 6、7、8 的为“good”品质。

（3）将预测变量进行归一化处理。

（4）设置一个随机种子，将数据集按 7：3 的比例划分为训练集和测试集。

（5）使用 nnet 程序包的 nnet()函数在训练集上构建合适的神经网络模型，隐层神经元个数设置为 2。

（6）在测试集上计算模型的测试错误率。

（7）选取不同的隐层神经元个数构造神经网络模型，根据不同模型的测试错误率选出最优模型。

第 12 章

无监督学习

本书前面的内容讨论的都是有关回归和分类这样的有监督学习（supervised learning）方法，即给定 n 个观测的 p 维特征 $X_1,X_2,\cdots,X_p$，以及每个观测对应的 1 个因变量 Y，利用 $X_1,X_2,\cdots,X_p$ 建模预测 Y。

本章将讨论的焦点从有监督学习转向无监督学习（unsupervised learning）。与有监督学习不同，无监督学习不给出样本的标签 Y，而仅给出样本的 p 维特征数据 $X_1,X_2,\cdots,X_p$，它的目标不再是预测，而是找到数据集 $X_1,X_2,\cdots,X_p$ 内部的结构关系和特征。本章将着重介绍四种无监督学习方法，包括聚类分析(clustering)、主成分分析(Principle Components Analysis, PCA)、因子分析（Factor Analysis, FA）和典型相关分析（Canonical Correlation Analysis, CCA）。

12.1 问题的提出

例 12.1（聚类分析）已知有 18 种花卉，并测得这些花卉的 8 个不同指标数据 V1（是否能过冬）、V2（是否生长在阴暗的地方）、V3（是否有块茎）、V4（花卉颜色）、V5（所生长泥土）、V6（某人对这 18 种花卉的偏好选择）、V7（花卉高度）、V8（花卉之间所需的间隔距离），见表 12-1。

若要将这 18 种花卉进行聚类，那么应该聚成几类？如何划分？

表 12-1 18 种花卉的 8 项指标数据（部分）

序　号	V1	V2	V3	V4	V5	V6	V7	V8
1	0	1	1	4	3	15	25	15
2	1	0	0	2	1	3	150	50
3	0	1	0	3	3	1	150	50
…	…	…	…	…	…	…	…	…

例 12.2（主成分分析） R 语言中 USArrests 数据集经常被用来做主成分分析，该数据集是 1973 年美国 50 个州的犯罪率指标，它包含 50 个观测值和 4 个变量，见表 12-2。其中，Murder、Assault、Rape 3 个变量分别为每 10 万居民中被逮捕的谋杀、暴力和强奸犯罪人数，UrbanPop 表示各州城市人口比例。我们想考虑的问题是如何用综合的变量来总结这些信息，并对各州犯罪率水平进行评价。

表 12-2　1973 年美国 50 州犯罪率数据（部分）

obs	Murder	Assault	UrbanPop	Rape
Alabama	13.2	236	58	21.2
Alaska	10.0	263	48	44.5
Arizona	8.1	294	80	31.0
…	…	…	…	…

例 12.3（因子分析） 某班 30 名学生的数学、物理、化学、语文、历史、英语 6 门课程成绩见表 12-3，应该如何根据学生的成绩分析该学生较适合学文科还是理科呢？

表 12-3　30 名学生成绩（部分）

序　号	数　学	物　理	化　学	语　文	历　史	英　语
1	65	61	72	84	81	79
2	77	77	76	64	70	55
3	67	63	49	65	67	57
…	…	…	…	…	…	…

例 12.4（典型相关分析） 测量 15 名受试者的身体形态和健康情况指标，见表 12-4。身体形态变量有年龄、体重、胸围和日抽烟量，健康情况指标有脉搏、收缩压和舒张压 3 项。如果想要研究身体形态和健康状况的关系，该如何进行分析呢？

表 12-4　身体形态和健康情况指标（部分）

序　号	年龄 X_1	体重 X_2	抽烟量 X_3	胸围 X_4	脉搏 Y_1	收缩压 Y_2	舒张压 Y_3
1	25	125	30	83.5	70	130	85
2	26	131	25	82.9	72	135	80
3	28	128	35	88.1	75	140	90
…	…	…	…	…	…	…	…

注：数据引自朱建平.应用多元统计分析（第二版）.北京:科学出版社.2012。

12.2　聚类分析

聚类分析是数据科学的一个重要工具，在信息检索、生物学、心理学、医学、商业等领域有广泛的应用。例如，在经济研究中，为了研究不同地区城镇居民生活中的收入和消费情况，往往需要划分不同的类型去研究；在商业活动中把客户细分为几类，根据不同类的客户特征有针对性地营销。聚类分析通常分为 R 型聚类和 Q 型聚类，R 型聚类是对样品进行聚类，Q 型聚类是对变量进行聚类。目前的研究多数是对样品进行聚类，因此本节主要以样品聚类为实例对聚类方法进行介绍。

聚类分析的目标是使组内的对象相互之间高度相似（相关），而不同组中的对象间差异尽可能大。而衡量这种差异的指标有很多，最常用的是“距离”。可以用一组有序对 (X,s) 或 (X,d) 表示聚类分析的输入，这里 X 表示一组样本，s 和 d 分别是度量样本间相似度和相异度（如距离）的指标。聚类分析的输出是一个分区，用 $C=\{C_1,C_2,\cdots,C_k\}$ 表示在每个类中包含观测序号的集合，需要满足“不重不漏”规则：

（1）$C_1 \cup C_2 \cup \cdots \cup C_k = \{1,2,\cdots,n\}$，即每个观测都至少属于一类；

（2）$C_i \cap C_j = \varnothing$，$i \neq j$，即类与类之间是无重叠的，没有一个观测同时属于两个或更多类。

聚类分析方法比较多，本节将着重讨论基于“距离”的聚类方法。我们首先给出相异度测量的概念，接着介绍两种最经典的聚类方法：K-means 聚类（K-means clustering）和系统聚类（hierarchical clustering）。

12.2.1　相异度

在聚类分析中，常常需要首先分析对象之间的相似性，如果两个对象比较相近，则倾向于把它们归为一类，反之则倾向于不把它们归为一类。所以，需要定义一个衡量对象之间相似性或者相异性的指标，把它称为相似度或者相异度。当对象之间相似性越强时，相异度的值越小，反之其取值越大。

相异度指标的定义有很多种方式，需要根据实际情况进行选择，但最常用的是采用“距离”的方法。本小节首先讨论观测点间距离的计算。

（一）数值型数据

当研究的对象是某些观测点时，令 d_{ij} 表示样品 $\boldsymbol{X}_i$ 与 $\boldsymbol{X}_j$ 的距离，可以采用以下几种“距离”对观测之间的相异性进行度量。

（1）明考夫斯基距离（minkowski distance）。

$$d_{ij}=(\sum_{k=1}^{p}\left|X_{ik}-X_{jk}\right|^{q})^{\frac{1}{q}}, q>0$$

明考夫斯基距离简称明氏距离，依据 q 的不同取值可以分成绝对距离（$q=1$，absolute distance）、欧氏距离（$q=2$，euclidean distance）和切比雪夫距离（$q=\infty$，chebyshev distance）。

欧氏距离是常用的距离，但是有一些缺陷。首先，它没有考虑总体的变异对“距离”远近的影响，显然一个变异程度大的总体可能与更多样品近些，即使它们的欧氏距离不一定最近；其次，欧氏距离受变量的量纲影响，在处理多元数据时会产生一些问题。为了克服这方面的不足，可采用“马氏距离”。

（2）马氏距离（mahalanobis distance）。

设 $\boldsymbol{X}_i$ 与 $\boldsymbol{X}_j$ 来自均值向量 $\boldsymbol{\mu}$，协方差为 $\boldsymbol{\Sigma}(>0)$ 的总体 G 中的 p 维样品，则两个样品间的马氏距离为：

$$d_{ij}^2=(\boldsymbol{X}_i-\boldsymbol{X}_j)'\boldsymbol{\Sigma}^{-1}(\boldsymbol{X}_i-\boldsymbol{X}_j)$$

马氏距离又称广义欧氏距离，它与其他距离的主要不同在于它考虑了观测变量之间的相关性。如果各变量之间相互独立，即观测变量的协方差矩阵是对角矩阵，则马氏距离就退化为用各个观测指标的标准差的倒数作为权数的加权欧氏距离。马氏距离考虑了观测变量之间的变异性，且不再受各指标量纲的影响。将原始数据作线性变换后，马氏距离不变。

（3）余弦距离（余弦相似度，cosine similarity）。

余弦距离也称余弦相似度，用向量空间中两个向量夹角的余弦值来衡量两个个体间的差异。向量是多维空间中有方向的线段，如果两个向量的方向一致，则夹角接近 0，这两个向量就相近。设 $\boldsymbol{X}_i$ 与 $\boldsymbol{X}_j$ 是两个 p 维样品，则余弦相似度为：

$$d_{ij}=\frac{\boldsymbol{X}_i'\boldsymbol{X}_j}{\|\boldsymbol{X}_i\|_2\|\boldsymbol{X}_j\|_2}$$

它其实是向量 $\boldsymbol{X}_i$ 与 $\boldsymbol{X}_j$ 的夹角的余弦值，即关注的是个体方向上的差异，对绝对数值不敏感，所以可以解决例如不同个体间存在的度量标准不统一的问题。

（二）分类型数据

我们首先讨论二元变量的情况，即变量只取 0 或 1 两个值，0 表示该变量为空，1 表示该变量存在。例如，给出一个描述病人的变量 smoker，1 表示病人抽烟，0 表示病人不抽烟。对于两个 p 维且每个变量均为二元变量的观测点 $\boldsymbol{X}_i=(x_{i1},\cdots,x_{ip})$，$\boldsymbol{X}_j=(x_{j1},\cdots,x_{jp})$，它们之间的距离可以用表 12-5 所示的二维表来表示。

表 12-5　二元变量观测点 $\boldsymbol{X}_i$ 与 $\boldsymbol{X}_j$ 的分布矩阵

$\boldsymbol{X}_i$ \ $\boldsymbol{X}_j$	1	0	求和
1	q	r	$q+r$
0	s	t	$s+t$
求和	$q+s$	$r+t$	p

表 12-5 中的几个变量的定义如下：

q：表示观测点 $\boldsymbol{X}_i$ 和 $\boldsymbol{X}_j$ 中取值都为 1 的变量数目；

r：表示仅在 $\boldsymbol{X}_i$ 中取值为 1，而在 $\boldsymbol{X}_j$ 中取值为 0 的变量数目；

s：表示在观测 $\boldsymbol{X}_i$ 中取值为 0，在观测 $\boldsymbol{X}_j$ 中取值为 1 的变量数目；

t：是在观测点 $\boldsymbol{X}_i$ 和 $\boldsymbol{X}_j$ 中值都为 0 的变量数目。

所以，观测点 $\boldsymbol{X}_i$ 和 $\boldsymbol{X}_j$ 的距离可以定义为：

$$d_{(i,j)} = \frac{r+s}{p}$$

接下来我们讨论变量的取值多于两类的情况，即名义变量。例如，地图的颜色是一个名义变量，它可能有五个水平，红色、黄色、绿色、粉红色和蓝色。名义变量的水平可以用字母、符号或者一组整数（如$1,2,\cdots,M$）来表示，这些整数只是用于数据处理，并不代表任何特定的顺序。

对于两个取值均为名义变量的观测点 $\boldsymbol{X}_i$ 和 $\boldsymbol{X}_j$，它们之间的相异度可以用简单匹配方法来计算，即：

$$d_{(i,j)} = \frac{p-m}{p}$$

其中，m 是匹配的数目，即观测点 $\boldsymbol{X}_i$ 和 $\boldsymbol{X}_j$ 取值相同的变量的数目，p 是总变量数。

（三）有序数据

有序数据在实际中也经常碰到，如职位的排序（助理、副手和正职），比赛结果的排名（金牌、银牌和铜牌），学习成绩排序（优秀、良好、及格和不及格）等。另外，若将连续数据划分为有限个区间，从而将其取值离散化，也可以得到有序数据。一个连续的序数型变量可以看成一个未知刻度的连续数据的集合，也就是说，值的相对顺序是必要的，而其实际大小则不重要。一个有序数据的值可以映射为排序。例如，假设一个变量 X_f 有 M_f 个状态，这些有序的状态定义了一个序列$1,\cdots,M_f$。

计算有序数据观测点的相异度的基本思想是首先将有序数据转换成[0,1]上的连续型数据，然后再利用计算连续型数据相异度方法计算。具体步骤如下：

（1）第 i 个观测点的第 f 个变量的取值为 x_{if}， $x_{if} \in \{1,\cdots,M_f\}$；

（2）令 $Z_{if} = \dfrac{x_{if}-1}{M_f-1}$，即将每个变量的值域映射到[0,1]上，以便每个变量都有相同的权重。

（3）对 Z_{if} 的相异度计算可以采用连续型变量所描述的任意一种距离度量方法。

12.2.2　*K*-means 聚类

K-means 聚类是一种把数据集分成 K 个不重复类的简单快捷的方法，其基本思想是一个好的聚类方法应该使类内差异小，类间差异大。因此，*K*-means 聚类本质上是需要最小化如下问题：

$$\min_{C_1,\cdots,C_K}\left\{\sum_{k=1}^{K}W(C_k)\right\} \tag{12.1}$$

（12.1）式中的$W(C_k)$表示第C_k类的类内差异，可以有多种方法定义，如可以用欧氏距离平方来定义：

$$W(C_k)=\frac{1}{|C_k|}\sum_{i,i'\in C_k}\sum_{j=1}^{p}\left(x_{ij}-x_{i'j}\right)^2 \tag{12.2}$$

其中，$|C_k|$表示第 k 类的观测数。综合（12.1）式和（12.2）式可以得到 K-means 聚类的最优化问题：

$$\min_{C_1,\cdots,C_K}\left[\sum_{k=1}^{K}\frac{1}{|C_k|}\sum_{i,i'\in C_k}\sum_{j=1}^{p}\left(x_{ij}-x_{i'j}\right)^2\right] \tag{12.3}$$

直接求解（12.3）式是非常困难的，因为有 K^n 种方法可以把 n 个观测样本分配到 K 个类中，当 K 和 n 较大时，这种穷举法的计算量是非常惊人的。因此，我们需要寻找一种计算量相对小的算法，K-means 算法是其中一种比较流行的算法。

在进行 K-means 聚类时，需首先设定要得到的类数 K，然后 K-means 聚类算法会将每个观测准确地分配到 K 个类中，使得最终的聚类结果具有如下性质：同一类中的观测具有较高的相似度，而不同类间的观测相似度较小。这里的相似度是根据 12.2.1 节中介绍的相异度（距离）来度量的。下面的算法 12.1 总结了 K-means 聚类的过程。

算法 12.1　*K*-means 聚类算法

（1）给定类数 K，为每个观测随机分配一个 1～K 的数字，这些数字即表示这些观测的初始类。

（2）重复以下步骤，直至类的分配完成为止：

1）分别计算 K 个类的类中心。第 k 个类的类中心是该类中所有 p 维观测向量的均值向量；

2）计算每个观测与各个类中心的相异度（距离，如欧式距离），将其重新分配到与其相异度最小的类中。

算法 12.1 可以保证每步结束后，（12.3）式的目标函数值都会减小。为了便于理解这个性质，首先查看如下的恒等式：

$$\frac{1}{|C_k|}\sum_{i,i'\in C_k}\sum_{j=1}^{p}\left(x_{ij}-x_{i'j}\right)^2=2\sum_{i\in C_k}\sum_{j=1}^{p}\left(x_{ij}-\bar{x}_{kj}\right)^2 \tag{12.4}$$

其中，$\bar{x}_{kj}=\frac{1}{|C_k|}\sum_{i\in C_k}x_{ij}$是第$C_k$类中第 j 个变量的均值。算法第（2-1）步中，每个变量的类中心使类内总离差平方和最小化的常数，第（2-2）步中，重新分配观测只会改善（12.4）式。这实际上意味着当算法运行时，所得到的聚类分析结果会持续改善，直到结果不再改变为止，（12.3）式的目标函数值不会增大，当结果不再改变时，就达到了一个局部最优值。

上述算法十分简单快速，但是需要注意两个问题：首先，必须事先给定一个类数 K，不合适的 K 值可能返回较差的结果；其次，K-means 聚类算法找到的解不是全局最优化解，而是局部最优解，所得到的结果与初始值的设置会有关系，不同的初始值可能最终得到的结果是不一样的。因此，K-means 聚类往往需要设置多个不同的初始值，查看最终的结果是否一致。

12.2.3　系统聚类法

系统聚类法是另一种常用的聚类方法，不同于 K 均值聚类法，它不需要事先设定类数 K。系统聚类是将给定的数据集进行层次的分解，直到满足某个条件为止，具体可分为凝聚、分裂两种方案。凝聚的系统聚类采用的是一种自底向上的策略，绝大多数系统聚类方法属于这一类，所以本节仅对此种方法进行介绍。

在系统聚类法中，我们需要对两个类（且其中至少有一个类中包含多个观测）的相似性进行度量，所以这时就需要将观测之间相异度的概念扩展到观测组的相异度上。在这里，同样采用“距离”来度量观测组的相异性，表 12-6 列出了 4 种常用的距离形式，分别是最短距离法、最长距离法、重心法和类平均法。

表 12-6　4 种常用的距离形式

距离形式	描　述
最短距离法	最小类间相异度。计算 A 类和 B 类之间的所有观测间的相异度，并记录最小的相异度
最长距离法	最大类间相异度。计算 A 类和 B 类之间的所有观测的相异度，并记录最大的相异度
重心法	A 类中心（长度为 p 的均值向量）和 B 类中心的相异度
类平均法	平均类间相异度。计算 A 类和 B 类之前的所有观测的相异度，并记录这些相异度的平均值

有了上面类与类间相似度度量的方法就可以介绍系统聚类法了。我们首先通过一个简单的例子来初步理解系统聚类法的原理。

如图 12-1（a）所示，给定 5 个初始观测，假设事先并不知道它们的类标签，系统聚类法在最开始时将每个观测视为单独的一类。假设采用欧式距离来度量各个观测间的相似度，于是系统聚类法首先将最相似的观测 A 和 C 聚为一类；接着采用最短距离法继续判断每个类间的相似度，并将最相似的类聚为一类，如此执行下去，直至所有观测都属于一类时聚类过程就完成了，图 12-2 给出了这个过程的图解。现在用另一个图形来总结上述过程，如图 12-2（b）所示，将这个图称为谱系图，它可以看成一棵上下颠倒的树，从叶子开始将类聚集到树干上。

那么，该如何解释得到的这个系谱图呢？在图 12-1（b）的谱系图中，每片叶子代表图 12-1（a）中的 1 个观测，沿着这棵树向上看，一些树叶开始汇入某些枝条中，表示相应的观测非常相似。继续沿着树干往上，枝条本身也开始同叶子或其他枝条汇合。越早（在树的较低处）汇合的各组观测之间越相似，而越晚（接近树顶）汇合的各组观测之前差异越大。例如，从图 12-1（b）的谱系图就可以看出，观测 A 和 C 非常相似，因为它们是谱系图中最先汇合（枝条最低）的两个观测。仅次于它们的是观测 D 和 E，因为它们是谱系图中第二汇合（枝条第二低）的两个观测。

理解了谱系图后，我们接下来讨论如何根据谱系图确定类。在谱系图中，可以通过做一个水平切割，然后把位于切口下方的枝条包含的观测均视为一类的方法来确定类。例如，图 12-1（b）中，若用实线进行水平切割，则观测就被分为两类，即 A、B、C 是一类，D、E 是一类；若用虚线进行水平切割，则观测就被分为 3 类，即 A、C 是一类，B 是一类，D、E 是一类。注意，在谱系图中切割的位置并不需要那么精确。例如，我们将虚线稍微地上移或下移，只要不穿过红色或绿色的枝条，则分类的结果是不受影响的。

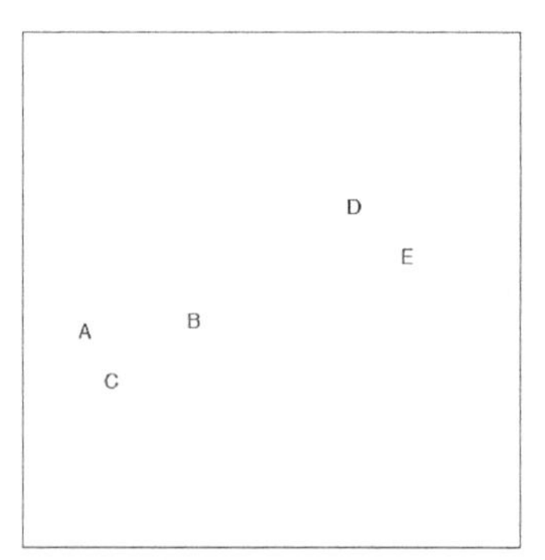

（a）原始数据的分布　　（b）用欧式距离和最短距离法得到的谱系图

图 12-1　系统聚类法原理

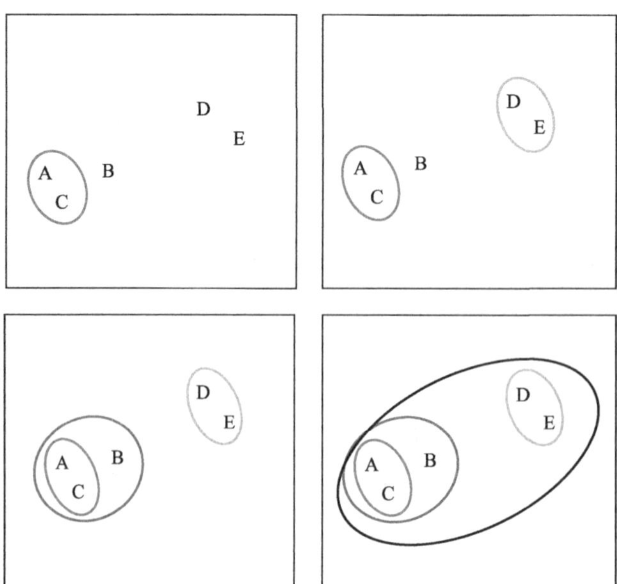

图 12-2　采用欧式距离和最短距离法做系统聚类算法的图解

所以，在系统聚类法中，我们通过一张谱系图就可以得到任意数量的聚类。在实际应用中，人们通常根据枝条汇合的高度结合希望得到的类数观察谱系图来选取合理的类数并决定切割位置。

最后，用算法 12.2 来总结系统聚类的过程（假设有 n 个观测）。

算法 12.2　系统聚类算法

（1）将每个观测视为一类，共得到 n 个初始类。

（2）计算 n 个观测中所有 $\binom{n}{2}=n\frac{(n-1)}{2}$ 对每两个观测之间的相异度（距离）。

（3）对 $i=n,n-1,\cdots,2$，重复以下步骤直至所有观测都属于一个类或者满足某个终止条件：

1）在 i 个类中比较任意两类间的相异度，将相异度最小的（最相似的）那一对结合起来；

2）计算剩下的 i–1 个新类中每两个类间的相异度。

注意，系统聚类的结果在很大程度上依赖于相似性的度量方法。

如图 12-3 所示给出了例 12.1 中花卉分类的谱系图。从图 12-3 所示中可以看出，将花卉分为四类是比较合适的，即第一类为 1、6、7、3、5，第二类为 4、8、18，第三类为 2、16、17，第四类为 9、13、15、10、11、12、14。

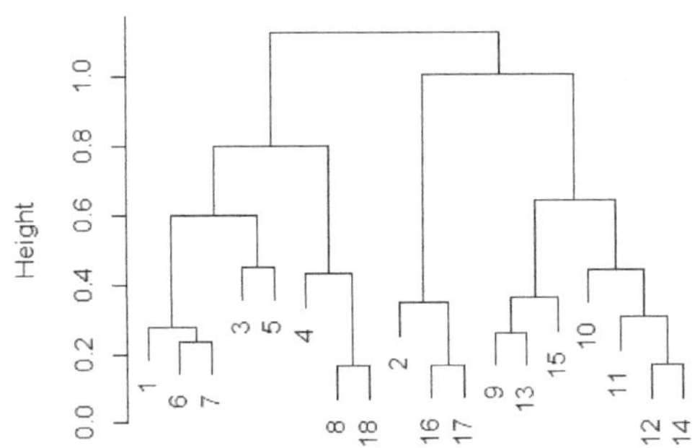

图 12-3　花卉的谱系图

系统聚类法和 K 均值聚类法的算法思想都很简单，它们都是以距离的远近亲疏作为标准进行聚类的。K 均值聚类法只能产生指定类数的聚类结果，具体类数的确定依赖于实验的积累，而系统聚类法可直接产生一系列的聚类结果。但是，系统聚类法不具有很好的可伸缩性，它在合并类时需要检查和估算大量的对象或类，算法的复杂度为 $O(n^2)$。因此，当 n 很大时并不是很适用。而 K 均值聚类法则是相对可伸缩的和高效率的，因为它的复杂度是 $O(nkt)$。两种方法各有千秋，具体使用时常根据经验进行选择。有时我们可以借助系统聚类法，首先将一部分样品作为对象进行聚类，然后再将其结果作为 K 均值聚类法确定类数的参考。

12.3 主成分分析

在实际生活中我们经常会碰到多变量问题。由于这类问题变量较多、维数较大，处理过程常常更加复杂。另外，变量之间还可能存在一定的相关性，会造成信息的重叠。因此，人们希望能够减少重叠、克服相关，用较少的变量来代替较多的变量，即用一种“降维”的思想来处理这类问题，而主成分分析法正是其中的一种重要方法。

主成分分析的基本思想是设法将原来的指标线性组合成几个新的不相关的综合指标，同时根据实际需要，从这些新的指标中提取较少的几个使其能尽可能多地反映原来的指标信息：依次选择能提取信息最多的线性组合，直至所提取的信息与原指标相差不多为止。这里所说的信息是指变量的变异性，可用方差或标准差来表示。我们知道，当变量取单一值时，其提供的信息是非常有限的，而取一系列不同值时，我们便可从中读出最大值、最小值、平均值等信息。因此，变量的变异性越大，提供的信息就越充分，信息量也就越大。

12.3.1 主成分分析的几何意义

在第 8 章中介绍过，主成分分析是一种“降维”的方法，可以通过将 p 维自变量投影至 M（$M<p$）维子空间中，进而使用这 M 个不同的投影作为新的自变量来拟合模型。那么，它是如何投影的呢？可以从主成分分析的几何意义来给出解释。

以二维变量为例，假设有 n 个样品，对每个样品测量 (X_1,X_2) 两个指标，它们大致落在如图 12-4 所示的椭圆范围内。

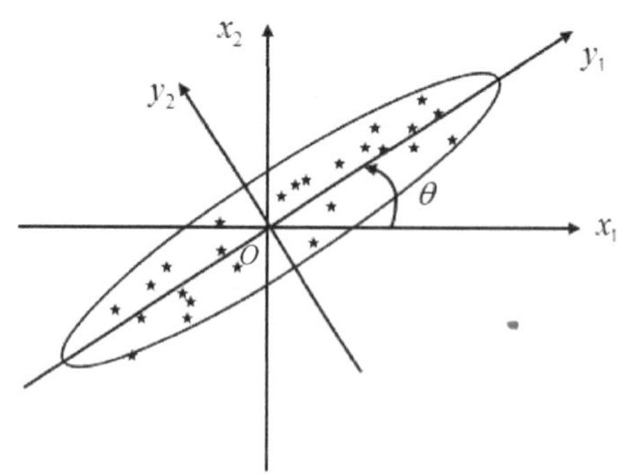

图 12-4 主成分分析的几何意义

从图 12-4 我们可以很明显地观察到这 n 个点在 x_1 和 x_2 方向上都具有较强的变异性，其变异程度可以分别用 X_1 的方差和 X_2 的方差来测定。这时，如果我们仅用一个变量来表达这些信息，则无论选择 X_1 还是 X_2 都会造成较大的信息损失，所以直接舍弃某些分量并不能有效地“降维”。

现在，我们将坐标轴绕原点逆时针旋转角度 θ 到如图 12-4 所示的 y_1 和 y_2 方向，这里 y_1 是椭圆的长轴方向，y_2 是椭圆的短轴方向，旋转公式为：

$$\begin{cases} Y_1 = X_1\cos\theta + X_2\sin\theta \\ Y_2 = -X_1\sin\theta + X_2\cos\theta \end{cases}$$

还可用矩阵形式表示为：

$$\begin{pmatrix} Y_1 \\ Y_2 \end{pmatrix} = \begin{pmatrix} \cos\theta & \sin\theta \\ -\sin\theta & \cos\theta \end{pmatrix}\begin{pmatrix} X_1 \\ X_2 \end{pmatrix} = \boldsymbol{T'X}$$

其中，$\boldsymbol{T'}$为旋转变换矩阵，它是正交矩阵，即有$\boldsymbol{T'T=I}$。

已知y_1和y_2方向相互垂直，且从图中可以看出，y_1轴通过这n个点变异最大的方向，所以此时若仅用Y_1表达n个点所包含的信息，则比单纯选择X_1或X_2所包含的信息更充分，我们称Y_1为第一主成分，Y_2为第二主成分。

所以，若把上述过程推广到p维空间上，则主成分分析的原理便是在p维空间寻找上述的正交变换矩阵 $\boldsymbol{T}$，使前几个主成分包含尽可能多的信息。若原始变量的变异性越集中于某一方向，则第一主成分所包含的信息越充分，主成分分析的效果也就越明显。

12.3.2　主成分的数学推导

通过前面的介绍我们可知，主成分分析的原理体现在几何上就是把p维变量$X_1, X_2, \cdots, X_p$构成的坐标系旋转形成新的坐标系，使新的坐标轴通过变量变异性最大的方向，而这个新的坐标系是可以通过原来变量的线性组合得到的。下面我们就来推导这个过程。

设$\boldsymbol{X} = (X_1, \cdots, X_p)'$是$p$维随机向量，其均值与协方差矩阵分别为$\boldsymbol{\mu} = E(\boldsymbol{X})$，$\boldsymbol{\Sigma} = D(\boldsymbol{X})$，考虑如下线性变换：

$$\begin{cases} Y_1 = t_{11}X_1 + t_{12}X_2 + \cdots + t_{1p}X_p = T_1'\boldsymbol{X} \\ Y_2 = t_{21}X_1 + t_{22}X_2 + \cdots + t_{2p}X_p = T_2'\boldsymbol{X} \\ \quad\vdots \\ Y_p = t_{p1}X_1 + t_{p2}X_2 + \cdots + t_{pp}X_p = T_p'\boldsymbol{X} \end{cases} \tag{12.5}$$

用矩阵表示为：

$$\boldsymbol{Y = T'X}$$

其中，$\boldsymbol{Y} = (Y_1, Y_2, \cdots, Y_p)'$，$\boldsymbol{T} = (T_1, T_2, \cdots, T_p)$。我们将上述的$t_{11}, t_{12}, \cdots, t_{1p}$称为第一主成分的载荷（loading），则这些载荷构成了主成分的载荷向量$\boldsymbol{T}_1 = (t_{11}, t_{12}, \cdots, t_{1p})'$。同理，也有第$k$主成分的载荷和载荷向量。

对于$\boldsymbol{Y}_1, \cdots, \boldsymbol{Y}_m$，有

$$\begin{aligned} D(\boldsymbol{Y}_i) &= D(\boldsymbol{T}_i\boldsymbol{X}) = \boldsymbol{T}_i' D(\boldsymbol{X})\boldsymbol{T}_i'' = \boldsymbol{T}_i'\boldsymbol{\Sigma}\boldsymbol{T}_i, \quad i = 1, 2, \cdots, p \\ \mathrm{Cov}(\boldsymbol{Y}_i, \boldsymbol{Y}_j) &= \mathrm{Cov}(\boldsymbol{T}_i\boldsymbol{X}, \boldsymbol{T}_j\boldsymbol{X}) = \boldsymbol{T}_i'\mathrm{Cov}(\boldsymbol{X}, \boldsymbol{X})\boldsymbol{T}_j'' \\ &= \boldsymbol{T}_i'\boldsymbol{\Sigma}\boldsymbol{T}_j, \quad i, j = 1, 2, \cdots, p \end{aligned} \tag{12.6}$$

主成分分析的目的是对原始变量$\boldsymbol{X}_1, \cdots, \boldsymbol{X}_p$做线性变换得到一组新的变量$\boldsymbol{Y}_1, \cdots, \boldsymbol{Y}_m (m \leqslant p)$，

要求这组变量相互独立，且方差依次递减，同时为了保证信息的充分性，要求 $\boldsymbol{Y}$ 的各分量方差之和与 $\boldsymbol{X}$ 的各分量方差之和相等。由（12.6）式可知，这一问题转化为在约束 $\mathrm{Cov}(\boldsymbol{Y}_i,\boldsymbol{Y}_j)=\boldsymbol{T}_i'\boldsymbol{\Sigma}\boldsymbol{T}_j=0$ 的条件下求 $\boldsymbol{T}_i$，使得 $D(\boldsymbol{Y}_i)=\boldsymbol{T}_i'\boldsymbol{\Sigma}\boldsymbol{T}_i$，$i=1,2,\cdots,m$ 达到最大。同时，由（12.6）式可知，如果不对 $\boldsymbol{T}_i$ 加以限制，则 $D(\boldsymbol{Y}_i)\to\infty$，所以不妨设 $\boldsymbol{T}_i$ 满足 $\boldsymbol{T}_i'\boldsymbol{T}_i=1$。

因此，第一主成分就是满足 $\boldsymbol{T}_i'\boldsymbol{T}_i=1$，使得 $D(\boldsymbol{Y}_1)=\boldsymbol{T}_1'\boldsymbol{\Sigma}\boldsymbol{T}_1$ 达到最大的 $\boldsymbol{Y}_1=\boldsymbol{T}_1'\boldsymbol{X}$；第 k 主成分就是同时满足 $\boldsymbol{T}_k'\boldsymbol{T}_k=1$ 和 $\mathrm{Cov}(\boldsymbol{Y}_k,\boldsymbol{Y}_i)=\boldsymbol{T}_k'\boldsymbol{\Sigma}\boldsymbol{T}_i=0(i<k)$，并使得 $D(\boldsymbol{Y}_k)=\boldsymbol{T}_k'\boldsymbol{\Sigma}\boldsymbol{T}_k$ 达到最大的 $\boldsymbol{Y}_k=\boldsymbol{T}_k'\boldsymbol{X}$。

接下来我们利用拉格朗日法求主成分。

求第一主成分，构造拉格朗日函数：

$$\varphi_1(\boldsymbol{T}_1,\lambda)=\boldsymbol{T}_1'\boldsymbol{\Sigma}\boldsymbol{T}_1-\lambda(\boldsymbol{T}_1'\boldsymbol{T}_1-1) \tag{12.7}$$

求导有：

$$\begin{cases}\dfrac{\partial\varphi_1}{\partial\boldsymbol{T}_1}=2\boldsymbol{\Sigma}\boldsymbol{T}_1-2\lambda\boldsymbol{T}_1=2(\boldsymbol{\Sigma}-\lambda\boldsymbol{I})\boldsymbol{T}_1=0\\[2mm]\dfrac{\partial\varphi_1}{\partial\lambda}=-(\boldsymbol{T}_1'\boldsymbol{T}_1-1)=0\end{cases} \tag{12.8}$$

即

$$\boldsymbol{\Sigma}\boldsymbol{T}_1=\lambda\boldsymbol{T}_1 \tag{12.9}$$

对（12.9）式两边同时左乘 $\boldsymbol{T}_1'$ 可得

$$D(\boldsymbol{Y}_1)=\boldsymbol{T}_1'\boldsymbol{\Sigma}\boldsymbol{T}_1=\lambda \tag{12.10}$$

由（12.9）式和（12.10）式可知，λ 既是 $\boldsymbol{X}$ 的协方差矩阵 $\boldsymbol{\Sigma}$ 的特征根，又是 $\boldsymbol{Y}_1$ 的方差，不妨将特征根排序，即 $\lambda_1\geqslant\lambda_2\geqslant\cdots\geqslant\lambda_p\geqslant0$，因为我们要求第一主成分提取的信息最多，所以 $\boldsymbol{Y}_1$ 的最大方差值是 λ_1，对应的单位特征向量是 $\boldsymbol{T}_1$。

求第二主成分之前，从（12.8）式可以看到 $\mathrm{Cov}(\boldsymbol{Y}_2,\boldsymbol{Y}_1)=\boldsymbol{T}_2'\boldsymbol{\Sigma}\boldsymbol{T}_1=\lambda\boldsymbol{T}_2'\boldsymbol{T}_1$，那么，如果 $\boldsymbol{Y}_2$ 和 $\boldsymbol{Y}_1$ 相互独立，即由 $\boldsymbol{T}_2'\boldsymbol{T}_1=0$ 或 $\boldsymbol{T}_1'\boldsymbol{T}_2=0$，这时可以构造求第二主成分的目标函数，即

$$\varphi_2(\boldsymbol{T}_2,\lambda,\rho)=\boldsymbol{T}_2'\boldsymbol{\Sigma}\boldsymbol{T}_2-\lambda(\boldsymbol{T}_2'\boldsymbol{T}_2-1)-2\rho\boldsymbol{T}_1'\boldsymbol{T}_2 \tag{12.11}$$

求导有：

$$\begin{cases}\dfrac{\partial\varphi_2}{\partial\boldsymbol{T}_2}=2\boldsymbol{\Sigma}\boldsymbol{T}_2-2\lambda\boldsymbol{T}_2-2\rho\boldsymbol{T}_1=0\\[2mm]\dfrac{\partial\varphi_2}{\partial\lambda}=-(\boldsymbol{T}_2'\boldsymbol{T}_2-1)=0\\[2mm]\dfrac{\partial\varphi_2}{\partial\rho}=-2\boldsymbol{T}_1'\boldsymbol{T}_2=0\end{cases} \tag{12.12}$$

对（12.12）式中第一个式子左乘 $\boldsymbol{T}_1'$ 有：

$$\boldsymbol{T}_1'\boldsymbol{\Sigma}\boldsymbol{T}_2-\lambda\boldsymbol{T}_1'\boldsymbol{T}_2-\rho\boldsymbol{T}_1'\boldsymbol{T}_1=0 \tag{12.13}$$

由于 $\boldsymbol{T}_1'\boldsymbol{\Sigma}\boldsymbol{T}_2=0$，$\boldsymbol{T}_1'\boldsymbol{T}_2=0$，那么，$\rho\boldsymbol{T}_1'\boldsymbol{T}_1=0$，即有 $\rho=0$。从而：

$$(\boldsymbol{\Sigma}-\lambda\boldsymbol{I})\boldsymbol{T}_2=0 \tag{12.14}$$

而且

$$D(\boldsymbol{Y}_2)=\boldsymbol{T}_2'\boldsymbol{\Sigma}\boldsymbol{T}_2=\lambda \tag{12.15}$$

由于主成分方差依次递减，所以 $\boldsymbol{Y}_2$ 的最大方差值是 λ_2，对应的单位特征向量是 $\boldsymbol{T}_2$。

对于第 k 主成分的求解过程与上面类似，读者可自行推导。所以，综上所述，$\boldsymbol{X}=(X_1,\cdots,X_p)'$ 的协方差矩阵 $\boldsymbol{\Sigma}$ 的特征根为 $\lambda_1 \geqslant \lambda_2 \geqslant \cdots \geqslant \lambda_p \geqslant 0$，对应特征向量分别为 $\boldsymbol{T}_1,\cdots,\boldsymbol{T}_p$，由此确定的主成分为 $\boldsymbol{Y}_1=\boldsymbol{T}_1'\boldsymbol{X},\cdots,\boldsymbol{Y}_p=\boldsymbol{T}_p'\boldsymbol{X}$，其方差分别为 $\boldsymbol{\Sigma}$ 的特征根（因为要求第一主成分提取信息最多，各主成分信息依次递减，所以各主成分所对应的方差大小依次递减）。

12.3.3　主成分回归

第 8 章提到了可以用主成分分析进行降维，即构造前 M 个主成分 $Y_1,Y_2,\cdots,Y_M$ 来代替原始自变量 $X_1,X_2,\cdots,X_p$。若进一步将构造的这些主成分作为自变量，用最小二乘拟合一个线性回归模型，那么就将这类问题称为主成分回归。

主成分回归的主要思想是，少数的主成分足以解释大部分的数据波动和数据与因变量之间的关系。也就是说，用 $Y_1,Y_2,\cdots,Y_M$ 拟合一个最小二乘模型的结果优于用 $X_1,X_2,\cdots,X_p$ 拟合的结果，因为大部分甚至全部与因变量相关的数据信息都包含在了 $Y_1,Y_2,\cdots,Y_M$ 中，估计 $M<p$ 个系数会减轻过拟合。

当然，除降维外，主成分回归还有很多其他方面的作用。例如，在一个统计分析问题中，若变量之间存在多重共线性，那么统计分析的结果往往是不理想的。在这种情况下，可以通过主成分分析首先提取前几个重要的主成分，再将这些主成分与因变量进行建模，这样就可以消除多重共线性的影响。

其实，不止在回归问题当中，在其他的一些统计问题，如分类和聚类中，我们也经常可以通过主成分分析提取前几个重要的主成分进行建模，而不是将所有的原始变量用于建模。这样做的目的在于，首先，依靠某几个重要的主成分我们已经可以得到一个噪声较小的结果，因为数据集中的主要信号（而不是噪声）通常集中在少数几个主成分中；其次，在原始数据维度较大时，这样做也起到了降维的作用。

12.3.4　主成分分析的其他方面

（一）变量的标准化

主成分分析的结果将取决于变量是否被标准化，这点是主成分分析与有监督学习和其他无监督学习的区别所在。例如，在线性回归中变量是否被标准化对结果没有影响（在线性回归中，用因子 c 乘以一个变量只会引相应的参数估计乘以因子 $\frac{1}{c}$，因此这一操作对模型本身是没有任何实质性影响的）。

一般情况下，在进行主成分分析之前我们需要首先对变量进行标准化处理，因为每个变量有不同的量纲，这就导致了它们有不同的方差。如果对非标准化变量进行主成分分析，那么第一主成分的载荷向量会在方差大的变量上有很大的载荷，在方差小的变量上有很小的载荷，这种受量纲的影响而导致结果的任意性是不合理的。因此，为了消除量纲的影响，使主成分分析能够均等地对待每一个变量，通常对变量进行标准化处理。

当然，在特定情形下，若变量的量纲都相同，则一般不希望在进行主成分分析之前将变量标准化。

（二）主成分的唯一性

在不考虑符号变化的情况下，每个主成分载荷向量都是唯一的，即如果用不同的软件包计算出来的主成分载荷向量不同，那么它们的差异仅是在载荷向量的正负号上不同。符号可能不同是因为每个主成分载荷向量在 p 维空间中有一个特定的方向：转换符号不应该有任何影响，因为方向不变。

（三）决定主成分的数量

由一个 $n \times p$ 维数据矩阵 $\boldsymbol{X}$ 共可以得到 $\min(n-1, p)$ 个不同的主成分，但我们通常不需要全部而只需要少数的前几个主成分就可以解释数据。事实上，我们希望用最少量的主成分来形成对原始数据的一个很好的理解。那么，到底需要多少个主成分呢？这个问题并没有唯一的答案。

在实际应用中，我们常通过碎石图（scree plot）来决定所需主成分数量。碎石图给出的是每个主成分的方差解释比率（Proportin of Variance Explained，PVE），即该主成分的方差占所有主成分方差总量的比值，第一主成分的方差解释比率是最大的，然后依次递减。我们进行主成分分析是为了用满足要求的最少数量的主成分来解释数据中的绝大部分变异，而在碎石图中通常可以找到一个点，在这个点上，下一个主成分解释的方差比例会突然减少。于是，我们就可以把这个点对应的主成分个数定为最终选取的主成分的数量。例如，在例 12.2 中，通过分析图 12-5 可以发现，绝大部分方差是由前两个主成分解释的，第三主成分只解释了少于 5%的方差，所以在这个问题中只选择前两个主成分。

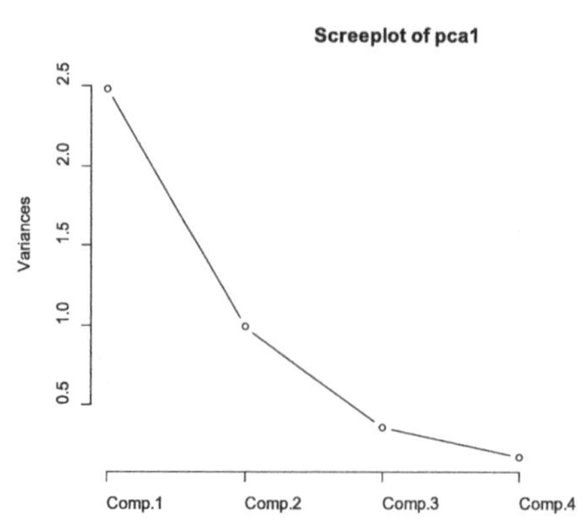

图 12-5　1973 年美国 50 州犯罪率数据碎石图

12.4　因子分析

我们在处理问题时有时希望探索某些抽象变量的影响，但这些变量无法直接测量，这时可以通过测量一些能够间接反映这些变量的指标，并通过一定的方法提取我们所需的抽象变量，而因子分析就可以实现这一目的。

因子分析是主成分分析的一种推广，Charles Spearman 于 1904 年提出这种方法用以解决智力测验的统计分析问题。目前，因子分析广泛应用于心理学、社会学、经济学等学科中。

常见的因子分析类型有 R 型因子分析和 Q 型因子分析。R 型对变量做因子分析，Q 型对样品做因子分析。这两种因子分析的原理是相同的，只是出发点不同，可根据实际需要选择合适的分析类型，本节提到的因子分析均为 R 型因子分析。

12.4.1　因子分析的数学模型

因子分析也是一种“降维”的方法，它通过研究众多变量之间的内部依赖关系探求数据中的基本结构，找出影响原始变量的少数几个不相关的潜在的公共因素，并用它们来表示数据的基本结构。换句话说，因子分析是一种通过显在变量测评潜在变量，通过具体指标测评抽象因子的统计方法。

假设 $\boldsymbol{X}=(X_1,\cdots,X_p)'$ 是 p 维随机向量，则在因子分析模型中，每个变量都可以表示成公共因子的线性函数和特殊因子之和，即

$$X_i=a_{i1}F_1+a_{i2}F_2+\cdots+a_{im}F_m+\varepsilon_i,\quad i=1,2,\cdots,p \tag{12.16}$$

其中，$F_1,F_2,\cdots,F_m$ 称为公共因子，是不可直接观测但又客观存在的共同影响因素；ε_i 称为特殊因子，因 X_i 而异；公共因子的系数 $a_{ij}(i=1,2,\cdots,p;j=1,2,\cdots,m)$ 称为因子载荷，是第 i 个变量在第 j 个因子上的负荷。该模型可用矩阵表示为：

$$\boldsymbol{X}=\boldsymbol{A}\boldsymbol{F}+\boldsymbol{\varepsilon} \tag{12.17}$$

即

$$\begin{pmatrix}X_1\\X_2\\\vdots\\X_p\end{pmatrix}=\begin{pmatrix}a_{11}&a_{12}&\cdots&a_{1m}\\a_{21}&a_{22}&\cdots&a_{2m}\\\vdots&\vdots&\ddots&\vdots\\a_{p1}&a_{p2}&\cdots&a_{pm}\end{pmatrix}\begin{pmatrix}F_1\\F_2\\\vdots\\F_m\end{pmatrix}+\begin{pmatrix}\varepsilon_1\\\varepsilon_2\\\vdots\\\varepsilon_p\end{pmatrix}$$

其中，所有因子载荷组成的矩阵称作因子载荷矩阵，记为 $\boldsymbol{A}$。该模型满足以下条件：

（1）$m\leqslant p$，即公共因子个数不多于原始变量个数；

（2）$\mathrm{Cov}(\boldsymbol{F},\boldsymbol{\varepsilon})=0$，即公共因子和特殊因子不相关；

（3）$\boldsymbol{D}_F=D(\boldsymbol{F})=\begin{pmatrix}1&&0\\&\ddots&\\0&&1\end{pmatrix}=\boldsymbol{I}_m$，即各公共因子不相关且方差为 1；

（4）$\boldsymbol{D}_\varepsilon = D(\boldsymbol{\varepsilon}) = \begin{pmatrix} \sigma_1^2 & & 0 \\ & \ddots & \\ 0 & & \sigma_p^2 \end{pmatrix}$，即各特殊因子不相关。

另外，对于因子分析模型，还需要注意以下几个问题。

首先，变量协方差矩阵 $\boldsymbol{\Sigma}$ 可分解为：

$$\begin{aligned} D(\boldsymbol{X}) &= D(\boldsymbol{AF} + \boldsymbol{\varepsilon}) \\ &= D(\boldsymbol{AF}) + D(\boldsymbol{\varepsilon}) + \mathrm{Cov}(\boldsymbol{AF}, \boldsymbol{\varepsilon}) \\ &= \boldsymbol{A}D(\boldsymbol{F})\boldsymbol{A}' + D(\boldsymbol{\varepsilon}) \end{aligned}$$

由因子模型满足的条件知 $D(\boldsymbol{F}) = \boldsymbol{I}_m$，所以：

$$\boldsymbol{\Sigma} = \boldsymbol{AA}' + \boldsymbol{D}_\varepsilon \tag{12.18}$$

若 $\boldsymbol{X}$ 已经过标准化处理，则协方差矩阵就是相关阵，所以有：

$$\boldsymbol{R} = \boldsymbol{AA}' + \boldsymbol{D}_\varepsilon \tag{12.19}$$

将样本协方差矩阵 $\boldsymbol{S}$ 作为 $\boldsymbol{\Sigma}$ 的估计，则有：

$$\boldsymbol{S} = \boldsymbol{AA}' + \boldsymbol{D}_\varepsilon \tag{12.20}$$

其次，模型不受单位的影响。若 $\boldsymbol{X}^* = \boldsymbol{CX}$，则：

$$\boldsymbol{X}^* = \boldsymbol{A}^*\boldsymbol{F} + \boldsymbol{\varepsilon}^*$$

其中，$\boldsymbol{A}^* = \boldsymbol{CA}$，$\boldsymbol{\varepsilon}^* = \boldsymbol{C\varepsilon}$。

最后，与主成分分析不同，因子载荷是不唯一的。设 $\boldsymbol{T}$ 为 m 阶正交矩阵，令 $\boldsymbol{A}^* = \boldsymbol{AT}$，$\boldsymbol{F}^* = \boldsymbol{T}'\boldsymbol{F}$，则模型可以表示为：

$$\boldsymbol{X} = \boldsymbol{A}^*\boldsymbol{F}^* + \boldsymbol{\varepsilon}$$

利用因子载荷的这种不唯一性，可以通过因子的变换使新的因子具有更好的实际意义。

12.4.2 因子载荷阵的统计意义

（一）因子载荷

对（12.16）式所示的因子分析模型，我们有：

$$\begin{aligned} \mathrm{Cov}(X_i, F_j) &= \mathrm{Cov}(\sum_{k=1}^{m} a_{ik}F_k + \varepsilon_i, F_j) \\ &= \mathrm{Cov}(\sum_{k=1}^{m} a_{ik}F_k, F_j) + \mathrm{Cov}(\varepsilon_i, F_j) \\ &= a_{ij} \end{aligned}$$

若 $\boldsymbol{X}$ 已经过标准化处理，则：

$$r_{X_i,F_j} = \frac{\mathrm{Cov}(X_i, F_j)}{\sqrt{D(X_i)}\sqrt{D(F_j)}} = \mathrm{Cov}(X_i, F_j) = a_{ij} \tag{12.21}$$

即因子载荷 a_{ij} 是 X_i 和 F_j 的相关系数，它一方面表示了 X_i 对 F_j 的依赖程度，另一方面也反映

了 X_i 对 F_j 的相对重要性。

（二）变量共同度

我们称因子载荷阵 $\boldsymbol{A}$ 中第 i 行元素的平方和，即

$$h_i^2=\sum_{j=1}^{m}a_{ij}^2,\quad i=1,2,\cdots,p$$

为变量 X_i 的共同度。可将 X_i 的方差分解如下：

$$\begin{aligned}D(X_i)&=a_{i1}^2D(F_1)+a_{i2}^2D(F_2)+\cdots+a_{im}^2D(F_m)+D(\varepsilon_i)\\&=a_{i1}^2+a_{i2}^2+\cdots+a_{im}^2+D(\varepsilon_i)\\&=h_i^2+\sigma_i^2\end{aligned}\qquad(12.22)$$

由（12.22）式发现，变量 X_i 的方差被分解为两部分：第一部分为共同度 h_i^2，描述了所有公共因子对变量 X_i 的方差所做的贡献，也称共性方差；第二部分为特殊因子对变量 X_i 的方差所做的贡献，也称个性方差。若 $\boldsymbol{X}$ 已经过标准化处理，则有：

$$h_i^2+\sigma_i^2=1,\quad i=1,2,\cdots,p\qquad(12.23)$$

（三）方差贡献

我们称因子载荷阵 $\boldsymbol{A}$ 中第 j 列元素的平方和，即

$$g_j^2=\sum_{i=1}^{p}a_{ij}^2,\quad j=1,2,\cdots,m$$

为公共因子 F_j 对 $\boldsymbol{X}$ 的贡献，它描述了公共因子 F_j 对所有变量方差贡献的总和。

12.4.3　因子分析的其他方面

（一）因子载荷阵的求解

为了构建因子分析模型，我们需要估计因子载荷阵 $\boldsymbol{A}$ 和特殊因子的方差 σ_i^2，常见的方法有主成分法、主轴因子法和极大似然法。

主成分法是从原始变量的总体方差变异出发，尽可能使其能够被公因子（主成分）所解释，并且使得各公因子对原始变量的方差变异的解释比例依次降低。主成分法相对而言比较简单，不过，通过这种方法得到的特殊因子 $\boldsymbol{\varepsilon}$ 的各分量之间不独立，因此并不满足因子分析模型的前提条件，所得到的因子载荷可能会产生较大的偏差。只有当各公因子的共同度较大时，其特殊因子之间的相关性所带来的影响才可以忽略不计。

与主成分法不同，主轴因子法是从原始变量的相关系数矩阵出发，使原始变量的相关程度尽可能地被公因子所解释。该方法更加注重解释变量之间的相关性，确定其内在结构。所以，当我们的目是重在确定结构而不太关心变量方差的情况时可使用此方法。

极大似然法则是建立在公共因子 $\boldsymbol{F}$ 和特殊因子 $\boldsymbol{\varepsilon}$ 服从正态分布的假设之下，如果满足这个假设条件，那么就可以得到因子载荷和特殊因子方差的极大似然估计。

（二）因子旋转

通过上述几种方法求得的因子载荷阵有时很难对公共因子的含义进行解释，因为可能有些变量在多个公共因子上都有较大的载荷，或是同一公共因子在多个变量上具有较大载荷，从而对多个变量都具有较明显的影响作用。而我们希望的是，在最终得到的载荷阵中，每个变量仅在一个公共因子上具有较大载荷，而在其余公共因子上载荷较小；且每个公共因子仅在部分变量上载荷较大，在其余变量上载荷较小。为此，我们需要对因子载荷阵进行旋转变换，使同一列上的载荷尽可能靠近 1 和靠近 0，便于我们对公共因子做出合理解释。常见的因子旋转方法有正交旋转和斜交旋转两类，这里我们简单介绍一下正交旋转方法。

正交旋转是对因子载荷阵 $\boldsymbol{A}$ 做正交变换，即右乘一个正交矩阵 $\boldsymbol{\Gamma}$，使得 $\boldsymbol{A\Gamma}$ 具有更鲜明的实际意义。旋转以后的公共因子向量为 $\boldsymbol{F}^*=\boldsymbol{\Gamma}'\boldsymbol{F}$，它的各个分量 $F_1^*,F_2^*,\cdots,F_m^*$ 也是互不相关的公共因子。通过选取不同的正交矩阵 $\boldsymbol{\Gamma}$，我们可以构造出不同的正交旋转方法。在实际中，最常用的一种方法是最大方差旋转法，即选择正交矩阵 $\boldsymbol{\Gamma}$，使 $\boldsymbol{A}^*$ 中 m 列元素的相对方差之和达到最大。

（三）因子得分

类似主成分得分，因子分析中也有因子得分，因子得分即样品在公共因子上的相应取值。由于公共因子个数往往小于变量个数，所以我们无法通过矩阵变换求得各样品的因子得分。常见的估计因子得分的方法有加权最小二乘法和回归法。

加权最小二乘法是将因子模型看作典型的多元回归模型，此时由于特殊方差 σ_i^2 是不相等的，所以该回归模型具有异方差性，可以采取加权最小二乘法对参数进行估计，因子得分 $\boldsymbol{F}$ 即为我们需要估计的参数。

回归法也称汤姆森回归，该方法将公共因子对原始变量做回归，即：

$$\hat{F}_j = b_{j1}X_1 + b_{j2}X_2 + \cdots + b_{jp}X_p = \boldsymbol{BX}, \quad j=1,2,\cdots,m$$

其中，F_j 和 X_i 已经过标准化处理。此回归模型中 $\boldsymbol{F}$ 和 $\boldsymbol{B}$ 都是未知的，但通过因子载荷阵的统计意义可以得出参数矩阵 $\boldsymbol{B}$ 和因子载荷阵 $\boldsymbol{A}$ 的关系，进而求得参数矩阵 $\boldsymbol{B}$ 的值，并根据回归模型可求得因子得分 $\hat{\boldsymbol{F}} = \boldsymbol{A}'\boldsymbol{R}^{-1}\boldsymbol{X}$。

（四）与主成分分析的对比

同主成分分析一样，在进行因子分析之前一般需要将变量进行标准化，并且关于公共因子的个数，同样可以采用碎石图来进行选择。

因子分析其实是主成分分析的一种推广，它与主成分之间的联系如下：

- 都消除了原始指标的相关性对综合评价所造成的信息重叠的影响；
- 在信息损失不大的前提下，减少了评价的工作量。

当然，两者之间也有很明显的区别：

- 主成分分析仅是变量变换，而因子分析需要构造因子模型；
- 主成分分析是用原始变量的线性组合来表示新的综合变量，即主成分，而因子分析则是用潜在的假想变量和随机影响变量的线性组合来表示原始变量。

12.5　典型相关分析

在研究问题时有时需要研究变量之间的相关性，在一元统计分析中，我们用相关系数衡量两个随机变量之间的线性相关关系，用复相关系数研究一个随机变量和多个随机变量的线性相关关系，但若我们要研究如投资性变量（如劳动者人数、资金、设备等）与国民收入变量（如工业国民收入、农业国民收入等）、阅读能力变量（如阅读速度、阅读才能等）与数学运算能力变量（如运算速度、运算才能等）这类两组随机变量的相关关系时它们却显得无能为力。而典型相关分析便是解决这类问题的一种重要方法。

典型相关分析是利用综合变量对之间的相关关系来反映两组变量之间的整体相关性的多元统计分析方法。它的基本思想是：为了研究两组变量之间的相关关系，首先分别在两组变量中构造变量的线性组合，这两组线性组合之间要具有最大的相关系数；然后用同样的方法再构造两组新的线性组合，它们与之前构造的线性组合对不相关，并且具有最大的相关系数；如此继续下去，直至两组变量之间的相关性被提取完毕为止。上述构造出的线性组合配对称为典型变量，它们的相关关系称为典型相关系数。典型相关系数即度量了两组原始变量之间的相关关系。

12.5.1　典型相关分析原理

（一）总体典型相关

一般地，设 $\boldsymbol{X}^{(1)}=\left(X_1^{(1)},\ X_2^{(1)},\cdots,\ X_p^{(1)}\right)$ 和 $\boldsymbol{X}^{(2)}=\left(X_1^{(2)},\ X_2^{(2)},\cdots,\ X_q^{(2)}\right)$ 是两组相互关联的随机向量，假设 $p\leqslant q$，且

$$\mathrm{Cov}(\boldsymbol{X}^{(1)},\ \boldsymbol{X}^{(1)})=\boldsymbol{\Sigma}_{11},\ \mathrm{Cov}\left(\boldsymbol{X}^{(2)},\ \boldsymbol{X}^{(2)}\right)=\boldsymbol{\Sigma}_{22},\ \mathrm{Cov}\left(\boldsymbol{X}^{(1)},\ \boldsymbol{X}^{(2)}\right)=\boldsymbol{\Sigma}_{12}=\boldsymbol{\Sigma}_{21}'$$

在研究它们的相关关系时，可以采用类似主成分分析的方法找出两组变量的一个线性组合：

$$\begin{aligned}U&=\boldsymbol{a}'\boldsymbol{X}^{(1)}=a_1X_1^{(1)}+\cdots+a_pX_p^{(1)}\\V&=\boldsymbol{b}'\boldsymbol{X}^{(2)}=b_1X_1^{(2)}+\cdots+b_qX_q^{(2)}\end{aligned}\tag{12.24}$$

且有：

$$\begin{aligned}D(U)&=D(\boldsymbol{a}'\boldsymbol{X}^{(1)})=\boldsymbol{a}'D(\boldsymbol{X}^{(1)})\boldsymbol{a}=\boldsymbol{a}'\boldsymbol{\Sigma}_{11}\boldsymbol{a}\\D(V)&=D(\boldsymbol{b}'\boldsymbol{X}^{(2)})=\boldsymbol{b}'D(\boldsymbol{X}^{(2)})\boldsymbol{b}=\boldsymbol{b}'\boldsymbol{\Sigma}_{22}\boldsymbol{b}\\\mathrm{Cov}(U,V)&=\mathrm{Cov}(\boldsymbol{a}'\boldsymbol{X}^{(1)},\boldsymbol{b}'\boldsymbol{X}^{(2)})=\boldsymbol{a}'\mathrm{Cov}(\boldsymbol{X}^{(1)},\boldsymbol{X}^{(2)})\boldsymbol{b}\\&=\boldsymbol{a}'\boldsymbol{\Sigma}_{12}\boldsymbol{b}=\mathrm{Cov}(V,U)=\boldsymbol{b}'\boldsymbol{\Sigma}_{21}\boldsymbol{a}\\\mathrm{Corr}(U,V)&=\frac{\mathrm{Cov}(U,V)}{\sqrt{D(U)}\sqrt{D(V)}}=\frac{\boldsymbol{a}'\boldsymbol{\Sigma}_{12}\boldsymbol{b}}{\sqrt{\boldsymbol{a}'\boldsymbol{\Sigma}_{11}\boldsymbol{a}}\sqrt{\boldsymbol{b}'\boldsymbol{\Sigma}_{22}\boldsymbol{b}}}\end{aligned}$$

我们希望寻找 $\boldsymbol{a}$ 和 $\boldsymbol{b}$ 使 U 和 V 之间的相关系数达到最大，由于随机向量乘以常数并不改

变它们的相关系数，所以为了防止出现重复的结果，我们限制：

$$D(U)=\boldsymbol{a}'\boldsymbol{\Sigma}_{11}\boldsymbol{a}=1$$
$$D(V)=\boldsymbol{b}'\boldsymbol{\Sigma}_{22}\boldsymbol{b}=1$$

则相关系数变为：

$$\mathrm{Corr}(U,V)=\frac{\mathrm{Cov}(U,V)}{\sqrt{D(U)}\sqrt{D(V)}}=\frac{\boldsymbol{a}'\boldsymbol{\Sigma}_{12}\boldsymbol{b}}{\sqrt{\boldsymbol{a}'\boldsymbol{\Sigma}_{11}\boldsymbol{a}}\sqrt{\boldsymbol{b}'\boldsymbol{\Sigma}_{22}\boldsymbol{b}}}=\boldsymbol{a}'\boldsymbol{\Sigma}_{12}\boldsymbol{b}$$

所以问题转化为求如下的最优化问题：

$$\begin{aligned}\max \quad & \boldsymbol{a}'\boldsymbol{\Sigma}_{12}\boldsymbol{b}\\ \text{s.t.} \quad & \boldsymbol{a}'\boldsymbol{\Sigma}_{11}\boldsymbol{a}=1\\ & \boldsymbol{b}'\boldsymbol{\Sigma}_{22}\boldsymbol{b}=1\end{aligned} \tag{12.25}$$

构建拉格朗日函数：

$$\varphi(a,b)=\boldsymbol{a}'\boldsymbol{\Sigma}_{12}\boldsymbol{b}-\frac{\lambda}{2}(\boldsymbol{a}'\boldsymbol{\Sigma}_{11}\boldsymbol{a}-1)-\frac{\mu}{2}(\boldsymbol{b}'\boldsymbol{\Sigma}_{22}\boldsymbol{b}-1) \tag{12.26}$$

求导有：

$$\begin{cases}\dfrac{\partial\varphi}{\partial\boldsymbol{a}}=\boldsymbol{\Sigma}_{12}\boldsymbol{b}-\lambda\boldsymbol{\Sigma}_{11}\boldsymbol{a}=0\\ \dfrac{\partial\varphi}{\partial b}=\boldsymbol{\Sigma}_{21}\boldsymbol{a}-\mu\boldsymbol{\Sigma}_{22}\boldsymbol{b}=0\\ \boldsymbol{a}'\boldsymbol{\Sigma}_{11}\boldsymbol{a}=1\\ \boldsymbol{b}'\boldsymbol{\Sigma}_{22}\boldsymbol{b}=1\end{cases} \tag{12.27}$$

将（12.27）式前两个式子分别左乘 $\boldsymbol{a}'$ 和 $\boldsymbol{b}'$，则有

$$\boldsymbol{a}'\boldsymbol{\Sigma}_{12}\boldsymbol{b}=\lambda\boldsymbol{a}'\boldsymbol{\Sigma}_{11}\boldsymbol{a}=\lambda$$
$$\boldsymbol{b}'\boldsymbol{\Sigma}_{21}\boldsymbol{a}=\mu\boldsymbol{b}'\boldsymbol{\Sigma}_{22}\boldsymbol{b}=\mu$$

又 $\boldsymbol{a}'\boldsymbol{\Sigma}_{12}\boldsymbol{b}=\boldsymbol{b}'\boldsymbol{\Sigma}_{21}\boldsymbol{a}$，所以 $\lambda=\mu$。假设各协方差矩阵的逆矩阵都存在，根据（12.27）式的第二式，得：

$$\boldsymbol{b}=\frac{1}{\lambda}\boldsymbol{\Sigma}_{22}^{-1}\boldsymbol{\Sigma}_{21}\boldsymbol{a}$$

代入（12.27）式的第一式，可得：

$$\frac{1}{\lambda}\boldsymbol{\Sigma}_{12}\boldsymbol{\Sigma}_{22}^{-1}\boldsymbol{\Sigma}_{21}\boldsymbol{a}-\lambda\boldsymbol{\Sigma}_{11}\boldsymbol{a}=0$$

整理得：

$$\boldsymbol{\Sigma}_{12}\boldsymbol{\Sigma}_{22}^{-1}\boldsymbol{\Sigma}_{21}\boldsymbol{a}=\lambda^2\boldsymbol{\Sigma}_{11}\boldsymbol{a} \tag{12.28}$$

同理可得：

$$\boldsymbol{\Sigma}_{21}\boldsymbol{\Sigma}_{11}^{-1}\boldsymbol{\Sigma}_{12}\boldsymbol{b}=\lambda^2\boldsymbol{\Sigma}_{22}\boldsymbol{b} \tag{12.29}$$

用 $\boldsymbol{\Sigma}_{11}^{-1}$ 和 $\boldsymbol{\Sigma}_{22}^{-1}$ 分别左乘（12.28）式和（12.29）式，则有：

$$\boldsymbol{\Sigma}_{11}^{-1}\boldsymbol{\Sigma}_{12}\boldsymbol{\Sigma}_{22}^{-1}\boldsymbol{\Sigma}_{21}\boldsymbol{a}=\lambda^2\boldsymbol{a}$$
$$\boldsymbol{\Sigma}_{22}^{-1}\boldsymbol{\Sigma}_{21}\boldsymbol{\Sigma}_{11}^{-1}\boldsymbol{\Sigma}_{12}\boldsymbol{b}=\lambda^2\boldsymbol{b} \tag{12.30}$$

令 $\boldsymbol{M}_1=\boldsymbol{\Sigma}_{11}^{-1}\boldsymbol{\Sigma}_{12}\boldsymbol{\Sigma}_{22}^{-1}\boldsymbol{\Sigma}_{21}$， $\boldsymbol{M}_2=\boldsymbol{\Sigma}_{22}^{-1}\boldsymbol{\Sigma}_{21}\boldsymbol{\Sigma}_{11}^{-1}\boldsymbol{\Sigma}_{12}$，则根据（12.30）式可知 $\boldsymbol{M}_1$ 和 $\boldsymbol{M}_2$ 具有相同的特征根 λ^2。又 $\lambda=\boldsymbol{a}'\boldsymbol{\Sigma}_{12}\boldsymbol{b}=\mathrm{Corr}(U,V)$，所以求相关系数的最大值就是求 λ 的最大值，即求 $\boldsymbol{M}_1$ 和 $\boldsymbol{M}_2$ 的最大特征根。

设 $\boldsymbol{M}_1$ 和 $\boldsymbol{M}_2$ 的非零特征根为 $\lambda_1^2\geqslant\lambda_2^2\geqslant\cdots\geqslant\lambda_r^2$，$r=\mathrm{rank}(\boldsymbol{M}_1)=\mathrm{rank}(\boldsymbol{M}_2)$，$\boldsymbol{a}^{(1)},\cdots,\boldsymbol{a}^{(r)}$ 是 $\boldsymbol{M}_1$ 对应的特征向量，$\boldsymbol{b}^{(1)},\cdots,\boldsymbol{b}^{(r)}$ 是 $\boldsymbol{M}_2$ 对应的特征向量。则最大特征根 λ_1^2 对应的特征向量 $\boldsymbol{a}^{(1)}=\left(a_1^{(1)},\cdots,a_p^{(1)}\right)$ 和 $\boldsymbol{b}^{(1)}=\left(b_1^{(1)},\cdots,b_q^{(1)}\right)$ 就是所求的典型相关变量的系数向量，即：

$$U_1=\boldsymbol{a}^{(1)\prime}\boldsymbol{X}^{(1)}=a_1^{(1)}X_1^{(1)}+\cdots+a_p^{(1)}X_p^{(1)}$$
$$V_1=\boldsymbol{b}^{(1)\prime}\boldsymbol{X}^{(2)}=b_1^{(1)}X_1^{(2)}+\cdots+b_q^{(1)}X_q^{(2)}$$

称为第一典型变量，最大特征根的平方根 λ_1 为两个典型变量的相关系数，称为第一典型相关系数。

若第一典型变量不足以代表两组原始变量的信息，则需要求第二典型变量，第二典型变量除了包含（12.25）式方差为 1 的约束外，还要求不包括第一典型变量已包含的信息，即与第一典型变量不相关：

$$\begin{cases}\mathrm{Cov}(U_1,U_2)=\mathrm{Cov}(\boldsymbol{a}^{(1)\prime}\boldsymbol{X}^{(1)},\boldsymbol{a}^{(2)\prime}\boldsymbol{X}^{(1)})=\boldsymbol{a}^{(1)\prime}\boldsymbol{\Sigma}_{11}\boldsymbol{a}^{(2)}=0\\\mathrm{Cov}(V_1,V_2)=\mathrm{Cov}(\boldsymbol{b}^{(1)\prime}\boldsymbol{X}^{(2)},\boldsymbol{b}^{(2)\prime}\boldsymbol{X}^{(2)})=\boldsymbol{b}^{(1)\prime}\boldsymbol{\Sigma}_{22}\boldsymbol{b}^{(2)}=0\end{cases} \tag{12.31}$$

根据（12.25）式和（12.31）式的约束，不难求出第二典型变量的相关系数就是 $\boldsymbol{M}_1$ 和 $\boldsymbol{M}_2$ 第二大特征根 λ_2^2 的平方根 λ_2，其对应的单位特征向量 $\boldsymbol{a}^{(2)}$ 和 $\boldsymbol{b}^{(2)}$ 是第二典型变量的系数向量。依次类推，可以求出 r 对典型变量，它们具有如下性质：

（1）$D(U_k)=1,\ D(V_k)=1,\ k=1,2,\cdots,r$

$\mathrm{Cov}(U_i,U_j)=0,\ \mathrm{Cov}(V_i,V_j)=0,\ i\neq j$

（2）$\mathrm{Cov}(U_i,V_j)=\begin{cases}\lambda_i\neq 0, & i=j;i=1,2,\cdots,r\\0, & i\neq j\\0, & j>r\end{cases}$

（二）样本典型相关

在实际问题中，总体的协方差矩阵往往是未知的，我们通常需要从总体中随机抽取一个样本，根据样本的协方差矩阵估计总体协方差矩阵，进而进行典型相关分析。

设 $\boldsymbol{X}=\begin{pmatrix}\boldsymbol{X}^{(1)}\\\boldsymbol{X}^{(2)}\end{pmatrix}$ 服从正态分布 $N_{p+q}(\boldsymbol{\mu},\boldsymbol{\Sigma})$，从中抽取容量为 n 的样本，得到：

$$\boldsymbol{X}^{(1)}=\begin{pmatrix}X_{11}^{(1)} & \cdots & X_{1p}^{(1)}\\\vdots & \ddots & \vdots\\X_{n1}^{(1)} & \cdots & X_{np}^{(1)}\end{pmatrix},\ \boldsymbol{X}^{(2)}=\begin{pmatrix}X_{11}^{(2)} & \cdots & X_{1q}^{(2)}\\\vdots & \ddots & \vdots\\X_{n1}^{(2)} & \cdots & X_{nq}^{(2)}\end{pmatrix}$$

其均值向量为：

$$\bar{X}=\begin{pmatrix}\bar{X}^{(1)}\\ \bar{X}^{(2)}\end{pmatrix}=\begin{pmatrix}\frac{1}{n}\sum_{i=1}^{n}X_i^{(1)}\\ \frac{1}{n}\sum_{i=1}^{n}X_i^{(2)}\end{pmatrix}$$

样本协方差矩阵为：

$$\hat{\boldsymbol{\Sigma}}=\begin{pmatrix}\hat{\boldsymbol{\Sigma}}_{11} & \hat{\boldsymbol{\Sigma}}_{12}\\ \hat{\boldsymbol{\Sigma}}_{21} & \hat{\boldsymbol{\Sigma}}_{22}\end{pmatrix}$$

其中，

$$\hat{\boldsymbol{\Sigma}}_{kl}=\frac{1}{n-1}\sum_{j=1}^{n}(X_j^{(k)}-\bar{X}^{(k)})(X_j^{(l)}-\bar{X}^{(l)})',\ k,l=1,2$$

由此可得 M_1、M_2 的样本估计：

$$\hat{M}_1=\hat{\boldsymbol{\Sigma}}_{11}^{-1}\hat{\boldsymbol{\Sigma}}_{12}\hat{\boldsymbol{\Sigma}}_{22}^{-1}\hat{\boldsymbol{\Sigma}}_{21}$$

$$\hat{M}_2=\hat{\boldsymbol{\Sigma}}_{22}^{-1}\hat{\boldsymbol{\Sigma}}_{21}\hat{\boldsymbol{\Sigma}}_{11}^{-1}\hat{\boldsymbol{\Sigma}}_{12}$$

通过求 $\hat{M}_1$ 和 $\hat{M}_2$ 的特征根及特征向量，可求得典型相关变量和典型相关系数。

若样本数据已经过标准化处理，则协方差矩阵等于相关系数矩阵，此时有：

$$\hat{M}_1^*=\hat{R}_{11}^{-1}\hat{R}_{12}\hat{R}_{22}^{-1}\hat{R}_{21}$$

$$\hat{M}_2^*=\hat{R}_{22}^{-1}\hat{R}_{21}\hat{R}_{11}^{-1}\hat{R}_{12}$$

相当于从相关阵出发计算典型变量。

12.5.2 典型相关系数的显著性检验

（一）全部总体典型相关系数为零的检验

考虑假设检验问题：

$$H_0:\lambda_1=\cdots\lambda_r=0\text{，}H_1:\text{至少有一个 }\lambda_i\text{ 不为零}$$

其中，$r=\min(p,q)$。

若检验接受 H_0，则认为两组变量之间没有相关性；若拒绝 H_0，则认为第一对典型变量是显著的。上述假设检验问题等价于：

$$H_0:\boldsymbol{\Sigma}_{12}=0\text{，}H_1:\boldsymbol{\Sigma}_{12}\neq 0$$

根据随机向量的检验理论，用于检验的似然比统计量为：

$$\Lambda_0=\frac{|\hat{\boldsymbol{\Sigma}}|}{|\hat{\boldsymbol{\Sigma}}_{11}||\hat{\boldsymbol{\Sigma}}_{22}|}=\prod_{i=1}^{r}(1-\hat{\lambda}_i^2) \tag{12.32}$$

其中，$\hat{\lambda}_i^2$ 是矩阵 M_1 的第 i 特征根的估计值。

巴特莱特证明，当原假设 H_0 成立时，$Q_0=-m\ln\Lambda_0$ 近似服从 $\chi^2(f)$ 分布，其中，

$m=(n-1)-\frac{1}{2}(p+q+1)$，自由度 $f=pq$。在给定的显著性水平 α 下，由样本计算的 Q_0 值若大于临界值 χ_α^2，则拒绝原假设，认为**第一对典型变量**之间的相关性是显著的，否则**第一对典型**变量的相关性不显著，便没有典型相关分析的必要。

（二）部分总体典型相关系数为零的检验

典型相关分析的目的是减少分析变量，我们希望使用尽可能少的典型变量对数，所以没有必要提取所有 r 对典型变量。设典型相关系数为 λ_k，$k=1,2,\cdots$，则若 $\lambda_k=0$，则相应的典型变量 U_k、V_k 之间无相关关系，这样的典型变量无须考虑。假设前 k 个典型相关系数都显著，考虑如下假设检验：

$$H_0:\lambda_{k+1}=\cdots\lambda_r=0,\ H_1:\text{至少有一个 }\lambda_i\text{ 不为零}$$

此时检验统计量为：

$$\Lambda_k=\prod_{i=k+1}^{r}(1-\hat{\lambda}_i^2) \tag{12.33}$$

可以证明，当原假设 H_0 成立时，$Q_k=-m_k\ln\Lambda_k$ 近似服从 $\chi^2(f_k)$ 分布，其中，$m_k=(n-k-1)-\frac{1}{2}(p+q+1)$，自由度 $f_k=(p-k)(q-k)$。我们依次计算 $Q_0,Q_1,\cdots$ 的值，若大于临界值 $\chi_\alpha^2(f_0),\chi_\alpha^2(f_1),\cdots$ 则继续假设检验，直至 Q_k 的值小于临界值 $\chi_\alpha^2(f_k)$，否则无法拒绝原假设，所以 $\lambda_{k+1}=\cdots=\lambda_r=0$，此时总体有 k 个典型相关系数不为零，提取 k 对典型变量。

在 R 语言中典型相关系数假设检验的程序可以自己编写，我们将在后面代码部分进行介绍。

12.5.3 典型相关分析的步骤

在进行典型相关分析之前，一般也建议将数据进行标准化处理，所以可以将典型相关分析的步骤概括为：（1）原始数据标准化；（2）典型相关分析；（3）相关系数显著性检验。

在例 12.4 中，对数据标准化后进行典型相关分析和相关系数的显著性检验，结果显示只需要第一对典型变量即可，可表示如下：

$$U_1=-0.068X_1^*-0.040X_2^*-0.185X_3^*-0.051X_4^*$$
$$V_1=-0.193Y_1^*-0.046Y_2^*-0.038Y_3^*$$

其中，**第一典型相关**系数高达 0.957，说明**第一典型变量**相关性非常高。在**第一组变量线性**组合中，抽烟量的系数绝对值最大；**第二组变量线性**组合中，脉搏的系数绝对值最大；并且这两个变量系数同号，说明这两个变量呈正相关关系，即抽烟量越多，脉搏越快，脉搏太快说明健康状况不是很好，表明抽烟有害健康。

12.6 R语言实现

12.6.1 聚类分析：移动通信用户细分

聚类分析广泛应用于各个领域，而客户细分是其最常见的分析需求。客户细分的关键问题是找出顾客的特征，一般都是从顾客自然特征和消费行为入手。若要将客户“分群别类”，则可以利用某单一变量进行划段分组，如依据消费频率变量将客户大致划分为高频客户、中频客户与低频客户；或者可以利用多个变量交叉分组，如使用性别和月收入两个变量进行交叉细分。但是这些都显得稍微简单，事实是，总是希望考虑多方面特征进行聚类，这样基于多方面综合特征的客户细分比单个特征的细分更有意义。

表 12-7 中的数据反映的是 3 395 位移动电话用户使用手机情况，包含 7 个变量，分别是用户编号（Customer_ID）、工作日上班时间通话时长（Peak_mins）、工作日下班时间通话时长（OffPeak_mins）、周末通话时长（Weekend_mins）、国际通话时长（International_mins）、总通话时长（Total_mins）、平均每次通话时长（Average_mins）。现在希望对移动用户细分，了解他们不同的手机消费习惯。

表 12-7　移动电话用户使用手机情况

Customer_ID	Peak_mins	OffPeak_mins	Weekend_mins	International_mins	Total_mins	Average_mins
K100050	40.61	18.82	1.23	4.47	60.67	1.29
K100120	68.12	33.88	8.33	13.42	110.34	1.07
K100170	100.20	31.50	9.00	4.86	140.70	1.68
K100390	55.80	18.00	19.20	5.62	93.00	3.44
K100450	58.63	9.09	11.31	5.06	79.03	2.26
…	…	…	…	…	…	…

注：选自张文彤等主编的《SPSS 统计分析高级教程（第 2 版）》的案例数据 mobile.sav。

（一）数据描述

读入数据，查看数据的基本情况，并画出各个变量的箱线图，如图 12-6 所示：

```
# 数据描述
> mobile <- read.csv ( "mobile.csv" , header = TRUE , stringsAsFactors = FALSE )
> dim ( mobile )
[1] 3395    7
> summary ( mobile ) # 限于篇幅，省略 summary 结果
> colnames ( mobile ) <- c ( "CustomerID" , "Peak" , "OffPeak" ,
                          "Weekend" , "International" , "Total" , "Average" )
> str ( mobile )
'data.frame':   3395 obs. of  7 variables:
 $ CustomerID   : chr  "K100050" "K100120" "K100170" "K100390" ...
```

```
 $ Peak           : num  40.6 68.1 100.2 55.8 58.6 ...
 $ OffPeak        : num  18.82 33.88 31.5 18 9.09 ...
 $ Weekend        : num  1.23 8.33 9 19.2 11.31 ...
 $ International: num  4.47 13.42 4.86 5.62 5.06 ...
 $ Total          : num  60.7 110.3 140.7 93 79 ...
 $ Average        : num  1.29 1.07 1.68 3.44 2.26 ...
> boxplot ( mobile [ - 1 ] , notch = TRUE , col = "gray" , main = "Box Plot
Communication Data" )
```

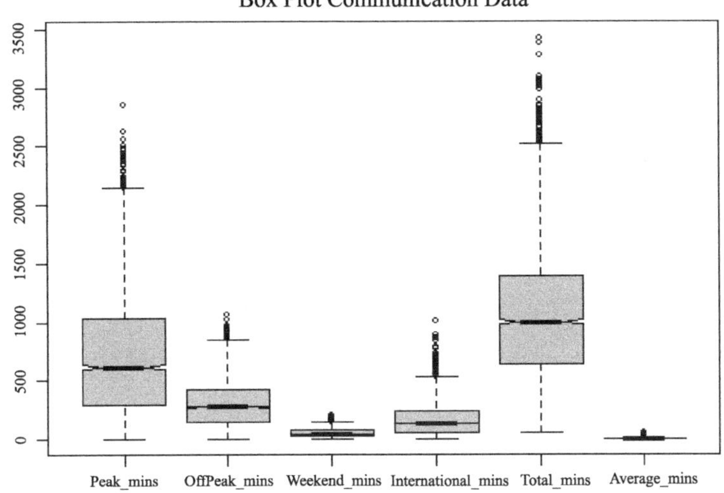

图 12-6　通信数据箱线图

从上述分析结果可以看出，该数据集中不存在缺失值；“工作日上班时间通话时长（Peak_mins）”等 6 个变量均为数值型，但其各自大小及均值完全不同，相差较明显，因此后续分析需要将数据进行标准化处理；从离群值、极值来看，每个变量都存在一定量的离群值甚至极值，对于庞大的移动用户群来说 3 395 条记录实属一个较小的样本量，现在仅从统计学角度判断为可疑离群值，具体情况需要和移动运营商沟通讨论这部分用户是否真实存在，然后再做取舍，所以此处我们对这些记录暂不做处理。

确定数据质量良好以后，接下来正式进行聚类分析。使用系统聚类和 *K* 均值聚类两种方法，并对其结果做简单的比较。

（二）系统聚类法

我们通常使用 R 语言的基础包 stats 来实现聚类分析。

首先使用 dist()函数计算变量间距离，通过设置参数 method 可以计算不同的距离，默认计算的是欧式距离。

接着使用 hclust()函数执行系统聚类法，此函数有一个参数 method 用于定义聚类方式，所定义的方式有 average（类平均法）、single（最短距离法）、complete（最长距离法）、centroid（重心法）和 ward（离差平方和法）等。这里我们采用 ward 方式，即将类间距离的计算方法设置为离差平方和法，聚类树状图如图 12-7 所示。

```
# 系统聚类
> mobile.std <- scale ( mobile [ - 1 ] , center = TRUE , scale = TRUE )
# 数据标准化
> dist.mobile.std <- dist ( mobile.std , method = "euclidean" , p = 2 )
# 计算各样本间的欧式距离
> mobile.hc <- hclust ( dist.mobile.std , method = "ward.D" )
# 按照"ward"方式进行聚类
> plot ( mobile.hc , labels = FALSE , hang = - 1 , cex = 0.7 ) # 画出聚类结果
> rect.hclust ( mobile.hc , k = 3 , border = "red" ) # 用矩形画出聚类 3 类的区域
> mobile.hc $ result <- cutree ( mobile.hc , k = 3 ) # 聚成 3 类
> table ( mobile.hc $ result )
  1    2    3
842 1754  799
```

Cluster Dendrogram

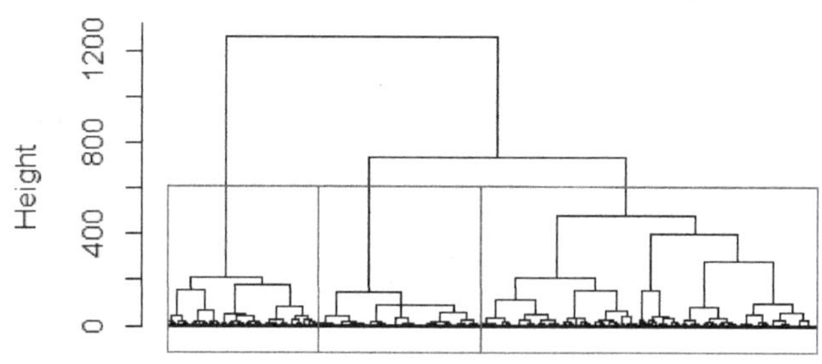

dist.mobile.std
stats::hclust (*, "ward.D")

图 12-7　聚类树状图

通过分析系统聚类的结果我们发现，将这些用户分为 3 类是比较合适的，其中第 1 类有 842 人，第 2 类有 1 754 人，剩下的 799 人属于第 3 类。接下来我们利用二维图形来显示聚类的效果。

为了显示聚类的效果，首先将数据进行降维，然后利用不同的形状、颜色来表示聚类的结果。从图 12-8 中可以看出，3 类客户大多能够被较好区分开来，层次聚类效果良好。cmdscale()函数用于实现对数据的降维，它是根据各点的欧式距离，在低维空间中寻找各点坐标，而尽量保持距离不变。其中，参数 *k* 用于指定降维后数据的维度，参数 eig 用来指定是否返回特征值：

```
> mds <- cmdscale ( dist.mobile.std , k = 2 , eig = TRUE ) # 对数据降维处理
> x <- mds $ points [ , 1 ] ; y <- mds $ points [ , 2 ]
> library ( ggplot2 )
> p <- ggplot ( data.frame ( x , y ) , aes ( x , y ) )
> attach ( mobile.hc )
> p + geom_point ( alpha = 0.7 , aes ( colour = factor ( result ) , shape =
factor ( result ) ) )
> detach ( mobile.hc )
```

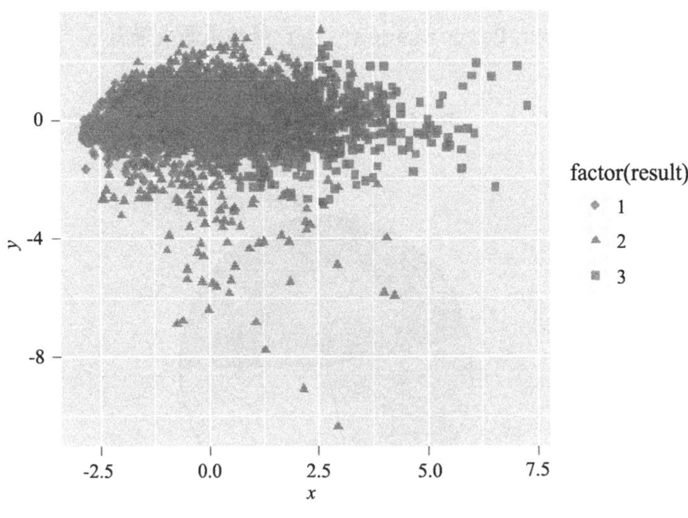

图 12-8 系统聚类效果

（三）*K* 均值聚类

使用 stats 程序包中的 kmeans()函数实现 *K* 均值聚类方法。aggregate()函数能够首先将数据进行分组（按行），然后对每一组数据进行函数统计，最后把结果组合成一个表格返回，并画成饼图，如图 12-9 所示。

```
> mobile.kmc <- kmeans ( mobile.std , 3 ) # 依据系统聚类的结果，这里确定聚成 3 类
> names ( mobile.kmc )
[1] "cluster"   "centers"   "totss"     "withinss"    "tot.withinss"  "betweenss"
[7] "size"      "iter"      "ifault"
> mobile.kmc $ centers # 查看聚类中心
        Peak    OffPeak      Weekend  International      Total      Average
1 -0.5668042 -0.62769651 -0.097923293   -0.55545677 -0.7455621 -0.05552388
2  1.3618917 -0.03256824 -0.002947852    1.01848232  1.2397617  0.15920206
3 -0.2472237  1.04597399  0.161349363    0.02852135  0.1473196 -0.04631007
> mobile.new <- cbind ( mobile [ - 1 ] , mobile.kmc $ cluster )
> aggregate ( .~ mobile.kmc $ cluster , data = mobile.new [ - 7 ] , mean )
# 按类分组求均值
```

```
  mobile.kmc$cluster    Peak  OffPeak  Weekend  International   Total  Average
1                  1  416.2965  179.1960  50.71207   90.87289  646.2046  3.9154
2                  2  1410.0725  295.4433  54.06100  321.74366  1759.5768  4.7322
3                  3  580.9629  506.1166  59.85430  176.53280  1146.9338  3.9504
> pct <- round ( ( size / 3395 ) * 100 , digits = 2 )
> lbs <- paste ( c ( "第 1 类" , "第 2 类" , "第 3 类" ) , " ( ",size," , ",pct," % )
" , sep = " " )
> pie ( table ( mobile.kmc $ cluster ) ,
labels = lbs ,
col = grey.colors ( 3 ) ,
 main = "Pie Chart with Percentages" ) # 将结果画成饼图
```

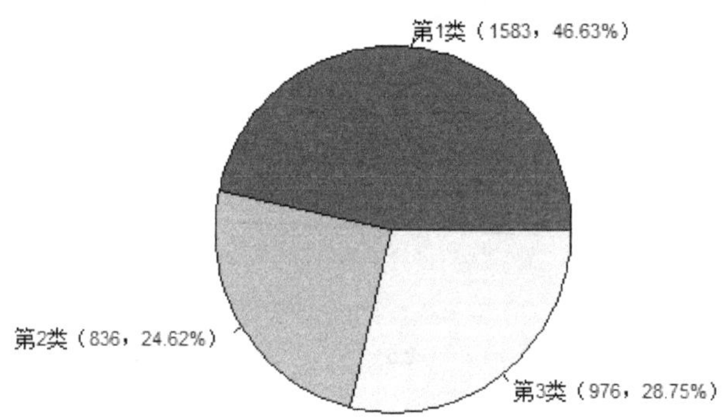

图 12-9　*K* 均值聚类结果

这里利用了前面系统聚类的结果，直接聚成 2 类，其中第 1 类包含用户最多，有 1583 人，占比 46.63%；其次是第 3 类，占比 28.75%；第 2 类包含用户人数最少，有 836 人。需要注意的是，这里的聚类结果与前面系统聚类的结果并不是一一对应的关系。

从聚类中心及按类分组条件下各个变量的均值可以看出，第 2 类用户工作日上班时间通话时间最长，相应的其国际通话、总通话及平均每次通话时长均远远高于其他两类用户；另外，第 3 类用户工作日下班后通话时间和周末通话时间较其他两类客户均较长，且第 3 类用户各类通话时间均比第 1 类用户的长。

下面进一步查看 *K* 均值聚类效果，如图 12-10 所示。

```
> attach ( mobile.kmc )
> p + geom_point ( alpha = 0.7 , aes ( colour = factor ( cluster ) , shape
= factor ( cluster ) ) )
> detach ( mobile.kmc )
```

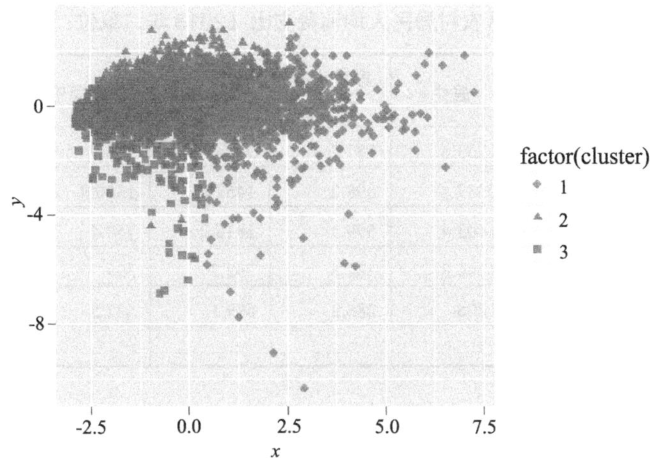

图 12-10　*K* 均值聚类效果

从图 12-10 中可以看出，3 类用户大多能够较清楚地被区分开，因此 *K* 均值聚类也取得了较好的效果。而比较图 12-8 和图 12-10 可以发现，系统聚类结果与 *K* 均值聚类结果差异还是很大的，但是这里我们对两种聚类方法的优劣不做评价。

（四）结论

利用系统聚类和 *K* 均值聚类两种方法对移动用户进行细分，均取得了较好的聚类效果。两种方法均是将样本用户分为 3 类，不同方法所得聚类结果差别较大。

依据 *K* 均值聚类结果，从各个聚类中心及按类分组条件下各个变量的均值大小进行分析，我们发现：

（1）第 2 类用户具有总通话时间长，上班通话时间长，国际通话时间最长等特征，可以命名为“高端商用客户”。

（2）第 3 类用户总通话时间长度居中，具有工作日下班后通话时间最长和周末通话时间最长等特征，可以命名为“中端商用客户”。

（3）第 1 类用户，各项通话时间均较短，建议命名为“低端商用客户”。

12.6.2　主成分分析：农村居民消费水平评价

我国是一个人口大国，其中 80%的人口集中在农村，农村居民的生活状况关系到国计民生。随着我国经济发展水平不断提高，农村居民的生活也得到了很大的改善，但还存在地区发展不平衡等问题。现收集了我国其中的 31 个省（自治区、直辖市）2013 年农村居民人均消费支出的组成情况（食品、衣着、居住、家庭设备及产品、交通通信、文教娱乐、医疗保健和其他），数据见表 12-8（单位：元），将利用这些数据对我国其中的 31 个省市农村居民消费水平进行综合评价。

表 12-8　各地区农村居民人均消费支出（2013 年，单位：元）

地区	食品	衣着	居住	家庭设备及产品	交通通信	文教娱乐	医疗保健	其他
全国	2495.5	438.3	1233.6	387.1	796.0	485.9	614.2	174.9
北京	4695.9	1172.9	2387	898.2	1452.2	1330.9	1167.1	449.1
天津	3539.7	927.6	1403.4	599.1	1816.2	750.4	732.6	386
河北	1963.3	458	1266.8	382.6	792.3	399	696	176.1
山西	1920.7	471.8	1206	288.2	699.1	502.5	559	165.4
…	…	…	…	…	…	…	…	…

注：数据来自 2014 年《中国统计年鉴》。

由于评价指标共有 8 个，很难直接利用这 8 个指标进行综合评价，所以运用主成分分析将 8 个指标综合成几个较为综合性的指标。进行主成分分析时，我们仅利用其中的 31 个省的数据，不包括全国数据。

R 语言的基础包提供了 princomp()函数做主成分分析，此外 psych 程序包也提供了用于主成分分析的函数。在这里我们将使用 psych 程序包，其中 fa.parallel()函数可绘制碎石图（如图 12-11 所示），用于选择主成分个数，另外它还会给出 Kaiser-Harris 准则的结果，Kaiser-Harris 准则会建议保留特征值大于 1 的主成分，当这一准则用于因子分析时，则是选择特征值大于 0 的因子：

```
> library ( xlsx )
> library ( psych )
> data0603 <- "C:/data0603.xlsx"
> consume <- read.xlsx ( data0603 , 1 ) # 读取数据
> fa.parallel ( consume [ 2 : 9 ] , fa = "pc" )
# 用 Kaiser-Harris 准则和碎石图选择主成分个数
Parallel analysis suggests that the number of components = 1
```

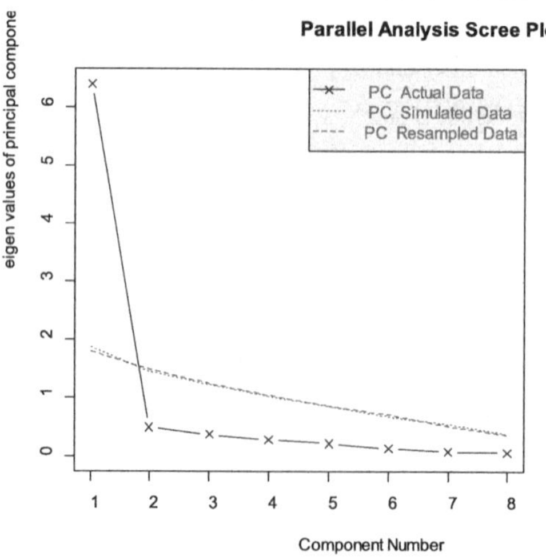

图 12-11　农村居民人均消费支出碎石图

Kaiser-Harris 准则建议选择特征值大于 1 的主成分，另外根据碎石图选择曲线弯折程度最大之处，即选择 1 个主成分。接着使用 psych 程序包中的 principal()函数进行主成分分析，参数 nfactors 表示设定的主成分个数，默认值为 1；参数 rotate 表示指定的主成分旋转方法，默认为最大方差旋转；参数 scores = FALSE（默认值）表示不计算主成分得分：

```
> con.pr <- principal ( consume [ , 2 : 9 ] , nfactors = 1 , rotate = "none" ,
scores = TRUE )
> con.pr
Principal Components Analysis
Call: principal(r = consume[, 2:9], nfactors = 1, rotate = "none",
          scores = TRUE)
Standardized loadings (pattern matrix) based upon correlation matrix
      PC1    h2    u2  com
X1   0.91  0.82  0.18   1
X2   0.89  0.79  0.21   1
X3   0.84  0.71  0.29   1
X4   0.88  0.77  0.23   1
X5   0.91  0.83  0.17   1
X6   0.94  0.89  0.11   1
X7   0.82  0.68  0.32   1
X8   0.95  0.91  0.09   1
                PC1
SS loadings     6.41
Proportion Var  0.80
Mean item complexity =  1
Test of the hypothesis that 1 component is sufficient.
The root mean square of the residuals (RMSR) is  0.05
 with the empirical chi square  4.74  with prob <  1
Fit based upon off diagonal values = 1
> con.pr $ values
[1] 6.40502036  0.48955101  0.36345676  0.27233464  0.21385242  0.12492153
0.07497649  0.05588680
```

第一主成分可以表示为：

$$Y_1 = 0.91X_1^* + 0.89X_2^* + 0.84X_3^* + 0.88X_4^* + 0.91X_5^* + 0.94X_6^* + 0.82X_7^* + 0.95X_8^*$$

与各变量都有较大的正相关，是一个较为理想的综合指标。接下来通过计算主成分得分并对其进行排序，比较各省农民的消费情况，主成分得分见表 12-9。

表 12-9　各地区农民消费主成分得分

地　　区	Y_1得分	排　　序	地　　区	Y_1得分	排　　序
北京	2.76936861	1	四川	−0.3329093	17
上海	2.67614727	2	青海	−0.40616815	18
浙江	1.79221319	3	山西	−0.41263487	19

续表

地 区	Y_1得分	排 序	地 区	Y_1得分	排 序
天津	1.40149697	4	陕西	-0.43564498	20
江苏	1.26091757	5	河南	-0.4598295	21
福建	0.33756893	6	重庆	-0.46276062	22
广东	0.32013329	7	新疆	-0.46707445	23
吉林	0.15884161	8	安徽	-0.55699916	24
山东	0.11116928	9	江西	-0.65906725	25
内蒙古	0.08469944	10	甘肃	-0.80701088	26
辽宁	0.05704461	11	海南	-0.81690335	27
黑龙江	-0.0535346	12	广西	-0.86904605	28
宁夏	-0.06576781	13	贵州	-0.98724988	29
湖南	-0.22871586	14	云南	-1.0419844	30
河北	-0.26096007	15	西藏	-1.32197666	31
湖北	-0.32336292	16			

通过比较主成分得分可以很明显地看出农村居民消费的地域差异，东部沿海地区如上海、浙江、江苏、福建等农村居民消费水平较高，而西南地区如贵州、云南、西藏等农村居民消费水平较低，水平最高的北京和最低的西藏相差非常悬殊，所以地域差异比较严重，应该重视西南地区农业水平和农民生活状况的提高。

12.6.3 因子分析：市场调查

企业生产和销售产品需要立足于市场需求，所以需要对市场进行一定程度的调查。市场调查是指运用科学的方法，有目的地、有系统地搜集、记录、整理有关市场营销的信息和资料，分析市场情况，为市场预测和营销决策提供客观的、正确的资料。市场调查中的消费者调查是很重要的一种方式，通过调查分析消费者的购买行为、消费心理，以此改善产品的生产和销售，实现更好的效益。

某牙膏生产企业为研究消费者对购买牙膏的偏好进行了市场调查，用 7 级量表询问受访者对以下陈述的认同程度（1 表示非常不同意，7 表示非常同意），调查数据见表 12-10。

V_1：购买预防蛀牙的牙膏是重要的；

V_2：我喜欢使牙齿亮泽的牙膏；

V_3：牙膏应当保护牙龈；

V_4：我喜欢使口气清新的牙膏；

V_5：预防坏牙不是牙膏提供的一项重要利益；

V_6：购买牙膏时最重要的考虑是使牙齿富有魅力。

表 12-10 牙膏评分量表

序号	V_1	V_2	V_3	V_4	V_5	V_6
1	7	3	6	4	2	4
2	1	3	2	4	5	4
3	6	2	7	4	1	3
…	…	…	…	…	…	…
30	2	3	2	4	7	2

注：数据来自纳雷希.K.马尔霍特拉著，涂平译《市场营销研究》，电子工业出版社，423 页。

首先读取数据，并对数据集做描述统计分析：

```
> library ( xlsx )
> data0702 <- "C:/data0702.xlsx"
> score <- read.xlsx ( data0702 , 1 ) # 读取数据
> apply ( score , 2 , mean )
      V1        V2        V3        V4        V5        V6
3.933333  3.900000  4.100000  4.100000  3.500000  4.166667
> apply ( score , 2 , sd )
      V1        V2        V3        V4        V5        V6
1.981524  1.373392  2.056948  1.373392  1.907336  1.391683
```

通过计算 6 个变量的均值和标准差我们发现，虽然每人对各个陈述的评分有高有低，但总体来看均值和标准差并无太大差异，说明消费者没有集中地偏好牙膏的某种功能。接下来，通过 cor()函数计算相关系数矩阵观察这些变量之间是否存在相关关系：

```
> R <- cor ( score )
> R
          V1        V2        V3        V4        V5        V6
V1  1.000000 -0.053218  0.873090 -0.086162 -0.857637  0.004168
V2 -0.053218  1.000000 -0.155020  0.572212  0.019746  0.640465
V3  0.873090 -0.155020  1.000000 -0.247788 -0.777848 -0.018069
V4 -0.086162  0.572212 -0.247788  1.000000 -0.006582  0.640465
V5 -0.857637  0.019746 -0.777848 -0.006582  1.000000 -0.136403
V6  0.004168  0.640465 -0.018069  0.640465 -0.136403  1.000000
```

通过观察相关系数矩阵，我们发现 V_1、V_3、V_5 相关性较高，V_2、V_4、V_6 相关性较高，所以消费者可能同时在乎 V_1、V_3、V_5，或者同时在乎 V_2、V_4、V_6，接下来将对其进行因子分析。

通过 Kaiser-Harris 准则和碎石图（如图 12-12 所示）确定因子个数：

```
> fa.parallel ( score , fa = "both" )
Parallel analysis suggests that the number of factors =  2
```

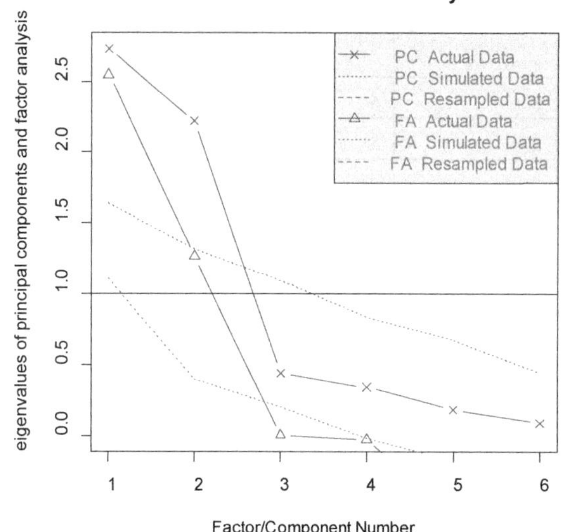

图 12-12　消费者牙膏评分碎石图

Kaiser-Harris 准则建议选择两个公共因子,从碎石图中曲线的弯折程度也可以看出应该选择两个公共因子，所以取 $m=2$。

R语言基础包中的factanal()函数和psych程序包中的fa()函数都可以做因子分析。factanal()函数采用极大似然法求因子载荷阵，在这个例子中我们选用这个函数进行因子分析。其中，参数 scores 表示计算因子得分的方法，scores = "none"（默认值）表示不计算因子得分，scores = "regression"表示用回归法计算，scores = "Bartlett"表示用加权最小二乘法计算；参数 rotation 表示因子旋转方法，rotation = "varimax"（默认值）表示方差最大旋转，rotation = "none"表示不进行旋转。

Psych 程序包中的 fa()函数则提供了多种求因子载荷阵的方法，通过参数 fm 选择求因子载荷阵的方法,包括极小二乘法(minres)、加权最小二乘法(wls)、广义加权最小二乘法(gls)、极大似然法（ml）、主轴迭代法（pa）:

```
> fa <- factanal ( score , 2 , scores = "regression" , rotation = "varimax" )
> fa
Call:
factanal(x = score, factors = 2, scores = "regression", rotation = "varimax")
Uniquenesses:
   V1     V2     V3     V4     V5     V6
0.063  0.437  0.174  0.378  0.205  0.309
Loadings:
   Factor1   Factor2
V1  0.968
V2            0.749
```

```
V3  0.898   -0.140
V4           0.784
V5  -0.887
V6           0.830
            Factor1 Factor2
SS loadings      2.542   1.892
Proportion Var   0.424   0.315
Cumulative Var   0.424   0.739
Test of the hypothesis that 2 factors are sufficient.
The chi square statistic is 5.21 on 4 degrees of freedom.
The p-value is 0.266
```

通过因子载荷阵我们发现，第一公共因子跟V_1、V_3、V_5相关性比较高，这 3 个陈述分别表示的是预防蛀牙、保护牙龈、预防坏牙，都是从保护牙齿的角度考虑，所以可以称为护牙因子；第二公共因子与V_2、V_4、V_6相关性比较高，这 3 个陈述分别表示的是牙齿亮泽、口气清新、富有魅力，都是从美化牙齿的角度考虑，所以可以称为美牙因子。因子分析的这一结果也与我们之前根据相关阵所作的猜测是相一致的。

根据这一调查结果，牙膏生产厂商可侧重不同功效开发新产品，细分市场，以满足不同消费者群体的需求，这样不仅能够使消费者更满意，也能够使厂商获得更多的收益。

12.6.4 典型相关分析：职业满意度与职业特性的关系

Dunham 在研究职业满意度与职业特性的相关程度时，在某一大型零售公司随机调查了 784 人，测量了 5 个职业特性指标，用户反馈（X_1）、任务重要性（X_2）、任务多样性（X_3）、任务特殊性（X_4）、自主性（X_5）；7 个职业满意度指标：主管满意度（Y_1）、事业前景满意度（Y_2）、财政满意度（Y_3）、工作强度满意度（Y_4）、公司地位满意度（Y_5）、工种满意度（Y_6）、总体满意度（Y_7）。它们的相关系数矩阵见表 12-11，试研究这两组变量之间的关系。

表 12-11 职业特性与满意度相关系数矩阵

	X_1	X_2	X_3	X_4	X_5	Y_1	Y_2	Y_3	Y_4	Y_5	Y_6	Y_7
X_1	1.00	0.49	0.53	0.49	0.51	0.33	0.32	0.20	0.19	0.30	0.37	0.21
X_2	0.49	1.00	0.57	0.46	0.53	0.30	0.21	0.16	0.08	0.27	0.35	0.20
X_3	0.53	0.57	1.00	0.48	0.57	0.31	0.23	0.14	0.07	0.24	0.37	0.18
X_4	0.49	0.46	0.48	1.00	0.57	0.24	0.22	0.12	0.19	0.21	0.29	0.16
X_5	0.51	0.53	0.57	0.57	1.00	0.38	0.32	0.17	0.23	0.32	0.36	0.27
Y_1	0.33	0.30	0.31	0.24	0.38	1.00	0.43	0.27	0.24	0.34	0.37	0.40
Y_2	0.32	0.21	0.23	0.22	0.32	0.43	1.00	0.33	0.26	0.54	0.32	0.58
Y_3	0.20	0.16	0.14	0.12	0.17	0.27	0.33	1.00	0.25	0.46	0.29	0.45

续表

续表

	X_1	X_2	X_3	X_4	X_5	Y_1	Y_2	Y_3	Y_4	Y_5	Y_6	Y_7
Y_4	0.19	0.08	0.07	0.19	0.23	0.24	0.26	0.25	1.00	0.28	0.30	0.27
Y_5	0.30	0.27	0.24	0.21	0.32	0.34	0.54	0.46	0.28	1.00	0.35	0.59
Y_6	0.37	0.35	0.37	0.29	0.36	0.37	0.32	0.29	0.30	0.35	1.00	0.31
Y_7	0.21	0.20	0.18	0.16	0.27	0.40	0.58	0.45	0.27	0.59	0.31	1.00

R 语言中的 cancor()函数可以对原始数据进行典型相关分析，如我们的例 12.4 就可以采用此函数。由于本题根据变量相关阵进行分析，所以可以根据典型相关分析的原理自己编写程序：

```
> cancorr <- function ( R , p , q ) {
  a <- p + 1 ; b <- p + q
 R11 <- R [ 1 : p , 1 : p ]
  R12 <- R [ 1 : p , a : b ]
  R21 <- R [ a : b , 1 : p ]
  R22 <- R [ a : b , a : b ] # 提取各部分相关系数矩阵
  M1 <- solve ( R11 ) %*% R12 %*% solve ( R22 ) %*% R21
  M2 <- solve ( R22 ) %*% R21 %*% solve ( R11 ) %*% R12 # 计算M1和M2
  r <- min ( p , q )
  eig1 <- eigen ( M1 )
  eig2 <- eigen ( M2 ) # 求M1和M2特征根和特征向量
  eig <- sqrt ( eig1 $ values ) [ 1 : r ]
  rownamea <- paste ( "X" , 1 : p , sep = " ")
  colnamea <- paste ( "U" , 1 : r , sep = " " )
  rownameb <- paste ( "Y" , 1 : q , sep = " " )
  colnameb <- paste ( "V" , 1 : r , sep = " " )
  A <- matrix ( 0 , nrow = p , ncol = r , dimnames = list ( rownamea , colnamea ) )
  B <- matrix ( 0 , nrow = q , ncol = r , dimnames = list ( rownameb , colnameb ) )
  for ( i in 1 : r ) A [ , i ] <- eig1 $ vectors [ , i ]
  for ( i in 1 : r ) B [ , i ] <- eig2 $ vectors [ , i ]
  list ( cor = eig , xcoef = A , ycoef = B )
 }
```

函数输入值包含相关系数矩阵、两组随机向量中包含的变量个数 p 和 q，输出值包含典型相关系数、x 和 y 的典型载荷。利用该函数对本题进行典型相关分析：

```
> library ( xlsx )
> data0902 <- "C:/data0902.xlsx"
> occupation <- read.xlsx ( data0902 , 1 )
> R <- as.matrix ( occupation )
> cca <- cancorr ( R , 5 , 7 )
> cca
$cor
[1]  0.55370618   0.23640446   0.11918621   0.07222849   0.05727001
$xcoef
              U1           U2          U3           U4           U5
```

```
X1      -0.62462519 -0.2455296 -0.5864741  -0.5535632 -0.02046545
X2      -0.28898982  0.4785945  0.3032162  -0.1889627 -0.65241397
X3      -0.24826674  0.6109779 -0.1772509   0.3291269  0.60657135
X4       0.03390344 -0.2549957 -0.2893213   0.7318436 -0.34793958
X5      -0.68083952 -0.5218675  0.6700622  -0.1180732  0.29145569
$ycoef
              V1          V2           V3         V4          V5
Y1    0.55418633 -0.07483233 -0.331882860  0.1081344 -0.38890800
Y2    0.27226354  0.37101359  0.528513796  0.2867180 -0.60462621
Y3   -0.04678605 -0.07901376  0.322457997  0.5101641  0.27875267
Y4    0.03066289  0.78751444  0.004393493 -0.3404737  0.25123020
Y5    0.37835590 -0.08598006 -0.191045646  0.3762404  0.56679798
Y6    0.67220369 -0.47138785  0.278356723 -0.5789414  0.14478125
Y7   -0.14356160 -0.02697770 -0.626536166 -0.2306080 -0.01168268
```

需要对典型相关系数进行假设检验，确定需要的典型变量对数。在这里我们根据典型相关系数假设检验的原理编写如下 cacoef.test()函数：

```
> cacoef.test <- function ( cor , n , p , q , alpha = 0.05 ) {
 r <- length ( cor ) # 确定特征根个数 r
 Q <- rep ( 0 , r )
 lambda <- 1
 for ( i in r : 1 ) {
  lambda <- lambda * ( 1 - cor [ i ] ^ 2 )
  Q [ i ] <- - ( n - i + 1 - 1 / 2 * ( p + q + 3 ) ) * log ( lambda )
} # 构建 r 个检验统计量
 for (i in 1 : r ) {
  a <- 1 - pchisq ( Q [ i ] , ( p - i + 1 ) * ( q - i + 1 ) )
  if ( a > alpha ) {
   k <- i - 1
   break
  }
 }
 k
}
```

利用上述 cacoef.test()函数选择典型变量的对数：

```
> source ( "C:/cacoef.test.R" )
> cacoef.test ( cca $ cor , 784 , 5 , 7 )
[1] 2
```

结果显示选择两对典型变量比较合适，第一对典型变量表示如下：

$$\begin{cases} U_1 = -0.625X_1^* - 0.289X_2^* - 0.248X_3^* + 0.034X_4^* - 0.681X_5^* \\ V_1 = 0.554Y_1^* + 0.272Y_2^* - 0.047Y_3^* + 0.031Y_4^* + 0.378Y_5^* + 0.672Y_6^* - 0.144Y_7^* \end{cases}$$

第二对典型变量可以表示为：

$$\begin{cases} U_2 = -0.246X_1^* + 0.479X_2^* + 0.611X_3^* - 0.255X_4^* - 0.522X_5^* \\ V_2 = -0.075Y_1^* + 0.371Y_2^* - 0.079Y_3^* + 0.788Y_4^* - 0.086Y_5^* - 0.471Y_6^* - 0.027Y_7^* \end{cases}$$

第一对典型变量中，U_1主要受用户反馈和自主权的影响，V_1主要受主管满意度和工种满意度的影响；第二对典型变量中，U_2主要受任务重要性、任务多样性和自主权的影响，V_2主要受工作强度满意度、工种满意度和事业前景满意度的影响。前两个典型变量中影响比较大的变量都包括自主权和工种满意度，说明职业特性主要受自主权影响，职业满意度主要受工种满意度影响。

12.7 习题

1. 请聚类分析 datasets 包中的 USArrests 数据集。

（1）请描述统计分析该数据集里各变量的关系。

（2）基于提供的变量，分别用系统聚类和 *K*-means 聚类方法将美国的 50 个州划分为若干类，并分析每类的特点。

（3）思考如何确定最优的聚类数目，如在这里是划分为 3 类还是 4 类更合适。

2. 请用主成分分析方法分析例 12.3 中的数据，思考如何解释各个主成分，并比较与因子分析结果的异同。

第 13 章 推荐算法

如今，信息呈现爆炸式增长，用户面对大量信息时往往无法从中获得对自己真正有用的信息，使得对信息的使用效率反而降低，这就是信息过载问题。推荐系统的出现就是为了解决上述的问题，它通过联系用户和用户的偏好信息（如人们在浏览网站时会留下一些评分、评论、点击量等数据，这些数据往往可以反映出人们的偏好），一方面帮助用户发现对自己有价值的信息，另一方面让信息能够展现在对它感兴趣的人群面前，从而实现信息提供商与用户的双赢。例如，在电子商务中，亚马逊、淘宝网等向用户推荐其可能将会购买的商品；在音乐服务中，网易云音乐等会向用户推荐其可能喜爱的音乐等。

在这些推荐系统中，最为核心的就是推荐算法。所谓推荐算法就是在推荐系统中，从用户的历史信息中挖掘用户偏好，进而预测用户可能喜欢的物品的算法。推荐算法种类繁多，有各自的优缺点和适合的应用场景，如基于内容的推荐算法、基于协同过滤的推荐算法、基于关联规则的推荐算法、基于知识的推荐算法等。在这些推荐算法中，基于关联规则和基于协同过滤的推荐算法是最受人们关注且最常用的算法，本章将对这两种算法进行介绍。

13.1 关联规则

“尿布与啤酒”的故事是营销界的神话，一直为人们津津乐道。按常规思维，尿布与啤酒风马牛不相及，若不是借助数据挖掘技术对大量交易数据进行挖掘分析，沃尔玛是不会发现隐藏于其中的关联规律的。

数据关联是数据库中存在的一类重要的可被发现的知识。若两个或多个变量的取值之间存在某种规律性就称为关联规则（Association Rules, AR）。关联规则可分为简单关联规则、时序关联规则、因果关联规则。关联规则分析的目的是找出数据库中隐藏的关联网。关联规则挖掘就是指在事务数据库、关系数据库、交易数据库等信息载体中，发现存在于大量项目集合或者对象集合中有趣或有价值的关联或相关关系。

Agrawal 等于 1993 年在分析购物篮问题时首先提出了关联规则挖掘，后又经过诸多研究人员对其的研究和发展，到目前已经成为数据挖掘领域最活跃的分支之一。关联规则的应用十分广泛，在购物篮分析（market basket analysis），网络连接（web link analysis）和基因分析等领域均有应用，具体应用场景包括优化货架商品摆放、交叉销售和捆绑销售、异常识别等。

13.1.1　基本概念

（一）项与项集

定义 1　设$I=\{I_1,I_2,\cdots,I_m\}$是 m 个不同项目的集合，I_p（$p=1,2,\cdots,m$）称为数据项（Item），简称项；数据项集合 I 称为数据项集（Itemset），简称项集。I 的任何非空子集 X，若集合 X 中包含 k 个项，则称为 k 项集（k-Itemset）。

项集其实就是不同属性取不同值的组合，不会存在相同属性、不同属性值的项集。例如，二项集{性别=男，性别=女}中两项是互斥的，现实中不会存在。

（二）事务与事务集

定义 2　关联挖掘的事务集记为 D，$D=\{T_1,T_2,\cdots,T_n\}$，T_k（$k=1,2,\cdots,n$）是项集 I 的非空子集，即$T_k\subseteq I$，称为事务（Transaction）。每个事务有且仅有一个标识符，称为 TID（Transaction ID）。

（三）项集支持度与频繁项集

定义 3　事务集 D 包含的事务数记为$\text{count}(D)$，事务集 D 中包含项集 X 的事务数目称为项集 X 的支持数，记为$\text{occur}(X)$，则项集 X 的支持度（Support）定义为：

$$\text{supp}(X)=\frac{\text{occur}(X)}{\text{count}(D)}\times 100\% \tag{13.1}$$

定义 4　若$\text{supp}(X)$大于等于预定义的最小支持度阈值，即$\text{supp}(X)\geqslant \text{min.supp}$，则 X 称为频繁项集，否则 X 称为非频繁项集。

一般情况下，给定最小支持数与给定最小支持度的效果是相同的，甚至给定最小支持数会更加直接且方便。加入需要寻找最小支持数为 3 的（频繁）项集，那么支持数小于 3（0、1、2）的项集就不会被选择。

定理 1　设 X、Y 是事务集 D 中的项集，假定$X\subseteq Y$，则：

（1）$\text{supp}(X)\geqslant\text{supp}(Y)$；

（2）Y 是频繁项集$\Rightarrow X$ 是频繁项集；

（3）X 是非频繁项集$\Rightarrow Y$ 是非频繁项集。

（四）关联规则

定义 5　若 X、$Y\subseteq I$ 且 $X\cap Y=\varnothing$，蕴含式$R:X\Rightarrow Y$称为关联规则。其中项集 X、Y 分别

为该规则的先导（antecedent 或 Left-Hand-Side，LHS）和后继（consequent 或 Right-Hand-Side，RHS）。

（五）关联规则支持度与置信度

定义 6 项集 $X \cup Y$ 的支持度称为关联规则 $R: X \Rightarrow Y$ 的支持度，记作 $\text{supp}(R)$：

$$\text{supp}(R) = \text{supp}(X \cup Y) = \frac{\text{occur}(X \text{ and } Y)}{\text{count}(D)} \tag{13.2}$$

定义 7 关联规则 $R: X \Rightarrow Y$ 的置信度（confidence）定义为：

$$\text{conf}(R) = \frac{\text{supp}(X \cup Y)}{\text{supp}(X)} = P(Y \mid X) \tag{13.3}$$

支持度描述了项集 $X \cup Y$ 在事务集 D 中出现的概率的大小，是对关联规则重要性的衡量，支持度越大，关联规则越重要；而置信度则是测度关联规则正确率的高低。置信度高低与支持度大小之间不存在简单的指示性联系，有些关联规则的置信度虽然很高，但是支持度却很低，说明该关联规则的实用性很小，因此不那么重要。

从上述关于关联规则的定义可知，任意给出事务集 D 中两个项目集，它们之间必然存在关联规则，这样的关联规则将有无穷多种，为了在这无穷多种的关联规则中找出有价值规则，也为了避免额外的计算和 I/O 操作，一般给定两个阈值：最小支持度和最小支持度。

（六）最小支持度、最小置信度与提升度

定义 8 关联规则必须满足的支持度的最小值称为最小支持度（minimum support）。

定义 9 关联规则必须满足的置信度的最小值称为最小置信度（minimum confidence）。

如果满足最小支持度阈值和最小置信度阈值，则认为该关联规则是有趣的。支持度和置信度都不宜太低，如果支持度太低，说明规则在总体中占据的比例较低，缺乏价值；如果置信度太低，则很难从 X 关联到 Y，同样不具有实用性。

最小支持度与最小置信度的给定需要有丰富的经验作为参考，且带有很强的主观性，为此我们可以引入另外一个量，即提升度（lift），以度量此规则是否可用。

定义 10 对于规则 $R: X \Rightarrow Y$，其提升度计算方式为：

$$\text{lift}(R) = \frac{\text{conf}(X \Rightarrow Y)}{\text{supp}(Y)} = \frac{\text{supp}(X \Rightarrow Y)}{\text{supp}(Y) * \text{supp}(Y)} \tag{13.4}$$

提升度显示了关联规则的左边和右边关联在一起的强度，提升度越高，关联规则越强。换而言之，提升度描述的是相对于不用规则，使用规则（效率、价值等）可以提高多少。有用的规则的提升度大于 1。

（七）强规则与弱规则

定义 11 若 $\text{supp}(R) \geqslant \text{min.supp}$ 且 $\text{conf}(R) \geqslant \text{min.conf}$，或者 $\text{lift}(R) > 1$，关联规则 $R: X \Rightarrow Y$ 称为强规则，否则关联规则 $R: X \Rightarrow Y$ 称为弱规则。关联挖掘的任务就是挖掘出事务集 D 中所有的强规则。

例 13.1 表 13-1 是某超市顾客购买记录的数据库 D，包含 6 个事务 T_k（$k = 1, 2, \cdots, 6$），

其中，项集 I={面包，牛奶，果酱，麦片}。考虑关联规则 R:{面包} ⇒ {牛奶}。

表 13-1　某超市顾客购物记录数据库 D

TID	Date	Items
T100	6/6/2010	{面包，麦片}
T200	6/8/2010	{面包，牛奶，果酱}
T300	6/10/2010	{面包，牛奶，麦片}
T400	6/13/2010	{面包，牛奶}
T500	6/14/2010	{牛奶，麦片}
T600	6/15/2010	{面包，牛奶，果酱，麦片}

事务 1、2、3、4、6 中包含{面包}，事务 2、3、4、6 中包含{面包，牛奶}，支持度 $\min.\text{supp} = 0.5$，置信度 $\text{conf}(R) = \frac{4}{5} = 0.8$，若给定支持度阈值 $\min.\text{supp} = 0.5$，置信度阈值 $\min.\text{conf} = 0.8$，那么关联规则 R:{面包} ⇒ {牛奶}是有用的，即购买面包和购买牛奶之间存在强关联。计算提升度，知事务 2、3、4、6 中包含牛奶，则 $\text{lift}(R) = (\frac{4}{5}) \div (\frac{4}{6}) = 1.2$，即对买了面包的顾客推荐牛奶，其购买概率是对随机顾客推荐牛奶的 1.2 倍，因此该规则是有价值的。

13.1.2　基本分类

关联规则可以根据以下标准进行若干分类。

（一）根据所处理变量的类型

关联规则可以分为布尔型关联规则（boolean association rules）和数值型关联规则（quantitative association rules）。布尔型关联规则处理的变量是离散的、分类的，它显示这些变量之间的关系；数值型关联规则可以处理数值型变量，将其进行动态分割，数值型关联规则中也可以包含种类变量。例如：

购买（“面包”）→购买（“牛奶”），考虑的是关联规则中数据项是否出现，即为布尔型关联规则；

年龄（“45 ~ 60”）→职称（“教授”），涉及的年龄是数值型变量，即为数值型关联规则，另外，此处一般都将数量离散化为区间。

（二）根据所涉及数据的维数

如果关联规则各项或属性只涉及一个维度，则它是单维关联规则（single-dimensional association rules）；而在多维关联规则（multidimensional association rules）中，要处理的数据将涉及多个维度。例如：

购买（“面包”）→购买（“牛奶”），这条规则只涉及顾客“购买”一个维度，即为单维关联规则；

年龄（“45 ~ 60”）→职称（“教授”），这条规则涉及“年龄”和“职称”两个维度，即为多维关联规则。

（三）根据所涉及的数据的抽象层次

关联规则可以分为单层关联规则（single-level association rules）和广义关联规则（generalized association rules）。在单层关联规则中，所有的数据项或属性只涉及同一个层次；而在广义关联规则中，将会充分考虑现实数据项或属性的多层次性。例如：

联想台式机→惠普打印机，是一个细节数据上的单层关联规则；

台式机→惠普打印机，是一个较高层次和细节层次之间的多层关联规则。

13.1.3 基本方法

有效建立规则的过程主要分为两个阶段，首先产生满足指定最小支持度的（频繁）项集，然后从每个（频繁）项集中寻找满足指定最小置信度的规则。以下介绍最常用的两种算法。

（一）Apriori 算法

Apriori[1]是一种挖掘产生 0–1 布尔型关联规则所需频繁项集的基本算法，也是目前最具影响力的关联规则挖掘算法之一。这种算法因利用了有关频繁项集性质的先验知识而得名，其核心是基于两阶段频集思想的递推算法，在分类上属于单维、单层、布尔型关联规则。

Apriori 算法的基本思想是使用逐层搜索的迭代方法，用频繁的（k–1）–项集探索生成候选的频集 k–项集（如果集合 I 不是频繁项集，那么包含 I 的更大的集合也不可能是频繁项集），再用数据库扫描和模式匹配计算候选集的支持度，最终得到有价值的关联规则。具体过程可用算法 13.1 描述。

算法 13.1 Apriori 算法

（1）发现频繁项集。

1）扫描事务数据库，计算每个项目出现的次数，根据预定义的最小支持度阈值 min.supp，产生频繁 1–项集 L_1。

2）L_1 用于找频繁 2–项集 L_2，而 L_2 用于找 L_3，如此下去，直到不能找到满足条件的频繁 k–项集，这时算法终止。这里，在第 k 次循环中，过程先产生候选 k–项集 C_k，C_k 中的每个项集都是对 L_{k-1} 中两个只有一个不同项的频集做一个（$k-2$）–连接来产生的。具体过程如下。

a）$C_k = \text{apriori-gen}(L_{k-1})$，该函数由连接（join）步和剪枝（prune）步组成。join 步对 L_{k-1} 中每两个有（$k-1$）个共同项的频集进行连接，得到 C_k；prune 步根据“频繁项集的所有非空子集都是频繁的”这一性质对 C_k 进行剪枝，得到 C_k。

b）扫描数据库，确定每个事务 T 所含候选集 C_k 的支持度 $\text{subset}(C_k,t)$，并存进 hash 表中。

[1] Agrawal, Rakesh; and Srikant, Ramakrishnan; Fast algorithms for mining association rules in large databases, in Bocca, Jorge B.; Jarke, Matthias; and Zaniolo, Carlo; editors, Proceedings of the 20th International Conference on Very Large Data Bases (VLDB), Santiago, Chile, September 1994, pages 487-499.

c）去除候选集C_k中支持度小于 min.supp 的项集，得到频繁 k-项集L_k。C_k中的项集是用来产生频集L_k的候选集，最后的频集L_k必须是C_k的一个子集。

（2）由频繁项集产生关联规则。对于频繁项集 L，产生 L 的所有非空子集 l，根据定理 1 知 l 也是频繁项集；对于每个非空子集 l，如果

$$\frac{\text{occur}(l)}{\text{occur}(L)} \geqslant \text{min.conf} \frac{\text{occur}(l)}{\text{occur}}$$

则输出规则 $R: l \to (L-l)$；$R: l \to (L-l)$。其中，$\text{occur}(l)$ 和 $\text{occur}(L)$ 分别是项集 l 和 L 在事务数据库 D 中出现的频数，min.conf 是最小置信度阈值。由于规则由频繁项集产生，每个规则自然都满足最小支持度。

下面通过一个实例来说明应用 Apriori 算法挖掘一个事务数据库中频繁项集的过程。假设数据库 D 中 5 个事务（见表 13-2），支持度阈值为 60%（最小支持度计数为 3）。

表 13-2　事务数据库 D

TID	Items
T_1	{a,b,c,d,e}
T_2	{a,b,c,e}
T_3	{a,b,e}
T_4	{b,c}
T_5	{b,c,d}

如图 13-1 所示，第一次扫描数据库，得到候选 1-项集C_1及其各项的出现频数，删除C_1中出现频数小于 2 的项，得到频繁 1-项集L_1。使用L_1生成候选 2-项集C_2，第二次扫描数据库，得到C_2各项的出现频数，删除C_2中出现频数小于 2 的项，得到频繁 2-项集L_2。使用L_2并根据 Apriori 性质剪枝，生成候选 3-项集C_3，第三次扫描数据库，得到C_3各项的出现频数（C_3中没有出现频数小于 2 的项），得到频繁 3-项集L_3。$C_4 = \varnothing$，算法终止，所有频繁项集均被找出。

针对最后的频繁项集 L_3={a,b,e}，其非空子集有{a}、{b}、{e}、{a,b}、{a,e}和{b,e}，产生关联规则如下：

{a} ⇒ {b,e}，Confidence=3/3=100%；

{b} ⇒ {a,e}，Confidence=3/5=60%；

{e} ⇒ {a,b}，Confidence=3/3=100%；

{a,b} ⇒ {e}，Confidence=3/3=100%；

{a,e} ⇒ {b}，Confidence=3/3=100%；

{b,e} ⇒ {a}，Confidence=3/3=100%。

若最小置信度阈值为 80%，则仅有第二条规则无法输出。

从以上算法的运行过程我们可以看出，Apriori 算法的优点为简单、易理解、数据要求低。但是，这个方法搜索每个L_k需要扫描一次数据库，即如果最长模式为 n，那么就需要扫描数

据库 n 遍，这无疑需要很大的 I/O 负载。因此，可能需要重复扫描数据库，以及可能产生大量的候选集，这是 Apriori 算法的两大缺点。

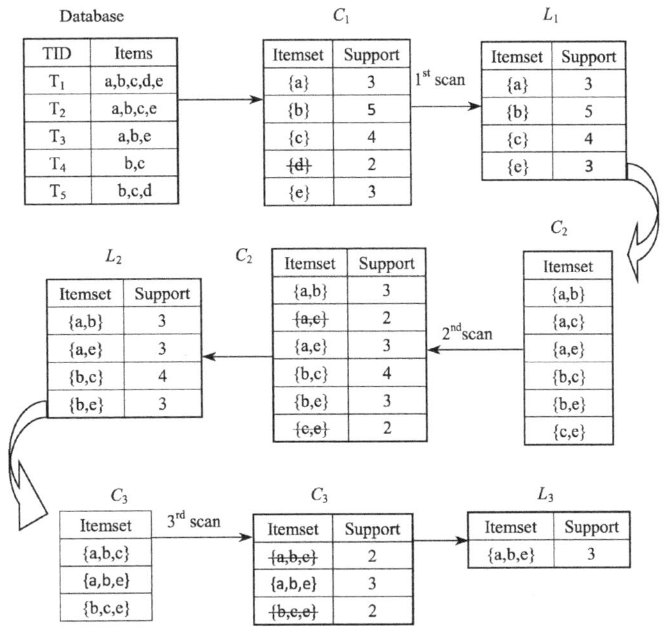

图 13-1　Apriori 算法的一个实例

13.2　协同过滤算法

相比于其他推荐算法，基于协同过滤的推荐算法往往在预测效果上表现更好，因此是一种应用广泛的推荐算法。它是通过输入用户的历史行为信息来预测用户对未接触的商品可能采取的行为，具体的实现步骤可归纳如下。

（1）获得稀疏的用户-项目评分（或购买、点击）矩阵，该矩阵包含了用户的偏好信息；

（2）通过算法预测空缺部分的评分，这里的算法可分为：

1）基于邻居的协同过滤算法，它包括：

a）基于用户（user-based）的协同过滤算法；

b）基于物品（item-based）的协同过滤算法。

2）基于模型（model- based）的协同过滤算法。

（3）为用户推荐其对应空缺部分中评分靠前的项目。

13.2.1　基于邻居的协同过滤算法

基于邻居的协同过滤又分为着眼于用户之间的关系（基于用户的协同过滤）和着眼于物

品之间的关系（基于物品的协同过滤）两种情况。接下来，我们分别对这两种方法进行介绍。假设有 N 个用户，M 种物品，评分矩阵记为 $\boldsymbol{R}_{N\times M}$，$r_{ui}$ 表示第 u 个用户对第 i 个物品的评分。一般地，在评分矩阵中会存在很多缺失值，表示用户并未使用某些物品或者未对某些物品进行评分。

（一）基于用户的协同过滤算法

基于用户的协同过滤基于这样的一个假设：与你喜好相似的人喜欢的东西你也很有可能喜欢。所以，这个算法的原理是，通过用户对物品的评分向量（评分矩阵 $\boldsymbol{R}_{N\times M}$ 的行），计算不同用户之间的相似度，然后给每个用户推荐和他兴趣相似的其他用户（称为邻居）喜欢的物品。

我们以第 u 个用户为例，假设用户 u 对物品 i 尚未评分，现在我们就通过用户 u 的邻居当中评价过物品 i 的用户来预测用户 u 对物品 i 的评分 $\hat{r}_{ui}$。具体详见算法 13.2。

算法 13.2　基于用户的协同过滤算法

（1）计算第 u 个用户与其他各个用户的相似度，找到所有评价过物品 i 的用户中 u 的邻居，记为 $N_i(u)$。

（2）假设用户 v 是 $N_i(u)$ 中的一员，用 w_{uv} 表示用户 u、v 之间相似度的大小，则可以利用加权平均来对 $\hat{r}_{ui}$ 进行预测：

$$\hat{r}_{ui}=\frac{\sum\limits_{v\in N_i(u)} w_{uv}r_{vi}}{\sum\limits_{v\in N_i(u)}\left|w_{uv}\right|}$$

（3）若需要调整评分尺度，则可以引入标准化函数 h 进行预测：

$$\hat{r}_{ui}=h^{-1}\left[\frac{\sum\limits_{v\in N_i(u)} w_{uv}h(r_{vi})}{\sum\limits_{v\in N_i(u)}\left|w_{uv}\right|}\right]$$

注意，式中相似度 w_{uv} 可以大于 0，表示用户 u 与用户 v 的喜好正好相似；也可以小于 0，表示用户 u 与用户 v 之前的喜好正好相反。这些邻居都能够对用户 u 的评分起到显著的作用，因此上式分子中的 w_{uv} 不需要取绝对值，但分母则需要进行绝对值的运算。

另外，有时需要调整评分尺度是因为，不同的人对相同程度的“认可”可能打分差异很大，所以就需要对不同人的分数进行标准化处理。因此引入标准化函数 h，将不同用户对不同物品的打分映射到某一指定区间$[a,\ b]$上，在此基础上计算 r_{ui} 的预测值 $\hat{r}_{ui}$，再通过 h 的反函数将其映射回原始的取值范围。

上述介绍的基于用户的协同过滤算法虽然简单方便，但也存在性能上的瓶颈，即当用户数量越来越多时，寻找最近邻居的复杂度也将大幅度增加，因此无法满足及时推荐的要求。而基于物品的协同过滤可以解决上述问题。

（二）基于物品的协同过滤算法

基于物品的协同过滤算法基于另外的一个假设：能够使用户感兴趣的物品，必定与其之前给出的高评分物品相似。所以，这个算法的原理是，通过各个物品的用户评分向量（评分矩阵 $\boldsymbol{R}_{N\times M}$ 的列），计算不同物品之间的相似度，然后向用户推荐与其偏好的物品相似的其他物品（称为邻居）。

类似地，以第 i 个物品为例，假设用户 u 对物品 i 尚未评分，现在就通过物品 i 的邻居当中用户 u 评价过的物品来预测用户 u 对物品 i 的评分 $\hat{r}_{ui}$。具体详见算法 13.3。

算法 13.3　基于物品的协同过滤算法

（1）计算第 i 个物品与其他各个物品的相似度，找到用户 u 评分过的物品中最像物品 i 的集合，即物品 i 的邻居，记为 $N_u(i)$。

（2）假设物品 j 是 $N_u(i)$ 中的一员，用 w_{ij} 表示物品 i、j 之间相似度的大小，则可以利用加权平均来对 $\hat{r}_{ui}$ 进行预测：

$$\hat{r}_{ui}=\frac{\sum\limits_{j\in N_u(i)} w_{ij}r_{uj}}{\sum\limits_{j\in N_u(i)} \left|w_{ij}\right|}$$

（3）同样，若需要调整评分尺度，则可以引入标准化函数 h 进行预测：

$$\hat{r}_{ui}=h^{-1}\left[\frac{\sum\limits_{j\in N_u(i)} w_{ij}h(r_{uj})}{\sum\limits_{j\in N_u(i)} \left|w_{ij}\right|}\right]$$

以物品为基础的协同过滤没有考虑用户间的差异，因此精度比较差，但它的好处就在于不需要用户的历史数据，或是进行用户识别。对于物品来说，它们之间的相似性更加稳定，因此可以离线完成大量相似性的计算，从而降低了在线计算量，提高推荐效率，尤其是在用户多于物品的情形下这种方法的优势尤为显著。

（三）基于邻居的预测的三要素

算法 13.2 和算法 13.3 涉及三个重要要素：邻居的确定、相似度的计算及标准化函数的选择。下面我们逐一说明。

（1）邻居的确定。

邻居是基于邻居的协同过滤算法中至关重要的因素，我们需要确定的问题有两个，首先，如何定义邻居；其次，如何选取邻居。第一个问题我们在前面已经提到，是用相似度的大小来定义邻居，相似度越大，就认为两个用户（或物品）越相邻。对于第二个问题一般采用以下 3 个标准进行选择。

- Top-N filtering：保留相似度最大的前 N 个；
- Threshold filtering：保留相似度（绝对值）大于一个给定阈值 $w_{\min}$ 的用户（或物品）；

- Negative filtering：去掉不像的用户（或物品）。

（2）相似度的计算。

相似度在基于邻居的协同过滤算法中既是确定邻居的依据，又包含在计算当中，因此起着非常大的作用。相似度的概念我们在第 9 章已介绍，在这里表示两个用户（或物品）间的相似性大小。现在我们介绍两种在基于邻域的协同过滤算法中常用的相似度的度量方法。

首先是 Pearson 相关系数。对于用户 u 和 v，它们的 Pearson 相关系数可定义为：

$$\mathrm{PC}(u,v)=\frac{\sum_{i\in I_{uv}}(r_{ui}-\overline{r}_u)(r_{vi}-\overline{r}_v)}{\sqrt{\sum_{i\in I_{uv}}(r_{ui}-\overline{r}_u)^2\sum_{i\in I_{uv}}(r_{vi}-\overline{r}_v)^2}}$$

其中，I_{uv} 表示用户 u 和 v 共同打分的物品的集合。

接着是余弦相似度（Cosine Vector，CV）。对于用户 u 和 v，它们的余弦相似度可定义为：

$$\mathrm{CV}(u,v)=\cos(r_{u\cdot},r_{v\cdot})=\frac{\sum_{i,j\in I_{uv}}r_{ui}r_{vj}}{\sqrt{\sum_{i\in I_u}r_{ui}^2\sum_{j\in I_v}r_{vj}^2}}$$

其中，I_u 和 I_v 分别表示用户 u 和 v 各自打分的物品的集合。注意，这里分母并不采用 I_{uv} 而是采用 I_u 和 I_v，这是对原有余弦相似度的一种推广。

类似地，对于物品同样可以定义它们的 Pearson 相关系数和余弦相似度。

（3）评分标准化。

正如前面提到的，不同用户（或物品）的评分标准往往不同，所以为了更好地进行预测，就需要引入标准化函数 h。这里我们介绍两种常用的标准化函数。

首先是均值中心化。对于用户 u 和 v，经过均值中心化处理的预测结果为：

$$h(r_{ui})=r_{ui}-\overline{r}_u$$

$$\hat{r}_{ui}=\overline{r}_u+\frac{\sum_{v\in N_i(u)}w_{uv}(r_{vi}-\overline{r}_v)}{\sum_{v\in N_i(u)}|w_{uv}|}$$

接着是 Z-评分归一化。对于用户 u 和 v，经过 Z-评分归一化处理的预测结果为：

$$h(r_{ui})=\frac{r_{ui}-\overline{r}_u}{s_u}$$

$$\hat{r}_{ui}=\overline{r}_u+s_u\frac{\sum_{v\in N_i(u)}\frac{w_{uv}(r_{vi}-\overline{r}_v)}{sv}}{\sum_{v\in N_i(u)}|w_{uv}|}$$

其中，s_u 和 s_v 分别表示用户 u 和 v 所有评分的标准差。

类似地，对于物品同样可以得到它们经过均值中心化和 Z-评分归一化处理的预测结果。

13.2.2 基于模型的协同过滤算法

上述介绍的基于邻居的协同过滤算法存在的缺点是不能处理稀疏数据集或数据量很大的数据集，因此就发展出了以模型为基础的协同过滤方法，它可以克服基于邻居方法的限制。基于模型的协同过滤算法利用用户的历史信息，如购买、点击和评分，来构建机器学习模型，进而用此模型预测未发生的购买、点击和评分情况。基于不同的模型，又可将其细分为更多的算法。其中，基于 SVD 的算法是一种实现简单、容易改进，且效果很好的方法，受到了广泛的关注和应用。在这部分我们将对此方法进行介绍。

基于 SVD 模型的协同过滤算法其基本原理是，在建立了用户和项目一一对应的评分矩阵（为稀疏矩阵，因为用户并未对所有物品都进行过评分）后，通过机器学习算法将该评分矩阵分解成两个矩阵相乘的形式，并利用分解得到的两个矩阵相乘来拟合评分矩阵，该拟合矩阵不仅与原评分矩阵的评分接近，而且还填补了原评分矩阵缺失的评分，最后就可以根据该拟合矩阵预测用户未评价过的某一物品的评分。这种矩阵因式分解背后的原理在于假设用户和物品之间存在数量不多的潜在特征，这些潜在特征能代表用户如何对物品进行评分，所以根据用户与物品的潜在表现，我们就可以预测用户对未评分的物品的喜爱程度。算法 13.5 描述了上述过程。

算法 13.4 基于 SVD 模型的协同过滤算法

（1）对任意大小为 $N \times M$ 的评分矩阵 $\boldsymbol{R}$，可将其通过 SVD 分解成：

$$\boldsymbol{R}_{N\times M} = \boldsymbol{P}_{N\times K}\boldsymbol{Q}_{K\times M}$$

其中，N 为用户数量，M 为项目数量，K 为分解得到的用户或项目的潜在特征的数量。

（2）对于矩阵 $\boldsymbol{R}$ 内的任意已知评分 r_{ui}（能观测到的评分部分），其预测值（拟合值）就可以用 $\boldsymbol{P}$、$\boldsymbol{Q}$ 的元素表示成：

$$\hat{r}_{ui} = p_u' q_i$$

（3）每个评分的预测误差 e_{ui} 和误差平方和 SSE 分别为：

$$e_{ui} = r_{ui} - \hat{r}_{ui}$$

$$\text{SSE} = \sum_{u,i} e_{ui}^2 = \sum_{u,i} (r_{ui} - \hat{r}_{ui})^2 = \sum_{u,i} (r_{ui} - p_u' q_i)^2$$

（4）定义损失函数为上述 SSE，则通过最小化损失函数，即可以求出矩阵 $\boldsymbol{P}$、$\boldsymbol{Q}$。

注：通常采用随机梯度下降算法（SGD）对上述最小化损失函数进行求解。

通过求解上面的算法，我们不仅能够拟合出原评分矩阵中已有的评分信息，而且还能够预测出原评分矩阵中的缺失值。

13.3 R 语言实现

13.3.1 关联规则

关联规则可以用在购物篮分析等一些常规场合，它的主要目的就是首先从已有的大量数据资料中挖掘出可被利用的、有价值的规则信息，然后将其应用到现实中以获取更多效益。我们首先介绍 R 语言中实现关联规则的函数。

在 R 语言中可以使用 arules 程序包中的 apriori()函数来实现关联规则挖掘。函数的基本形式为：

```
apriori ( data , parameter = list ( slots ) , appearance = list ( slots ) ,
         control = list ( slots ) )
```

其中，参数 data 是输入交易数据或者类交易数据，如二进制矩阵或者数据框。参数 parameter、appearance 和 control 均是命名列表，内部均定义有多个 slots，具体见表 13-3。

表 13-3　定义在参数 parameter、appearance 和 control 中的常用 slots

参　数	常用 slots 列表
parameter	minle =（整型，默认 1）
	maxlen =（整型，默认 10）
	sup =（数值型，默认 0.1）
	conf =（数值型默认 0.8）
	target = “frequent itemsets”或“maximally frequent itemsets”或“closed frequent itemsets”或“rules”或“hyperedgesets”（默认“rules”）
appearance	lhs 或 rhs 或 items 或 both 或 none = c ( )
	default = “lhs”或“rhs”或“items”或“both”或“none”
control	filter =（数值型，=0 或>0 或<0，默认 0.1）
	sort =（整型，[-2~2]，默认 2）
	verbose =（逻辑型，默认 TRUE）

在进行关联分析时，与 apriori()函数连用的函数主要有 str()、summary()、inspect()、sort()、subset()、itemFrequencyPlot()和 plot()等，具体用途说明见表 13-4。

表 13-4　与 apriori(.)连用的常用函数

函　数	用途说明
str ( )	查看输入数据 data 的类型，data 必须为交易数据或类交易数据
summary ( )	输出关联规则的信息摘要
inspect ( )	展示所得关联规则
sort ( )	对输出关联规则按照某一要素排序

续表

函　　数	用途说明
subset ( )	求所需要的关联规则子集
itemFrequencyPlot ( )	这是定义在 arules 包中的函数，用来画项目频率图
plot ( )	这是定义在 arulesViz 包中的函数，可以对规则进行可视化操作

通过一个案例来说明关联规则在 R 语言中具体实现。我们的案例所用的数据集选自 IBM SPSS Modeler 自带的案例数据 BASKETS1n（某超市 1 000 名顾客的购买记录），变量包括顾客 ID、性别、是否是本地人、年龄、收入等个人信息，也包括购买产品，如是否购买果蔬、鲜肉、乳制品、啤酒、鱼等，以及购买金额和购买方法。现在超市希望能够找出顾客购买产品之间的关系，即是否购买了 A 产品的顾客，也购买了 B 产品。

（一）数据读入

首先把原始数据转化为.csv 格式，然后将其保存在 R 语言当前工作目录中。以下为分析过程及结果：

```
> baskets0 <- read.csv ( "BASKETS1n.csv" ) # 读取数据
> dim ( baskets0 )
[1] 1000   18
> colnames ( baskets0 )
 [1] "cardid"       "value"        "pmethod"      "sex"
 [5] "homeown"      "income"       "age"          "fruitveg"
 [9] "freshmeat"    "dairy"        "cannedveg"    "cannedmeat"
[13] "frozenmeal"   "beer"         "wine"         "softdrink"
[17] "fish"         "confectionery"
> summary ( baskets0 )
# 限于篇幅，此处没有列出结果
```

原始数据库集共有 1 000 组观测值，每组观测值包含 18 个变量信息。根据研究性质，这 18 个变量中的“cardid”“value”“pmethod”等前 7 个变量是分析所不需要的，应剔除：

```
> baskets <- baskets0 [ , -1 : -7 ] # 剔除无关变量
> str ( baskets )
'data.frame':   1000 obs. of  11 variables:
 $ fruitveg      : logi  FALSE FALSE FALSE FALSE FALSE FALSE ...
 $ freshmeat     : logi  TRUE TRUE FALSE FALSE FALSE TRUE ...
 $ dairy         : logi  TRUE FALSE FALSE TRUE FALSE FALSE ...
#限于篇幅，省略部分结果
```

剔除了“cardid”“value”“pmethod”等前 7 个无关变量，剩下的 11 个变量均为逻辑型，适于做关联分析。

（二）关联分析

在 R 语言中，关联分析使用 arules 程序包中的 apriori()函数实现：

```
> install.packages ( "arules" ) # 装载"arules"包
> library ( arules )
```

在准备工作做好后，首先利用 arules 程序包中的 itemFrequencyPlot()函数做一张频率图（如图 13-2 所示）

```
> trans <- as ( baskets , "transactions" ) # 这里做转换是为方便做图需要
> windows ( 6 , 4 )
> itemFrequencyPlot ( trans , sup = 0.1 , topN = 11 , col = grey.colors ( 11 ) )
```

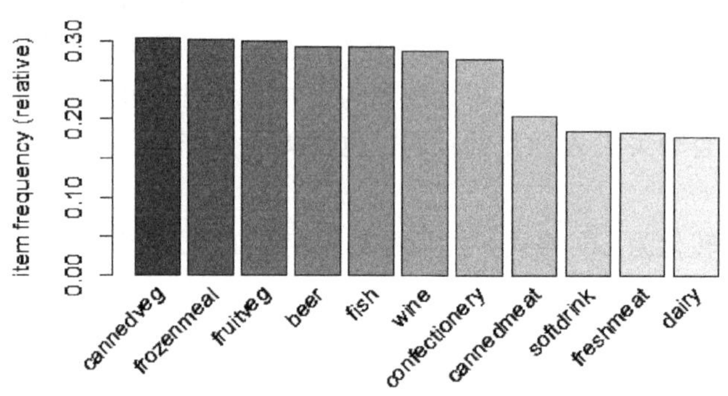

图 13-2　食物出现频率

从图 13-2 中可以很明显地看出，罐装蔬菜的出现频率最高，超过 0.3，即这 1 000 位顾客中有 300 多人买了罐装蔬菜，接下来依次是冻肉、果蔬、啤酒和鱼等食物，相比较而言，购买乳制品的顾客最少：

```
> rules1 <- apriori ( baskets , control = list ( verbose = FALSE ) )
> summary ( rules1 )
set of 3 rules
rule length distribution (lhs + rhs):sizes
3
3
   Min. 1st Qu.  Median    Mean 3rd Qu.    Max.
      3       3       3       3       3       3
summary of quality measures:
    support         confidence          lift
 Min.    :0.146   Min.    :0.8439   Min.    :2.834
 1st Qu. :0.146   1st Qu. :0.8514   1st Qu.:2.857
 Median  :0.146   Median  :0.8588   Median :2.880
 Mean    :0.146   Mean    :0.8590   Mean   :2.870
 3rd Qu. :0.146   3rd Qu. :0.8665   3rd Qu.:2.888
 Max.    :0.146   Max.    :0.8743   Max.   :2.895
mining info:
    data ntransactions support confidence
 baskets          1000     0.1        0.8
> inspect ( rules1 )
    lhs                      rhs                support  confidence   lift
```

```
[1] {frozenmeal,beer}          => {cannedveg} 0.146    0.8588235  2.834401
[2] {cannedveg,beer}           => {frozenmeal} 0.146   0.8742515  2.894873
[3] {cannedveg,frozenmeal} => {beer}          0.146    0.8439306  2.880309
```

在默认条件（support = 0.1, confidence = 0.8）下仅挖掘出 3 条规则。结合罐装蔬菜的出现频率最高仅略高于 0.3 的情况，这些规则的支持度（均超过 0.14）已经相当高，另外它们的置信度均大于 0.84，提升度也都超过了 2。但是，仔细观察可以发现，这 3 条规则事实上仅是同一条规则的变相而已。因此，接下来我们将调整相关参数以挖掘更多规则：

```
> rules2 <- apriori ( baskets, parameter = list ( supp = 0.03 , conf = 0.8 ,
              target = "rules" ) , control = list ( verbose = FALSE ) )
> summary ( rules2 )
set of 15 rules
rule length distribution (lhs + rhs):sizes
 3  4
 3 12
   Min.  1st Qu.  Median    Mean 3rd Qu.    Max.
   3.0     4.0     4.0      3.8    4.0     4.0
summary of quality measures:
   support          confidence          lift
 Min.    :0.0360   Min.   :0.8182   Min.    :2.709
 1st Qu.:0.0360   1st Qu. :0.8475   1st Qu.:2.822
 Median :0.0400   Median :0.8627   Median :2.895
 Mean    :0.0604   Mean    :0.8636   Mean    :2.886
 3rd Qu.:0.0440   3rd Qu. :0.8790   3rd Qu.:2.935
 Max.    :0.1460   Max.    :0.9167   Max.    :3.035
mining info:
   data ntransactions support confidence
 baskets         1000    0.03        0.8
> rules2.sorted <- sort ( rules2 , by = "lift" )
# 参照“lift”大小对规则（默认为降序）排列
> inspect ( rules2.sorted [ 1 : 5 ] ) # 展示排序后的前五条规则
   lhs                                rhs           support   confidence     lift
[1] {cannedveg,beer,fish}            => {frozenmeal} 0.044 0.9166667  3.035320
[2] {fruitveg,cannedveg,frozenmeal} => {beer}        0.040 0.8888889  3.033750
[3] {cannedmeat,frozenmeal,beer}     => {cannedveg}   0.036 0.9000000  2.970297
[4] {cannedveg,frozenmeal,fish}      => {beer}        0.044 0.8627451  2.944523
[5] {cannedveg,frozenmeal,wine}      => {beer}        0.036 0.8571429  2.925402
```

调整阈值（降低最小支持度）后，挖掘到 15 条规则，提升度也全都超过了 2.5，属于强有用规则。下面我们利用 arulesViz 程序包中的做图函数来对这些规则进行可视化操作：

```
> library ( arulesViz ) # 简单可视化
> windows ( 6 , 4 )
> plot ( rules2 )
```

从如图 13-3 所示中可以看出，这 15 条规则的置信度均高于 0.8，其提升度也全都超过 2.5，但是绝大多数规则的支持度仅在 0.04 左右，并且随着提升度的增加，其支持度和置信度并未相应提高。

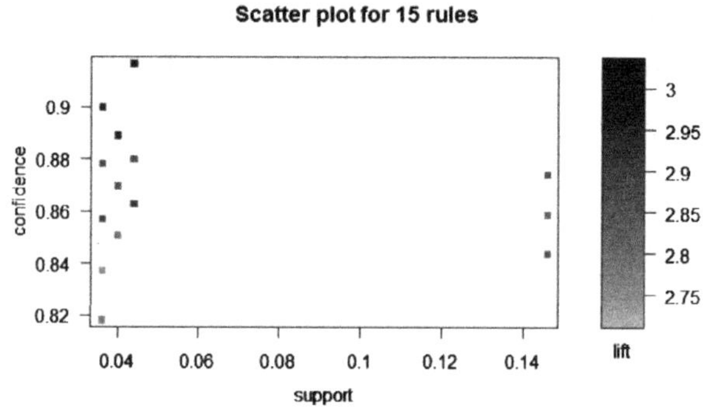

图 13-3　简单可视化

在这 15 条规则中仍然包含冗余规则，需继续筛选：

```
# 删除冗余的规则
> subset.matrix <- is.subset ( rules2.sorted , rules2.sorted )
> subset.matrix [ lower.tri ( subset.matrix , diag = T ) ] <- NA
> redundant <- colSums ( subset.matrix , na.rm = T ) >= 1
> which ( redundant )
 [1]  4  6  7  9 10 11 12 13 14 15
> rules2.pruned <- rules2.sorted [ ! redundant ]
> inspect ( rules2.pruned )
  lhs                                    rhs           support  confidence  lift
1 {cannedveg, beer, fish}             => {frozenmeal} 0.044    0.9166667  3.035320
2 {fruitveg, cannedveg, frozenmeal}   => {beer}       0.040    0.8888889  3.033750
3 {cannedmeat, frozenmeal, beer}      => {cannedveg}  0.036    0.9000000  2.970297
4 {cannedveg, frozenmeal, wine}       => {beer}       0.036    0.8571429  2.925402
5 {cannedveg, beer}                   => {frozenmeal} 0.146    0.8742515  2.894873
```

第 4、6、7、9、10、11、12、13、14、15 条是冗余规则，需删去，最终得到五条有价值的关联规则。

（三）结果分析

解析最后得到的 5 条规则，可以得出以下结论：

（1）有 91.66%的置信度保证购买罐装蔬菜、啤酒、鱼的顾客会继续购买冻肉；

（2）在保证可信度不低于 0.8 的条件下，购买罐装蔬菜和啤酒的顾客继续购买冻肉的可能性最大；

（3）罐装蔬菜与冻肉、罐装蔬菜与啤酒、冻肉与啤酒之间均存在双向关联。

因此，对于超市而言，可以在蔬菜、海鲜区放置啤酒专柜以促进啤酒的销售；可以将罐装蔬菜与冻肉、罐装蔬菜与啤酒、冻肉与啤酒等进行捆绑销售以增加这些商品销量。

最后再说明两点，首先，Apriori 算法是一个非常强大的算法，在对数据还不太了解时，它可以为用户提供一个了解数据的有趣的视角；其次，尽管最终的规则是在这份数据集基础上系统性生成的，但是设定阈值是一门艺术，这取决于用户想要得到什么样的规则，用户可能需要一些能够帮助自己做出决策的规则，另外这些规则也可能会将用户引入歧途。

13.3.2　协同过滤算法

R 语言的 recommenderlab 程序包可以实现协同过滤算法。这个程序包中有许多关于推荐算法建立、处理及可视化的函数。接下来，我们将选用 recommenderlab 程序包中内置的 MovieLense 数据集进行分析，该数据集收集了网站 MovieLens（movielens.umn.edu）从 1997 年 9 月 19 日到 1998 年 4 月 22 日的数据，包括 943 名用户对 1664 部电影的评分。

（一）数据描述

首先载入数据，并绘制该数据集的直方图（如图 13-4 所示）。其中，getRatings()函数可获取评价数据，normalize()函数可以进行标准化处理，标准化的目的是为了去除用户评分的偏差：

```
> library ( recommenderlab )
> data ( MovieLense ) # 数据集的类型为 realRatingMatrix
> dim ( MovieLense )
[1]  943 1664
> hist ( getRatings ( normalize ( MovieLense ) ) , breaks = 100 )
```

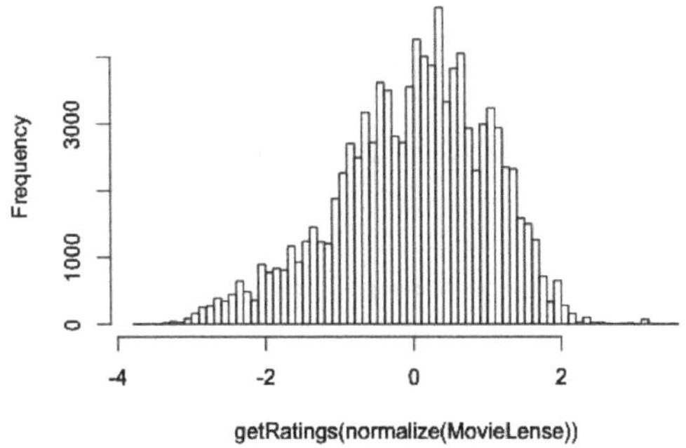

图 13-4　评分直方图

这里需要说明的是，我们得到的 MovieLense 数据集的数据类型是 realRatingMatrix，它是raringMatrix 数据类型的一种，表示推荐评分型（如 1～5 颗星评价）。raringMatrix 还包含另一种常用的数据类型 binaryRatingMatrix，它用于存放只有 0 ~ 1 评分的评分矩阵数据，我们可以通过 binarize()函数将数据转为 binaryRatingMatrix 类型。注意，raringMatrix 数据类型是使用 recommenderlab 程序包建立推荐系统时唯一的评分矩阵的输入类型，所以在建立推荐系统之前必须将评分矩阵转化为 raringMatrix 数据类型的一种，可以通过 as()函数进行转化。raringMatrix 采用了很多类似矩阵对象的操作，如 dim()，dimnames()，rowCounts()，colMeans()，rowMeans()等，也增加了一些特别的操作方法，如 sample()用于从用户（即，行）中抽样，image()可以生成像素图数据转换。

下面我们就使用 image()函数来形象地查看评分矩阵的部分形态。例如，我们查看前 20 位观影者对前 20 部电影的评分，结果如图 13-5 所示，横轴表示被评分的电影，纵轴表示观影者，图形中的颜色表示观影者给对应电影的评分，空白表示该观影者未对对应电影做出评分（观影者未观看此电影）：

```
> image ( MovieLense [ 1 : 20 , 1 : 20 ] )
```

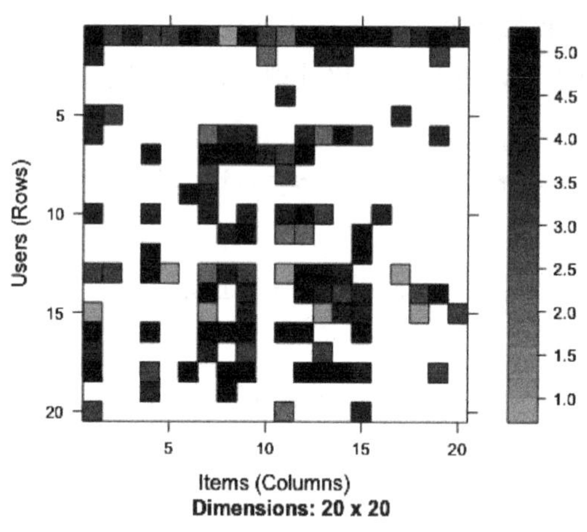

图 13-5　评分图像

（二）建立推荐系统

我们已经获得了评分数据，接下来就可以开始建立推荐系统了。在这之前，首先来查看 recommenderlab 程序包可以实现哪些推荐算法，可以运用 recommenderRegistry $ get_entry_names()函数进行查看：

```
> recommenderRegistry $ get_entry_names ( )
 [1] "ALS_realRatingMatrix"                "ALS_implicit_realRatingMatrix"
 [3] "ALS_implicit_binaryRatingMatrix"     "AR_binaryRatingMatrix"
 [5] "IBCF_binaryRatingMatrix"             "IBCF_realRatingMatrix"
 [7] "POPULAR_binaryRatingMatrix"          "POPULAR_realRatingMatrix"
 [9] "RANDOM_realRatingMatrix"             "RANDOM_binaryRatingMatrix"
```

```
[11] "RERECOMMEND_realRatingMatrix"      "SVD_realRatingMatrix"
[13] "SVDF_realRatingMatrix"             "UBCF_binaryRatingMatrix"
[15] "UBCF_realRatingMatrix"
```

现在我们就开始建立推荐模型。首先抽取 MovieLense 数据集当中的 70%用户数据用作训练样本，剩余的 30%用户数据作为测试样本，这可以通过 evaluationScheme()函数实现。

evaluationScheme()函数是将数据按一定规则分为训练集和测试集（参数 method = "split"），或进行 k-fold 交叉验证（如 method = "cross", k = 4）。

另外，对于上述测试集中这 30%位观影者，我们进一步将他们对电影的评分分为 known（已知）和 unknown（未知），known 部分表示用户已经评分，要用于预测，unknown 部分表示用户已经评分，但要被预测以便进行模型评价。known 部分是根据参数 given 的值随机抽取的：

```
> set.seed ( 123 )
> rdata <- evaluationScheme ( MovieLense , method = "split" , train = 0.7 ,
given = 10 )
> train <- getData ( rdata , "train" ) # 表示获取训练集数据。
```

用 Recommender()函数可以建立评分推荐，对于 realRatingMatrix 数据类型有六种推荐算法，可以用参数“method”进行选择。这六种算法分别是 UBCF（基于用户的推荐）、IBCF(基于物品的推荐)、SVD（矩阵因子化）、PCA（主成分分析）、RANDOM（随机推荐）、POPULAR（基于流行度的推荐）：

```
> r.UBCF <- Recommender ( train , method = "UBCF" ) # 基于用户
> r.IBCF <- Recommender ( train , method = "IBCF" ) # 基于物品
> r.SVD <- Recommender ( train , method = "SVD" ) # 基于 SVD
```

对于上面建立的推荐模型给定一个用户的现有评分状态，就可以用 predict()函数对其未评分的物品进行预测。例如，我们可以用 r.UBCF 模型取预测 MovieLense 数据集当中第 1 位观影者未评分的电影的所有评分，参数 type = "ratings"表示运用评分预测观影者对电影评分：

```
> predict1 <- predict ( r.UBCF , MovieLense [ 1 ] , type = "ratings" )
> getRatings ( predict1 )
  [1] 3.851254 3.614128 3.744430 3.919672 3.599075 3.560953 3.605166
  [8] 3.541985 3.603330 3.544341 3.548473 3.476840 3.699375 3.670272
 [15] 3.599404 3.914268 3.378009 3.686669 3.579951 3.498149 3.771670
 [22] 3.380500 3.654843 3.605166 3.695807 3.866792 3.519647 3.614374
# 限于篇幅，此处省略
```

我们还可以进行 TOP-N 预测，即只生成前 *N* 个最高预测得分的电影：

```
> predict2 <- predict ( r.UBCF , MovieLense [ 1 ] , n = 5 , type = "topNList" )
> as ( predict2 , "list") # 结果需转化为 list 表示
$`1`
[1] "Glory (1989)"
```

```
[2] "Rear Window (1954)"
[3] "Casablanca (1942)"
[4] "Schindler's List (1993)"
[5] "Butch Cassidy and the Sundance Kid (1969)"
```

使用测试集对三种模型的效果进行评价，我们首先对“已知”的测试集数据进行预测：

```
> pred1 <- predict ( r.UBCF , getData ( rdata , "known" ) , type = "ratings" )
> pred2 <- predict ( r.IBCF , getData ( rdata , "known" ) , type = "ratings" )
> pred3 <- predict ( r.SVD , getData ( rdata , "known" ) , type = "ratings" )
```

可以利用 calcPredictionAccuracy()函数进行预测结果与实际数据之间的比较。参数"unknown"表示是对“未知”测试集进行比较：

```
> error1 <- calcPredictionAccuracy ( pred1 , getData ( rdata , "unknown" ) )
> error2 <- calcPredictionAccuracy ( pred2 , getData ( rdata , "unknown" ) )
> error3 <- calcPredictionAccuracy ( pred3 , getData ( rdata , "unknown" ) )
> error <- rbind ( error1 , error2 , error3 )
> rownames ( error ) <- c ( "UBCF" , "IBCF" , "SVD" )
> error
        RMSE      MSE       MAE
UBCF 1.059995 1.123589 0.8430875
IBCF 1.245754 1.551903 0.8932918
SVD  1.074338 1.154203 0.8580574
```

从结果可以看出，本例数据集采用 UBCF 方法即基于用户的协同过滤算法的效果最好。

13.4 习题

1．数据库中有 5 个事务（见表 13-5）。设 $\min.supp = 0.60$， $\min.conf = 0.80$。

表 13-5 习题 1 数据

TID	date	items
T100	5/15/2015	{K,W,X,P,Q}
T200	5/16/2015	{A,Q,P,W,X}
T300	5/17/2015	{A,B,W,P,Q,X}
T400	5/17/2015	{B,W,Q,X}
T500	5/18/2015	{A,W,Q,X,H}

（1）分别使用 Apriori 算法和 FP-growth 算法找出频繁项集，并比较二者的有效性。

（2）列出所有强关联规则，并计算出它们的 supp、conf 和 lift。

2．请分析 arules 程序包中的 Groceries 数据集。

（1）请统计该数据集中各个商品的频率。

（2）找出该数据集中有用的关联规则。

3．请分析 recommenderlab 程序包中的 Jester5k 数据集。该数据集包含了 5 000 个用户对 100 个笑话的评分数据，总共有 362 106 个评分。

（1）载入数据，并绘制评分的直方图，观察评分的分布情况。

（2）将数据集按 7：3 的比例划分为训练集和测试集。

（3）对于训练集数据，分别选用基于用户的推荐、基于物品的推荐、基于 SVD 3 种方法建立评分系统。

（4）使用测试集对上述 3 种模型的效果进行评价。

第 14 章

文本挖掘

在网络普及的时代，Web 页面、新闻消息及电子邮件等都包含了大量的文本信息，这些文本信息构成了粗糙的非结构化文本数据。文本挖掘(text mining)是以文本作为挖掘的对象，寻找信息的结构、模型、模式等隐含的具有潜在价值的知识的过程。文本挖掘成长为数据科学领域备受关注的领域之一。

14.1 问题的提出

例 14.1 考虑 corpus.JSS.papers 包中的 JSS_papers 数据集。该数据集提供了 Journal of Statistics Software (JSS) 期刊的摘要信息，包含标题(title)、创建者(creator)、主题(subject)、描述(description)、出版商(publisher)等 15 列 635 行。该数据集是语料库(corpus)结构的数据集，每行数据的格式如下。

```
$title
[1] "A Diagnostic to Assess the Fit of a Variogram Model to Spatial Data"
$creator
[1] "Ronald Barry"
$subject
[1] "Statistics" "Software"
$description
[1] "The fit of a variogram model to spatially-distributed data is often
difficult to assess. A graphical diagnostic written in S-plus is introduced
that allows the user to determine both the general quality of the fit of a
variogram model, and to find specific pairs of locations that do not have
measurements that are consonant with the fitted variogram. It can help identify
nonstationarity, outliers, and poor variogram fit in general. Simulated data
sets and a set of soil nitrogen concentration data are examined using this
```

```
graphical diagnostic."
$publisher
[1] "Journal of Statistical Software"
$contributor
character(0)
$date
[1] "1996-08-16"
$type
[1] "Text"     "Software" "Dataset"
$format
character(0)
$identifier
[1] "http://www.jstatsoft.org/v01/i01"
$source
[1] "http://www.jstatsoft.org/v01/i01/paper"
$language
character(0)
$relation
character(0)
$coverage
character(0)
$rights
character(0)
```

那么，如何总结该杂志 2010-08-05 到 2014-05-06 所刊文章的基本内容，提炼出该杂志 2010 年到 2014 年 5 年间文章主题？

14.2 文本挖掘基本流程

文本挖掘的基本流程可分为文本数据获取、文本特征表示、文本的特征选择、信息挖掘与主题模型。

14.2.1 文本数据获取

文本数据的获取有多种途径。常见途径之一为网页文本的抓取，其逻辑为计算机模拟访问 URL 地址，获得其 HTML 源码或 Json 格式的字符串。文本数据的抓取往往利用专门的爬虫工具，该部分内容不在本书讨论的范围。

14.2.2 文本特征表示

文本挖掘的首要任务是寻找合适的文本表示方式。这种表示方式既要包含足够的信息以达到识别文本内容的目的，又要将文本信息这一非结构化数据转化为结构化数据以方便计算机处理。这就涉及文本特征的抽取和选择。文本特征指的是关于文本的元数据，可以分为描述特征，如文本的名称、日期、大小、类型；语义特征，如文本的作者、标题、机构、内容。

当文本内容被简单地看成由它所包含的基本语言单位（字、词、词组或短语等）组成的集合时，这些基本的语言单位称为词项（term）。如果用出现在文本中的词项表示文本，即在词袋假设：文本所含内容只与其包含的词项及词项出现情况有关而与词项出现的顺序无关，那么这些词项就是文本的特征。

通过某种方式量化文本中抽取的特征词项，并用这些特征项以结构化的方式来表示文本的过程，称为文本表示。对于文本内容的特征表示主要有布尔型、向量空间模型、概率模型和基于知识的表示模型。因为布尔型和向量空间模型易于理解且计算复杂度较低，所以成为文本表示的主要工具。

（一）文本特征抽取

获得词项的基本方法为分词。

（1）英文分词：英文文档 → 停用词处理 → 词干抽取 → 特征词集合。

文档中常常包括一些使用频率极高、所含信息却非常少的词。这些词所含的信息密度极低，并且它们的存在会增大词项数，增加分析维度，提高分析难度。故常常用这些词构造一个停用词表，在文本的特征抽取过程中删去停用词表中出现的特征词。

英文单词往往由于时态、词性、位置、主语等的不同而采用不同的形式。如{connect，connected，connection，connects}，这些词要表达的都是“connect”。为排除同义词不同形式造成的文本特征表达的复杂化，需对英文单词进行词干抽取（stemming）。所谓的词干是由彼此互为语法变型的词组组成的非空词集的规范形式。在上例中非空词集为 $V(s)$ = {connect，connected，connection，connects}，而词干 s = connect。

进行词干抽取后，将英文文档中所有的词干汇总即得到该文档的词项。

（2）中文分词：中文文档 → 停用词处理 → 词语切分 → 特征词集合。

中文文档的分词相比英文分词复杂。经过众多专家的不懈努力，提出了许多中文分词方法，包括最大匹配法、最大概率法、最少分词法、基于 HMM 的分词方法、基于互现信息的分词方法、基于字符标注的方法和基于实例的汉语分词方法等。这里我们主要介绍最大匹配法和最大概率法。

1）最大匹配法。最大匹配法需要一个词表，分词过程中用文中的候选词与此表中的词匹配。如果匹配成功则认为候选词是词并予以切分；否则就认为不是词。最大匹配法需设置最大词长。下面以字符串 S1 = “文本挖掘非常重要”为例，简单介绍最大匹配法分词。

① 设置最大词长及初始空字符串 S2 = “”。

② S2 = “”；S1 不为空，从 S1 左边取出候选子串。

③ W = “文本挖掘”（MaxLen = 4）。

④ 查词表，“文本挖掘”在词表中，将 W 加入到 S2 中，S2 = “文本挖掘/”。

⑤ 并将 W 从 S1 中去掉，此时 S1 = “非常重要”。

⑥ S1 不为空，于是从 S1 左边取出候选子串 W = “非常重要”。

⑦ 查词表，W 不在词表中，将 W 最右边一个字去掉，得到 W = “非常重”。

⑧ 查词表，W 不在词表中，将 W 最右边一个字去掉，得到 W = “非常”。

⑨ 查词表，W 在词表中，将 W 加入到 S2 中；

⑩ S2 = “文本挖掘/非常/”。

⑪ 并将 W 从 S1 中去掉，此时 S1 = “重要”。

……

重复上述过程，直到 S1 为空，最后得到 S2 的分词结果为“文本挖掘/非常/重要”。

2）最大概率法。假设 $Z = z_1 z_2 \cdots z_n$ 是输入的汉字串，$W = w_1 w_2 \cdots w_m$ 是与之对应的可能词串，那么，汉语自动分词可以看作求解使条件概率 $P(W \mid Z)$ 最大的词串，即

$$W = \arg\max_W P(W \mid Z)$$

根据贝叶斯公式可得：

$$W = \arg\max_W P(W \mid Z) = \arg\max_W \frac{P(W)P(Z \mid W)}{P(Z)} \tag{14.1}$$

其中，$P(Z)$ 是字符串概率，与 W 无关；$P(Z \mid W)$ 是词串到汉字串的条件概率，在已知词串的情况下，出现相应汉字串的概率为 1。故（14.1）式可以化简为：

$$W = \arg\max_W P(W)$$

词串概率可用 n 元语法来求。如用二元语法，则：

$$P(W) = \prod_{i=1}^{m} p(w_i \mid w_{i-1})$$

其中，w_i 为第 i 个词，w_0 为虚设的串首词。如用一元语法，则：

$$P(W) = \prod_{i=1}^{m} p(w_i)$$

以一元语法为例，算法的基本思想是根据词表，把输入串中所有可能的词都找出来，然后把所有可能的切分路径都找出来，并从这些路径中找出一条最佳（概率最大的）路径作为输出结果。

（二）文本特征表示

通过分词技术获得词项后，可通过向量空间模型（Vector Space Model，VSM）及布尔模型（Bool Model，BM）将文本信息结构化。

向量空间模型和布尔模型都是将文档集合矩阵化的过程。布尔模型采用布尔矩阵将文档集合矩阵化，向量空间模型采用词频矩阵将文档集合矩阵化。在介绍布尔矩阵和词频矩阵前，我们引入项权重（term weight）的概念。令 m 表示文本集中词项的数量，f_j 表示第 j 个词项，$F = \{f_1, \cdots, f_m\}$ 是项集。文档 d_i 中的词项 f_j 的权重 w_{ij} 为项权重。当 f_j 在 d_i 中出现时 $w_{ij} > 0$，

否则 $w_{ij}>0$。在布尔矩阵中 $w_{ij}\in\{0,1\}$，而词频矩阵中 w_{ij} 可用绝对词频和相对词频表示。

（1）绝对词频：词项在文本中出现的次数。利用绝对词频表示文本时，文本向量的第 j 个词项的项权重为其在文中出现的次数。

（2）相对词频：词项在文本中的权重。文本向量的每项权重用词项在文本中的重要程度表示，即权重在这里是用来刻画词项在描述文本内容时的重要程度。在表示词项的重要程度时常常考虑以下两个方面的因素。

- 词频（Term Frequency，TF）：词项在文本中出现的次数。
- 倒排文档频（Inversed Document Frequency，IDF）：特征词在文本集中分布情况的量化，度量特征词在文本集中出现的频繁程度。常用计算方法为：

$$\log_2\left(\frac{N}{\{d\in D:t\in d\}}\right)$$

其中，N 表示所有文档的个数，$\{d\in D:t\in d\}$ 表示包含第 t 个词的文档个数。

所以，相对词频就可以用以下公式表示：

$$\text{TFIDF}(t,d)=\frac{\text{TF}(t,d)}{\sum_{f\in d}\text{TF}(t,d)}\log_2\left(\frac{N}{\{d\in D:t\in d\}}\right)$$

14.2.3 文本的特征选择

文本信息转化的布尔矩阵或词频矩阵的维度非常大且矩阵非常稀疏（矩阵内很多元素为 0），严重影响了挖掘算法的性能。一个有效的文本表示必须满足文本内容表达完整、较强的文本区分能力与保证尽量小的特征维度等特点。因此，需对词项进行选择，即对文本的特征进行选择以达到文本向量维数压缩的目的。特征选择不仅能够提高文本挖掘算法的运行速度，降低占用内存空间，而且能够去掉不相关或相关程度低的特征，提高文本挖掘的性能。特征选择的基本步骤如下：

（1）初始情况下，特征集包括所有的原始特征；

（2）计算每个特征的评估函数值；

（3）选出评估函数值较高的前 k 个特征作为特征子集。

常见的特征选择方法包括文档频率选择法、信息增益选择法、交叉熵选择方法、Chi_square 统计方法及其他自定义评估函数。下面我们对这些方法分别进行介绍。

（1）文档频率选择法：在文本内容中，特征项的出现次数是决定特征重要性的判定依据。文档频率选择法认为，特征的重要性主要由特征出现的频率次数决定，低于某个阈值的特征项一般不含或者仅有较少信息，因此选择大于指定阈值的特征项集合。

（2）信息增益选择法：该方法多用于选择文本分类特征集。信息增益是信息论中的一个非常重要的概念，它实际上是某一特征项在文本中出现前后的信息熵之差，用来衡量某一特征项的存在与否对类别预测的影响。计算公式为：

$$\mathrm{IG}(t)=P(t)\sum_{c\in C}P(c\mid t)\log_2 P(c\mid t)+P(\overline{t})\sum_{c\in C}P(c\mid \overline{t})\log_2 P(c\mid \overline{t})-\sum_{c\in C}P(c)\log_2 P(c)$$

其中，C 为文档的类别集合，t 为特征（词项），$\overline{t}$ 表示特征 t 不出现。$P(\,)$为概率函数。

（3）交叉熵选择方法：交叉熵与信息增益相似，两者的主要不同在于信息增益需要计算所有可能特征分值的平均，而交叉熵仅考虑一篇文档中出现的词。计算公式为：

$$\mathrm{CE}(t)=\sum_{c\in C}P(c\mid t)\log_2\frac{P(c\mid t)}{P(c)}$$

（4）Chi_square 统计方法：可用如下公式表示：

$$\chi^2(t)=\sum_{c\in C}P(c)\left[\frac{P(t,c)P(\overline{t},\overline{c})-P(\overline{t},c)P(t,\overline{c})}{P(c)P(t)P(\overline{c})P(\overline{t})}\right]$$

（5）其他自定义评估函数：在示例中本书采用了平均 TFIDF：

$$\mathrm{mean\_TFIDF}(t)=\frac{1}{N}\sum_{d}\mathrm{TFIDF}(t,d)$$

14.2.4 信息挖掘与主题模型

文本信息通过特征表示由非结构化数据转化为结构化数据，于是我们可以采用传统的数据挖掘方法对由特征表示得到的布尔矩阵或词频矩阵进行分析得到有价值信息。常见的挖掘方法包括文本分类、文本聚类、主题模型等。

（1）文本分类。

1）获取训练文本集：训练文本集（实际上就是训练集）是由一组经过处理的文本特征向量组成，每个训练文本有一个类别标签，实际上就是类别因变量 Y 的取值。

2）选择分类方法并训练分类模型：分类质量较好的方法包括 k–最近邻法、支持向量机、朴素贝叶斯等。

3）用训练所得的分类模型对待分类文本进行分类预测。

4）根据分类结果评估分类模型。

（2）文本聚类。

1）获取结构化的文本集，结构化的文本集由一组经过处理的文本特征向量组成。

2）执行聚类算法，获得聚类结果，可以用系统聚类、Kmeans 聚类等。

（3）主题模型。

通常我们讨论的主题模型是指 LDA 主题模型。设 $w=(w_1,\cdots,w_N)$ 为一个包含 N 个词的文档，w_k（k=1,$\cdots$,N）为文档中的一个词语。该文档所有词语均来自包含 V 个单词的词语集。同时，一个文档包含多个主题，每个主题可以采用不同的词语表达，但这些词语均来自相同的词语集。例如，我们写一个关于苹果的文档，其中包含了苹果的口味和苹果的产地两个主题，但我们所用的词语均为新华词典中的单词构成词语集。

这里还需要说明的是，LDA 主题模型是建立在一些基本假设之上的，包括如下假设。

- 文档的主题数目是确定的。
- 文档中出现的主题服从多项式分布，其分布律受参数θ影响。
- θ的取值是随机的，满足狄利克雷分布，即 Dirichlet(α)，其中α为狄利克雷分布参数。
- 词语出现服从参数为β的多项式分布，其中β为随机变量，服从狄利克雷分布 Dirichlet(γ)，γ为狄利克雷分布参数。
- 词语的生成过程如下：

1） 对于每个w_k选择主题z_k，服从 Mutinomial(θ)；

2） 在给定主题z_k时，词语w_k是一个条件多项式，分布概率为$p(w_k \mid z_k, \beta)$。

另外，LDA 主题模型采用极大似然估计的思想来估计参数α、β，之所以没有估计γ是由于现实中我们往往更关心的是β。

14.3 R 语言实现

14.3.1 JSS_papers 数据集

现在就利用例 14.1 提到的 JSS_papers 数据集来介绍文本挖掘在 R 语言中的实现。首先，加载进行文本挖掘必要的安装包：

```
> install.packages ( c ( 'tm' , 'XML' , 'SnowballC' , 'wordcloud' , 
'topicmodels' ) )
> install.packages ( "corpus.JSS.papers" , repos = http://datacube.wu.ac.at/ , 
type = "source" )
> library ( tm )                            # 英文文本挖掘包
> library ( XML )                           # 处理 HTML 源码包
> library ( SnowballC )                     # 英文分词过程中词干处理包
> library ( corpus.JSS.papers )             # 数据来源包
> library ( slam ) # 简单三元组矩阵 ( Simple Triplet Matrix ) 处理包
> library ( wordcloud )                     # 绘制词云所用包
> library ( topicmodels )                   # 主题模型包
```

读入并筛选所需数据。我们选取了文章发表时间在 2010 年 8 月 5 号之后的样本数据。为统一文本编码，选取了编码均为“unknown”的类型：

```
> data ( 'JSS_papers' )
> JSS <- JSS_papers [ JSS_papers [ , 'date' ] > '2010-08-05' , ]
> JSS <- JSS [ sapply ( JSS [ , 'description' ] , Encoding ) == 'unknown' , ]
> attributes ( JSS )
$dim
[1] 222  15
$dimnames
```

```
$dimnames[[1]]
NULL
$dimnames[[2]]
[1] "title"  "creator"  "subject"  "description"  "publisher"  "contributor"
[7] "date"   "type"     "format"   "identifier"   "source"     "language"
[13] "relation"  "coverage"  "rights"
```

现在，我们需要将数据源转化为 Corpus 格式。remove_HTML_markup()为构造的 HTML 格式命令说明符的剔除函数。其中，htmlTreeParse 是对 HTML 文件进行解析，生成一个代表 HTML 数的 R 结构。xmlRoot 为访问 XMLNode 的操作，xmlValue 为提取 XMLNode 所包含的内容的操作。

在 tm 包中,文本的组织结构为 Corpus 结构,函数为 Corpus (x),其中 x 为数据源(Source)。数据源的格式包括 DirSource、VectorSource、DataframeSource 等，DirSource 将文件路径化为数据源，常用函数结构为 DirSource (directory = ".")，其中 directory 为文件的路径。VectorSource 将向量的每个分量作为一个文件。DataframeSource 将数据框的每行作为一个分量。此处，将 JSS[, 'description']剔除 HMTL 操作符后生成的向量转化为向量数据源，即将 JSS [, 'description']剔除 HTML 操作符的每行看成一个文件：

```
> remove_HTML_markup <- function ( s )
      tryCatch ( {doc <- htmlTreeParse ( paste ( "<!DOCTYPE html>" , s ) ,
                      asText = TRUE , trim = FALSE ),xmlValue ( xmlRoot ( doc ) )
              } , error = function ( s ) s)
> corpus <- Corpus ( VectorSource ( sapply ( JSS [ , 'description' ] ,
remove_HTML_markup ) ) )
```

在将数据源转化为 Corpus 格式后，可采用 inspect 函数查看其内容。可以看到由上文生成的 corpus [1 : 2] 中包含量文件，第一个文件包含 1 119 个字符，而第二个文件包含 703 个字符。Metadata 指元数据的其他标签可以用 Meta 函数查看标签内容。这些标签展示的内容并不在 JSS [, 'description']中，而是生成 Corpus 结构的操作者加入的信息。例如，该结构的创建时间为 2015 年 10 月 24 日：

```
> inspect ( corpus [ 1 : 2 ] )
<<VCorpus>>
Metadata:  corpus specific: 0, document level (indexed): 0
Content:  documents: 2
[[1]]
<<PlainTextDocument>>
Metadata:  7
Content:  chars: 1119
[[2]]
<<PlainTextDocument>>
Metadata:  7
Content:  chars: 703
```

```
> meta ( corpus [[ 1 ]] )
  author        : character(0)
  datetimestamp : 2015-10-24 00:03:38
  description   : character(0)
  heading       : character(0)
  id            : 1
  language      : en
  origin        : character(0)
```

将 Corpus 格式的文档数据转化为词频矩阵。我们采用 DocumentTermMatrix()函数来实现，该矩阵行表示不同的文档，列表示不同的词语。还有另外一个函数 TermDocumentMatrix()则是可以将 Corpus 格式的数据转化为行表示不同词语，列表示不同文档的词频矩阵。

DocumentTermMatrix()函数储存数据的方式不同于列表、数据帧或是矩阵，而是采用 simple triplet matrix 矩阵的格式。simple triplet matrix 记录传统矩阵的不为零的行位置，列位置和相应的值。例如，$\boldsymbol{A}=\begin{pmatrix}1 & 0\\ 2 & 3\end{pmatrix}$的 simple triplet matrix 表达为 A_i={1,2,2}，A_j={1,1,2}，A_v={1,2,3}。大型稀疏矩阵采用 simple triplet matrix 的格式进行存储可降低存储空间。

在形成词频矩阵的过程中，可通过 control 控制参数。在本例中我们采用的方式为：

```
Control = list ( stemming = TRUE , stopwords = TRUE , minWordLength = 3 ,
removeNumbers = TRUE , removePunctuation = TRUE , weighting = weightTf )
```

其中，stemming 控制是否进行词干化处理，stopwords = TRUE 表示去掉常用词。在 tm 包中，可通过 stopwords ( )函数查看所有停用词。minWordLength 为最短的英文词长度。removeNumbers 控制是否去掉所有数据，removePunctuation 代表是否去掉标点符号。Weigthting 表示项权重的取法。R 语言提供了 weightTf（绝对词频）、weightTfIdf（相对词频 TFIDF）及 weightBin（布尔型）等可供选择的方法。

输入“JSS_dtm”后可打印 JSS_dtm 的基本信息。其中，Non-/sparse entries: 13256/729334，表示在 JSS_dtm 样本矩阵中共有 13 256 个位置不为 0，729 334 个位置为 0。Sparsity 的计算公式为为 0 位置的个数除以矩阵的所有元素数，即 729 334 ÷ （222 × 3345）。Maximal term length 表示分词后的词语的最大长度。Weighting: term frequency (tf)表示矩阵中元素取值为词频个数：

```
# 形成词频矩阵
> JSS_dtm <- DocumentTermMatrix ( corpus , control = list ( stemming = TRUE ,
                                  stopwords TRUE,minWordLength=3,removeNumbers=
                                  TRUE,removePunctuation = TRUE , weighting =
                                  weightTf ) )
> JSS_dtm
<<DocumentTermMatrix (documents: 222, terms: 3345)>>
Non-/sparse entries : 13256/729334
Sparsity            : 98%
```

```
Maximal term length : 29
Weighting           : term frequency (tf)
```

可以用 dim()和 class()等基本函数对 JSS_dtm 做基本描述。还可采用 col_sums()函数对 JSS_dtm 进行列求和计算，统计每个词汇出现的次数。本例结果显示，词语出现的最少次数为 1，最高次数为 338。而出现次数最多的单词为“model”：

```
> dim ( JSS_dtm )
[1]  222 3345inspect(JSS_dtm[1:5,1:5])
> class ( JSS_dtm )
[1] "DocumentTermMatrix"    "simple_triplet_matrix"
> summary ( col_sums ( JSS_dtm ) )
  Min. 1st Qu.  Median    Mean 3rd Qu.    Max.
 1.000   1.000   2.000   5.141   4.000 338.000
> names ( which.max ( col_sums ( JSS_dtm ) ) )
[1] "model"
```

我们还可以采用 finFreqTerms()函数获得出现次数大于一定阈值的词汇。例如，获取出现次数超过 50 的词汇，并采用词云的方式将出现次数大于 30 的词汇绘制成图。从图 14-1 中可以发现，Journal of Statistics Software 期刊近年来文章多围绕数据模型和并提供很多数据计算包。

图 14-1 出现次数大于 30 的词构成的词云图

```
> findFreqTerms ( JSS_dtm , 50 )
 [1] "algorithm" "allow"     "also"      "analysi"   "approach"
 [6] "base"      "can"       "comput"    "data"      "describ"
[11] "design"    "develop"   "differ"    "estim"     "exampl"
[16] "function"  "general"   "illustr"   "implement" "includ"
[21] "method"    "model"     "models"    "new"       "packag"
[26] "package"   "paper"     "paramet"   "perform"   "present"
[31] "process"   "provid"    "set"       "sever"     "softwar"
```

```
[36] "statist"   "time"     "tool"     "two"     "use"
[41] "user"
> Freq <- col_sums ( JSS_dtm )
> word <- names ( Freq )
> wordcloud ( word , Freq , min.freq = 30 , scale = c ( 3 , 0.4 ) , random.order
= F , colors = 'red' ,  rot.per = 0.1 )
```

另外，对于出现次数极少或者几乎出现在每篇文档中的词汇，它们对区分文档和分析文档的主题提供的信息就相对较少，可以采用 Mean_THIDF 指标值对词汇进行筛选降低词汇条数：

```
# 特征选择
> term_tfidf <- tapply ( JSS_dtm$v / row_sums ( JSS_dtm ) [ JSS_dtm$i ] , JSS_dtm
$ j , mean ) *log2 ( nDocs ( JSS_dtm ) / col_sums ( JSS_dtm > 0 ) )
> summary ( term_tfidf )
Min.     1st Qu.  Median   Mean    3rd Qu.   Max.
0.01017  0.06837  0.08472  0.10520  0.11900  0.70860
> JSS_dtm <- JSS_dtm [ , term_tfidf >= 0.1 ]
> JSS_dtm <- JSS_dtm [ row_sums ( JSS_dtm ) > 0 , ]
> summary ( col_sums  ( JSS_dtm ) )
   Min.  1st Qu.  Median  Mean  3rd Qu.   Max.
  1.000   1.000   2.000   2.636   3.000   40.000
> dim  ( JSS_dtm )
[1]  222 1185
```

词汇筛选完毕后，可采用 topicmodels 包中的 LDA()函数建立主题分析模型。topicmodels 提供了 VEM（variational expectation-maximization）和 Gibbs 抽样（Gibbs sampling）法求得最终参数。函数的具体形式为：

```
LDA ( x , k , method = 'VEM' , control = NULL , model = NULL , … )
```

其中，x 为词频矩阵格式的数据；method()是参数估计的方法；control 的常见设置有：estimate.alpha，TRUE 表示 α 被估计，FALSE 表示 α 取初始值；estimate.beta，TRUE 表示 β 分布被估计，FALSE 表示 β 的分布固定；verbose，0 表示没有信息被打印，正整数表示 verbose 次循环信息被打印。

我们给出采用 VEM 估计参数且参数 α 被估计，采用 VEM 估计参数且参数 α 不被估计，采用 Gibbs 估计参数且参数 α 被估计 3 种 LDA 模型：

```
> k<-30
> SEED<-2010
> jss_LDA <- list ( VEM = LDA ( JSS_dtm , k = k , control = list ( seed = SEED ) ) ,
            VEM_fixed = LDA (JSS_dtm , k = k ,Control = list ( estimate.alpha
            = FALSE , seed = SEED ) ) ,Gibbs = LDA (JSS_dtm , k = k , method
            = 'Gibbs' , control = list ( seed = SEED ) ) )
```

这里我们只对 jss_LDA $ VEM 的结果进行分析，其他分析类似。在建立主题模型后，可采用 terms()函数提取每个主题出现概率最高的一些词汇。并用 topics()函数确定每个文档最有可能归属的一个主题：

```
> Terms <- terms ( jss_LDA [[ 'VEM' ]] , 10 )
> Terms [ , 1 : 5 ]
     Topic 1      Topic 2       Topic 3       Topic 4    Topic 5
 [1,] "imput"     "longitudin"  "normal"      "equat"    "impact"
 [2,] "gui"       "matchit"     "bay"         "scales"   "kmean"
 [3,] "mice"      "mokken"      "dirichlet"   "bar"      "spheric"
 [4,] "rgtk"      "item"        "constrain"   "equating" "binomi"
 [5,] "gtk"       "assumptions" "space"       "likert"   "classifi"
 [6,] "guis"      "factori"     "posterior"   "diverg"   "comments"
 [7,] "incomplet" "msa"         "arf"         "kernel"   "community"
 [8,] "multipli"  "panel"       "unconstrain" "stack"    "decis"
 [9,] "mianalyz"  "spss"        "inequ"       "chart"    "eco"
[10,] "might"     "bild"        "truncat"     "expans"   "for"
> Topic <- topics ( jss_LDA [[ "VEM" ]] )
> table ( Topic ) # 1~30 为相应主题，第 2 行为相应次数
Topic
 1 2 3 4 5 6 7 8 9 10 11 12 13 14 15 16 17 18 19 20 21 22 23 24 25 26 27 28 29 30
 8 9 8 4 7 6 8 7 8 9 10 8 8 8 4 5 9 5 8 6 10 6 6 5 7 11 10 6 8 8
```

除对文本进行主题提取外，还可将传统的统计方法应用于词频矩阵进行文本聚类、文本分类、文本关联等相关分析（如图 14-2 所示），如文本聚类：

```
> DTM.clust <- hclust ( dist ( JSS_dtm [ Topic == 1 , ] ) ) # 文本聚类
> plot ( DTM.clust )
```

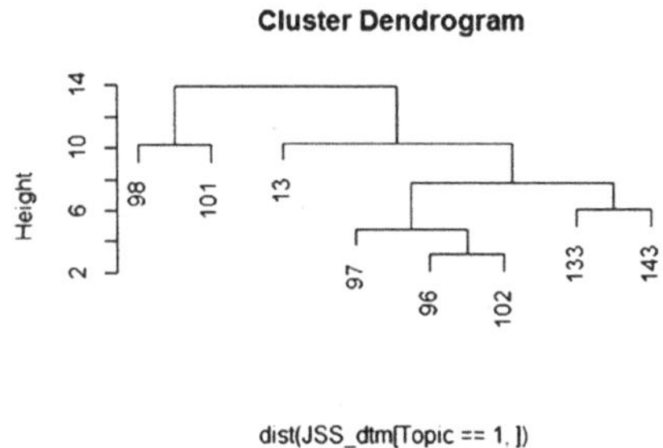

图 14-2　文本聚类结果

14.3.2　拓展案例：房地产网络舆情分析

近年来，随着国内经济的发展，以及人民生活水平的提高，房地产作为与人们基础生活息息相关的产业，也在我国区域经济构成中扮演着越来越重要的角色。文本挖掘作为舆情分

析的重要手段之一，可对一段时间内的网络文本信息进行分析汇总提炼出该时间段内的热点话题，以及新闻媒体在该时间段内的评论导向。

中文本文挖掘与英文文本挖掘较大的不同在于分词技术。本例将采用 Rwordseg 包中的 segmentCN 进行分词处理。Rwordseg 包的安装依赖于 rJava 和 Java 环境，确认是否已经安装 JRE，若未安装可在 Oracle 网站下载安装。安装结束后，需设置环境变量，每台计算机的路径不同，请依实际的路径设置环境变量，需将下列路径设置到 PATH 环境变量中：

C:\Program Files (x86)\Java\jre7\bin

C:\Program Files (x86)\Java\jre7\bin\client

C:\Users\rainbreeze\Documents\R\win-library\3.0\rJava\jri

在此例中，将采用 100 条搜房网上关于房地产方面的新闻进行分析：

```
> library ( tm );library ( tmcn );library ( slam ); library ( Rwordseg ); library
( foreach )
> library ( wordcloud )
> EIN <- read.csv ( '搜房房地产即时资讯.csv ' , header = T , stringsAsFactors
= F ) [ 1 : 100 , ]
> EIN.matter <- EIN$内容
> attributes ( EIN )
$names
[1] "标题" "时间" "来源" "内容"
$row.names #限于篇幅，此处省略
$class
[1] "data.frame"
> EIN.matter <- gsub ( pattern = "[a-zA-Z\\/\\.0-9]" , "" , EIN.matter )
# 提出数字和字母
```

为分析词语之间的关联关系，将新闻每半句或每句都作为一个文档，形成新的文档列，并将该文档列作为转化为向量数据源形成 corpus 格式数据：

```
# 将原来的文档按照标点分开，每个小句或半句话形成新文档
> EIN.matter <- gsub ( pattern = '[,。;、: ]' , '#' , EIN.matter)
> MA <- foreach ( j = 1 : length ( EIN.matter ) , combine = 'c' ) % do % {
          unlist ( strsplit ( as.character ( EIN.matter [ j ] ) , split = '#' ) )
          }# 构造语料库结构
> corpus <- Corpus ( VectorSource ( MA ) )
```

由于 tm 包中并不能对中文直接分词，需首先采用其他包（本例为 Rwordseg 包）将文本进行分词处理，然后形成词频矩阵。Rwordseg 包的分词是基于词典的分词，而一些专有术语在已有词典中并未出现，所以需要首先将这些词语插入词典。具体分词方式如下：

```
# 读取房地产市场专有词汇
> doc1 <- unlist ( read.csv ( '房地产专有词汇.csv' , header = F , stringsAsFactors
= F ) )
# 读取房地产新闻所用倾向性词汇
```

```
> doc2 <- read.csv ( 'word.csv' , header = T , stringsAsFactors = F)
> doc <- c ( doc1 , doc2 [ nchar ( doc2 [ , 1 ] ) >= 1 , 1 ] , doc2 [ nchar
( doc2 [ , 2 ] ) >= 1 , 2 ] )
> doc <- union ( NULL , doc )
> insertWords ( doc ) # 将词汇插入词典
# 分词，在分词中需将分词结果 segmentCN(x)与空格相互连接，以保证词频矩阵的准确性
> d.corpus <- tm_map ( corpus , content_transformer ( function ( x )
      { paste ( segmentCN ( x ) , ' ' , collapse = '' ) } ) )
# 除去中文停用词
> d.corpus <- tm_map ( d.corpus , content_transformer ( removeWords ) ,
stopwordsCN ( ) )
> d.corpus <- Corpus ( VectorSource ( d.corpus ) )
```

分词结束后，采用类似于英文建立词频矩阵的方式建立中文词频矩阵。由于在分词过程中在分词结果后粘贴了空格，需在具体分析前将其去掉：

```
# 构造 TermDocumentMatrix 矩阵
> control = list ( wordLengths = c ( 2 , Inf ) ,removeNumbers = TRUE ,
          removePunctuation = list ( preserve_intra_word_dashes = F ))
> dtm <- DocumentTermMatrix ( d.corpus , control = control )
> colnames ( dtm ) <- gsub (' ' , '' , colnames ( dtm ) ) #除去词汇后多余空格
> Freq <- col_sums ( dtm )
> word <- names ( Freq )
> wordcloud ( word , Freq , min.freq = 30 , scale = c ( 3 , 0.3 ) , random.order
= F , colors = 'red' ,  rot.per = 0.1 )
```

从如图 14-3 所示的词云可以看出，这 100 条新闻主要针对北京房地产市场。接下来通过高频词汇找出热点话题：

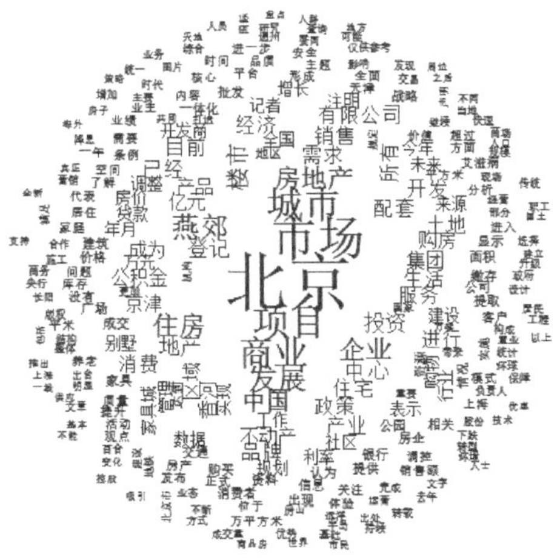

图 14-3　词云

```
> TW <- findFreqTerms ( dtm , 100 )
> TW <- TW [ nchar ( TW ) >= 2 ]
> TW
 [1] "北京"    "不动产" "产品"    "产业"    "成为"    "城市"    "登记"
 [8] "地产"    "发展"    "房地产" "服务"    "公积金" "购房"    "集团"
[15] "京津"    "楼市"    "配套"    "企业"    "区域"    "商业"    "生活"
[22] "市场"    "投资"    "香河"    "项目"    "销售"    "需求"    "燕郊"
[29] "亿元"    "政策"    "中国"    "中心"    "住房"    "住宅"
```

在出现频率较高的词汇中,“不动产”“公积金”“京津”等名词可能受到关注。下面以“公积金”为例,提取公积金涉及的新闻内容:

```
> findAssocs ( dtm , "公积金" , 0.2 )
$公积金
住房 缴存 提取 管理 出具 外地 职工 中心 户籍 证明
0.51 0.41 0.31 0.28 0.25 0.24 0.22 0.22 0.21 0.20
```

14.4 习题

请分析 tm 包中的 crude 数据集。

(1)请用词云图分析 crude 数据。

(2)对数据做文本聚类分析。

(3)用 LDA 主题模型提取主题。

第 15 章

社交网络分析

在一个系统中，如果我们把其中的个体用节点表示，把个体之间的联系用节点之间的连接表示，那么我们就可以得到与这个系统所对应的网络。这样的网络在现实生活中比比皆是，如社交关系网络、食物链网络、Internet 的拓扑结构等。人类在网络方面的研究历史较长，早在 1735 年，数学家欧拉就开始了对著名的格尼斯堡七桥问题的研究，此后图论得到迅速发展，并广泛地应用在信息论、计算机科学、社会科学、控制论等各大领域。

本章主要讲解社交网络分析（social network analysis）相关内容。首先介绍网络的基本概念和相关特征，然后深入介绍网络图建模、分析与应用，部分网络图的统计模型、网络关联推断方法和二值型网络模型，最后介绍与网络相关的 R 语言软件操作，对豆瓣社交网络、基因网络等实际案例进行分析。

15.1　问题的提出

例 15.1　豆瓣（douban）是一个社区网站。豆瓣网站上主要是与书影音相关的内容，有关电影、数据、音乐等作品的描述和评论均由用户提供（User-Generated Content，UGC）。另外，豆瓣还会根据用户需求推荐书影音，为用户提供小组话题交流、线下同城活动等功能。在这个网站上，用户可以“关注”其他用户，关注他的新动态。如果我们将每个用户当作一个节点，用户之间的“关注”行为就是各个节点之间的联系，这样我们就能够得到一个社交网络。Long Qiu 于 2010 年 12 月对豆瓣 154 907 名用户网络关系进行了爬虫抓取，数据来源为 R. Zafarani and H. Liu (2009). Social Computing Data Repository at ASU。详细的数据说明和下载地址详见：http://socialcomputing.asu.edu/datasets/Douban。原始数据有 154 907 名用户，为了阐述方便，我们提取了 100 名用户的关注数据组成了一个社交网络，详见 RDS 包的 douban 数据集。如何描述这个社交网络，如何使用定量的方式呈现这个社交网络的网络特性是我们关心的问题。

15.2 网络的基本概念

网络（或图（graph））指的是有序三元组(V,E,φ)：V非空，称为顶点集（vertex set），E称为边集（edge set），φ是V中元素有序对或无序对簇$V\times V$的函数，称为关联函数（incidence function）。V中元素称为顶点（vertex）（或点（point）），E中元素称为边（edge），φ描述了V中元素的关系。如果$V\times V$中的元素都为无序对，那么(V,E,φ)就称为无向图（undirected graph或graph），记作$G=[V(G),E(G),\varphi_G]$。设$e\in E(G)$，则存在$x,y\in V(D)$及无序对$\{x,y\}\in V\times V$使$\varphi_D(e)=(x,y)$。因为无序对$\{x,y\}$和$\{y,x\}$代表了同一个元素，所以我们可以将其简记为$\varphi_G(e)=xy$或yx，其中，e称作连接x和y的边（edge connecting x and y）。如果$V\times V$中的元素皆为有序对，那么(V,E,φ)就称为有向图（digraph），记作$D=[V(D),E(D),\varphi_D]$。设$a\in E(D)$，则存在$x,y\in V(D)$和有序对$(x,y)\in V\times V$使$\varphi_D(a)=(x,y)$。a称为从x到y的有向边（directed edge from x to y）；x称为a的起点（origin），y称为a的终点（terminus），起点和终点统称为端点（end-vertices）。

我们可以用平面上的一个点来表示网络中的某个节点，用点与点之间的线段代表节点之间的边，边既可以使用直线来表示，也可以使用曲线来表示，这样的表示方法称为网络的图示。如图 15-1 所示就是某个网络的图示，在这个网络里共包含 7 个顶点和 10 条边。因为点的位置是随意的，所以一个相同的网络可以有很多种不同的图示。例如，图 15-1（a）和图 15-1（b）所表示的网络就是完全相同的。

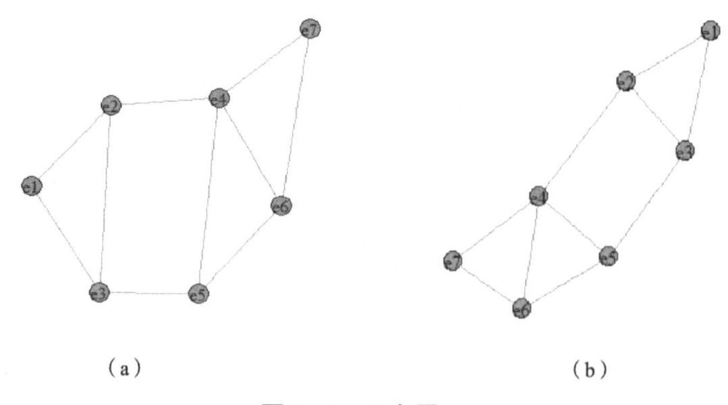

图 15-1　无向图

如图 15-1 所示的图称为无向图，相对应的也有有向图，如图 15-2 所示。该网络共包含 3 个顶点和 3 个有向边。无向图和有向图的区别在于边是否有箭头。

网络的图示直观易懂，但对高维的情况，画图展示明显是不现实的。例如，在用计算机对网络进行计算处理时，图示的方法就不适合计算机的数学计算了，此时需要用形式化的方式表示网络。此外，考虑计算机的内部存储问题和计算效率问题，人们往往根据网络的特征对不同的网络采取不同的表达形式。根据网络中边的数量多少将网络分为两类：网络边的数量较少的图称为稀疏图；反之则称为稠密图。下面介绍网络的两个主要表示方式，即邻接矩阵（adjacency matrix）和关联矩阵（association matrix）。

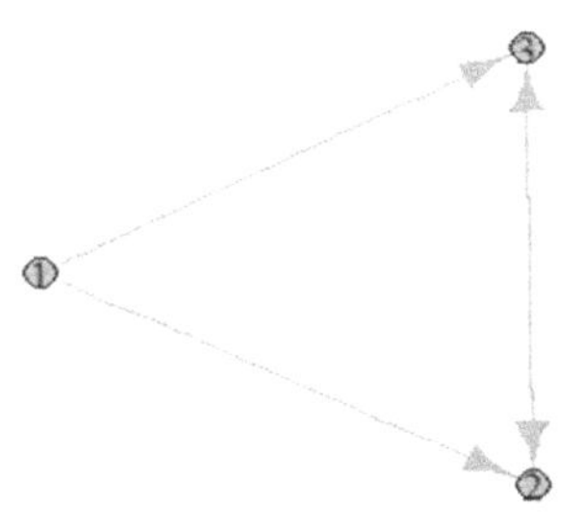

图 15-2　有向图

网络的邻接矩阵表示如下：

$$\boldsymbol{A}(G)=\begin{pmatrix} a_{11} & a_{12} & \cdots & a_{1v} \\ a_{21} & a_{22} & \cdots & a_{2v} \\ \vdots & \vdots & \cdots & \vdots \\ a_{v1} & a_{v2} & \cdots & a_{vv} \end{pmatrix}$$

在邻接矩阵里，$v_1,v_2,\cdots,v_v$ 代表节点的序列，a_{ij} 代表顶点 v_i 与 v_j 之间边的数量。如果 $\boldsymbol{A}(G)$ 是无向图，则 $\boldsymbol{A}(G)=\boldsymbol{A}^{\mathrm{T}}(G)$。若该图规定了节点之间不允许重边，那么该邻接矩阵里面 a_{ij} 的取值为 0 或 1。在计算机存储时，若该网络的节点数量是 N，那么该矩阵的存储空间复杂度是 $O(N^2)$。稀疏图不适宜用邻接矩阵表示，稠密图比较适合用邻接矩阵表示。

网络的关联矩阵表示如下：

$$\boldsymbol{M}(G)=\begin{pmatrix} m_{11} & m_{12} & \cdots & m_{1\tau} \\ m_{21} & m_{22} & \cdots & m_{2\tau} \\ \vdots & \vdots & \cdots & \vdots \\ m_{v1} & m_{v2} & \cdots & m_{v\tau} \end{pmatrix}$$

在关联矩阵里，$v_1,v_2,\cdots,v_v$ 代表节点的序列，$e_1,e_2,\cdots,e_\tau$ 代表边的序列，m_{ij} 表示顶点 v_i 在边 e_j 中出现。若该网络的节点数量是 N，边的数量是 M，那么计算机用来存储关联矩阵的空间复杂度是 $O(NM)$。稠密图不适宜用邻接矩阵表示，稀疏图比较适合用邻接矩阵表示。

15.3　网络特征的描述性分析

15.3.1　节点度

网络 G 中节点 v 的度（简称点度）$d_G(v)$ 是该网络里同 v 关联的边的数量。对于有向图而言，根据方向，度又可分为出度和入度。以节点 v 作为终点的边的次数之和是 v 的入度，以节点 v 作为起点的边的次数之和是 v 的出度。

15.3.2 节点中心性

关于网络中节点的很多问题，本质上是在试图理解它在网络中的“重要性”。对于生物体，移除相应基因调控网络中的哪个基因可能是致命的？这个网络中哪个行动者最有权势？互联网上的某个路由器对于信息流动有多重要？万维网上某个网络的权威性应当如何评判？度量“中心性”（centrality）可以量化“重要性”，从而协助解决这些问题。本节主要介绍三种经典的节点中心性度量形式。

接近中心性（closeness centrality）度量的思想是：如果一个节点与许多其他节点都很“接近”（close），那么节点处于网络中心位置（central）。根据这一想法，我们可以用某节点到其他所有节点距离之和的倒数来表示接近中心性，即

$$c_{\mathrm{Cl}}(v)=\frac{1}{\sum_{u\in V}\mathrm{dist}(v,u)} \tag{15.1}$$

其中，$\mathrm{dist}(v,u)$是节点$v,u\in V$的捷径距离。通常这一度量会乘以系数N_v-1归一化到$[0,1]$区间，用于不同网络之间及不同中心性度量之间的比较。

介数中心性（betweennes centrality）度量描述的是该节点在多大程度上“介于”（between）其他节点之间。该中心性基于这样一种观点：节点的“重要性”与其在网络路径中的位置有关。如果我们将这些路径视作进行通信所需的渠道，那么处于多条路径上的节点就是通信过程中的关键环节。最常用的介数中心性的定义为：

$$c_B(v)=\sum_{s\neq t\neq v\in V}\frac{\sigma(s,t\,|\,v)}{\sigma(s,t)} \tag{15.2}$$

其中，$\sigma(s,t\,|\,v)$是s与t之间通过v的最短路径数，$\sigma(s,t)$是s与t之间（无论是否通过v）的最短路径数。当最短路径唯一时，$c_B(v)$仅计算通过v的最短路径数量。这一中心性度量可以通过除以系数$\frac{(N_v-1)(N_v-2)}{2}$归一化到单位区间。

其他的中心性度量多基于“状态”、“声望”或“排名”的概念给出。它们试图表达的是：如果一个节点的邻居中心性越高，节点本身的中心性也越高。这类度量本质上是隐式定义的，通常可以表达为某种恰当定义的线性系统方程的特征向量的形式。“特征向量中心性”（eigenvector centrality）的度量方法有很多，常用的为：

$$c_{E_i}(v)=\sum_{\{u,v\}\in E}c_{E_i}(u) \tag{15.3}$$

向量$\boldsymbol{c}_{E_i}=\left[c_{E_i}(1),\cdots,c_{E_i}(N_v)\right]^{\mathrm{T}}$是特征值问题$\boldsymbol{A}\boldsymbol{c}_{E_i}=\boldsymbol{\alpha}^{-1}\boldsymbol{c}_{E_i}$的解。其中，$\boldsymbol{A}$是$\boldsymbol{G}$的邻接矩阵。有学者提出，$\boldsymbol{\alpha}^{-1}$的最优值是$\boldsymbol{A}$的最大特征值，$\boldsymbol{c}_{E_i}$的最优值是$\boldsymbol{A}$的最大特征值对应的特征向量。当$G$是无向连通图时，$\boldsymbol{A}$的最大特征值是实数，所对应的特征向量里的元素非零且同号。一般情况下，所报告的中心性度量值是特征向量元素的绝对值。由于特征向量的正交性，该值会处于 0～1 之间。

将这些中心性度量从无向图推广到有向图并不困难。但是，有向图存在其他有用的度量形式。例如，Kleinberg 在研究万维网时，基于“枢纽（hub）与权威（authority）”的概念提出了 HITS 算法。所谓“枢纽节点”的重要性通过指向它的权威节点数量表示。具体而言，若有向图的邻接矩阵为 A，则该图的枢纽值由矩阵 $\boldsymbol{M}_{\text{hub}} = \boldsymbol{A}\boldsymbol{A}^{\text{T}}$ 的特征向量中心性给出。

15.3.3 网络的凝聚性特征

网络分析中的许多问题都与网络的凝聚性相关，也就是说，网络图中节点的子集与相应的边以何种程度聚合在一起是非常重要的问题。描绘互联网拓扑结构时，保留多大比例能够构成网络的“主干”？社交网络中，某行动者的朋友是否也会成为另一个人的朋友？万维网上不同类型内容的网页，在结构上是否是分开的？细胞中哪些蛋白质的结合在共同起作用？

根据问题所属的领域，可以使用很多的方法定义网络的凝聚性。这些定义有不同的尺度，既有局部的也有整体的；决定的明确程度也不同，有的很清晰（如团），有的相对比较模糊（如聚类或社团）。定义网络凝聚性的一种方法是规定某种感兴趣的子图类型。团是这类子图的典型例子，是一类完全子图，集合内的所有节点都由边相互连接，因而是完全凝聚的节点子集。所有尺寸的团的普查（census）可以提供一个“快照”，让我们了解网络的结构是怎样的。大尺寸的团包含了小尺寸的团。“极大团”（maximal clique）是不被任何更大的团包含的一类团。由于现实生活里的网络大部分都是稀疏的，而团的存在要求网络 G 本身相当稠密，所以实际上，大尺寸的团比较稀少。团的定义存在各种弱化了的版本。例如，网络 G 的 k 核（k-core）是一个网络 G 的子图，里面包含的所有节点的度最少是 k，而且它是满足条件的最大的子图，即不被包含于满足条件的其他子图中。核的概念在可视化中非常流行，因为它提供了一种将网络分解到类似洋葱的不同“层”（layer）的方法。这种分解可以与辐射布局有效地结合起来（如使用靶心图）。

在团及其变体之外，有一些人们感兴趣的其他类型的子图可以用于定义网络凝聚性。二元组（dyad）和三元组（triad）是两个基本的量。二元组关注两个节点，它们在有向图中有 3 种可能的状态：空（null，不存在有向边）、非对称（asymmetric，存在一条有向边）、双向（mutual，两条有向边）。类似地，三元组是 3 个节点。对图 G 中每个状态观察到的次数进行统计，得到的是这两类子图可能状态的一个普查，它可以帮助我们深入理解图中连接的本质。

上文所描述的网络凝聚性特征都是首先界定一个亚结构，之后寻找它是否出现在一个图 G 中，以及出现的位置和频率如何。更一般的情况下，可以使用与相对频率有关的概念得到有用的结论。

密度（density）是指实际出现的边与可能的边的频率之比。例如，对于不存在多重边，而且没有自环的（无向）图 G，子图 $H=(V_H,E_H)$ 的密度为：

$$\text{den}(H)=\frac{|E_H|}{\frac{|V_H|(|V_H|-1)}{2}} \tag{15.4}$$

$\text{den}(H)$ 的值处于 0~1 之间，提供了一种 H 与团的接近程度的度量。G 为有向图时，（15.4）式

中的分母将替换为$|V_H|(|V_H|-1)$。由于定义（15.4）式时子图H可以自由选择，这使简单的密度概念变得很有趣。例如，令$H=G$，得到的是整个网络G的密度。而令$H=H_v$为节点$v\in V$的邻居集合及节点间的边，度量的是v直接相邻邻居的密度。

相对频率也可以用于定义网络中的“聚集性”（clustering）概念。例如，术语“聚类系数”（clustering coefficient）的标准定义如下：

$$\mathrm{cl}_T(G)=\frac{3\tau_\Delta(G)}{\tau_3(G)} \tag{15.5}$$

其中，$\tau_\Delta(G)$指的是网络G的三角形个数，$\tau_3(G)$是联通三元组个数。其中，联通三元组指的是由两条边连接的三个节点，有时也称 2-star。$\mathrm{cl}_T(G)$的值称为网络的“传递性”（transitivity），它是社会网络文献中的一个标准指标，表示“传递性三元组的比例”。注意，$\mathrm{cl}_T(G)$是对全局聚集性的度量，所概括的是联通三元组闭合形成三角形的相对频率。

15.3.4 分割

分割（partitioning）泛指将元素的集合划分到“自然的”子集之中的过程。也就是说，一个有限集S的分割$\ell=\{C_1,\cdots,C_K\}$是将S分解成K个不相交的非空子集C_k，满足$\bigcup_{k=1}^{K}C_k=S$。在网络的分析中，分割是一种无监督的方法，用于发现具有“凝聚性”的节点子集，揭示潜在的关系模式。图分割（graph partitioning）问题在复杂网络方面的文献中也常称为社团发现（community detection）问题。本小节我们主要介绍系统聚类。系统聚类方法可以分为两类：凝聚（agglomerative）算法通过合并过程逐渐得到更粗粒度的分割；分裂（divisive）算法通过分裂过程逐步对分割进行优化。在每一步中，当前候选的分割以最小化某种成本度量的方式进行修正。凝聚算法选择最小化成本的方式，将两个之前存在的分割元素进行合并；而分裂算法选择最小化成本的方式，将一个分割的元素划分为两个。

在图分割问题中使用系统聚类方法，选择的成本度量应当体现出我们对于节点子集“凝聚性”的定义。目前，最常用的一种度量方法为“模块度”（modularity）。令$\ell=\{C_1,\cdots,C_K\}$为一个给定的候选分割，定义$f_{ij}=f_{ij}(\ell)$为原始网络中连接C_i与C_j中节点的边所占比重。ℓ的模块度为：

$$\mathrm{mod}(\ell)=\sum_{k=1}^{K}\left[f_{kk}(\ell)-f_{kk}^{*}\right]^2 \tag{15.6}$$

其中，f_{kk}^{*}是f_{kk}在某种边的随机分配模型下的期望值。最常见的一种f_{kk}^{*}定义是$f_{k+}f_{+k}$，其中f_{k+}和f_{+k}是元素为f_{ij}的$K\times K$矩阵$\boldsymbol{f}$的第k行和第f列的和。此时对应的模型是：构建一个与G具有相同度分布的网络，但它的边是随机分配的，与ℓ给出的潜在分割元素无关。较大的模块度值意味着与随机分配边的情况相比，ℓ抓住了主要的“分组”结构特征。

当进行网络图分割时，无论采用凝聚还是分裂的方法，系统聚类实际上产生的是一个嵌套的图分割层级而非单个的分割，正如其名称所示。这些分割包括了从最细的分割

$\{\{v_1\},\cdots,\{v_{N_v}\}\}$ 到整个节点集 V 的情况。凝聚方法从前面开始合并，而分裂方法从后面开始分解。层级结果通常使用树的形式进行表示，成为树状图（dendrogram）。

图 15-3 展示了对豆瓣朋友网络进行层次聚类和树状图的方式进行图分割的结果。为方便网络可视化，仅选取了前 50 名用户数据进行分析。具体分析过程详见 15.6.2 节。

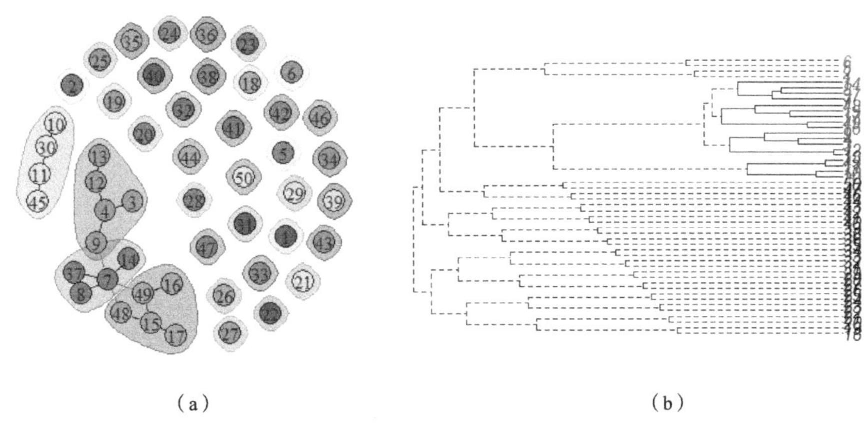

（a）　　　　（b）

图 15-3　豆瓣朋友网络分割图

图 15-3（a）为使用凝聚算法得到的分割，该网络可以分成 4 个社团和多个个体。其中，个体之间可能存在朋友关系，但是因为并没有达到成为社团的截断值，所以没有并入到社团中。图 15-3（b）是该分割对应的树状图，通过树状图可以得到整个凝聚过程，并可观察到每个节点是在什么阶段凝聚到一起的。

15.4　网络图的统计模型

15.4.1　经典随机图模型

随机图模型（random graph model）通常是指一个给定了集合 ℓ 及 ℓ 上的均匀概率分布 P(·) 的模型。从数学角度，随机图模型无疑是发展最为完备的一类网络图模型，其基础是一个认为所有给定阶数和规模的图具有相同概率的简单模型。具体而言，模型给定了一个集合 ℓ_{N_v,N_e} 表示所有 $|V|=N_v$、$|E|=N_e$ 的图 $G=(V,E)$，并规定每个 $G\in\ell_{N_v,N_e}$ 的概率为 $P(G)=\dfrac{1}{C_N^{N_e}}$，其中，$N=C_{N_v}^2$ 表示不同节点对的总数。

在实践过程中更常用的是一种 ℓ_{N_v,N_e} 的变体。它定义了一个集合 $\ell_{N_v,p}$，表示所有阶数为 N_v，且不同节点对之间以独立的概率 $P\in(0,1)$ 存在边的图 G。相应地，这类模型有时也称伯努利（Bernoulli）随机图模型。当 P 是 N_v 的某个恰当定义的函数，且 $N_e\sim PN_v^2$ 时，两类模型对于大

的 N_v 本质上相同。

通过 R 语言的 igraph 包中的 erdos.renyi.game()函数可以生成经典随机图。例如，plot[erdos.renyi.game (100 , 0.05)]生成了节点数为 100，任意一对节点之间存在边的概率为 0.05 的经典随机图，如图 15-4 所示。

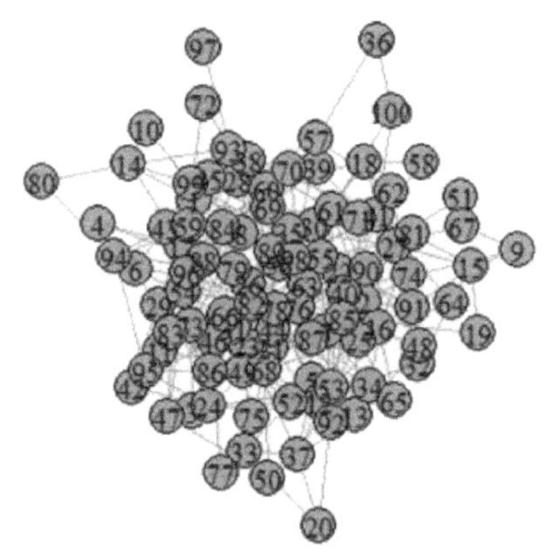

图 15-4 经典随机图

15.4.2 广义随机图模型

上文所提到的模型进行一般化，即可得到广义随机图模型。具体来说，基本方法如下。

（1）定义一个网络的集合 ℓ，包含阶数为 N_v，且具有给定特征的所有网络。

（2）为每个网络 $G\in\ell$ 分配相同的概率。

最常选择的特征是固定的度序列，即 ℓ 定义为具有事先给定度序列的全部网络 $G\in\ell$。此处度序列按照顺序记为 $\{d_{(1)},\cdots,d_{(N_v)}\}$。对于某个固定的节点数 N_v，固定度序列的随机图的集合全部有相同的边数 N_e。这是由于 $\overline{d}=\dfrac{2N_e}{N_v}$，而 $\overline{d}$ 是序列 $\{d_{(1)},\cdots,d_{(N_v)}\}$ 能够的平均度。因此，所构造出来的集合严格包含于节点数 N_v、边数 N_e 的随机图集合 ℓ_{N_v,N_e} 之中。此时，度序列形式的限定等价于模型在原先集合上的一个条件分布。另外需要注意的是，所有其他特征在选定的度序允许时都可以自由变化。原则上，很容易进一步对 ℓ 的定义增加约束，从而保留度序列之外的其他特征。

R 语言中 igraph 包的 degree.sequence.game()函数可以用于从固定度序列的随机图中均匀的抽样。例如，我们对于节点数为 8，且一半节点的度数为 2，一半节点的度数为 3 的图感兴趣，那么可以从所有这种图的集合中均匀抽取一个例子，如图 15-5 所示。

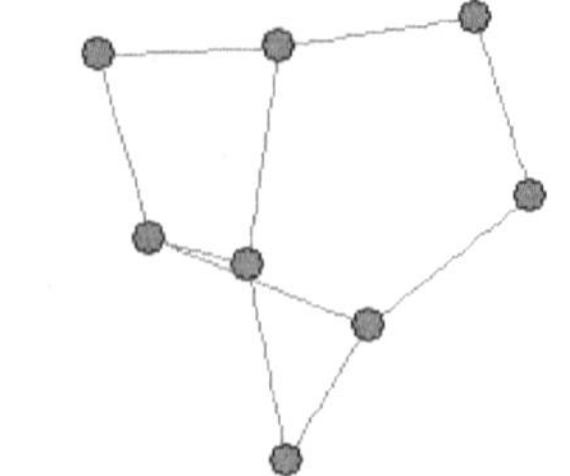

图 15-5 从所有节点数为 8 且度序列为（2，2，2，2，3，3，3，3）的图 G 中均匀抽取的一个图

15.4.3　指数随机图模型

指数随机图模型（Exponential Random Graph Models，ERGMs）直接类比经典的广义线性模型（Generalized Linear Models，GLMs）而建立。考虑一个随机图 $G=(V,E)$，令二元随机变量 $Y_{ij}=Y_{ji}$ 表示 V 中两个节点 i 和 j 之间是否存在一条边 $e\in E$。这样，$Y=[Y_{ij}]$ 就是 G 的（随机）邻接矩阵。记 $y=[y_{ij}]$ 是 Y 的一个特定实现。指数随机图模型是使用指数族分布形式定义 Y 中元素的联合分布的一类模型。ERGM 的基本形式如下：

$$P_\theta(Y=y)=(\frac{1}{k})\exp\left[\sum_H \theta_H g_H(y)\right] \tag{15.7}$$

其中：

（1）每个 H 都是一个构型（configuration），其定义为 G 的一个节点子集中节点之间可能的边的集合。

（2）$g_H(y)=\prod_{y_{ij}\in H} y_{ij}$，若构型 H 出现于 y 中则为 1，否则为 0。

（3）非零值 θ_H 表示在给定剩余部分图的条件下，Y_{ij} 与 H 中的所有节点对 $\{i,j\}$ 相依。

（4）$\kappa=\kappa(\theta)$ 是归一化常数，有

$$\kappa_\theta=\sum_y \exp\left[\sum_H \theta_H g_H(y)\right] \tag{15.8}$$

注意，（15.7）式中 ERGM 的基本形式针对所有可能的构型 H 进行了定义。重要的是，选定一个函数 g_H 及其系数 θ_H 之后，它表明在给定网络中本质性的内在关系时，Y 中元素之间存在特定的独立或者相依结构。这种表示方法无疑很吸引人。一般而言，特定结构通常可以描述为：对于某些给定的索引集合 A、B、C，给定 $\{Y_{i''j''}\}_{(i'',j'')\in C}$ 的值为条件时，随机变量 $\{Y_{i''j''}\}_{(i'',j'')\in A}$ 和 $\{Y_{i''j''}\}_{(i'',j'')\in B}$ 独立。或者，可以从一个 Y 中元素子集间的独立或相关关系集合开始，试图找出组合 (g_H,θ_H) 的归纳形式。ERGM 框架允许各种变形和拓展。

15.4.4　网络块模型

假设网络 $G=(V,E)$ 的每个节点 $i\in V$ 属于 Q 个类别中的一个。进一步地，假设我们已知每个节点 i 的类标签 $q=q(i)$。G 的“块模型”规定：在给定节点 i 和 j 的类标签 q 和 r 情况下，邻接矩阵 Y 的每个元素 Y_{ij} 是一个概率为 π_{qr} 的独立二项随机变量。对于无向图，$\pi_{qr}=\pi_{rq}$。

因此，块模型是伯努利随机图模型的一个变种，其中一条边的概率被限制为 Q^2 个可能值 π_{qr} 之一。进而该模型可以类似前文表达成 ERGM 的形式，即

$$P_\theta(Y=y)=(\frac{1}{k})\exp\left[\sum_{q,r} \theta_{qr} L_{qr}(y)\right] \tag{15.9}$$

其中，$L_{qr}(y)$ 是观测图 y 中连接类别 q 和 r 的节点对的边的数量。

然而，节点类别已知，或者“真实”类别 $C_1,\cdots,C_Q$ 有明确划分的假设通常在实践中是站

不住脚的。因而更常见的是使用“随机块模型”（Stochastic Block Model，SBM）。该模型只规定存在 Q 个类别，但并不指定这些类别的特性或者单个节点的类别归属。相反，它简单地规定每个节点 i 的类别根据集合 $\{1,\cdots,Q\}$ 上的一个共同分布独立产生。

形式上，若节点 i 属于类 q，记 $Z_{iq}=1$，若不属于该类则为 0。在随机块模型中，向量 $Z_i=(Z_{i1},\cdots,Z_{iQ})$ 独立产生，其中，$P(Z_{iq}=1)=\alpha_q$，且 $\sum_{q=1}^{Q}\alpha_q=1$。之后，以 $\{Z_i\}$ 的值为条件，类似非随机块模型，将矩阵元素 Y_{ij} 视作概率为 π_{qr} 的独立二项随机变量建模。因此，随机块模型实际上是经典随机图模型的混合。从这一模型产生的随机图 G 的很多性质可以依据底层的模型参数计算得出。

15.5 关联网络推断

将某数据集表示为网络图时，定义边的规则通常是两个相邻节点的某些属性具有足够程度的“关联”。这种“关联网络”（association network）可以在很多领域中见到。在形式上，我们可以假设有一个表示节点 $v\in V$ 的元素集合。进一步假设每个节点 v 都与一个向量 x 对应，向量包含 m 个观测节点属性，这样就有了一个属性向量集合 $\{x_1,\cdots,x_{N_v}\}$。令 $\mathrm{sim}(i,j)$ 表示一个用户定义的、量化一对节点 $i,j\in V$ 之间内在相似性的值，并假设有相应的方法判断何种 $\mathrm{sim}(i,j)$ 值表示 i,j 之间具有显著程度的关联。此处我们感兴趣的情况是 sim 本身无法直接观测到，但属性 $\{x_i\}$ 包含了足够多有用的信息，能够对 sim 做出可信的推断。本节我们主要关注比较流行的两种线性关联测量方法：相关和偏相关，以及利用它们推断关联网络的方法，相关指标的计算和可视化部分详见 15.6 节。

15.5.1 相关网络

记 X 为一个与 V 里的节点相对应的（连续）随机变量。一种标准的节点对相似性度量为 $\mathrm{sim}(i,j)=\rho_{ij}$，其中，

$$\rho_{ij}=\mathrm{Corr}_{X_i,X_j}=\frac{\sigma_{ij}}{\sqrt{\sigma_{ii}\sigma_{jj}}} \tag{15.10}$$

为 X_i 和 X_j 之间的皮尔逊积矩相关系数（Pearson product-moment correlation coefficient），使用节点属性随机向量 $(X_1,\cdots,X_{N_v})^{\mathrm{T}}$ 的协方差矩阵元素 $\Sigma=\{\sigma_{ij}\}$ 进行表示。

确定相似性后，定义 i,j 之间存在关联的一个自然标准是 ρ_{ij} 非零。对应的关联网络 G 记为 (V,E)，其中边集合：

$$E=\{\{i,j\}\in V^{(2)}:\rho_{ij}\neq 0\} \tag{15.11}$$

常称作协方差（相关）图（covariance（correlation）graph）。

给定 X_i 的观测集合后，推断关联网络图的任务可以等同于推断相关性非零的集合。一种

方法是对以下假设进行检验：

$$H_0:\rho_{ij}=0 \text{ 与 } H_1:\rho_{ij}\neq 0 \tag{15.12}$$

但是，这样做至少需要面对 3 个重要问题。第一，需要选择使用的检验统计量；第二，给定检验统计量后，需要确定一个恰当的令分布以评估系统显著性；第三，考虑同时进行大量检验（所有 $\frac{N_v(N_v-1)}{2}$ 条可能的边）这一事实，需要解决多重检验问题。

设对于每个节点 $i\in V$，我们有 $\boldsymbol{X}_i$ 的 n 个独立观测 $x_{i1},\cdots,x_{in}$。通常选择经验相关（empirical correlations）系数作为检验统计量。

15.5.2　偏相关网络

当基于皮尔逊相关和类似方法构建关联网络时，需要牢记依据名言“相关并不意味着因果”。两个 $i,j\in V$ 可能因为彼此间存在很强的直接“影响”而具有高度相关的属性 $\boldsymbol{X}_i$ 和 $\boldsymbol{X}_j$。但另一种情况是：它们的高相关性可能主要由于第三个节点 $k\in V$ 对两者都有很强的影响，故 $\boldsymbol{X}_i$ 和 $\boldsymbol{X}_j$ 都与 $\boldsymbol{X}_k$ 高度相关。这个问题是否严重，很大程度上取决于我们推断网络图 G 的用途。如果我们的目的是构建一个网络 G，其中推断的边主要反映节点间的相互直接影响而非间接影响，则偏相关（partial correlation）这一概念就变得很有价值了。

在考虑节点 $k_1,\cdots,k_m\in V\setminus\{i,j\}$ 的属性 $\boldsymbol{X}_{k_1},\cdots,\boldsymbol{X}_{k_m}$ 时，节点 $i,j\in V$ 的属性 $\boldsymbol{X}_i$ 和 $\boldsymbol{X}_j$ 的偏相关定义为：$\boldsymbol{X}_i$ 和 $\boldsymbol{X}_j$ 在修正了 $\boldsymbol{X}_{k_1},\cdots,\boldsymbol{X}_{k_m}$ 对两者的共同的共同效应之后的相关性。令 $S_m=\{k_1,\cdots,k_m\}$，我们定义 $\boldsymbol{X}_i$ 和 $\boldsymbol{X}_j$ 对 $\boldsymbol{X}_{Sm}=(X_{k_1},\cdots,X_{k_m})^{\mathrm{T}}$ 修正后的偏相关系数为：

$$\rho_{ij|S_m}=\frac{\sigma_{ij|S_m}}{\sqrt{\sigma_{ii|S_m}\sigma_{jj|S_m}}} \tag{15.13}$$

此处 $\sigma_{ii|S_m}$、$\sigma_{jj|S_m}$ 和 $\sigma_{ij|S_m}$ 分别是 2×2 的偏协方差矩阵的对角与非对角元素：

$$\boldsymbol{\Sigma}_{11|2}=\boldsymbol{\Sigma}_{11}-\boldsymbol{\Sigma}_{12}\boldsymbol{\Sigma}_{22}^{-1}\boldsymbol{\Sigma}_{21} \tag{15.14}$$

其中，$\boldsymbol{\Sigma}_{11}$、$\boldsymbol{\Sigma}_{22}$ 和 $\boldsymbol{\Sigma}_{12}=\boldsymbol{\Sigma}_{21}^{\mathrm{T}}$ 是通过分块协方差矩阵定义的：

$$\mathrm{Cov}\begin{pmatrix}\boldsymbol{W}_1\\ \boldsymbol{W}_2\end{pmatrix}=\begin{pmatrix}\boldsymbol{\Sigma}_{11} & \boldsymbol{\Sigma}_{12}\\ \boldsymbol{\Sigma}_{21} & \boldsymbol{\Sigma}_{22}\end{pmatrix} \tag{15.15}$$

有 $\boldsymbol{W}_1=(\boldsymbol{X}_i,\boldsymbol{X}_j)^{\mathrm{T}}$ 和 $\boldsymbol{W}_2=\boldsymbol{X}_{S_m}$。若 $(\boldsymbol{X}_i,\boldsymbol{X}_j,\boldsymbol{X}_{k_1},\cdots,\boldsymbol{X}_{k_m})^{\mathrm{T}}$ 服从多元正态分布，则当且仅当 $\boldsymbol{X}_i$ 和 $\boldsymbol{X}_j$ 对于 $\boldsymbol{X}_{S_m}$ 条件独立时 $\rho_{ij|S_m}=0$。然而，对于更一般的分布，偏相关性为 0 并不一定意味着独立（当然，逆命题仍然是成立的）。

注意，在 $m=0$ 的情况下，（15.13）式中的偏相关简化了（15.10）式中的皮尔逊相关。此外，存在一种递归表示，将每个 m 阶的偏相关系数与 3 个 $(m-1)$ 阶的系数联系了起来。例如，在 $m=1$ 时，两个节点 i 和 j 属性值 $\boldsymbol{X}_i$ 和 $\boldsymbol{X}_j$ 针对第 3 个节点 k 属性值 $\boldsymbol{X}_k$ 修正后的偏相关系数为：

$$\rho_{ij|k} = \frac{\rho_{ij} - \rho_{ik}\rho_{jk}}{\sqrt{(1-\rho_{ik}^2)(1-\rho_{jk}^2)}} \tag{15.16}$$

对节点属性 $\boldsymbol{X}_1,\cdots,\boldsymbol{X}_{N_v}$ 定义一个关联网络图 G 时，偏相关有多种使用方法。例如，对于一个给定的 m，可以认为只有在无论以其他任意 m 个节点为条件，$\boldsymbol{X}_i$ 和 $\boldsymbol{X}_j$ 之间都相关时，两者间存在一条边，即：

$$E = \{\{i,j\} \in V^{(2)} : \rho_{ij|S_m} \neq 0，\text{对所有 } S_m \in V_{\backslash\{i,j\}}^{(m)}\} \tag{15.17}$$

其中，$V_{\backslash\{i,j\}}^{(m)}$ 是 $V\backslash\{i,j\}$ 中所有 m 个（不同）节点的无序子集的集合。当然，也可以有其他可能的定义。

根据（15.17）式中边的定义，判断 G 中一条潜在边 $\{i,j\}$ 存在与否的问题可以表示为检验的形式：

$$H_0 : \rho_{ij|Sm} = 0，\text{对某些 } S_m \in V_{\backslash\{i,j\}}^{(m)}\}$$

与

$$H_1 : \rho_{ij|Sm} \neq 0，\text{对所有 } S_m \in V_{\backslash\{i,j\}}^{(m)}\} \tag{15.18}$$

为了在这一背景下推断关联网络图，给定了每个节点 $i \in V$ 的测量 $x_{i1},\cdots,x_{in}$ 后，我们又需要像之前一样选择一个检验统计量，构造一个合适的零分布，并对多重检验进行修正。

类似前一小节引入的经验相关系数，在这里，我们也可以同样引入偏相关系数。

在考虑（15.18）式中的检验问题时，将其视作一系列更小的检验子问题更为方便：

$$H_0' : \rho_{ij|S_m} = 0 \quad \text{与} \quad H_1' : \rho_{ij|S_m} \neq 0 \tag{15.19}$$

这样，（15.18）式的检验就可以通过整合（15.19）式中子问题的检验来实现。例如，有学者建议通过定义：

$$\rho_{ij,\max} = \max\{\rho_{ij|S_m} : S_m \in V_{\backslash\{i,j\}}^{(m)}\} \tag{15.20}$$

为（15.18）式检验的 p 值，纳入所有 S_m 上 p 值 $\rho_{ij|S_m}$ 的信息，其中，$\rho_{ij|S_m}$ 是（15.19）式检验的 p 值。

15.5.3 高斯图模型网络

使用偏相关系数的一种特殊（事实上很流行）的情况是 $m = N_v - 2$，且假设属性的联合分布为多元正态分布。此处两个节点属性之间的偏相关是以其他所有节点的属性信息为条件定义的。将这些偏相关系数记作 $\rho_{ij|V\backslash\{i,j\}}$，在正态分布假定下，当且仅当 $\boldsymbol{X}_i$ 和 $\boldsymbol{X}_j$ 在给定其他所有属性后为条件独立时，节点 $i,j \in V$ 的偏相关系数 $\rho_{ij|V\backslash\{i,j\}} = 0$。边集合为：

$$E = \{\{i,j\} \in V^{(2)} : \rho_{ij|V\backslash\{i,j\}} \neq 0\} \tag{15.21}$$

的图 $G = (V, E)$ 成为条件独立图（conditional independence graph）。整个模型包括了多元正态分布与图 G，成为高斯图模型（Gaussian graphical model）。

高斯图模型的一个有用结论是偏相关系数可以表达为以下形式：

$$\rho_{ij|V\setminus\{i,j\}} = \frac{-w_{ij}}{\sqrt{w_{ii}w_{jj}}} \tag{15.22}$$

其中，向量$(X_1,\cdots,X_{N_v})^{\mathrm{T}}$的协方差矩阵为$\boldsymbol{\Sigma}$，$w_{ij}$是其逆矩阵$\boldsymbol{\Omega}=\boldsymbol{\Sigma}^{-1}$的第$(i,j)$个元素。矩阵$\boldsymbol{\Omega}=\boldsymbol{\Sigma}^{-1}$称为浓度矩阵（concentration matrix）或者精度矩阵（precision matrix），（15.22）式中出现的矩阵非对角元素与G中的边一一对应。因此，G也称为浓度图（concentration graph）。

在这种背景下，从数据中推断G的问题最初被 Dempster 称为“协方差选择问题”。传统上是采用基于似然值的迭代过程检验以下假设：

$$H_0:\rho_{ij|V\setminus\{i,j\}}=0 \quad 与 \quad H_1:\rho_{ij|V\setminus\{i,j\}}\neq 0 \tag{15.23}$$

然而，对于大规模的网络图，使用带惩罚项的回归方法推断G无疑已经成为标准方法，这是线性相关和线性回归关联的一种变形形式。

假设节点属性的随机向量$(X_1,\cdots,X_{N_v})^{\mathrm{T}}$服从均值为 0，方差为$\boldsymbol{\Sigma}$的多元正态分布。一个标准的结论是：对于一个节点$i$的属性$\boldsymbol{X}_i$，给定剩余节点的属性值$\boldsymbol{X}^{(-i)}=(X_1,\cdots,X_{i-1},X_{i+1},\cdots,X_{N_v})^{\mathrm{T}}$后，其条件期望的形式为

$$E[\boldsymbol{X}_i \mid \boldsymbol{X}^{(-i)}=x^{(-i)}]=(\boldsymbol{\beta}^{(-i)})^{\mathrm{T}}x^{(-i)} \tag{15.24}$$

其中，$\boldsymbol{\beta}^{(-i)}$是一个长度为$(N_v-1)$的参数向量。更进一步，重要的是$\boldsymbol{\beta}^{(-i)}$的元素可以表达为精度矩阵$\boldsymbol{\Omega}$的元素的形式，即$\boldsymbol{\beta}_j^{(-i)}=-\dfrac{w_{ij}}{w_{ii}}$。因此，当且仅当$\boldsymbol{\beta}_j^{(-i)}$（当然还有$\boldsymbol{\beta}_i^{(-j)}$）不等于 0 时，潜在的边$\{i,j\}$属于（15.21）式定义的边的集合。

这些结果表明，G的推断可以利用基于回归的估计方法和变量选择方法，通过推断（15.24）式中的$\boldsymbol{\beta}^{(-i)}$的非零元素而实现。实际上，可以证明向量$\boldsymbol{\beta}^{(-i)}$是以下优化问题的解：

$$\arg\min_{\tilde{\boldsymbol{\beta}}:\tilde{\boldsymbol{\beta}}_i=0} E[(\boldsymbol{X}_i-(\tilde{\boldsymbol{\beta}}^{(-i)})^{\mathrm{T}}\boldsymbol{X}^{(-i)})^2] \tag{15.25}$$

因此，可以自然地将这个问题替换为相应的最小二乘优化问题。然而，由于每个X_i的回归都涉及N_v-1个变量，此外还可能出现$n \ll N_v$的情况，谨慎起见应使用带惩罚项的回归方法，例如：

$$\hat{\beta}^{(-i)}=\arg\min_{\tilde{\boldsymbol{\beta}}:\tilde{\boldsymbol{\beta}}_i=0}\sum_{k=1}^{n}\left[x_{ik}-(\boldsymbol{\beta}^{(-i)})^{\mathrm{T}}x_k^{(-i)}\right]^2+\lambda\sum_{j\neq i}\left|\beta_j^{(-i)}\right| \tag{15.26}$$

该方法是基于 Tibshirani 提出的 Lasso 方法，不仅估计了$\boldsymbol{\beta}^{(-i)}$中的系数，还根据选择的惩罚项参数$\lambda$，在$X_i$与$X_j$之间关联太弱时强制令$\hat{\boldsymbol{\beta}}^{(-i)}=0$。换言之，Lasso 方法同时进行了估计和变量选择，特殊形式的惩罚项实现了这一特征。在下一节中，我们详细介绍 Graphic Lasso 模型。

15.5.4　Graphic Lasso 模型

Graphic Lasso 是一种可以快速估计逆协方差矩阵的算法，它使用l_1惩罚来增加逆协方差

矩阵的稀疏性，并使用快速坐标下降法来解决单个 Lasso 问题，当数据的维数较高时计算速度也很快。

假设数据服从多元高斯分布，估计数据的无向图模型则相当于估计它的逆协方差矩阵。对于数据的无向图模型，一个节点代表一个特征，不同的两个节点间的关联用边进行表示。对于高斯分布的数据，它的逆协方差矩阵 $\boldsymbol{\Sigma}^{-1}$ 中的元素表示边是否存在，即如果 $\boldsymbol{\Sigma}^{-1}$ 的第（i，j）个元素是 0，则在给定其他变量的情况下，第 i 个变量和第 j 个变量是条件独立的。

假设我们有 n 个相互独立且服从高斯分布的样本，其中，样本特征是 p 维，均值为 μ，协方差矩阵为 $\boldsymbol{\Sigma}$。传统的估计 $\boldsymbol{\Sigma}^{-1}$ 的方法是通过最大化数据的对数似然函数来估计的。令 $\boldsymbol{S}=\dfrac{\boldsymbol{X}^{\mathrm{T}}\boldsymbol{X}}{n}$ 表示数据的协方差矩阵，在高斯模型中，对数似然函数的形式是：

$$\ln\left(\det\boldsymbol{\Sigma}^{-1}\right)-\operatorname{tr}(\boldsymbol{S}\boldsymbol{\Sigma}^{-1}) \tag{15.27}$$

式中，det 表示行列式，tr 表示迹。

令 $\boldsymbol{\Theta}=\boldsymbol{\Sigma}^{-1}$，关于 $\boldsymbol{\Theta}$ 最大化，（15.27）式将产生最大似然估计 $\widehat{\boldsymbol{\Theta}}=\boldsymbol{S}^{-1}$。但是，当 p 大于 n 时，$\boldsymbol{S}$ 是奇异矩阵，数据的最大似然估计将无法计算。当特征维数近似等于样本数目时，即使 $\boldsymbol{S}$ 不是奇异矩阵，数据的最大似然估计也将面临很复杂的计算。另外，这种最大似然方法通常不会得到准确为零的元素，得到的图模型中特征之间的条件独立关系将会很复杂。

Yuan 和 Lin 等提出了一个罚对数似然函数代替原先的似然函数，即对整个逆协方差矩阵 $\boldsymbol{\Theta}$ 取 l_1 惩罚，数据的罚对数似然函数为

$$\ln\left(\det\boldsymbol{\Theta}\right)-\operatorname{tr}(\boldsymbol{S}\boldsymbol{\Theta})-\rho\|\boldsymbol{\Theta}\|_1 \tag{15.28}$$

（15.28）式中 $\boldsymbol{\Theta}$ 代表逆协方差矩阵；ρ 代表罚参数，$\rho>0$。

关于 $\boldsymbol{\Theta}$ 最大化罚对数似然函数（15.28）式可估计出数据的罚图模型。通过上述方法来估计 $\boldsymbol{\Sigma}^{-1}$ 能克服原先的最大似然方法存在的缺点：当 p 大于 n 时，关于 $\boldsymbol{\Theta}$ 最大化，（15.28）式也能求解；当罚参数取值很大时，估计的 $\boldsymbol{\Theta}$ 能得到准确为零的元素，即罚参数能控制 $\boldsymbol{\Theta}$ 的稀疏程度。

Graphic Lasso 方法由 Friedman 等人提出，使用该方法估计稀疏无向图模型，其中以块坐标下降算法为出发点，并通过快速坐标下降法来解决 Graphic Lasso 方法中 Lasso 问题。

Graphic Lasso 方法用来求解最大化罚对数似然函数问题，即 Graphic Lasso 问题的目标函数是最大化（15.28）式，如下式：

$$\hat{\boldsymbol{\Theta}}=\max\ln\left(\det\boldsymbol{\Theta}\right)-\operatorname{tr}(\boldsymbol{S}\boldsymbol{\Theta})-\rho\|\boldsymbol{\Theta}\|_1 \tag{15.29}$$

令 $\boldsymbol{W}$ 为 $\boldsymbol{\Sigma}$ 的估计，将 $\boldsymbol{W}$ 分成四块，分别为 $\boldsymbol{W}_{11}$、$\boldsymbol{w}_{12}$、$\boldsymbol{w}_{12}^{\mathrm{T}}$ 和 w_{22}，具体按以下形式分块：

$$\boldsymbol{W}=\begin{pmatrix}\boldsymbol{W}_{11} & \boldsymbol{w}_{12}\\ \boldsymbol{w}_{12}^{\mathrm{T}} & w_{22}\end{pmatrix} \tag{15.30}$$

其中，$\boldsymbol{W}_{11}$ 是一个 $(p-1)\times(p-1)$ 维的矩阵，$\boldsymbol{w}_{12}$ 是一个 $p-1$ 维的列向量，w_{22} 是一个标量。假设研究的是一个 p 维问题，则共有 p 种不同的 $\boldsymbol{W}$ 分块形式。对于 $i=1,2,\cdots,p$，第 i 种 $\boldsymbol{W}$ 的分块中，左上角块 $\boldsymbol{W}_{11}$ 由除去 $\boldsymbol{W}$ 第 i 行和第 i 列的矩阵组成，右上角块 $\boldsymbol{w}_{12}$ 由 $\boldsymbol{W}$ 的第 i 列除去第 i 项的向量

组成，右下角块 w_{22} 则为 $\boldsymbol{W}$ 的第 i 行的第 i 项，依次类推。由于协方差矩阵的对角线元素均大于 0，则 $\boldsymbol{W}$ 的对角线元素均大于 0，若用 w_{ii} 表示 $\boldsymbol{W}$ 的对角线元素，则对所有的 i，都有 $w_{ii}>0$。

将 $\boldsymbol{S}$ 按照 $\boldsymbol{W}$ 的分块规律分成 4 块，分别为 $\boldsymbol{S}_{11}$、$\boldsymbol{s}_{12}$、$\boldsymbol{s}_{12}^{\mathrm{T}}$ 和 s_{22}，具体按以下形式分块：

$$\boldsymbol{S}=\begin{pmatrix}\boldsymbol{S}_{11} & \boldsymbol{s}_{12}\\ \boldsymbol{s}_{12}^{\mathrm{T}} & s_{22}\end{pmatrix} \tag{15.31}$$

$\boldsymbol{S}_{11}$ 是一个 $(p-1)\times(p-1)$ 维的矩阵，$\boldsymbol{s}_{12}$ 是一个 $p-1$ 维的列向量，s_{22} 是一个标量。

将 $\boldsymbol{\Theta}$ 按照 W 的分块规律分成 4 块，分别为 $\boldsymbol{\Theta}_{11}$、$\boldsymbol{\theta}_{12}$、$\boldsymbol{\theta}_{12}^{\mathrm{T}}$ 和 θ_{22}，具体按以下形式分块：

$$\boldsymbol{\Theta}=\begin{pmatrix}\boldsymbol{\Theta}_{11} & \boldsymbol{\theta}_{12}\\ \boldsymbol{\theta}_{12}^{\mathrm{T}} & \theta_{22}\end{pmatrix} \tag{15.32}$$

其中，$\boldsymbol{\Theta}_{11}$ 是一个 $(p-1)\times(p-1)$ 维的矩阵，$\boldsymbol{\theta}_{12}$ 是一个 $p-1$ 维的列向量，θ_{22} 是一个标量。用 θ_{ii} 表示逆协方差矩阵 $\boldsymbol{\Theta}$ 的对角线元素，由于 $\boldsymbol{W}$ 的对角线元素 $w_{ii}>0$，则对所有的 i 都有 $\theta_{ii}>0$。

协方差矩阵 $\boldsymbol{W}$ 的右上角块 $\boldsymbol{w}_{12}$ 满足下式：

$$\hat{\boldsymbol{w}}_{12}=\arg\min_{w_{12}}\left\{\boldsymbol{w}_{12}'\boldsymbol{W}_{11}^{-1}\boldsymbol{w}_{12}:\left\|\boldsymbol{w}_{12}-\boldsymbol{s}_{12}\right\|_{\infty}\leqslant p\right\} \tag{15.33}$$

（15.33）式是一个箱约束二次规划问题，可以使用内点法解决，通过交换行和列，每列相当于解决一个（15.33）式的问题，每个阶段后都更新对 $\boldsymbol{W}$ 的估计，一直重复，直到 $\boldsymbol{W}$ 收敛。

利用凸对偶性，（15.33）式相当于解决以下对偶问题：

$$\min_{\boldsymbol{\beta}}\left\{\frac{1}{2}\left\|\boldsymbol{W}_{11}^{\frac{1}{2}}\boldsymbol{\beta}-\boldsymbol{W}_{11}^{\frac{1}{2}}\boldsymbol{s}_{12}\right\|^{2}+\rho\|\boldsymbol{\beta}\|_{1}\right\} \tag{15.34}$$

其中，满足 $\boldsymbol{w}_{12}=\boldsymbol{W}_{11}\boldsymbol{\beta}$，$\boldsymbol{\beta}$ 可以通过求解（15.34）式获得。实际上，（15.34）式与 Graphic Lasso 的目标函数是等价的。可以利用坐标下降法求解该类问题，具体解法本书不再做详细介绍。

Graphic Lasso 方法用于估计多类数据的协方差矩阵和逆协方差矩阵时是分别对每类进行估计，由于多类数据之间有时会有某些共同的特点，此时用 Graphic Lasso 方法分别进行估计可能会丢失多类之间共有的一些信息。对于多类数据，使用联合 Graphic Lasso 方法能够避免这个问题，它所估计出的多类的协方差矩阵和逆协方差矩阵会考虑到多个类别之间的共性，而不像 Graphic Lasso 方法一样单独对每个类的数据进行估计。

联合 Graphic Lasso 可用于估计多类的多个图模型，这些图模型共享某些特征，如位置或者非零边的权重。与 Graphic Lasso 一样，联合 Graphic Lasso 也是基于一个罚对数似然函数最大化，但是为了考虑各个类别之间的共同点，联合 Graphic Lasso 加入了一个融合 Lasso 罚或组 Lasso 罚，并采用交替方向乘子法来解决相应的凸优化问题。联合 Graphic Lasso 的目标函数为：

$$\max_{\boldsymbol{\Theta}}\left\{\sum_{k=1}^{M}n_{k}\left[\ln(\det\boldsymbol{\Theta}^{(k)})-\operatorname{tr}(\boldsymbol{S}^{(K)}\boldsymbol{\Theta}^{(k)})\right]-P(\boldsymbol{\Theta})\right\} \tag{15.35}$$

其中，$\boldsymbol{\Theta}$ 是一个 $p\times p$ 矩阵，约束条件为 $\{\boldsymbol{\Theta}\}=\boldsymbol{\Theta}^{(1)},\cdots,\boldsymbol{\Theta}^{(M)}$ 是正定矩阵。$P(\boldsymbol{\Theta})$ 是一个凸罚函数，因此（15.35）式中的目标函数是严格凹的。

相比于 Graphic Lasso 中仅有的一个 l_1 罚，联合 Graphic Lasso 加入的罚函数能够激励各个类别之间所共享的某些特点，如不同类别之间可能会有相同的非零边或相同的零边。

罚函数为 $P\{\boldsymbol{\Theta}\}=\lambda_1\sum_k\sum_{i\neq j}\left|\theta_{ij}^{(k)}\right|+P(\{\boldsymbol{\Theta}\})$，其中，$\lambda_1$ 是一个非负调节参数，P 是一个凸函数。当 $P(\{\boldsymbol{\Theta}\})=0$ 时，（15.35）式相当于分别进行了 M 个独立的图 Lasso 最优化问题。联合 Graphic Lasso 通过选择 P 来激励 M 个类别的逆协方差矩阵之间的相似性，其中罚函数 P 有两种，分别为组 Lasso 罚和融合 Lasso 罚，这里不再做详细介绍。

15.6 二值型网络模型

在实际的基因网络分析过程中，离散化的定性的基因表达数据往往受到更多的关注，研究者常常会将基因表达的定量数据离散化后进一步以定性数据进行分析，二值化（binarize）就是一个典型的离散化过程，对于基因表达来说，根据基因表达上调（up-regulated）和表达下调（own-regulated）进行二值化处理就是典型的离散化方式。类似的现象也经常出现在其他研究领域。因此，针对离散化（尤其是二值化）的复杂网络数据的图模型结构进行估计尤为重要。目前，针对二值网络数据的研究主要还是基于统计物理领域内的伊辛（Ising）模型。伊辛模型假定铁磁物质是由一堆规则排列的小磁针构成的，每个磁针只有上下两个自旋方向，这种二值化的简单假定通过适当的组合可以为研究者提供非常丰富的物理内容，从而帮助研究者了解物理世界的原则。谈及 Ising 模型，也必须引用马尔科夫随机场（Markov Random Fields）的理论内容，马尔科夫随机场作为最典型的无向图模型，Ising 模型是其中的一个特例。本节从动态地进行网络分析的角度，研究如何从一组具有 Ising 模型特性的二值网络时间序列数据出发，利用其中所蕴含的节点特征观测值，建立一个随着时间的推移不断演化的动态网络关联结构。

被广泛研究的马尔科夫随机场（Markov Random Fields）是关于一组有马尔可夫性的随机变量 X 的全联合概率分布模型。当一个随机变量序列按时间先后关系依次排列展开时，t+1 时刻的分布特性，与 t 时刻以前的随机变量的取值无关，这就是马尔可夫性。若根据某种分布随机给每个时点位置赋予相空间内的一个值，那么所得到的全体就可以称为随机场。马尔科夫随机场是无向图模型的典型代表，其与有向的贝叶斯网络的区别如下：首先，它可以表示在贝叶斯网络中无法被表示的某些依赖关系，如循环依赖关系；其次，它不能表示贝叶斯网络能够表示的某些关系，如推导关系。

假定有图 $G=(V,E)$。节点 $u\in V$ 代表网络中的一个个体。例如，在基因网络中，u 作为一个基因存在；在股票网络中；u 是一只股票；在社交网络中，u 则为一个人的标识。边 $(u,v)\in E$ 则代表节点 u 与节点 v 的关联，在不同类型的网络系统中有着不同的实际意义。对于一个具有 p 个节点的复杂网络来说，节点集合 V 中的个体可表示为 $V=\{1,\cdots,p\}$。在特定时点下，每个网络节点至少对应一个节点状态指标，p个节点则对应一个p维的随机向量$\boldsymbol{X}=(x_1,\cdots,x_p)'$，相应的概率分布可以用$\theta\in\boldsymbol{\Theta}$表示。

在一个马尔科夫随机场的设定中，节点的状态值通常设置成离散的。即$\boldsymbol{X}\in\chi^p\equiv\{s_1,\cdots,s_k\}$，并且关联集合$E\subseteq V\times V$表明了随机向量$\boldsymbol{X}$各成分之间的条件独立假设，更确切地说，若$(u,v)\notin E$，则在给定其余节点状态值的情况下，$x_u$与$x_v$条件独立。当节点状态值为二值分布，即$\chi\equiv\{-1,1\}$时，这种类型的马尔科夫随机场即为统计物理领域为人们熟知的 Ising 模型，对于$(u,v)\in E$的节点而言，$\theta_{uv}=\theta_{vu}>0$即节点之间的关联是成对出现的，对于不存在关联的节点而言，$\theta_{uv}=0$。在 Ising 模型的设定下，节点状态向量$\boldsymbol{X}$=$\boldsymbol{x}$的联合概率密度分布可以表示为一个简单的指数族模型：

$$\mathbb{P}_\theta(\mathrm{x})=\frac{1}{Z(\theta^t)}\exp\left(\sum_{(u,v)\in E}\theta_{uv}^t x_u x_v\right) \tag{15.36}$$

其中，Z为对应的配分函数（partition function），即为分布函数的归一化因子，可保证概率归一：

$$Z(\theta^t)=\sum_{x\in\chi^p}\exp\left(\sum_{(u,v)\in E^t}\theta_{uv}^t x_u^t x_v^t\right) \tag{15.37}$$

Ising 模型框架使得二值的网络数据得以服从（15.36）式所示的概率密度分布函数，通过对关联强度参数θ的估计使得利用二值网络数据重建相关网络成为可能。

15.7 R 语言实现

本节主要内容为 R 语言的实现，分为 3 个部分：第一部分主要介绍在 R 语言中如何生成、表示一个网络等基本操作；第二部分以豆瓣数据为例，展示网络的特征分析和可视化问题；第三部分为关联网络推断。

15.7.1 网络的基本操作

在包 igraph 中存在很多图的类“igraph”，本节我们会了解一些在 R 中创建 igraph 类对象，并且从这些类对象中提取和总结信息的方法。

小型的图可以使用 graph 函数创建，例如：

```
> library ( igraph )
> g <- graph.formula ( 1 - 2 , 1 - 3 , 2 - 3 , 2 - 4 , 3 - 5 , 4 - 5 , 4 -
6 ,
+               4 - 7 , 5 - 6 , 6 - 7 ) # 创建一个图对象 g
```

创建了一个图对象 g，包含$N_v=7$个节点和$N_e=10$条边，这 7 个节点用数字 1、2、3、4、5、6、7 表示，其中 1 和 2、1 和 3、2 和 3、2 和 4、3 和 5、4 和 5、4 和 6、4 和 7、5 和 6、6 和 7 之间存在边相连。可以通过命令 V (g)来查看图对象 g 的节点，通过命令 E (g)来查看图对象 g 的边。

```
> V ( g ) # 返回图对象g的节点
+ 7/7 vertices, named, from e624d00:
[1] 1 2 3 4 5 6 7
> E ( g ) # 返回图对象g的边
+ 10/10 edges from e624d00 (vertex names):
[1] 1--2 1--3 2--3 2--4 3--5 4--5 4--6 4--7 5--6 6--7
```

同样的信息可以利用显示结构的命令用更简洁的格式表示出来。命令 str (g)返回的是与各个节点相连的节点：

```
> str ( g ) # 返回图对象g的结构
IGRAPH UN-- 7 10 --
+ attr: name (v/c)
+ edges (vertex names):
1 -- 2, 3
2 -- 1, 3, 4
3 -- 1, 2, 5
4 -- 2, 5, 6, 7
5 -- 3, 4, 6
6 -- 4, 5, 7
7 -- 4, 6
```

可以将图对象 g 进行简单的可视化（如图 15-6 所示）：

```
> plot ( g )
```

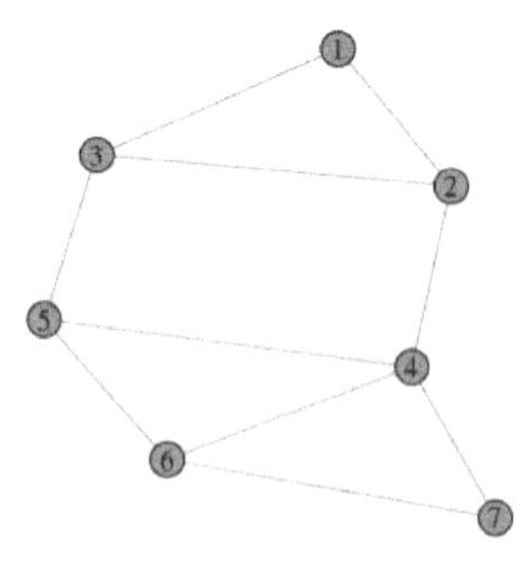

图 15-6　对图对象 g 进行简单的可视化

上文所构建的图为无向图。接下来，我们尝试构建一个有向图。在以下的图对象 dg 中，共有 3 个节点，分别记作 1、2、3，在这 3 个节点之间存在着由 1 指向 2、1 指向 3、2 指向 3 和 3 指向 2 的边（如图 15-7 所示）：

```
> dg <- graph.formula ( 1 -+ 2 , 1 -+ 3 , 2 ++ 3 ) # 创建一个图对象dg
> plot ( dg )
```

图 15-7　对图对象 dg 进行简单的可视化

还可以针对节点进行命名。在以下的图对象 dg 中，共有 3 个节点，分别记作 Sam、Mary 和 Tom，在这 3 个节点之间存在着由 Sam 指向 Mary、Sam 指向 Tom、Mary 指向 Tom 和 Tom 指向 Mary 的边：

```
> dg <- graph.formula ( Sam -+ Mary , Sam -+ Tom , Mary ++ Tom )
```

类似地，获得边列表和邻接矩阵的命令为：

```
> E ( dg ) # 获得边
+ 4/4 edges from 9a63ccb (vertex names):
[1] Sam ->Mary Sam ->Tom  Mary->Tom  Tom ->Mary
> get.adjacency ( g ) # 获得邻接矩阵
7 x 7 sparse Matrix of class "dgCMatrix"
 1 2 3 4 5 6 7
1 . 1 1 . . . .
2 1 . 1 1 . . .
3 1 1 . . 1 . .
4 . 1 . . 1 1 1
5 . . 1 1 . 1 .
6 . . . 1 1 . 1
7 . . . 1 . 1 .
```

还可以通过 vcount()命令和 ecount()命令分别计算该图的节点数和边数：

```
> vcount ( g ) # 计算节点数目
[1] 7
> ecount ( g ) # 计算边数目
[1] 10
```

对于一个图对象，可以获得图对象的子图。可以通过以下获取图对象 g 中包含节点 1、2、3、4、5 的子图：

```
> h <- induced.subgraph ( g , 1:5 ) # 获得子图
> str ( h ) # 返回子图 h 的结构
```

```
IGRAPH UN-- 5 6 -
+ attr: name (v/c)
+ edges (vertex names):
[1] 1--2 1--3 2--3 2--4 3--5 4--5
```

对于已得到的图对象，可以通过增加或减少节点和边的方式对其进行更改，具体为通过加号或者减号来实现对集合 V 中节点或边的纳入与排除。例如：

```
> h <- g + vertices ( c ( 6 , 7 ) ) # 增加节点 6、7
> g <- h + edges ( c ( 4 , 6 ) , c ( 4 , 7 ) , c ( 5 , 6 ) , c ( 6 , 7 ) )
# 增加 4 和 6、4 和 7、5 和 6、6 和 7 之间的边
```

在图的布局中，还可以修改 plot 的参数达到更改图的布局的效果。下面的 graph.lattice 生成了一个 5×5×5 网格图（如图 15-8 所示）。

```
> library ( sand )
> g.l <- graph.lattice ( c ( 5 , 5 , 5 ) )                # 生成一个 5×5×5 网格图
> par ( mfrow = c ( 1 , 2 ) )
> plot ( g.l , layout = layout.circle )                   # layout 的参数设置
> title ( "5x5x5 Lattice" )
> plot ( g.l, layout = layout.fruchterman.reingold )    # layout 参数设置
> title ( "5x5x5 Lattice" )
```

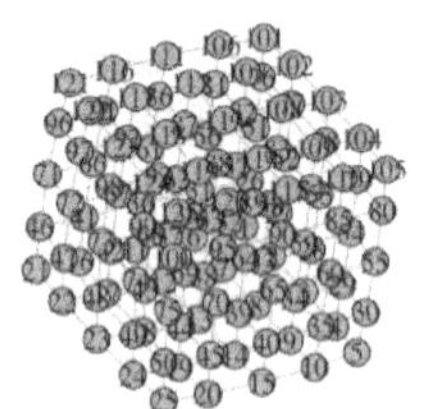

图 15-8　5×5×5 的网格图

可以用“$”符号来赋予图或者边的一些属性。例如：

```
> V ( dg ) $ name  # 图对象 dg 的 name 属性为 1、2、3
[1] "Sam"  "Mary" "Tom"
> V ( dg ) $ gender <- c ( "M" , "F" , "M" ) # 赋予图对象 dg 的 gender 属性为 M、
F、M
> V ( g ) $ color <- "red" # 赋予图对象 dg 的 color 属性为 red
```

15.7.2 “豆瓣关注网络”和“豆瓣朋友网络”特征分析

下面我们以例 15.1 的数据为例进行分析。首先，提取前 50 个用户的邻接矩阵并简单绘出豆瓣关注网络。原始数据共包含两列，第一列是被关注用户，第二列是关注用户，即第二列

中的用户关注了第一列的用户：

```
> library ( igraph )
> raw_edges <- read.csv ( "douban_edges.csv" ) # 或直接从 RDS 包中读入
> edges <- raw_edges [ intersect ( which ( raw_edges $ V1 <= 50 ) ,
+              which ( raw_edges $ V2 <= 50 ) ) , ]
> douban_adj <- matrix ( 0 , 50 , 50 )
> for ( i in 1 : length ( edges $ V1 ) ) {
+   x1 <- edges [ i , 1 ]
+   x2 <- edges [ i , 2 ]
+   douban_adj [ x1 , x2 ] <- 1
+ }
> douban <- graph.adjacency ( douban_adj )
> plot ( douban )
```

通过图 15-9 可以大概看出前 50 名用户里有些用户之间存在一些小团体,有些用户和其他用户都不存在关注关系。

图 15-9　未修饰的图

下面我们对该图进行修饰（如图 15-10 所示）：

```
> set.seed ( 42 )
> l <- layout.kamada.kawai ( douban )                         # 确定页面布局
> V ( douban ) $ shape <- "circle"                            # 形状
> V ( douban ) $ size <- sqrt ( graph.strength ( douban ) ) * 4
#节点的 size 正比于节点的强度
> V ( douban ) $ size2 <- V ( douban ) $ size
> Faction <- rep ( 1 , 50 )
> Faction [ c ( 25 , 28 ) ] <- 2
> Faction [ c ( 21 , 24 , 29 , 31 , 32 , 35 , 36 ) ] <- 3
> Faction [ c ( 1 , 2 , 6 , 19 , 5 , 20 , 26 , 23 , 18 , 40 , 47 , 27 , 46 ,
+        43 , 33 , 38 , 22 , 41 , 42 , 44 , 39 ) ] <- 0
> F1 <- V ( douban ) [ Faction == 1 ]
> F2 <- V ( douban ) [ Faction == 2 ]
```

```
> F3 <- V ( douban ) [ Faction == 3 ]
> E ( douban ) [ F1 %--% F1 ] $ color <- "pink"          # F1 内部的边颜色为粉色
> E ( douban ) [ F2 %--% F2 ] $ color <- "lightblue"     # F2 内部的边颜色为蓝色
> E ( douban ) [ F3 %--% F3 ] $ color <- "yellow"        # 派别之间的边颜色为黄色
> plot ( douban , layout = l )
```

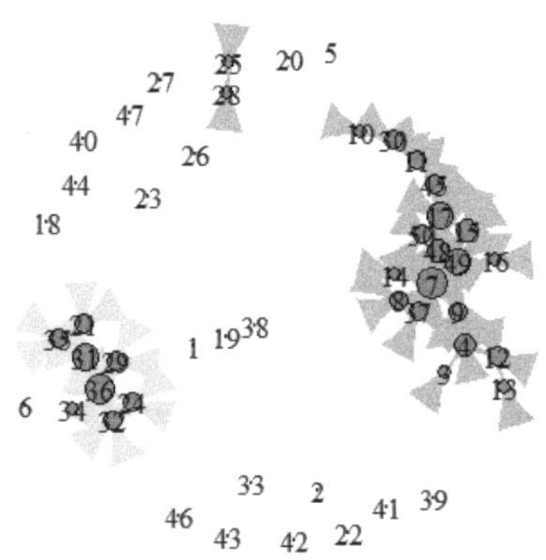

图 15-10　经过修饰的图

我们对这个网络进行节点数目和边数目的统计，返回的结果如下：

```
> vcount ( douban )      # 返回该网络的节点数目
[1] 50
> ecount ( douban )      # 返回该网络的边数目
[1] 66
```

展示中心节点一种直观的方式是使用辐射布局（当网络尺寸较小时），将中心性高的节点放置在靠近中心的位置。sna 包中的 gplot.traget()函数可以实现这一点，如下：

```
> A <- get.adjacency ( douban , sparse = FALSE ) # 得到豆瓣关注网络的邻接矩阵
> library ( network )
> g <- network :: as.network.matrix ( A ) # sna 包中所用的图对象的格式
> library ( sna )
> sna :: gplot.target ( g , degree ( g ) , main = "Degree" , circ.lab = FALSE ,
circ.col = "skyblue" ,
+           usearrows = FALSE , vertex.col = c ( "blue" , rep ( "red" , 32 ) ,
"yellow" ) ,
+           edge.col = "darkgray" )
```

前文所介绍的其他另外的中心性的生成方法与之类似，只要将代码中的 degree (g)更换成 closeness (g)、betweennness (g)和 evcent (g) $ vector 即可,请读者自行尝试。

下面我们对如图 15-11 所示网络进行普查（census），了解图的结构是怎样的：

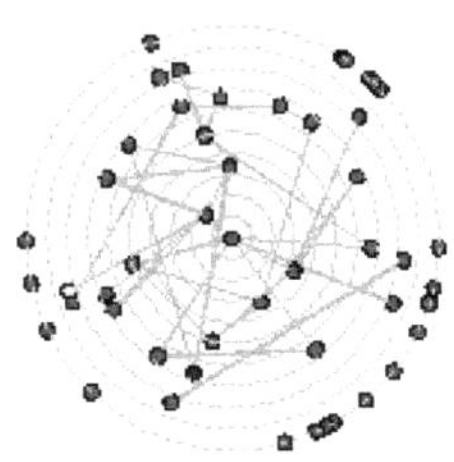

图 15-11　豆瓣关注网络中心性的可视化图形

```
> table ( sapply ( cliques ( douban ) , length ) )
# 返回该图对象各个尺寸的团的数目
 1  2  3
50 33  5
> cliques ( douban ) [ sapply ( cliques ( douban ) , length) == 3]
# 返回尺寸为 3 的团
[[1]]
+ 3/50 vertices:
[1]  7  8 37
[[2]]
+ 3/50 vertices:
[1] 15 17 48
# 限于篇幅，省略部分内容
```

根据前文所述的核的概念，可以得到如 15-12 所示网络图：

```
> cores <- graph.coreness ( douban )
> sna :: gplot.target ( g , cores , circ.lab = FALSE , circ.col = "skyblue" ,
usearrows = FALSE ,
+            vertex.col = cores , edge.col = "darkgray" )
```

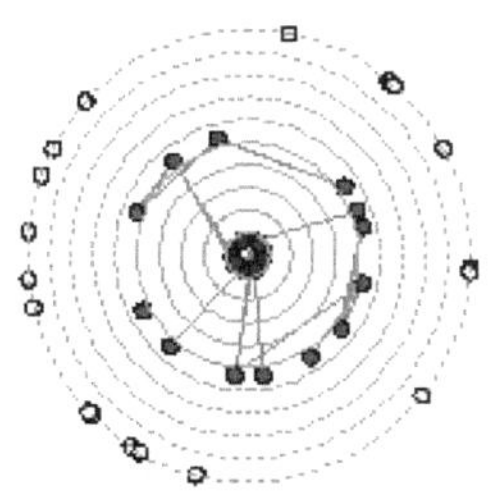

图 15-12　利用核得到的豆瓣网络图

核的概念在可视化中非常流行，它提供了一种将网络分解成类似于洋葱的不同“层”

（layer）的方法，这种分解可以与辐射布局有效地结合起来（如使用靶心图）。图 15-12 所示即为这种展示方法，其中，核数（coreness）为 1（黑色）、2（红色）、3（蓝色）的节点到中心的距离逐渐减少，处于同一个核中的节点到中心的距离相同。利用 R 语言，我们能够得到该网络的密度及聚类系数：

```
> graph.density ( douban )        # karate 的密度
[1] 0.02693878
> transitivity ( douban )         # karate 的聚类系数
[1] 0.2307692
```

部分图像分割理论是建立在无向图基础上的，如 fastgreedy.community 算法就是建立在无向图基础上的。我们认为，如果两个用户互相关注，那么这两个用户就可以定义为朋友关系。在这一假设下，我们构建了前 50 名用户的“朋友”网络并将图分割的理论应用到其中，将图和社团划分结果一起进行可视化绘图（如图 15-13、图 15-14 所示）：

```
> new <- NULL
> edges2 <- raw_edges [ intersect ( which ( raw_edges $ V1 <= 50 ) ,
+                 which ( raw_edges $ V2 <= 50 ) ) , ]
> for ( i in 1 : 50 ) {
+   aaa <- edges2 [ which ( edges2 $ V1 == i ) , ]
+   aaa_id <- aaa $ V2
+   bbb <- edges2 [ which ( edges2 $ V2 == i ) , ]
+   bbb_id <- bbb $ V1
+   int <- intersect ( aaa_id , bbb_id )
+   new <- rbind ( new , edges2 [ which ( ( edges2 $ V1 == i ) & ( edges2 $ V2
== int ) ) , ] )
+ }
> douban_adj2 <- matrix ( 0 , 50 , 50 )
> for ( i in 1 : length ( new $ V1 ) ) {
+   x1 <- edges [ i , 1 ]
+   x2 <- edges [ i , 2 ]
+   douban_adj2 [ x1 , x2 ] <- 1
+ }
> douban2 <- graph.adjacency ( douban_adj2 , mode = "undirected" )
> kc <- fastgreedy.community ( douban2 ) # 使用层次聚类方法将豆瓣朋友网络进行分割
> length ( kc )                          # 得到 36 个社团
[1] 36
> sizes ( kc )                           # 每个社团所包含的节点数
> membership ( kc )                      # 分析社团的成员归属
 [1]  5  6  2  2  7  8  3  3  2  4  4  2  2  3  1  1  1  9 10 11 12 13 14 15 16 17
[27] 18 19 20  4 21 22 23 24 25 26  3 27 28 29 30 31 32 33  4 34 35  1  1 36
> plot ( kc , douban2 )                  # 绘出层次聚类方法得到的豆瓣朋友网络的分割
> library ( ape )
> dendPlot ( kc , mode = "phylo" ) # 绘出该分割对应的树状图
```

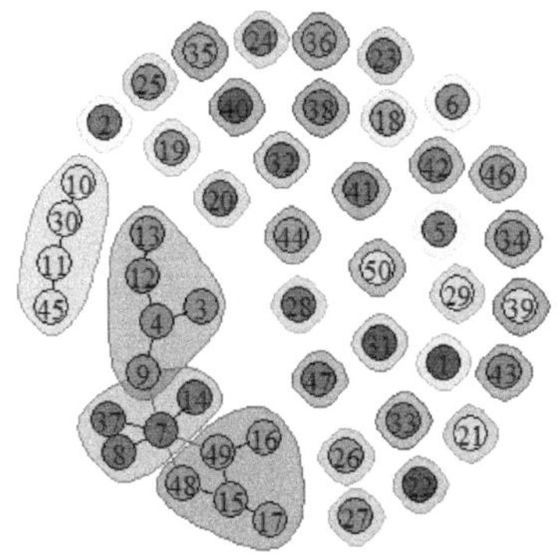

图 15-13　层次聚类方法得到的豆瓣朋友网络的分割

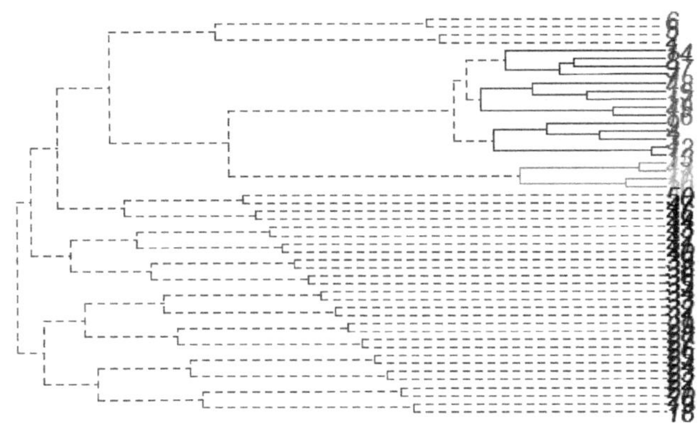

图 15-14　图 5-13 所示分割对应的树状图

dendPlot 的“phylo”模式使用了 ape 扩展包，该扩展包涉及的目的是展示系统发生树（phylogenetic tree），可以用它生成树状图。

15.7.3　关联网络推断

在本节中，我们使用基因调控网络来进行案例分析。Ecoli.expr 中的数据包括两个对象。第一个对象是一个 40 行、153 列的矩阵，测量了 Escherchia coli（E.coli）细菌在 40 种不同实验条件下，153 种基因（取对数后）的基因表达水平。数据集里面的表达水平数值是每个实验重复 3 次后的平均结果：

```
> library ( sand )
> rm ( list = ls ( ) ) # 将现有对象清除
> data ( Ecoli.data )   # 我们本节的研究对象：Ecoli.data
```

图 15-15 展示了这些数据的一个热图（heatmap）可视化。

```
> heatmap ( scale ( Ecoli.expr ) , Rowv = NA )
```

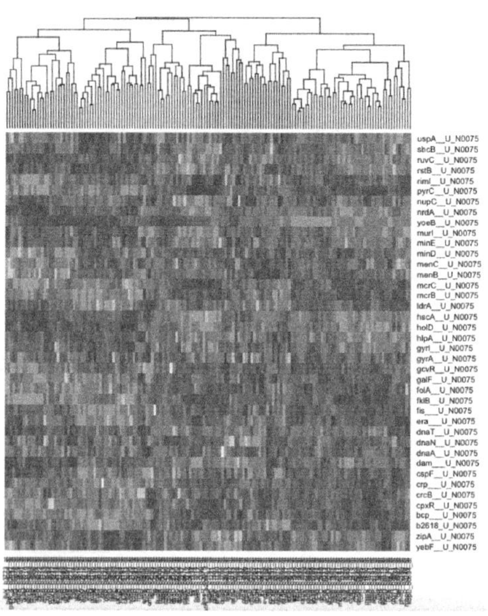

图 15-15　40 次实验（行）中 153 个基因（列）的基因表达模式热力图

数据集中的第二个对象是一个邻接矩阵，概括了我们对于 E.coli 中实际调控关系的（不完全的）认识（如图 15-16 所示）。我们将这一矩阵转化为一个网络对象：

```
> library ( igraph )
> g.regDB <- graph.adjacency ( regDB.adj , "undirected" ) # 得到邻接矩阵
> summary ( g.regDB )
IGRAPH 55da799 UN-- 153 209 --
+ attr: name (v/c)
> plot ( g.regDB , vertex.size = 3 , vertex.label = NA )
```

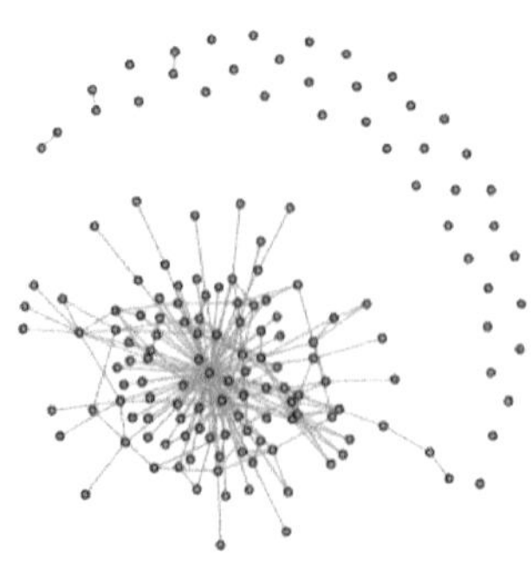

图 15-16　E.coli 的 153 个基因之间已知的调控关系网络

从图 15-16 可以看出，这些成对关系大多数属于一个单独的连通组建。图 15-16 可以作为一个参考，用于评估我们以下介绍的方法。

可以根据相关网络的理论对该网络进行分析。计算所有基因对之间的相关值、经过费舍尔变换的值，计算 p 值与评估 p 值等：

```
> mycorr <- cor ( Ecoli.expr ) # 计算所有基因对之间的相关值
> z <- 0.5 * log ( ( 1 + mycorr ) / ( 1 - mycorr ) ) # 计算经过费舍尔变换的值
> z.vec <- z [ upper.tri ( z ) ]
> n <- dim ( Ecoli.expr ) [ 1 ]
> corr.pvals <- 2 * pnorm ( abs ( z.vec ) , 0 , sqrt ( 1 / ( n-3 ) ) , lower.tail
= FALSE ) # 计算p值
```

在评估 p 值时，我们需要考虑一共进行的检验次数：

```
> length ( corr.pvals ) # 检验次数
[1] 11628
```

R 语言的 p.adjst()函数可以用于计算多重检验中修正后的 p 值。此处，可以采用 Benjamini-Hochberg 修正，其中的 p 值通过控制错误发现率进行了修正：

```
> corr.pvals.adj <- p.adjust ( corr.pvals , "BH" ) # 得到修正后的p值
> length ( corr.pvals.adj [ corr.pvals.adj < 0.05 ] )
#与 0.05 比较，得到显著的基因对数目
[1] 5227
```

与显著水平 0.05 对比，共发现了 5 227 对基因是显著的，然而这一结果远远大于真实结果。利用偏相关网络部分的理论知识，我们利用以下代码分析该网络：

```
# 计算相应的经验偏相关系数，并使用均值为 0、方差为 1/( n - 4 )的正态分布来近似每个系数经
过费舍尔变换后的分布
> pcorr.pvals <- matrix ( 0 , dim ( mycorr ) [ 1 ] , dim ( mycorr ) [ 2 ] )
> for ( i in seq ( 1 , 153 ) ) {
+       for ( j in seq ( 1 , 153 ) ) {
+           rowi <- mycorr [ i , - c ( i , j ) ]
+           rowj <- mycorr [ j , - c ( i , j ) ]
+           tmp <- ( mycorr [ i , j] - rowi * rowj ) / sqrt ( ( 1 - rowi ^ 2 )
* ( 1 - rowj ^ 2 ) )
+           tmp.zvals <- 0.5 * log ( ( 1 + tmp ) / ( 1 - tmp ) )
+           tmp.s.zvals <- sqrt ( n - 4 ) * tmp.zvals
+           tmp.pvals <- 2 * pnorm ( abs ( tmp.s.zvals ) , 0 , 1 , lower.tail
= FALSE )
+           pcorr.pvals[i, j] <- max(tmp.pvals)
+       }
+ }
# 如前对多重检验进行修正
> pcorr.pvals.vec <- pcorr.pvals [ lower.tri ( pcorr.pvals ) ]
> pcorr.pvals.adj <- p.adjust ( pcorr.pvals.vec , "BH" )
```

```
> pcorr.edges <- ( pcorr.pvals.adj < 0.05 ) #与 0.05 比较，得到显著的基因对
> length ( pcorr.pvals.adj [ pcorr.edges ] ) # 显著的基因对数目
[1] 25
```

与 0.05 对比，一共发现了 25 条边。创建对应的网络图为：

```
> pcorr.A <- matrix ( 0 , 153 , 153 )
> pcorr.A [ lower.tri ( pcorr.A ) ] <- as.numeric ( pcorr.edges )
> g.pcorr <- graph.adjacency ( pcorr.A , "undirected" ) # 得到邻接矩阵
> str ( graph.intersection ( g.regDB , g.pcorr , byname = FALSE ) )
# 在 25 条边中，其中 4 条属于生物学文献中已经发现的关系
IGRAPH UN-- 153 4 -
+ attr: name (v/c)
+ edges (vertex names):
[1] yhiW_b3515_at--yhiX_b3516_at rhaR_b3906_at--rhaS_b3905_at
[3] marA_b1531_at--marR_b1530_at gutM_b2706_at--srlR_b2707_at
```

我们使用了 huge 包的相关函数实现高斯图模型。huge()函数会在一些预处理步骤之后生成最初的估计集合，这些预处理步骤尝试将数据进行转换，使其边际分布接近正态分布，以获得整个估计问题的稳定解，默认的估计方法为 15.5.4 节介绍的（15.29）式准则：

```
> library ( huge )
> set.seed ( 1 )
> huge.out <- huge ( Ecoli.expr ) # 生成最初的估计集合
Conducting Meinshausen & Buhlmann graph estimation (mb)....done
```

在选择惩罚参数方面，既可以使用信息准则（如 AIC、BIC 等），也可以基于子采样（subasmpling）准则的方法。前一种方法会导致选择偏少，后一种方法会导致过度选择。在下面案例分析中，应用前一种方法得到的是一个空图，应用后一种方法得到一个更为稠密的图：

```
> huge.opt <- huge.select ( huge.out , criterion = "ric" ) # 使用信息准则法
Conducting rotation information criterion (ric) selection...done
Computing the optimal graph...done
> summary ( huge.opt$refit )                # 得到一个空图
153 x 153 sparse Matrix of class "dsCMatrix", with 0 entries
[1] i j x
<0 行> (或 0-长度的 row.names)
> huge.opt <- huge.select ( huge.out , criterion = "stars") # 使用子采样准则
# 限于篇幅，此处省略
> g.huge <- graph.adjacency ( huge.opt $ refit , "undirected" ) # 得到邻接矩阵
> summary ( g.huge )                        # 得到一个比较稠密的图
IGRAPH 6ec8ef6 U--- 153 623 --
> str ( graph.intersection ( g.pcorr , g.huge ) )                  # 得到结构化数据
> str ( graph.intersection ( g.regDB , g.huge , byname = FALSE ) )
# 包含生物学文献中发现的 22 条边
# 限于篇幅，此处省略
```

此外，还可以使用 Graphic Lasso 的方法估计该网络的逆协方差矩阵：

```
> library(glasso)
> a<-glasso(var(Ecoli.expr), rho=.01)
> View(a$w)              #估计的协方差矩阵
> View(a$wi)             #估计的逆协方差矩阵
#限于篇幅，此处省略
```

针对所得到的协方差矩阵和逆协方差矩阵，可以得到估计的网络，并绘制出网络的图示（如图 15-17 所示）。另外，类似以上分析，还可以对比医学上已经得到的网络，寻找该估计网络与其的相似性：

```
> g <- graph.adjacency(a$wi, "undirected")       #得到邻接矩阵
> plot(g)
> summary(g)
IGRAPH U--- 153 7210 --
> str(graph.intersection(g.pcorr, g))            #得到结构化数据
IGRAPH U--- 153 1 --
+ edge:
[1] 84--129
> str(graph.intersection(g.regDB,g,byname=FALSE)) #其中 1 条属于生物学文献中已经
发现的关系
IGRAPH UN-- 153 1 --
+ attr: name (v/c)
+ edge (vertex names):
[1] crp_b3357_at--pdhR_b0113_at
```

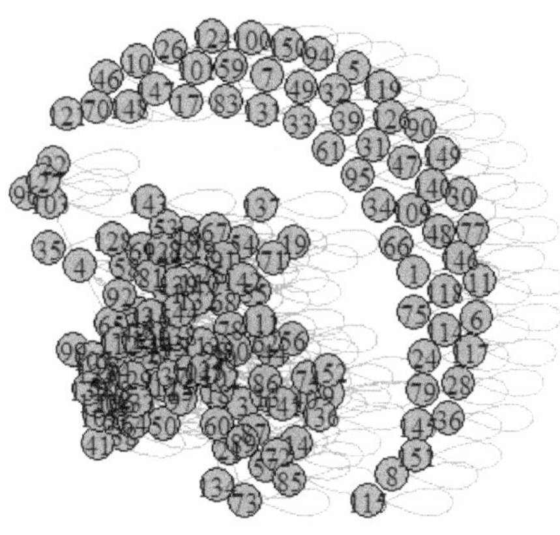

图 15-17　Glasso 网络结构估计结果

15.8 习题

1．请分析 igraphdata 包中的 karate 数据集。

（1）计算网络的节点数目、边数目。

（2）对该网络进行可视化处理，并对节点和边的形状、颜色、粗细等进行修饰。

（3）对该网络进行普查（census），了解它的结构是怎样的。

（4）对该网络进行分割，并用树形式表示分割过程。

2．利用 R 包中的豆瓣数据，随机选择 50 个用户组成关注网络进行分析。

（1）计算网络的节点数目、边数目。

（2）计算已生成的网络的密度、聚类系数。

（3）使用辐射布局展示该网络的中心节点性。

第 16 章

并行计算

R 语言是一个统计计算语言，虽然功能非常强大，但是有一个比较严重的缺陷就是计算速度比较慢（这其实是所有高级语言面临的共同问题），尤其当要处理大数据或者需要计算很多循环时，R 语言在计算速度上的缺陷就更为明显。针对这个问题，本章首先介绍提高 R 语言计算速度的几种常用方法，然后介绍另一种强大的方法——并行计算。并行计算是指同时使用多种计算资源解决计算问题的过程，是提高计算机系统计算速度和处理能力的一种有效手段，R 语言的并行计算主要通过它内置的并行任务包来实现。在本章最后，我们给出 R 语言进行多线程并行计算的具体操作过程。

16.1　提高 R 语言的计算速度

一直以来，有很多学者在研究如何改进 R 语言存在的计算速度上的缺陷，提高 R 语言的计算速度，目前已有以下几种解决的办法。

（1）最简单的方法就是尽量少使用循环，能够用矩阵运算就尽量用矩阵来运算（这也是我们在初级教程《R 数据分析——方法与案例详解》中推荐的）。该方法的好处是相对简单，不需要学习其他语言。但问题是，并不是所有程序都可以完全简化到矩阵运算，而且有时过于简化成矩阵运算，还会使程序的可读性降低。

（2）用 C 语言或者 Fortran 语言编写核心运算，再用 R 语言调用编译这些函数。这种方法是目前运算效率最高的方法，也是很多统计编程专家常用的方法，很多 R packages 都是基于这种方法编写的，如 Stanford 统计系那几个专家（Hastie、Tibshirani、Friedman 等人）编写的 packages 就是用的这种方法。但问题是，并不是所有人都懂 C 语言或者 Fortran 语言，对于很多人来讲要从零开始学习 C 语言或者 Fortran 语言是一件比较难的事，前期投入成本较大。

（3）利用 compiler package 提高运算速度。这是一种折中的方法，即将属于解释性语言的

R 语言代码提前编译为低级语言的字节代码（byte code）来提升 R 语言的运算速度。简单地讲，就是将 R 语言的程式码编译后再执行，可提高执行的速度。该方法的好处是简单方便，可以很大程度上提升计算速度，但是这种计算速度的提升，与 C 语言等低级语言相比，当然还有一定的差距。

我们这里重点介绍 compiler 包的运用。compiler 包的作者是 University of Iowa 的 Luke Tierney，下面是在 R 语言中使用 compiler 包的一个例子，操作环境要求 R 2.13 以上版本：

```
> library ( compiler )
> f <- function ( x ) {
+     s <- 0
+     for ( y in x ) s <- s + y
+     return ( s )
+ }
> fc <- cmpfun ( f )
> x <- 1 : 10000000
> system.time ( f ( x ) )
用户系统流逝
4.757 0.018 4.773
> system.time ( fc ( x ) )
用户系统流逝
1.287 0.001 1.288
```

16.2 R 语言的并行计算

16.1 节介绍了几种常用的提高 R 语言计算速度的方法，它们在具体使用时都会存在一些局限性。其实，还有一种强大的方法可以用来提高 R 语言的计算速度，那就是并行计算。并行计算是指同时使用多种计算资源解决计算问题的过程，是提高计算机系统计算速度和处理能力的一种有效手段。它的基本思想是用多个处理器来协同求解同一问题，即将被求解的问题分解成若干个部分，各部分均由一个独立的处理机来并行计算。并行计算又分为数据并行和任务并行两种，R 语言的并行计算主要通过它内置的任务并行包来实现，包括 parallel 包和 foreach 包，接下来我们分别介绍这两个包。

在介绍具体的 parallel 包和 foreach 包前，我们首先了解一下并行计算的基本思路。

（1）建立 *M* 个工作节点，对每个进程做基本的初始化。

（2）将所需数据传输到每个工作节点。

（3）将任务分割成 *M* 份传输到各个工作节点进行计算。

（4）合并整理 *M* 个工作节点的结果。

（5）重复上述过程进行进一步的计算。

（6）关闭工作节点。

值得注意的是，应用 R 语言进行计算时，上述步骤（3）、（4）、（5）已经用函数进行了封装。另外，这里要说明的是，由于个人计算机的限制，本节只介绍 Windows 操作系统下的并行计算，Mac 系统下的并行计算会有所不同。

（一）parallel 包

在进行并行计算前，首先需要了解计算机或者服务器的性能。R 语言提供了 detectCores() 函数来查看计算机的逻辑核心数，detectCores (logical = FALSE) 来查看计算机的物理核心数。逻辑核心数一般会大于其物理核心数，是采用多线程方式对物理核心处理器的性能提升。当然，该函数只是显示的计算机的可用核心数，并不代表执行当前任务时可用核心数。

parallel 包的思路和 lapply()函数类似，它们都是将输入数据分割成几份，然后计算并把结果整合在一起，只不过，parallel 包并行计算是用不同的 CPU 来运算。使用 parallel 包进行并行计算包括以下几个基本步骤。

（1）设置需要调用的工作节点，如调用两个节点进行并行计算：

```
cl <- makeCluster ( getOption ( "cl.cores" , 2 ) )
```

（2）采用不同的函数进行并行计算。

（3）关闭开辟的节点：stopCluster (cl)。

接下来我们使用 4 个例子对上述步骤(2)进行说明，在这之前先运行 library (parallel) 加载 parallel 包。

例 16.1（1） clusterExport (cl = NULL , varlist , envir = .GlobalEnv)，表示将全局变量传输到各个工作节点上；clusterCall (cl = NULL , fun ,…)，表示在各个工作节点上执行函数 fun：

```
> cl <- makeCluster ( getOption ( "cl.cores" , 2 ) )
> xx <- 1 : 2
> yy <- 3 : 4
> clusterExport ( cl , c ( "xx" , "yy" ) )
> clusterCall ( cl , function ( z ) xx + yy + sin(z) , pi )
> stopCluster ( cl )
[[1]]
[1] 4 6
[[2]]
[1] 4 6
```

例 16.1（2） clusterEvalQ (cl = NULL , expr)，这个函数与 clusterCall 功能相似，区别在于 clusterCall 调用的是函数，而 clusterEvalQ 调用的是表达：

```
> clusterEvalQ ( cl , {
+       # set up each worker. Could also use clusterExport ( )
+       library ( boot )
+       cd4.rg <- function ( data , mle ) MASS :: mvrnorm ( nrow ( data ) , mle$m ,
mle$v )
+       cd4.mle <- list ( m = colMeans ( cd4 ) , v = var ( cd4 ) )
```

```
+ } )
```

例 16.1（3）clusterApply (cl = NULL , x , fun ,…)，这个函数表示将向量 *x* 的每个值带入函数 fun 进行计算。例如，clusterApply (cl , 1 : 2 , get ("+") , 3)，其中，cl 为集群数，1 : 2 为输入变量值，"+" 为即将进行的计算，3 为 "+" 函数的另一个参数：

```
> fxy <- function ( x , y ) {
+     x ^ 2 + sin ( y ) - 1
+ }
> Z <- clusterApply ( cl , 1 : 10 , fxy , y = 2 )
> z <- unlist ( Z )
> z
[1] 0.9092974  3.9092974  8.9092974  15.9092974  24.9092974  35.9092974
48.9092974
[8] 63.9092974  80.9092974  99.9092974
```

例 16.1（4）parLapply、parSapply、parApply 等将 lapply、sapply 和 apply 用于并行计算：

```
> M <- matrix ( rnorm ( 50000000 ) , 100 , 500000 )
> Mysort <- function ( x ) {
+        return ( sort ( x ) [ 1 : 10 ] )
+ }
> do_apply <- function ( M ) {
+          return ( apply ( M , 2 , mysort ) )
+ }
> do_parallel <- function ( M , ncl ) {
+    cl <- makeCluster ( getOption ( "cl.cores" , ncl ) )
+    ans <- parApply ( cl , M , 2 , mysort )
+    stopCluster ( cl )
+    return ( ans )
+ }
> system.time ( ans <- do_apply ( M ) )
用户系统流逝
70.92  0.28 71.71
> system.time ( ans2 <- do parallel ( M , 2 ) )
用户系统流逝
10.22  5.89 43.43
```

另外，在进行并行计算时要特别注意随机数的设定，我们用例 16.1（5）进行说明。

例 16.1（5）

```
> set.seed ( 123 )
> clusterCall ( cl , function ( ) rnorm ( 1 ) )
[[1]]
[1] 0.4499589
[[2]]
[1] -1.50794
```

```
> set.seed ( 123 )
> clusterCall ( cl , function ( ) rnorm ( 1 ) )
[[1]]
[1] 1.010458
[[2]]
[1] 0.9822696
> clusterSetRNGStream ( cl , iseed = 123 ) # 给集群内的随机数的生成设置随机种子
> clusterCall ( cl , function ( ) rnorm ( 1 ) )
[[1]]
[1] -0.9685927
[[2]]
[1] -0.4094454
> clusterSetRNGStream ( cl , iseed = 123 ) # 给集群内的随机数的生成设置随机种子
> clusterCall (cl , function ( ) rnorm ( 1 ) )
[[1]]
[1] -0.9685927
[[2]]
[1] -0.4094454
```

（二）foreach 包与 doParallel 包

doParalle 包多与 foreach 包一同使用，doParallel 包使 foreach 包并行计算成为可能。foreach 包的功能类似 for 或者 lapply()函数，其最大的好处在于代码简单而且容易采用并行方式进行计算。foreach 包可进行并行或串行计算，为了提示计算机，foreach 包将采用并行计算的方式，在开辟工作节点的基础上，需声明并行计算将要用到的节点数。声明方式如下：

```
> library ( foreach )
> library ( doParallel )
> cl <- makeCluster ( getOption ( "cl.cores" , 2 ) )
> registerDoParallel ( cl )
…
> stopCluster ( cl )
```

在进行并行节点数目的声明后，可以采用 getDoParWorkers()函数对目前的工作节点数进行确定。接下来，我们同样使用几个例子来说明 foreach 包的基本应用和注意事项。

例 16.2（1）foreach 包与 for loop 的关系：

```
> X <- matrix ( 0 , nr = 10 , nc = 10 )
> for ( i in 1 : 10 ) {
+     X [ i , ] <- 5 * i - rnorm ( 10 , mean = i )
+ }
# 改写成 foreach 为
> X <- foreach ( i = 1 : 10 , .combine = 'rbind' ) %do% { 5 * i - rnorm ( 10 ,
mean = i ) }
# 改写为并行计算格式为
> X <- foreach ( i = 1 : 10 , .combine = 'rbind' ) %dopar% { 5 * i - rnorm
```

```
( 10 , mean = i ) }
```

在例 16.2（1）中，我们对矩阵 X 进行了赋值操作。其中，%do%与%dopar%都为二进制操作，而且%dopar%将原问题分配到不同的工作节点进行并行计算。另外，有一个需要注意的地方是 .combine 的使用。.combine 为%do%或%dopar%计算结果的结合方式。例 16.2（1）中的 .combine = rbind 表示将各个节点返回的结果作为行进行合并处理。常见的 .combine 的形式有“c”“cbind”“rbind”或者其他函数形式。详细情况见例 16.2（2）。

例 16.2（2）.combine 的函数形式：

```
> cfun <- function ( x , y ) {
+     c ( x [ 1 ] , y [ 2 ] )
+ }
> foreach ( i = 1 : 3 , .combine = 'cbind' ) %do% { z <- i : ( i + 5 ) }
     result.1  result.2  result.3
[1,]       1        2        3
[2,]       2        3        4
[3,]       3        4        5
[4,]       4        5        6
[5,]       5        6        7
[6,]       6        7        8
> foreach ( i = 1 : 3 , .combine = 'rbind' ) %do% { z <- i : ( i + 5 ) }
         [,1]  [,2]  [,3]  [,4]  [,5]  [,6]
result.1    1     2     3     4     5     6
result.2    2     3     4     5     6     7
result.3    3     4     5     6     7     8
> foreach ( i = 1 : 3 , .combine = 'cfun' ) %do% { z <- i : ( i + 5 ) }
[1] 1 4
```

例 16.2（2）中的前两个例子比较容易理解，我们着重解释第三个例子。在第三个例子中，.combine 整合结果的方式为首先取 result.1 的第一个元素与 result.2 的第二个元素结合形成向量 c (1 , 3),然后取 c (1 , 3) 的第一个元素 1 与 result.3 的第二个元素 4 合并形成 c (1 , 4)。

例 16.2（1）和例 16.2（2）中用于迭代运算的变量 i 是一个向量，但 foreach 包的迭代运算并不局限于向量，可以为列表矩阵等任意一种格式。在进行计算时，foreach()函数首先将该变量自动转化为迭代器 iterator 格式，之后进行迭代运算。例 16.2（3）给出了一个更为一般的例子。

例 16.2（3）iterator 格式的迭代：

```
> library ( iterators )
> foreach ( i2 = iter ( list ( x = 1 : 3 , y = 10 , z = c ( 7 , 8 ) ) ) , .combine
= 'c' ) %do% { i2 }
[1]  1  2  3 10  7  8
```

在例 16.2（3）中第一次迭代带入运算的是 x = 1:3，而第二次迭代带入运算的是 y = 10，第三次迭代带入运算的是 z = c (7 , 8)。

在很多时候，程序中可能存在多重循环或者条件选择。这时可用%:%进行条件嵌套。例 16.2（4）和例 16.2（5）分别说明条件选择嵌套情况，以及两重循环嵌套情况。

例 16.2（4）条件选择嵌套：

```
# a quick sort function
> qsort <- function ( x ) {
+     n <- length ( x )
+     if ( n == 0 ) {x
+     } else {
+         p <- sample ( n , 1 )
+         # 统计比 x [ p ] 小的值
+         smaller <- foreach ( y = x [ -p ] , .combine = c ) %:% when ( y <=
x [ p ] ) %do% y
+         # 统计比 x [ p ] 大的值
+         larger <- foreach(y=x[-p], .combine=c) %:% when(y > x [ p ] ) %do%
y
+         c ( qsort ( smaller ) , x [ p ], qsort ( larger ) )
# 采用递归的方法排序
+     }
+ }
> qsort ( runif ( 12) ) # 对随机生成的 12 个数进行排序
```

例 16.2（5）多重循环嵌套：

```
> sim <- function ( x , y ) {10 * x + y}
> avc <- 1 : 4
> bvc <- 1 : 4
> x <- matrix ( 0 , length ( avc ) , length ( bvc ) )
> for ( j in 1 : length ( bvc ) ) {
+    for ( i in 1 : length ( avc ) )
+        x [ i , j ] <- sim ( avc [ i ] , bvc [ j ] )
+ }
# 改写为 foreach 格式
> x <- foreach ( b = bvc , .combine = 'cbind' ) %:%
+     foreach ( a = avc , .combine = 'c' ) %do% {
+         sim ( a , b )
+     }
```

在本节的最后，我们就工作节点等返回节点的顺序做一个说明。.inorder = TRUE 可以控制 results 的产生顺序与迭代变量的顺序相同。当结果顺序并不影响分析目的时，可采用 .inorder = FALSE 的设置提高程序的运行效果。

16.3 HPC 多线程并行计算

本节具体说明在计算机集群中如何将 R 语言程序并行。具体的实现步骤如下。

（1）单机 DOS 执行命令测试。

（2）计算机集群执行命令（多进程运行程序）。

这个过程有以下的注意事项。

1）并行计算首先需要在 HPC 上进行，可能不同地方的 HPC 执行方式有些不同，本例以厦门大学经济学院的 HPC 为例。执行路径和文件存储路径均应设置在网络路径内，在 HPC 内显示的是 Z 盘。

2）并行计算时，传输到各个核心上的参数只能是一个，且取值范围为正整数。

3）并行计算过程中，有些核心会由于出错而终止某项任务。在显示任务失败时，并不是全部都失败，而是有部分程序失败了，如图 16-1 所示。

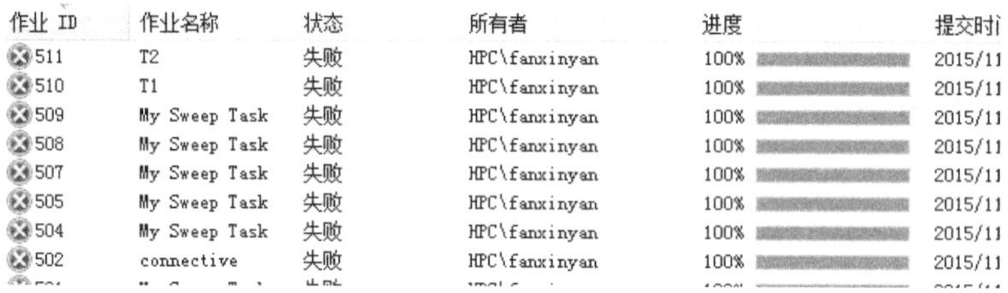

作业 ID	作业名称	状态	所有者	进度	提交时间
511	T2	失败	HPC\fanxinyan	100%	2015/11
510	T1	失败	HPC\fanxinyan	100%	2015/11
509	My Sweep Task	失败	HPC\fanxinyan	100%	2015/11
508	My Sweep Task	失败	HPC\fanxinyan	100%	2015/11
507	My Sweep Task	失败	HPC\fanxinyan	100%	2015/11
505	My Sweep Task	失败	HPC\fanxinyan	100%	2015/11
504	My Sweep Task	失败	HPC\fanxinyan	100%	2015/11
502	connective	失败	HPC\fanxinyan	100%	2015/11

图 16-1　显示任务失败状态

4）被传输核心上的程序的输出必须以文件的形式保存而后汇总。命名需和传输到该核心的参数值相关，方便区分，如图 16-2 所示。

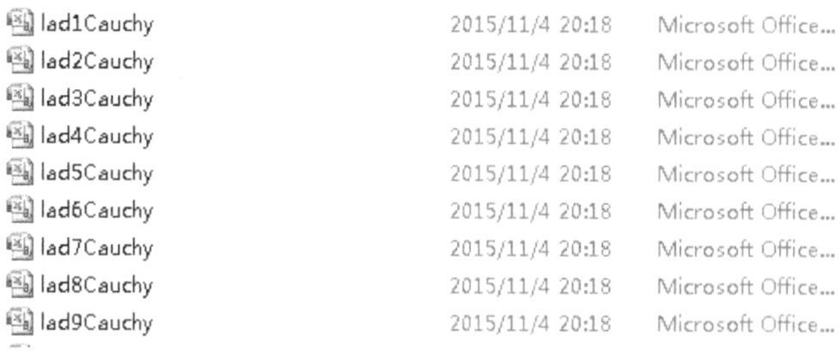

lad1Cauchy	2015/11/4 20:18	Microsoft Office...
lad2Cauchy	2015/11/4 20:18	Microsoft Office...
lad3Cauchy	2015/11/4 20:18	Microsoft Office...
lad4Cauchy	2015/11/4 20:18	Microsoft Office...
lad5Cauchy	2015/11/4 20:18	Microsoft Office...
lad6Cauchy	2015/11/4 20:18	Microsoft Office...
lad7Cauchy	2015/11/4 20:18	Microsoft Office...
lad8Cauchy	2015/11/4 20:18	Microsoft Office...
lad9Cauchy	2015/11/4 20:18	Microsoft Office...

图 16-2　程序输出以文件的形式保存

5）由于采用的是多进程，应尽量避免在程序中嵌套并行计算。

6）如果需要调用 R 语言程序包，则需在程序里首先进行安装，且安装时要提供镜像。

接下来我们通过一个例子进行说明。例如，要并行名为 exp_111.R 的程序。

我们首先给出程序的 R 语言代码。其中，前 3 行程序为必需的，第 1 行表示读入 DOS 系统中的操作，第 2 行是找到参数位置并读入，第 3 行将参数转化为数值。之所以 Args [ ] 中是 6，和后面的输入有关系。另外，ncvreg 包需要安装，如果要安装其他包则有两种途径：（1）由 HPC 管理员安装；（2）在 library 之前加 install.packages ('ncvreg' , repos = 'http://mirrors.xmu.edu.cn/CRAN/')：

```
> Args <- commandArgs ( )
> T <- Args [ 6 ]
> T <- as.numeric ( T )
> library ( ncvreg ); library ( MASS )
> source ( 'AIC_CV.R' ); source ( 'beta_calculate.R' ); source ( 'cross_log.R' )
# 相应的文件 AIC_CV.R 等需要提前放在相应路径下
> nfold <- 2; n <- 10;  p <- 50; ro <- 0.5; g <- 5;  K <- p / g; gama <- 5
> Lambda1 <- c ( 0.03 , 0.05 , 0.07 , 0.09 , 0.1 , 0.3 )
> Lambda2 <- c ( 0.07 , 0.08 , 0.09 , 0.1 , 0.2 , 0.3 , 0.4 , 0.5 , 0.6 , 0.7 ,
0.8 , 0.9 )
> sigma <- matrix ( , g , g )
> for ( ii in 1 : g ) {
+     for ( jj in ii : g ) {
+          sigma [ ii , jj ] <- ro ^ abs ( ii - jj )
+          sigma [ jj , ii ] <- sigma [ ii , jj ]
+     }
+ }
> b <- vector ( )
> b [ 1 ] <- 0
> b [ 2 : 26 ] <- rep ( c ( 1 , 1 , 1 , 1 , 1 ) , each = 5 )
> b [ 27 : ( p + 1 ) ] <- 0
> b0 <- rep ( 0 , (p + 1 ) )
> as.numeric ( Sys.time ( ) ) -> t
> set.seed ( ( t - floor ( t ) ) * 1e8 -> seed)
> print ( seed )
> set.seed ( T * 200000 )
> X <- matrix ( , n , p )
> for ( i in 1 : K ) {
+    X [ , ( g * ( i - 1 ) + 1 ) : ( g * i ) ] <- mvrnorm ( n = 100 , rep ( 0 ,
g ) , sigma )
+ }
> X <- cbind ( 1 , X )
> prob1 <- 1 / ( 1 + exp ( - X %*% b ) )
> y = rbinom ( n , 1 , prob = prob1 )
> A <- diag ( 1 , nc = ( p + 1 ) , nr = ( p + 1) )
> A [ 2 : ( p + 1 ) , 2 : ( p + 1 ) ] <- ( cor ( X [ , 2 : ( p + 1 ) ] ) )
^ 3
> beta <- AIC_CV ( X, y , b0 , Lambda1 , Lambda2 )
# 执行的函数结果必须保存，保存在“//hpcserver-soe/HPCUserFile$/fanxinyan/”的文件里
> write.csv ( beta , paste0 ( '//hpcserver-soe/HPCUserFile$/fanxinyan/R 并
```

```
行/parallel with R/' ,
+        'beta' , T , '.csv' ) )
```

给出上述 exp_111.R 程序之后，下面我们就来详细叙述将它并行的过程。

（一）单机 DOS 执行命令测试

（1）打开 DOS 界面，如图 16-3 所示，开始 → Command Prompt，或开始 → 运行，输入“cmd”，按回车键。

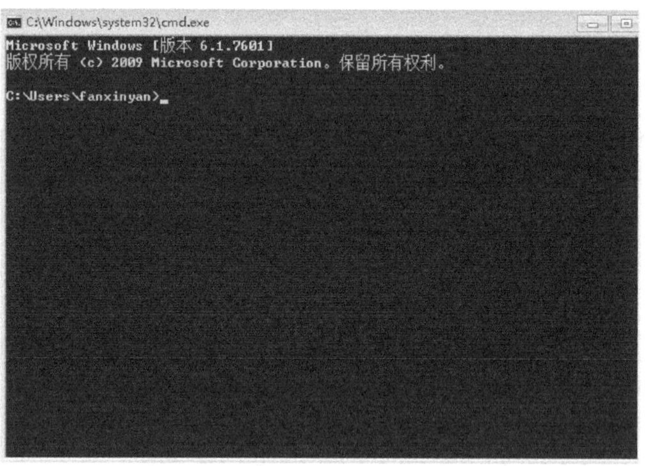

图 16-3　打开 DOS 界面

（2）将路径设置到存放文件的(\\hpcserver-soe\HPCUserFile$\fanxinyan\Z:)盘，如图 16-4 所示。

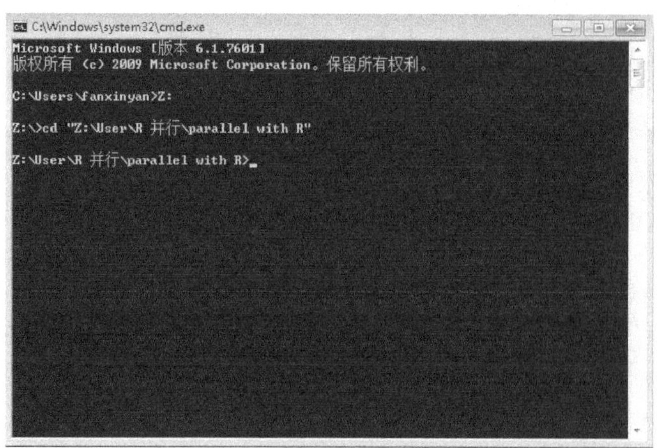

图 16-4　将路径设置到存放文件的盘

（3）执行 R 语言和 exp_111 文件，输入参数值为“10”，如图 16-5 所示。

```
Z:\User\R 并行\parallel with R>"C:\Program Files\R\R-3.1.2\bin\x64\rscript.exe"
exp_111.r 10

'ncvreg'R3.1.3
[1] 14827609
```

图 16-5 输入参数值

（4）检查输出文件。

（二）计算机集群执行命令（多进程运行程序）

（1）打开 HPC job Manager，如图 16-6 所示。

图 16-6 打开 HPC job Manager

（2）单击“新建参数扫描作业”，如图 16-7 所示。

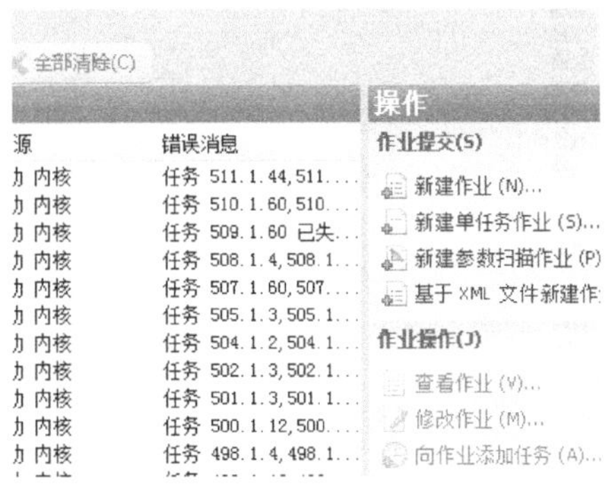

图 16-7 单击新建参数扫描作业

（3）进入如下配置界面，主要设置图 16-8 中圈起来的位置。其中，起始值和最终值表示传输参数的取值范围。命令行表示执行的 DOS 界面下的操作。工作目录必须设置且按如图 16-9 所示设置到 Z 盘。任务名可以自己命名，也可以保留默认。

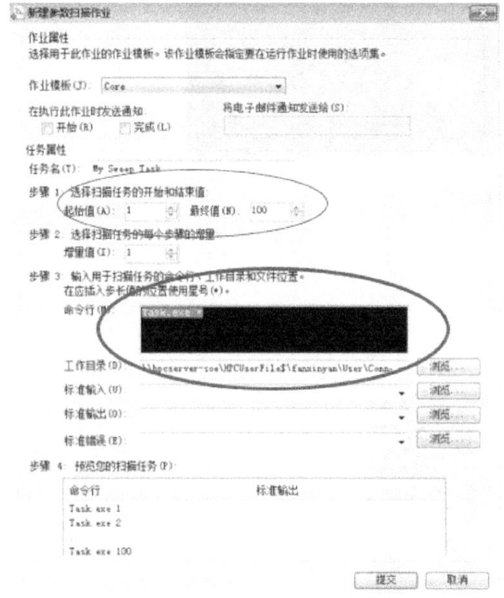

图 16-8　任务属性设置

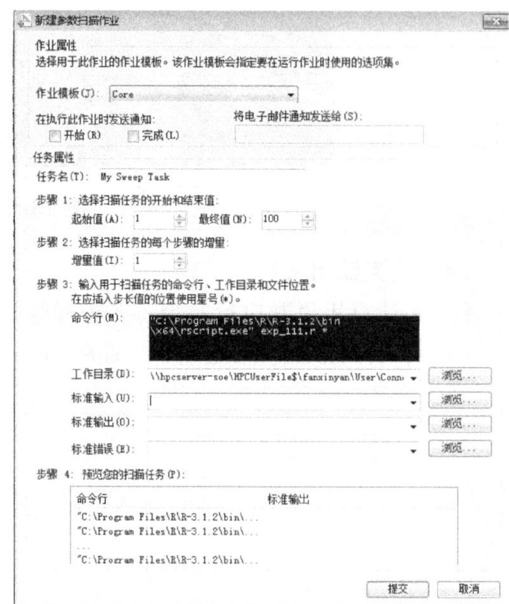

图 16-9　工作目录设置

（4）设置完成后单击“提交”按钮。可以从“我的作业”观察程序运行情况，如图 16-10 所示。

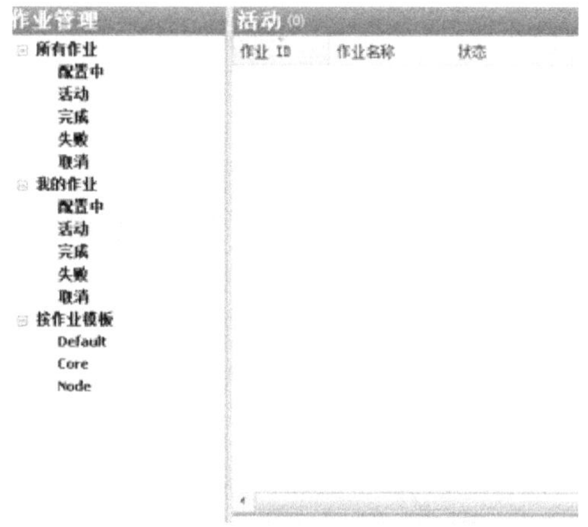

图 16-10　观察程序运行情况

参 考 文 献

[1] 马双鸽，刘蒙阙，周峙利，方匡南. 大数据时代统计学发展的若干问题[J]. 统计研究，2017.1.

[2] 方匡南，朱建平，姜叶飞. R 数据分析[M].北京：电子工业出版社，2015.

[3] Hastie T, Tibshirani R, Friedman J, et al. The elements of statistical learning[M]. New York: Springer, 2009.

[4] James G, Witten D, Hastie T, et al. An introduction to statistical learning[M]. New York: Springer, 2013.

[5] Wickham, Hadley. ggplot2: elegant graphics for data analysis[M]. New York：Springer, 2009.

[6] 吕晓玲，宋捷. 大数据挖掘与统计机器学习[M].北京：中国人民大学出版社，2016.

[7] 李子奈，潘文卿.计量经济学[M].北京：高等教育出版社，2010.

[8] 朱建平，胡朝霞，王艺明. 高级计量经济学导论[M].北京：北京大学出版社，2009.

[9] Breheny P, Huang J. Penalized methods for bi-level variable selection [J]. Stat. Interface, 2009, 2(3): 369–380.

[10]Fan J, Li R. Variable selection via nonconcave penalized likelihood and its oracle properties[J]. J. Amer. Statist. Assoc, 2001, 96: 1348-1360.

[11] Fang K, Wang X, Zhang S, et al. Bi-level variable selection via adaptive sparse Group Lasso [J]. Journal of Statistical Computation and Simulation, 2015, 85（13）: 2750-2760.

[12] Frank I E, Friedman J H. A statistical view of some chemometrics regression tools (with discussion)[J]. Technometrics. 1993(35): 109–148.

[13] Hoerl A E, Kennard R W. Ridge regression: biased estimation for non-orthogonal problems[J]. Technometrics, 1970, 12:55-67.

[14] Huang J, Ma S, Xie H, Zhang C-H. A group bridge approach for variable selection [J]. Biometrika, 2009(96): 339–355.

[15] Tibshirani R. Regression shrinkage and selection via the Lasso [J]. Journal of Royal Statistical Society (Series B), 1996(58):267-288.

[16] Simon N, Friedman J, Hastie T, Tibshirani R. A sparse Group Lasso [J].Journal of Computational and Graphical Statistics, 2013, 22(2):231-245.

[17] Yuan M, Lin Y. Model selection and estimation in regression with grouped variables [J]. J. R. Stat .Soc. Ser .B, 2006(68): 49-67.

[18] Zhang C H. Nearly unbiased variable selection under minimax concave penalty[J]. The Annals of Statistics, 2010: 894-942.

[19] Zou H, Hastie T. Regularization and variable selection via the elastic net [J]. J. R. Stat .Soc. Ser .B, 2005(67): 301-320.

[20] Breiman L, Friedman J, Stone C J, et al. Classification and regression trees[M]. Boca Raton:CRC press, 1984.

[21] 方匡南. 随机森林组合预测理论及其在金融中的应用[M]. 厦门：厦门大学出版社. 2012.

[22] Freund Y, Schapire R E. Experiments with a new boosting algorithm[C]. Icml. 1996(96): 148-156.

[23] Freund Y, Schapire R E. A Decision-Theoretic Generalization of On-Line Learning and an Application to Boosting[J]. Journal of Computer and System Sciences, 1997, 55(1): 119-139.

[24] Chen T, Guestrin C. Xgboost: A scalable tree boosting system[C]. Proceedings of the 22nd acm sigkdd international conference on knowledge discovery and data mining. ACM, 2016: 785-794.

[25] 韩敏. 人工神经网络基础[M].大连：大连理工大学出版社，2014.

[26] 黄文，王正林. 数据挖掘：R 语言实战[M].北京：电子工业出版社，2014.

[27] Igel C, Hüsken M. Improving the Rprop learning algorithm[C]. Proceedings of the second international symposium on neural computation (NC 2000). ICSC Academic Press, 2000: 115-121.

[28] Lantz B. Machine learning with R[M]. Packt Publishing Ltd, 2013.

[29] Haykin S. 神经网络与机器学习 [M]. 3 版. 申富饶，徐烨，等，译. 北京：机械工业出版社，2011.

[30] 朱建平. 应用多元统计分析[M]. 2 版. 北京：科学出版社，2012.

[31] 薛毅，陈立萍. 统计建模与 R 软件[M]. 北京：清华大学出版社，2007.

[32] 党耀国，米传民，钱吴永. 应用多元统计分析[M]. 北京：清华大学出版社，2012.

[33] Robert I Kabacoff. R 语言实战[M]. 北京：人民邮电出版社，2013.

[34] Agrawal R, Imieliński T, Swami A. Mining association rules between sets of items in large databases[C]. Acm sigmod record. ACM, 1993, 22(2): 207-216.

[35] Han J, Pei J, Kamber M. Data mining: concepts and techniques[M]. Elsevier, 2011.

[36] Ricci F, Rokach L, Shapira B, et al. Recommender Systems Handbook[M]. Recommender systems handbook. New York:Springer, 2011:1-35.

[37] Kolaczyk E D, Csárdi G. Statistical analysis of network data with R[M]. New York: Springer, 2014.